"十二五"普通高等教育本科国家级规划教材

国家级一流本科课程配套教材

全国电力行业"十四五"规划教材

中国电力教育协会
高校电气类专业精品教材

U0815387

HIGH
VOLTAGE
ENGINEERING

高电压工程

（第四版）

主编　林福昌
编写　刘　浔　陈俊武　尹小根
　　　李　化　戴　玲
主审　陈维江

中国电力出版社
CHINA ELECTRIC POWER PRESS

内 容 提 要

本书为“十二五”普通高等教育国家级本科规划教材。

本书共分为3篇12章，第1篇电介质的电气特性主要内容包括气体电介质的绝缘特性，液体、固体电介质的绝缘特性，常用电气设备的绝缘；第2篇电气设备绝缘试验主要内容包括绝缘性能试验、高电压和大电流的产生、高电压和大电流的测量；第3篇电力系统过电压与绝缘配合主要内容包括线路与绕组中的波过程、雷电及防雷保护装置、电力系统防雷保护、电力系统内部过电压、电力系统绝缘配合、高电压技术在不同领域中的应用。本书还配套了教学课件，以及章节、阶段、综合测试题，可在线自测。

本书为高等院校电气工程及其自动化专业的本科教材，也可用作相关专业专升本及函授教材，同时可作为电气工程技术人员的参考书。

图书在版编目（CIP）数据

高电压工程/林福昌主编．—4版．—北京：中国电力出版社，2026. 1
ISBN 978-7-5198-8105-4

Ⅰ．①高…　Ⅱ．①林…　Ⅲ．①高电压—高等学校—教材　Ⅳ．①TM8

中国国家版本馆CIP数据核字（2023）第169479号

出版发行：中国电力出版社
地　　址：北京市东城区北京站西街19号（邮政编码100005）
网　　址：http://www.cepp.sgcc.com.cn
责任编辑：雷　锦（010-63412530）
责任校对：黄　蓓　郝军燕　朱丽芳
装帧设计：赵姗姗
责任印制：钱兴根

印　　刷：北京雁林吉兆印刷有限公司
版　　次：2006年2月第一版　　2023年12月第四版
印　　次：2026年1月北京第三次印刷
开　　本：787毫米×1092毫米　16开本
印　　张：18.25
字　　数：451千字
定　　价：59.00元

前言

随着高电压技术及工程应用的快速发展，对一些现象和规律的认识在进一步深化，为此在第三版的基础上进行了修订。希望通过此次修订，使读者对高电压技术的基本概念和规律更加清晰，对该技术与工程应用密切结合的属性有更深的了解。

本次修订主要包括以下几个方面：

（1）围绕工程中电气设备绝缘及其应用这一目标，对内容重新进行了梳理。如在第 1 章中增加了电场分析及其改进；改进了常用电气设备绝缘的内容，注重电介质绝缘的基础知识在工程中的应用，以期加深对高电压绝缘规律的认识。

（2）根据工程应用，结合相关标准进行了改进和补充，如大气条件对气体间隙击穿特性的影响、长脉宽冲击电流发生器、绝缘配合的惯用法等内容，并结合应用事例，以更好地了解高电压技术在工程中的应用。

（3）对一些目前不常用的方法和设备的内容进行了删减，如峰值电压表、阀式避雷器及其应用、过电压计算的贝杰龙法等，使全书内容更为集中，绝缘知识及其应用的主线更加清晰。

（4）为便于教学，增加了章节、阶段和综合自测题，扫本书封面、封底二维码可练习。

本书由林福昌负责修订，李化协助修订工作。中国电力科学研究院龙兆芝和南敬、中南电力设计院马亮和李浩原、华中科技大学刘春和王晋等老师提供了宝贵的资料和建议，刘瑞琪、丁承瀚、江宇栋、王圣康、余煜辉、罗喻扬等人参与了资料收集、绘图和校稿等工作，在此一并表示衷心的感谢。中国科学院陈维江院士认真审阅了本书，在此衷心感谢陈院士的宝贵建议。

由于编者的水平有限，书中难免存在不妥和疏漏之处，恳请读者批评指正。

编　者

2023 年 11 月

第一版前言

高电压技术是电气工程及其自动化专业的一门技术基础课。从事强电工作的工程技术人员，需要具备高电压技术的基本素养，并需要经常运用高电压知识解决工程实际问题。本书的主要读者对象是电气工程类本科生和从事高电压工作的工程技术人员。

全书共分为3篇12章，内容力求全面，基本涵盖了高电压工程中的所有问题。在着重于基本概念和基本原理的同时，也注意和生产实际相结合，内容深入浅出，以便于自学和教学。本书在编写过程中，基本沿袭了传统的体系，同时参考了国内外不少的教材和资料，并引用了当前的相关国际标准和国家标准，力求做到概念清楚、数据正确，反映高电压技术的发展。同时，本书又介绍了高电压工程在非电力领域的一些应用，借以开阔视野，因此，书名定为《高电压工程》。

本书编写分工如下：刘浔编写第1、2、3章，陈俊武编写第4、7章，尹小根编写第5、6章，其余部分由林福昌编写。刘春参与了第1章的编写工作，王清玲、严飞等人参加了绘图工作。全书由林福昌统稿。

西安交通大学李彦明教授、武汉大学鲁铁成教授、华中科技大学王晓瑜教授、姚宗干教授、张国胜副教授等审阅了本书的初稿，提出了许多宝贵意见，在此向他们表示衷心的感谢。

由于编者的水平有限，书中难免存在不妥和疏漏之处，恳请读者批评指正。

编　者

2005年3月

第二版前言

本书是应中国电力出版社要求，在2006年出版的《高电压工程》（第一版）的基础上修订的。全书共分12章，涵盖了高电压绝缘、高电压试验以及过电压与绝缘配合三方面的内容，并对高电压技术在非电力系统的一些应用进行了介绍。

高电压技术本质上反映了强电场中的电介质现象。近十年来，高电压技术在电力和非电力领域均得到了广泛的应用。在电力领域，我国相继建设了特高压交流和直流输电线路，与高电压技术相关的电力电缆和开关技术发展迅速；在非电力领域，高电压技术在材料、环保、医疗和新能源等方面也发挥了越来越多的作用。同时，随着高电压技术研究的进展，人们对一些高电压现象和规律有了新的认识，形成了新的相应的标准。本书在编写过程中，参考了国内外最新的研究成果，力求做到概念清楚、数据准确，能反映近年来高电压技术的发展，内容更全面。

本书在修订过程中，主要体现如下原则。

（1）在高电压绝缘、高电压试验等内容描述中，弱化在电力系统中的应用这一背景，而从电介质特性方面入手来介绍。

（2）体现了高电压技术新进展，如加强了复合绝缘子、金属氧化物避雷器、气体绝缘变电站、在线监测的常用方法等内容的介绍。

（3）根据现行的相关国际和国内标准进行了修订和补充，如建筑物防雷中采用的滚球法、接地网中电位差的计算、操作过电压的保护方式等内容，对经验公式和曲线均尽可能依据标准和原始出处进行了核对。

本书由李化和戴玲负责第3章的修订，其余部分由林福昌负责修订。

武汉大学喻剑辉教授对本修订稿进行了详细的审阅，提出了许多宝贵意见和建议，在此谨表示衷心的感谢。

由于编者的水平所限，书中难免存在不妥和疏漏之处，恳请读者批评指正。

编　者

2011年8月

第三版前言

随着高电压技术的快速发展，对一些现象和规律的认识正在深入，本书为上一版的修订本，以期更好地反映本学科的发展，并增强可读性。

本次修订主要表现在下述几点：

（1）反映了最新的标准和规范，如引入了高电压试验、输电线路防雷保护、接地技术等方面的最新标准。

（2）反映了最新的技术和工程进展，如增加了与特高压有关的绝缘结构和绝缘配合方面的内容。

（3）更加贴近工程应用实际，如增加了电气设备参数、绝缘结构与尺寸、常用绝缘材料等内容，并改进了绝缘在线监测方面的描述。

此外，通过考证相关文献，对一些描述进行了更改，如气体放电特性、绝缘子、避雷器等方面的内容。

本书由林福昌负责修订。中南电力设计院李健和马亮、广东东莞供电局张登、中国电力科学研究院南敬等为本书的修订提供了宝贵的资料和建议，刘云龙提供了电场计算结果，在此一并表示衷心的感谢。

由于编者的水平有限，书中难免存在不妥和疏漏之处，恳请读者批评指正。

编　者

2015 年 10 月

目录

高电压工程综合资源

第 1 篇　电介质的电气特性

第 2 篇 电气设备绝缘试验

第 3 篇 电力系统过电压与绝缘配合

第1篇

电介质的电气特性

绝缘的作用是将电位不相同的带电导体隔离，使它们不存在电气上的连接，从而保持不同的电位。具有绝缘作用的材料称为电介质。电介质有气体电介质、液体电介质和固体电介质三种类型。在各种电气设备中的绝缘都是由这些电介质构成的，所以电介质是电气设备的重要组成部分。

用作绝缘的电介质在通常情况下是不导电的，是良好的绝缘体。但它的绝缘性能不是绝对的，当作用于绝缘上的电压超过某一临界值后，绝缘就将受到破坏而部分或全部丧失绝缘性能，直至变成导电体。绝缘通常是电气设备中的薄弱环节，一旦设备的绝缘受到破坏，设备就将出现事故，造成损失。所以必须了解、研究和掌握电介质在高电压作用下的电气特性，发展性能更好的绝缘材料，优化绝缘结构，改进绝缘的制造工艺，从而提高电气设备绝缘的可靠性。

本篇的主要内容包括气体电介质的电气物理特性及在电压作用下的击穿过程与规律，液体、固体电介质的基本特性和放电发展规律，主要高压电气设备的典型绝缘结构和特点。

1　气体电介质的绝缘特性

气体绝缘介质在电力系统中应用非常广泛。空气是架空输电线路和电气设备的主要外部绝缘介质；在电气设备中也常用到具有一定压力的气体作为绝缘介质，如气体绝缘变电站（GIS）和用六氟化硫气体、压缩空气或真空作为绝缘的开关等。在一定的电压作用下，气体中会出现放电现象，甚至完全丧失其绝缘特性。

1.1　气体中带电粒子的产生和消失

1.1.1　带电粒子的产生

气体放电就是气体中的带电粒子在电场作用下做定向运动形成导通电流的现象，此时气体介质导电性增强、电阻下降。通常情况下，由于紫外线、宇宙射线和放射性物质产生的高能辐射线的作用，气体中总是存在少量带电粒子。但由于这些带电粒子数量极少，如每立方厘米大气中约有1000对正、负带电粒子，所以电流极小，气体仍然为良好的绝缘介质。只有在带电粒子数目急剧膨胀、电流突增的情况下，气体才会失去绝缘特性。

原子在外界因素（强电场、高温等）的作用下，吸收外界能量使其内部能量增加，其电子可由低能级跃迁到能级较高的轨道运行，这个过程称为原子激励。此时原子的状态称为激发态，电子还未摆脱原子核的束缚。激励过程所需的能量称为激励能。

气体中的分子通常处于正常状态。如果中性分子在外界因素的作用下，获得足够大的能量，可使分子中的一个或几个电子完全摆脱原子核的束缚，形成自由电子和正离子，这个过程就称为分子的电离。电离是激发的极限状态，电离后形成的正离子就是分子失去一个或几个电子后形成的带正电的粒子。电离过程所需要的能量称为电离能 W_i，一般为 10～15eV（1eV=1.6×10^{-19}J）。显然，发生电离的条件就是分子从外界获取的能量大于或等于原子的电离能。

气体分子的电离可由下列因素引起：

（1）电子或正离子与气体分子的碰撞。

（2）各种光辐射。

（3）高温下气体中的热能。

1. 碰撞电离

气体中的分子、电子、离子等粒子都处于热运动之中。气体中的粒子在运动过程中与其他粒子不断发生碰撞，每碰撞一次运动方向就发生转折，因此其轨迹为一条不规则的折线。一个粒子在连续两次碰撞之间行进的距离称为自由行程。由于气体中粒子运动的特点使参与的粒子数目多，碰撞频繁，各个质点的运动速率和方向均不一样，因此自由行程具有统计性，通常用平均自由行程来表示。由于气体中带电粒子的数目远小于呈电中性的气体分子的数目，气体中带电粒子的平均自由行程就是它们与分子发生碰撞时的平均自由行程。

处在电场中的带电粒子，除了经常地做不规则的热运动、不断与其他粒子发生碰撞外，还受电场力的作用，沿电场方向不断加速并积累动能。显然，这种动能与其自由行程有关。当具有足够能量的带电粒子与中性气体分子碰撞时，就可能使气体分子产生电离。这种由碰撞而引起的电离称为碰撞电离。

气体中的电子、离子及其他粒子与中性分子的碰撞都可能产生电离，但因为电子的体积及质量比离子小得多，其平均自由行程远大于离子的平均自由行程，因此容易被电场所加速，并积累起电离所需的能量。而离子或其他粒子因其本身的体积和质量较大，难以在碰撞前积累足够的能量，且碰撞时能量交换效率较低，因而产生碰撞电离的可能性很小。电子在强电场中运动引起的碰撞电离，是气体中带电粒子的主要来源，在气体放电中起着重要的作用。

电子从电场中获得的能量为

$$W=\frac{1}{2}m\upsilon^2=Eqx \tag{1-1}$$

式中：m 为电子的质量，kg；υ 为电子的速度，m/s；E 为电场强度，V/m；q 为电子的电量，C；x 为电子在电场作用下的移动距离，m。

当电子从电场中获得的能量大于或等于气体分子的电离能时，就有可能因碰撞而引起电离，因此产生电离的条件为

$$Eqx\geqslant W_i \tag{1-2}$$

式中：W_i 为气体分子的电离能，J。

2. 光电离

由光辐射引起的气体分子电离称为光电离。光辐射的能量与光子的波长有关，波长越短的光能量越大。光子的能量为

$$W = h\nu \tag{1-3}$$

式中：h 为普朗克常数，h=6.626×10^{-34}J·s；ν 为光子频率，Hz。

当气体分子受到光辐射作用时，如果光子的能量大于或等于气体分子的电离能，就有可能引起光电离。因此产生光电离的条件为

$$h\nu \geqslant W_i \tag{1-4}$$

光电离在气体电离中起着重要的作用。对于所有气体，在可见光作用下，由于光子能量低，一般不能直接发生光电离。各种短波长的高能辐射线，例如宇宙射线、X 射线、γ射线以及紫外线等，都有较强的电离能力。在放电过程中处于较高能级的激发态原子回到正常状态，以及异号离子复合成中性原子或分子时，都以光子的形式放出多余的能量，也成为导致电离的因素。

3. 热电离

因气体热状态引起的电离过程，称为热电离。在常温（20℃）下，气体分子因热运动所具有的平均动能（约 3×10^{-2}eV）远低于气体分子的电离能，因此产生热电离的概率很小。但是在高温下，气体分子具有的平均动能很大，容易导致气体分子间的碰撞，产生碰撞电离。此外高温气体的热辐射光子的能量也很大，也能导致光电离，因此热电离是碰撞电离与光电离的综合。如电弧放电中，温度达到几千摄氏度，主要电离形式为热电离。

气体分子的平均动能 $\overline{W}$ 和气体温度有如下关系

$$\overline{W} = \frac{3}{2}KT \tag{1-5}$$

式中：K 为波尔兹曼常数，K=1.38×10^{-23}J/K；T 为绝对温度，K。

随着温度升高，气体分子动能增加，当气体分子的动能大于气体分子的电离能时，就可能引起热电离。大部分气体开始有较明显热电离的起始温度为 10^4K 数量级。

4. 表面电离

在外界电离因素的作用下，电子可能从金属电极的表面释放，称为表面电离或表面发射。电极发射电子所需要的能量称为逸出功。逸出功的大小与电极材料及电极表面的状态有关，一般在 1～5eV 之间，它小于气体在空间的电离能。这也说明从阴极发射电子比在空间使气体分子电离更为容易。

表面电离与其他电离形式的区别在于，发生其他形式的电离时，电子和正离子同时出现，而表面电离只产生电子，没有正离子出现。

表面电离有多种方式，即可以用各种不同的方式供给电子能量使其逸出金属，主要有以下几种：

（1）正离子碰撞阴极。正离子在电场中向阴极运动，碰撞阴极时将动能传递给电子使其逸出金属。

（2）光电效应。金属表面受到光的照射时，放射出电子。

（3）强场发射。在阴极附近加以很强的外电场使阴极放射出电子。由于强场发射所需外电场极强，约为 10^7V/cm 量级，所以在一般气体间隙的击穿过程中不会发生。

（4）热电子发射。将阴极加热到很高温度，使其中的电子获得巨大动能，逸出金属。

1.1.2 带电粒子的运动与消失

气体中发生放电时，除了有不断形成带电粒子的电离过程外，还存在着相反的过程，即

带电粒子的消失过程。这个过程有导致带电粒子从电离区域消失，或者削弱其产生电离的作用，故通常称为去电离过程。带电粒子的运动、扩散、复合以及电子的附着效应都属于这样的过程。当导致气体电离的因素消失后，这些去电离过程将使气体迅速从导电状态恢复到绝缘状态。

1. 带电粒子的定向运动

在没有外施电场时，带电粒子做热运动，具有各向均匀性。在有外施电场时，带电粒子在电场的作用下做定向运动，消失于电极，在外回路中形成电流。

2. 带电粒子的扩散

如果不同区域中的带电粒子存在浓度差，则它们运动的总趋势是不断从高浓度区域移向低浓度区域，趋向于使各种带电粒子浓度变得均匀，这种现象称为带电粒子的扩散。当空气间隙发生放电，并去掉电源后，放电通道中高浓度的带电粒子就迅速向周围扩散，使间隙恢复原来的绝缘状态。

3. 带电粒子的复合

带有异号电荷的粒子相遇，发生电荷的传递而互相中和，还原为中性粒子的过程称为复合过程。复合可在气体空间进行，也可以在容器壁上发生。若放电空间离容器壁较远，则在空间中进行的复合是主要形式。复合的粒子之间的相对运动速度越大，复合的概率就越小，因此电子与正离子复合的概率比正、负离子之间复合的概率要小得多。参加复合的电子中绝大多数是先形成负离子再与正离子复合的。

在带电粒子复合过程中，分子原先在电离时所吸收的电离能将会以光辐射的形式释放。如前所述，这种光辐射在一定条件下又可能成为导致电离的因素。

4. 附着效应

某些气体中的中性分子具有较大的电子亲和力，当电子与其碰撞时，便被其吸附而成为负离子，同时放出能量，这个过程称为气体的附着效应。容易附着电子形成负离子的气体称为电负性气体，如氧气、氯气、水蒸气、六氟化硫等都属于电负性气体。

如前所述，由于离子的电离能力远不及电子，电子被分子俘获而形成质量大、速度慢的负离子后，不容易被电场加速，电离能力大为降低。因此，在气体放电中，附着效应起着阻碍放电的作用，电负性气体具有较高的绝缘强度。

1.2 电场分布与调整

电气设备中的绝缘介质在高电压作用下可能发生击穿，本质原因是在高电压作用下绝缘中承受了强电场。当在电气设备上施加电压时，无论是直流电压或交流电压，还是雷电冲击电压，高低压电极间的距离远比相应电磁波的波长短，因此可以认为设备在任一瞬间的电场都是稳定的（静态的）。只有当电压变化速度非常快，绝缘尺寸可以与电磁波的波长相比拟时，才需要从时变电磁场角度进行分析。在一般的电气工程和电力设备中，均可以将电压作用下的电场视为静电场。

在电气设备的绝缘设计中，要避免出现电场强度超过绝缘介质耐受能力的情况。

1.2.1 典型的电极结构及电场分布

典型的高电压工程和设备中的高低压电极结构有平板电极（如电容器极板之间）、球—平板电极（如高压设备高压引出端与墙壁之间）、线（棒）—地电极（如输电线路中的导线与大地之间）等类型。

当电极之间各处的电场强度的量值与方向均相同时，称该区域中的电场为均匀电场。如图 1-1 中，当平板外电极 3 与中间电极 2 具有相同电位时，平板电极 1 与中间电极 2 之间的电场为均匀电场；而图中电极 1 与电极 3 之间的电场为不均匀电场，在电极边缘表面的电力线比较集中，电场强度高于其他区域。

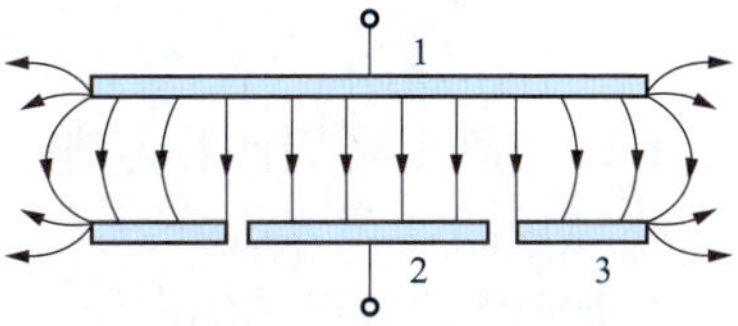

图 1-1 均匀电场与不均匀电场示意图

1—平板电极；2—中间电极，3—平板外电极

在电气工程中，常见的电极结构间的电场都为不均匀电场。为定量说明电场的不均匀度，通常可以用电场的不均匀系数来进行大致划分。电场的不均匀系数 f 等于电极间最大场强 E_{max} 与平均场强 E_{mean} 的比值，即

$$f = E_{max} / E_{mean} \tag{1-6}$$

在均匀电场中，f=1；1<f<2 的电场为稍不均匀电场，f>4 的电场为极不均匀电场。

图 1-2 所示为常见的单一绝缘介质中电极结构及其电场不均匀系数。图中横坐标的几何特性系数 p 为

$$p = \frac{r+d}{r} \tag{1-7}$$

式中：r 为电极的最小曲率半径，mm；d 为两电极间的最短距离，mm。

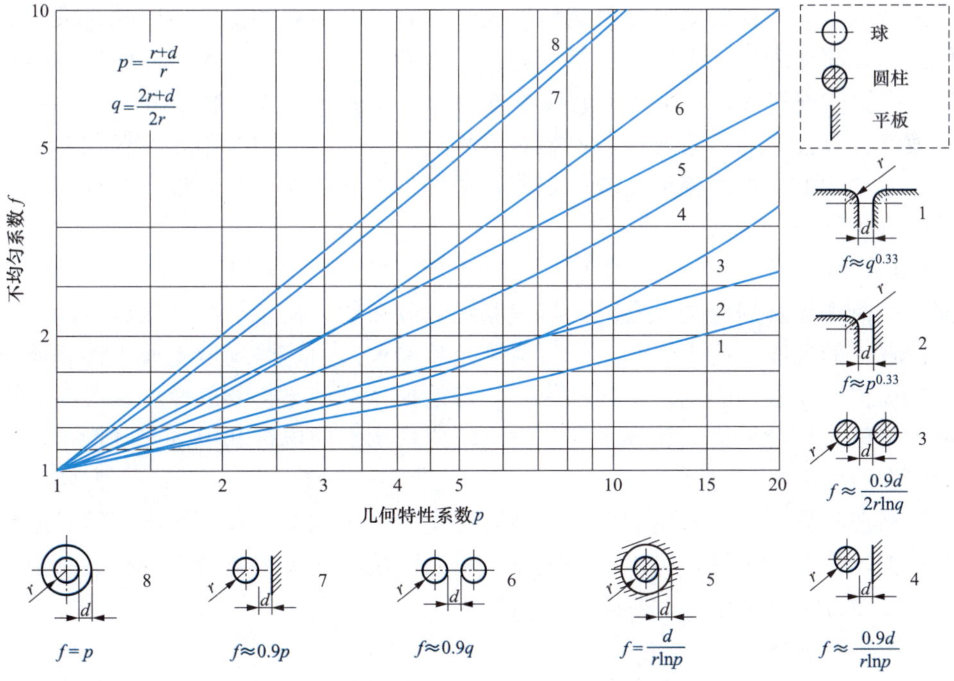

图 1-2 典型电极结构的电场不均匀系数

从图 1-2 可以看出：

（1）当 r 增大时，电场的均匀度提高；而当 d 增大时，则电场的不均匀系数 f 增大。

（2）含圆柱的电极结构（结构 3、4、5），电场更均匀，f 值小于含球的电极结构（结构 6、

7、8）。

（3）具有对称性的电极结构（结构 1、3、6），较不对称电极结构（结构 2、4、7）的电场更均匀，分别具有更小的 f。

（4）两个尺寸较小的电极（结构 3、6），当电极间距离很近时，比同轴或者同心结构（结构 5、8）的电场更均匀，f 值更小。

1.2.2　静电场的计算方法

静电场的计算方法分为解析计算方法和数值计算方法两大类。解析计算方法适用于电极和电介质形状比较简单的电场，或者对某些形状稍微复杂的结构进行近似计算。多数情况下电极形状和电介质分布比较复杂，具有复杂的边界条件，需要采用数值计算方法进行电场求解。

有限差分法、有限元法和模拟电荷法是常用的几种电场的数值计算方法。目前应用较多的是有限元法和模拟电荷法，其中有限元法在求解封闭场域的电场时比较方便，而模拟电荷法则更适用于开放场域的电场求解。除此之外，还有蒙特卡洛法、边界元法和表面电荷法等。

1. 有限元法

有限元法是一种求解微分方程的系统化数值计算方法，在 20 世纪 60 年代开始被用于求解电磁场问题。

有限元法求解静电场问题的原理是，静电场是一种稳态场，根据静电场能量最小的极值条件可以得到电场分布的解。静电场的能量可以表示为特定电位函数及其导数的积分式。在求解过程中，首先对积分区域（即求解场域）进行离散，划分成有限个子区域（单元）。然后利用这些离散的单元，使静电场能量近似地表示为有限个节点的函数。因此，求解静电场能量的极值问题就简化为多元函数的极值问题，而后者通常归结为一组多元线性方程组，即有限元方程。根据方程特性，利用适当的代数方法，可以求得各节点电位和电场强度。

随着数值计算技术的迅速发展，已经有多种功能强大的商用有限元计算软件，计算非常方便。计算结果的准确性依赖于场域的划分、边界条件和初始条件的设定和选取，以及对计算结果的分析和验证。

2. 模拟电荷法

用模拟电荷法求解静电场问题时，将空间连续分布的电荷以一组有限数量的、布置在一定的几何位置上的离散电荷来表示，然后根据叠加原理，由这些离散电荷来计算场域内的电位分布和电场强度。根据静电场唯一性原理，若根据计算结果得到的原场域边界所形成的电位或者电场强度，符合所给的边界条件，则场域内任意点的电位和电场强度均可以由这些模拟电荷所产生的场量叠加而得。

根据电极形状的不同，常用的模拟电荷有点电荷、直线电荷和环线电荷等。适当选择模拟电荷的类型、位置和数量，可以提高电场计算的准确度。模拟电荷在分析具有空间电荷的场域时，比其他方法更为直观、便捷。

1.2.3　电场的调整

在工程实际中，绝大多数电场都是不均匀的。当局部区域电场很强时，就会出现局部放电，导致绝缘损坏或击穿。因此，需要改善电场分布，降低局部区域的场强，使电场的不均匀系数下降。

电场最强处往往位于曲率半径较小的电极表面，因此，改善电极形状的具体措施也围绕降低电极表面的场强而进行。

1. 增大电极曲率半径

通过增大电极曲率半径来降低电极表面场强是一种常用的办法。通常将电极边缘做成弧形，使电极表面尽量与介质中的等电位面平行。如在高压实验室中，在各类高压设备中顶部常采用空心球形电极引出，采用由多个曲面电极组成的大曲率半径电极，如图 1-3 所示。

高压导线可以采用大截面导线或中空的扩径导线（不增大截面积）。在高压输电线路中，常采用分裂导线的方式，将每相导线分成截面积相等的多根导线，多根导线的总截面积并不增大。采用分裂导线的方式，每根导线之间互相屏蔽，每相导线整体的等效半径大幅增加，每根导线表面的场强都大幅下降。图 1-4 所示为四分裂导线及其电力线分布示意图。我国 220、500、1000kV 交流输电线路，常采用双分裂、四分裂、八分裂导线的布置方式。

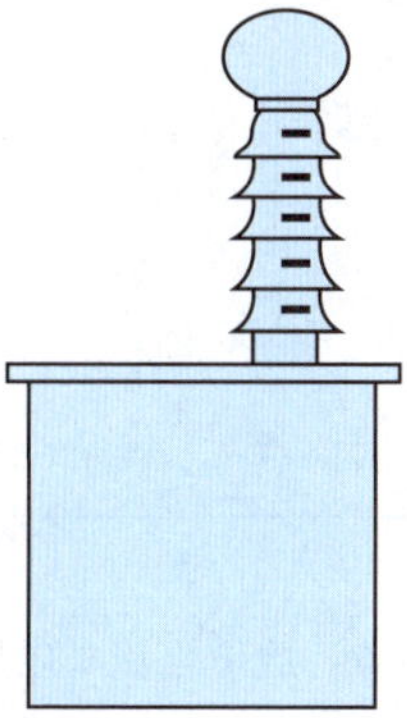

图 1-3 高压试验变压器的高压电极

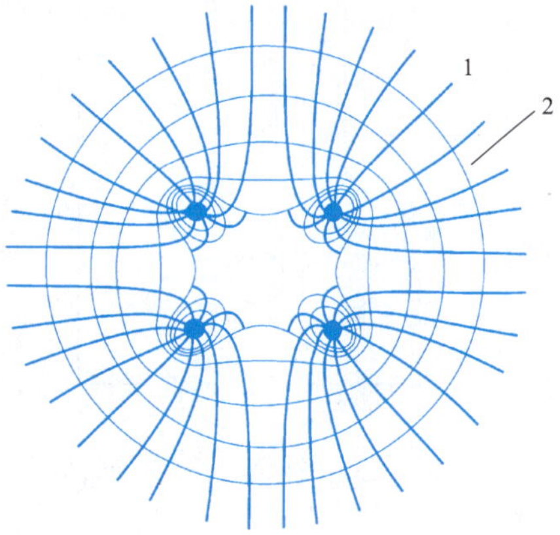

图 1-4 四分裂导线及其电力线分布示意图

1—电力线；2—等电位线

2. 加装屏蔽罩或屏蔽环

对于一些长尺寸的高压设备，如高压绝缘支柱、输电线路的绝缘子串等，采用在高压端加装外部屏蔽环的方法。屏蔽环的作用是增大高压电极对设备本体的电容，补偿设备本体对地电流，使绝缘表面电位分布趋于均匀，从而降低靠近高压电极的绝缘表面场强，提高沿面闪络电压，如图 1-5 所示。

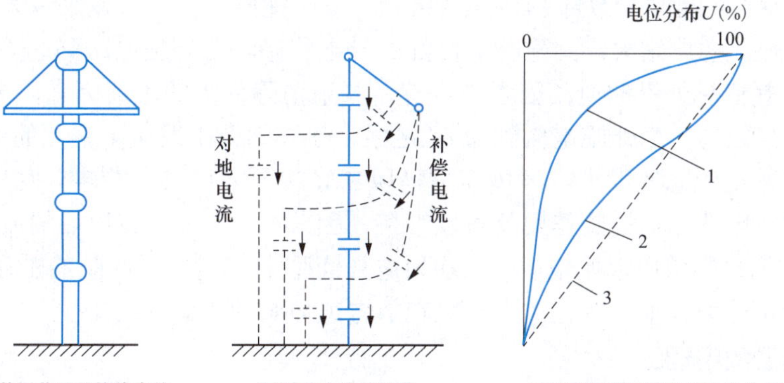

(a)加装屏蔽环的绝缘支柱　(b)对地电流的补偿　(c)加装屏蔽环前后的电位分布

图 1-5 高压端部加装屏蔽环及电位分布的均匀性

1—未加屏蔽环；2—加屏蔽环；3—理想分布

1.3 均匀电场中气体的击穿

1.3.1 非自持放电和自持放电

气体放电可分为非自持放电和自持放电两大类。必须借助外加电离因素才能维持的放电称为非自持放电；不需其他任何外加电离因素而仅由电场的作用就能维持的放电称为自持放电。

如图 1-6 所示，在空气中放置两块平行板电极，用外部光源对阴极板进行紫外光照射。在两极间加上直流电压，在间隙中形成较均匀的电场，当极间电压逐渐升高时，得到放电电流和电压的关系，如图 1-7 所示。

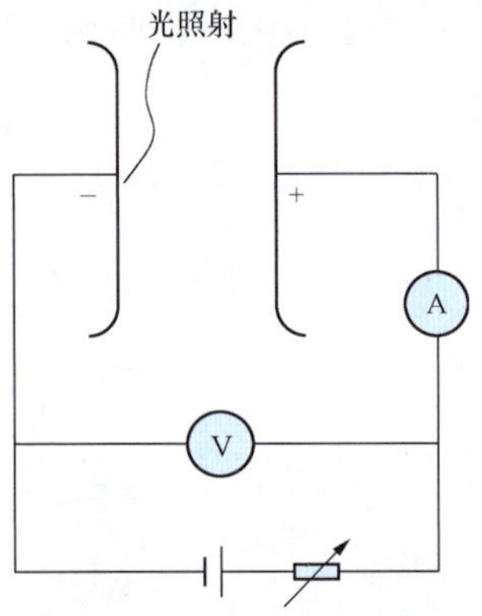

图 1-6 平行板电极实验装置

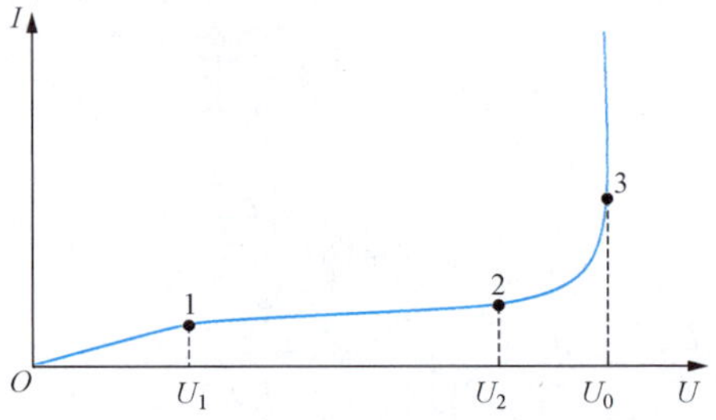

图 1-7 放电电流与电压的关系

大气中通常存在着少量的带正、负电荷的粒子，这是大气在空间的宇宙射线等高能射线的作用下不断产生的电离与同时进行的复合过程相互平衡的结果。此外，当阴极受到照射时也能发射电子。在极间加上电压后，这些带异号的带电粒子分别向两极移动，形成电流。起初，随着电压的升高，带电粒子的运动速度加快、复合的数量减少，电流也随之增大（见图 1-7 中 0～1 段曲线）。当电压到达 U_1 后，电流不再随电压而增大，因为这时在单位时间内由外界电离因素在极间产生的带电粒子已全部参与了导电，所以电流趋于饱和（见图 1-7 中曲线 1～2 段）。这个饱和电流的密度是极低的，一般只有 10^{-19}A/cm^2 的数量级。因此，这时气体间隙仍处于良好的绝缘状态。当电压到达 U_2 后，电流又随着电压的升高而增大（见图 1-7 中曲线 2～3 段），这时间隙中出现了新的电离因素——碰撞电离，电流越来越大，最后到达图 1-7 中 3 点。此时电流急剧增大，间隙转入良好的导电状态。在外施电压到达 U_0 以前，间隙中的电流很小，且要依靠外界的电离因素来维持，如果消除外界的电离因素，电流将消失，这种放电属于非自持放电。当外施电压到达 U_0 之后，气体间隙中发生了强烈的电离，带电粒子的数量急剧增多，电流急速增大，气体间隙呈现良好的导电状态，并伴有发光、发声等现象，此时间隙中的放电依靠电场的作用就可以维持，因此图 1-7 中 3 点以后的放电属于自持放电。因此，U_0 被称为自持放电起始电压。在均匀电场间隙中，U_0 等于间隙的击穿电压 U_b，根据气压、外回路阻抗等条件形成辉光放电、火花放电或电弧放电。

1.3.2 汤逊放电理论

20 世纪初，汤逊（J. S. Townsend）根据在均匀电场、低气压、短间隙的条件下的大量实验结果，提出了比较系统的放电理论和电流、电压的计算公式，解释了整个间隙的放电过程和击穿条件。

1. 电子崩的形成

在外界电离因素光辐射的作用下，电子主要由阴极发射产生，间隙中出现自由电子，这些电子就是放电的起始电子。起始电子在电场的作用下，由阴极向阳极运动。在这个过程中，电子不断被加速，动能不断积累，同时与中性粒子发生碰撞。当 $U>U_2$（见图 1-7）时，电场很强，电子的动能达到足够大，有可能产生碰撞电离，电流迅速增大。新电离产生的电子和原有电子一起又从电场中获得动能，继续被加速，从而发生新的碰撞电离。这样就出现了一个连锁反应的局面。间隙中的电子数目由 1 变为 2，2 变为 4，……电子的数目迅速增加。这种电子数目迅速增加的过程，犹如高山的雪崩过程，因此被形象地称为电子崩，如图 1-8 所示。由于电子的运动速度要比离子大两个数量级，故崩头电子数目最多，其后直到尾部则是正离子。同时由于粒子的扩散作用，电子崩在发展过程中其半径逐渐增大。电子崩过程的出现使间隙中的电流急剧增大。图 1-7 中 2 点后电流随电压的迅速增长就是碰撞电离引起电子崩的结果。

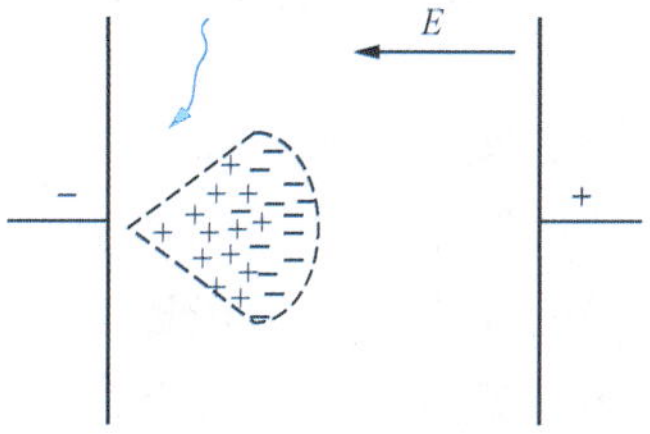

图 1-8 电子崩形成示意图

2. α 过程及 γ 过程

碰撞电离在产生电子的同时，也产生正离子。电子向阳极运动，正离子向阴极运动。在正离子向阴极运动的过程中，一方面可能与中性粒子发生碰撞产生碰撞电离，另一方面正离子可能撞击阴极表面使其产生表面电离，逸出电子。从阴极表面逸出的电子作为新的起始电子又重复上述的电子崩过程。这样一直发展下去，使间隙中维持放电状态。

为了定量分析间隙中气体放电过程，引入三个系数。

（1）α 系数。代表一个电子沿着电场方向行经单位长度后平均发生的碰撞电离次数。设每次碰撞电离产生一个电子和一个正离子，所以 α 就是一个电子在单位长度行程内新电离出的自由电子数或正离子数。α 系数对应于起始电子形成电子崩的过程，也称 α 过程。

（2）β 系数。表示一个正离子沿着电场方向行经单位长度后平均发生的碰撞电离次数。β 系数对应于离子崩的过程，也称 β 过程。由于离子的平均自由行程短，离子在电场中运动获取动能产生碰撞电离的可能性比电子小得多，因此 β 过程基本可以忽略。

（3）γ 系数。表示一个正离子碰撞阴极表面时，从阴极表面逸出的自由电子数（平均值）。γ 系数描述了正离子到达阴极后，引起阴极发射电子的过程，也称 γ 过程。

如图 1-9 所示，假设气体间隙的距离为 d，由于某种外界电离因素，从阴极发出一个电子。这个电子在向阳极运动的过程中不断引起碰撞电离，电子数目越来越多，经过距离阴极 x 后数目达到 n，这 n 个电子再经过距离 $\mathrm{d}x$，产生了新的电子数目为 $\mathrm{d}n$，则有

$$\mathrm{d}n = n\alpha\mathrm{d}x \text{ 或 } \frac{\mathrm{d}n}{n} = \alpha\mathrm{d}x \tag{1-8}$$

对式（1-8）从 0 到 d 积分，可得到达阳极时的电子数为

$$n = \mathrm{e}^{\int_0^d \alpha \mathrm{d}x} \tag{1-9}$$

在均匀电场中，当场强一定时，可认为 α 为一常数，则有

$$n = \mathrm{e}^{\alpha d} \tag{1-10}$$

这就是电子崩的发展规律。如果 αd=10，则 n=$\mathrm{e}^{\alpha d}$=2.2×10^4，远大于 1。

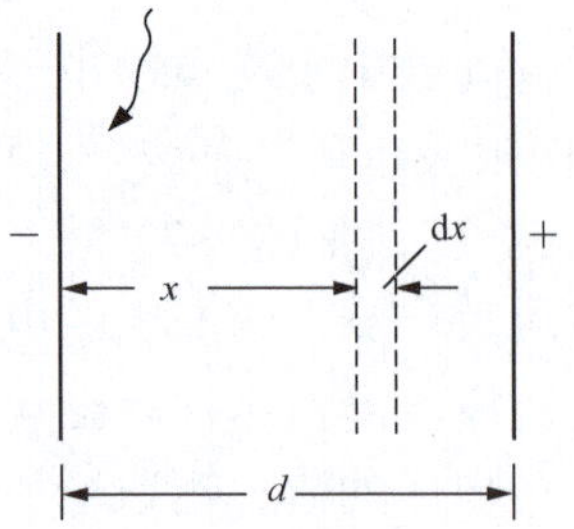

图 1-9 自持放电发展过程计算示意图

3. 自持放电条件

n 是 α 过程中包括起始电子在内的电子数。一个电子从阴极出发向阳极运动时，由于碰撞电离形成电子崩，到达阳极并进入阳极的共有 $e^{\alpha d}$ 个电子。除去起始电子外，电子崩发展过程中分别新产生了（$e^{\alpha d}-1$）个电子和正离子。这（$e^{\alpha d}-1$）个正离子在电场作用下向阴极运动，撞击阴极表面，产生表面电离；一个正离子可电离出 γ 个电子，则（$e^{\alpha d}-1$）个正离子就可电离出 γ（$e^{\alpha d}-1$）个电子，即 γ（$e^{\alpha d}-1$）表示了这些正离子消失于阴极之前，由 γ 过程又在阴极上释放出的二次电子数。如果（$e^{\alpha d}-1$）个正离子在撞击阴极表面时至少能从阴极释放出一个电子，来替代原来那个引起电子崩并已进入阳极的起始电子，这个电子就成为新的起始电子，将在电场的作用下向阳极运动，产生碰撞电离，发展新的电子崩。这样，即使没有外界电离因素存在，放电也能继续下去，使放电达到自持。所以，自持放电的条件为

$$\gamma(e^{\alpha d}-1)\geqslant 1 \tag{1-11}$$

当释放的电子数大于 1 时，间隙中导电粒子数不断增多，电流也不断增大，最终导致间隙击穿。因此，在均匀电场间隙中，自持放电条件即为间隙击穿的条件。

设电子在均匀电场 E 中行进 x 的距离后，与中性粒子发生碰撞，产生碰撞电离，若忽略其初始动能，则满足

$$Eqx\geqslant W_i \text{ 或 } Ex\geqslant V_i \tag{1-12}$$

$$E=U_0/d$$

式中：q 为电子所带电荷，C；W_i 为气体分子的电离能，J；V_i 为电离电位，V；U_0 为间隙两端的电压，V。

式（1-12）的物理意义是：使电子在与气体分子碰撞时产生电离的必要条件为电子在运动中所积聚的动能至少应等于气体分子的电离能。在场强为 E 的电场中运动时，只有那些自由行程超过 $x_i=V_i/E$ 距离的电子，才能与分子发生碰撞电离。如果电子的平均自由行程为 λ，则电子沿电场方向运动单位距离与气体分子发生碰撞的平均次数为 $\frac{1}{\lambda}$。自由行程的分布具有统计规律，可推得相邻两次碰撞之间电子运动距离（自由行程）大于 x_i 的概率为 $e^{-\frac{x_i}{\lambda}}$，因此其中只有 $\frac{1}{\lambda}e^{-\frac{x_i}{\lambda}}$ 次是电子的自由行程超过 x_i 的碰撞。当气体温度不变时，平均自由行程 λ 和气压 p 成反比。根据电离系数 α 的定义，有如下关系式

$$\alpha=\frac{1}{\lambda}e^{-\frac{x_i}{\lambda}}=\frac{1}{\lambda}e^{-\frac{W_i}{Eq\lambda}}=Ape^{-\frac{W_i}{Eq\frac{1}{Ap}}} \tag{1-13}$$

式中：A 为常数；p 为气压；λ 为电子的平均自由行程。

因此

$$\frac{\alpha}{p}=Ae^{-\frac{W_i}{Eq\frac{1}{Ap}}}=Ae^{-\frac{W_iAp}{Eq}}=Ae^{-\frac{Bp}{E}} \tag{1-14}$$

$$B=\frac{W_{\mathrm{i}}A}{q}$$

由式（1-11），得到自持放电的临界条件为

$$\alpha d=\ln\left(1+\frac{1}{\gamma}\right) \tag{1-15}$$

将均匀电场中间隙击穿时的电场强度与电压的关系式$E=\frac{U_{\mathrm{b}}}{d}$代入式（1-14），结合式（1-15），可以得到

$$\frac{\ln\left(1+\frac{1}{\gamma}\right)}{Apd}=\mathrm{e}^{-\frac{Bpd}{U_{\mathrm{b}}}} \tag{1-16}$$

由此，得到自持放电条件下空气间隙击穿电压 U_{b} 的表达式为

$$U_{\mathrm{b}}=\frac{Bpd}{\ln\frac{Apd}{\ln\left(1+\frac{1}{\gamma}\right)}} \tag{1-17}$$

式中：A、B 是两个与气体种类有关的常数；U_{b} 为间隙的击穿电压。

式（1-17）表明了击穿电压与气体状态等因素之间的关系。从式（1-17）中可以看出，由于 U_{b} 对γ取了两次对数，U_{b} 对γ的变化不敏感，因此 U_{b} 取决于 p 与 d 的乘积。

1.3.3 巴申定律

式（1-17）表明的规律在汤逊放电理论提出之前的 1889 年由巴申（F. Paschen）从实验中总结出来了，称为巴申定律。其内容是：当气体成分和电极材料一定时，气体间隙击穿电压（U_{b}）是气压（p）与间隙距离（d）乘积的函数，即

$$U_{\mathrm{b}}=f(pd) \tag{1-18}$$

巴申定律给汤逊放电理论以实验支持，而汤逊放电理论在理论上解释了巴申定律，两者相互印证。

图 1-10 所示为几种气体在均匀电场中的击穿电压 U_{b} 与 pd 值关系的试验曲线。由曲线可见，随着 pd 的变化，击穿电压 U_{b} 存在最小值。这一现象可用汤逊理论加以解释：形成自持放电需要达到一定的碰撞电离数，而这又取决于碰撞次数与电离概率的乘积。如果间隙距离 d 固定，则当 p 增大时，气体相对密度增大，电子更容易与气体分子相碰撞，碰撞次数增加，电子的平均自由行程缩短，不易积累动能，引起电离的可能性减小，击穿电压升高；而当 p 减小时，气体相对密度减小，虽然电子的平均自由行程增大，电子在两次碰撞间可积累更大的动能，但碰撞的概率减小，引起电离的次数减少，击穿电压也会升高。因此，在某个气压值 p 下 αd 有最大值，此时 U_{b} 最小。另外，如果气压值 p 固定，则当间隙距离 d 增大时，碰撞次数将增加，但由于距离增大后电场强度降低，电子获得的动能减小，击穿电压升高；而当间隙距离 d 减小时，电子从阴极到阳极的运动距离缩短，发生碰撞的次数减少，因此电离概率减小，击穿电压升高。因此在某个 d 值下 αd 有最大值，此时 U_{b} 最小。

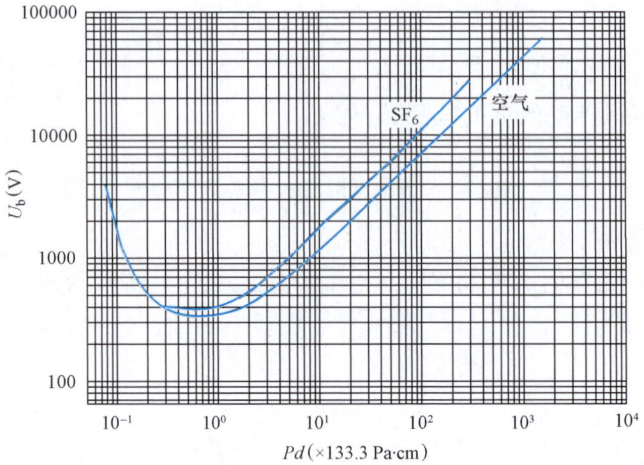

图 1-10　SF_6 与空气在均匀电场中的击穿电压 U_b 与 pd 值关系的试验曲线

该变化规律也可以从理论上推导得到。将式（1-17）对 pd 求导，并令其等于零，可以从理论上得到击穿电压极小值的条件为

$$(pd)_{\min} = \frac{e\ln\left(1+\frac{1}{\gamma}\right)}{A} \tag{1-19}$$

对于具有均匀电场的空气间隙，在 pd=73Pa・cm 时 U_b 达到最小值，约为 350V。上述分析是在假定气体温度不变的情况下得到的。当气体温度发生变化时，电子的平均自由行程λ（$\lambda \propto T/p$）将发生相应变化，从而影响气体间隙的击穿电压。为了考虑温度变化的影响，巴申定律更普遍的形式是以气体密度代替压力，即

$$U_b = f(\delta d) \tag{1-20}$$

式中：δ 为气体的相对密度（与 20℃时的标准大气压力相比）。

在大气压力或更高的压力下，间隙的 δd 值要远大于上述数值，其击穿电压都处在巴申曲线的右半部，即 U_b 随 δd 的增大而升高。

1.3.4　汤逊放电理论的适用范围

汤逊放电理论的核心是：①电离的主要因素是空间碰撞电离；②正离子碰撞阴极导致的表面电离是自持放电的必要条件。

汤逊放电理论是在气压较低、pd 值较小的条件下放电的基础上建立起来的，这一放电理论能较好地解释低气压短间隙中的放电现象。在 pd 较大的高气压长间隙中的放电现象无法用汤逊放电理论加以解释，主要表现在以下几方面：

（1）放电外形。根据汤逊放电理论，气体放电应在整个间隙中均匀连续地发展。低气压下的气体放电发光区确实占据了整个间隙空间，如辉光放电；但在大气压等较高气压下气体击穿时出现的却是带有分支的明亮细通道。

（2）放电时间。根据汤逊放电理论，间隙完成击穿需要多次循环，首先要形成电子崩；其次，正离子到达阴极产生二次起始电子，又形成更多的电子崩，故完成击穿需要一定的时间。但实测到的在大气压下气体的放电时间要短得多。

（3）击穿电压。当 pd 值较小时，根据汤逊自持放电条件计算的击穿电压与实测值比较一

致；但是当 pd 值很大时，击穿电压计算值与实测值有很大差别。

（4）阴极材料的影响。根据汤逊放电理论，阴极材料的性质在击穿过程中应起一定的作用。而实验表明，在低气压下阴极材料对击穿电压有一定的影响，但在大气压下空气中实测到的击穿电压却与阴极材料无关。

由此可见，汤逊放电理论只适用于一定的 pd 范围。一般认为，当 $pd>27\mathrm{kPa\cdot cm}$ 后，击穿过程发生改变，不能用汤逊放电理论来解释。

1.3.5 流注理论

人们在工程上感兴趣的主要是较高气压下的气体击穿。在汤逊以后，由瑞特（R.Leob）和米克（J.M.Meek）等人于 1937 年在实验的基础上提出了一种新的理论——流注理论，弥补了汤逊放电理论的不足，较好地解释了高气压长间隙中的气体放电现象。

流注理论认为，在外界电离因素（如紫外光）的作用下，在阴极附近产生起始电子。当外施电场 E_0 足够强时，产生电子崩。这些电子在电场作用下，在向阳极运动的途中与中性分子发生碰撞电离，电子崩中电荷数目不断扩大。由于电子的运动速度远大于正离子的速度，因此电子集中在朝着阳极方向的崩头部，电离过程也集中于电子崩头部。受空间电荷分布影响，间隙内合成电场 E_{com} 发生畸变，崩头部的电场强度大为增强，崩尾电场强度也有所增加，而崩头内正、负电荷之间的电场强度则受到了削弱，如图 1-11 所示。

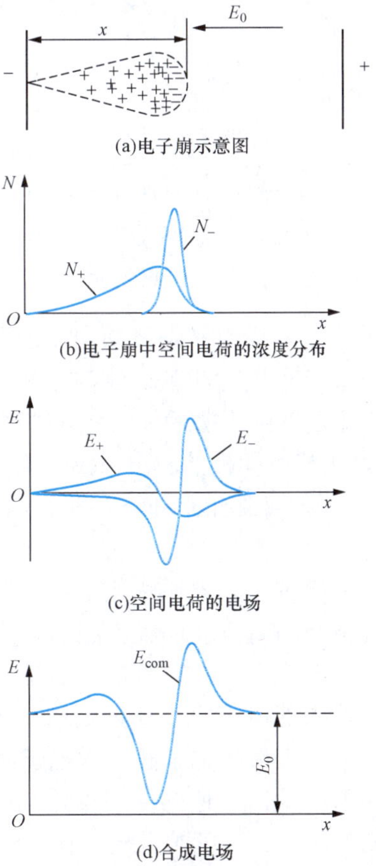

图 1-11 平板电极间电子崩空间电荷对外电场的畸变

N_+—正离子密度；N_-—电子密度；E_+—正离子感应的电场强度；E_-—电子感应的电场强度；E_0—原电场强度；E_{com}—合成电场强度

在电子崩前后电场强度增强，分子和原子容易受到激励，当它们从激励状态恢复到正常状态时，将放射出光子。而电子崩内中部电荷密度大，电场强度减弱，正、负粒子间容易发生复合现象，复合过程也会放射出光子。当间隙两端电压较低、外电场相对较弱时，电子崩内的空间电荷数量不多，这些过程不很强烈，不致引起新的现象。在电子崩经过整个间隙后，电子进入阳极，正离子逐渐进入阴极，电子崩消亡，放电没有转入自持。

当外施电压达到间隙的最低击穿电压时，情况有所变化。图 1-12 表示从电子崩形成［见图 1-12（a）］到间隙击穿［见图 1-12（f）］的过程。当电子崩头部接近阳极时，崩头电子和崩尾正离子总数剧增，崩头和崩尾电场强度都得到急剧增强。崩头的强烈电离也伴随着强烈的激励和反激励过程，并向周围放射出大量光子；同时，崩中部的弱电场也为分子吸附电子及正、负离子复合提供了条件，强烈的复合过程也放射出大量光子，如图 1-12（b）所示。其中射到崩尾的光子在崩尾造成光电离产生电子，这些电子在崩尾部局部增强了的电场中引发许多二次电子崩，如图 1-12（c）所示。二次电子崩头部的电子受到吸引，向主电子崩的正空间电荷区域运动，并与之汇合成为充满正、负带电粒子的混合通道，通道中正、负带电粒子密度大致相等，这种等离子体通道称为流注，如图 1-12（d）所示。

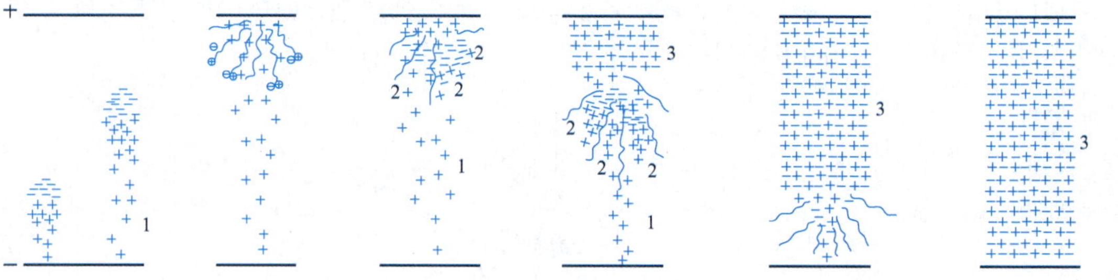

图 1-12　正流注的产生及发展

1—起始电子崩（主电子崩）；2—二次电子崩；3—流注

流注是导电性良好的等离子体，其头部又是二次电子崩形成的正电荷，因此流注头部前方电场强度大为增强，其中的电离过程更为激烈，流注不断向阴极方向发展，流注通道不断延伸，如图 1-12（e）所示。当流注发展到阴极后，整个间隙就被导电良好的等离子体所接通，间隙击穿，如图 1-12（f）所示。从整个间隙的放电发展来看，二次电子崩是逐步由阳极向阴极扩展的，这一过程称为正流注。图 1-13 所示为一个在 3.6cm 长、压力为 36kPa 的空气间隙中观测到的正流注及二次电子崩。

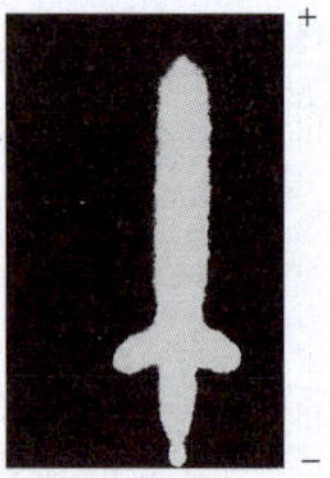

图 1-13　正流注及二次电子崩

上述过程为电压刚刚达到间隙的最低击穿电压时，电子崩需经过整个间隙方能形成流注的情况。如外施电压比击穿电压高（电压上升沿很陡、击穿具有一定延时），则电子崩不需要通过整个间隙，其头部电离程度就很剧烈，极易产生新的二次电子崩，其后主电子崩头部的电子和二次电子崩尾部的正离子汇合，形成流注。流注形成后，迅速向阳极推进，因此称为负流注。同时，在主电子崩的尾部，大量的正离子积聚畸变了电场，使流注向负极发展。当流注贯穿整个间隙时，间隙击穿。图 1-14 所示为在 26.7kPa 的氮气间隙中的流注放电过程，照片在加压后第 100～140ns 内拍摄。

从图中可以看出，在负流注到达阳极后，正流注的发展速度更快。

综上所述，流注理论认为：形成流注的必要条件是电子崩发展到足够的程度后，电子崩中的空间电荷足以使原电场（外施电压在间隙中产生的电场）明显畸变，大大加强了电子崩崩头和崩尾处的电场；另一方面，电子崩中电荷密度很大，反激励和复合过程频繁，放射出的光子在强电场区很容易成为引发新的空间光电离的辐射源。因此，流注理论认为，二次电子的主要来源是空间的光电离。

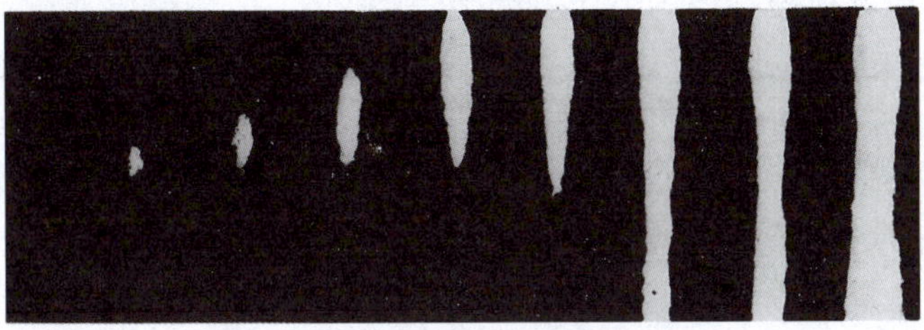

图 1-14　负流注的发展和间隙击穿

间隙中一旦出现流注，放电就可以由放电本身所产生的空间光电离自行维持，因此自持放电条件就是流注形成的条件。而形成流注需要起始电子崩头部的电荷达到一定的数量，使电场得到足够的畸变和加强，造成足够的空间光电离，转入流注，即

$$e^{\alpha d} \geqslant 常数 \tag{1-21}$$

一般认为当 $\alpha d \approx 20$（或 $e^{\alpha d} \geqslant 10^8$）便可满足上述条件，使流注得以形成。当 pd（或 δd）小于临界值时，αd 均达不到发展流注需要的最小值，也就不可能发展流注。研究结果表明，此 pd 的临界值约为 27kPa • cm。

利用流注理论可以很好地解释高气压、长间隙情况下出现的一系列放电现象。

（1）放电外形。流注通道电荷密度很大、电导率高，故其中的电场强度很小。因此流注出现后，将降低流注头部后方及其周围空间内的电场强度，提高流注前方的电场强度，并且这一作用伴随着其向前发展而更为增强。因而在电子崩转化成流注后，当某个流注由于偶然原因发展更快时，就将抑制其他流注的形成和发展，这种作用随着流注向前推进将越来越强，开始时流注很短，可能有三个，随后减为两个，最后只剩下一个流注贯通整个间隙，所以放电是具有通道形式的。

（2）放电时间。根据流注理论，二次电子崩的起始电子由光电离形成，而光子的运动速度远比电子快，二次电子崩又是在加强了的电场中，所以流注发展更迅速，击穿时间比由汤逊放电理论推算的小得多。

（3）阴极材料的影响。根据流注理论，大气条件下气体放电的发展不是依靠正离子使阴极表面电离形成二次电子维持的，而是靠空间光电离产生电子维持的，故阴极材料对气体击穿电压没有影响。

在 pd 值较小的情况下，起始电子在穿越极间距离后完成的碰撞电离次数有限，因而难以产生 $e^{\alpha d} \geqslant 10^8$ 所要求的电子数，这样就不可能出现流注，放电的自持只能依靠阴极上的 γ 过程。因此汤逊放电理论和流注理论适用于不同条件下的放电过程，它们互相补充说明广阔的 pd 范围内的放电现象。

1.4 不均匀电场中气体的击穿

在均匀电场中，气体间隙内的流注一旦形成，放电将达到自持的程度，间隙就被击穿。而电气设备绝缘结构中的电场大多是不均匀的，情况比较复杂。根据其放电特点，不均匀电场可分为稍不均匀电场和极不均匀电场两类。

1.4.1 稍不均匀电场和极不均匀电场的放电特点

图1-15表示球—板间隙的放电电压 U_b 与极间距离 d 的关系曲线。试验结果表明：当 $d<d_1$，电场不均匀系数 $f<2$ 时，其放电特性与均匀电场间隙相似，即当电压升高使间隙中出现自持放电（流注）时，立即导致整个间隙击穿，击穿电压取决于间隙中的最高场强。当 $d>d_2$，电场不均匀系数 $f>4$ 时，由于间隙中电场分布极不均匀，因而当所加电压达到某一临界值时，电场最强的球表面发生局部放电产生流注，但由于远离球电极处电场较弱，不能使流注放电贯穿整个间隙。此时，在球的表面出现蓝紫色的晕光，并发出“咝咝”的响声，这种仅发生在高场强区域的局部放电现象称为电晕放电，开始出现电晕放电的电压称为电晕起始电压。这时的放电电流很小（毫安级及以下），间隙还保持绝缘性能。当外施电压进一步升高时，球电极表面电晕层也随之扩大，并出现刷状的细火花，这种放电形式称为刷状放电。电压继续升高，火花越来越长，最终导致间隙完全击穿，击穿电压与球径无关，主要取决于间隙平均场强。电场强度越不均匀（两球间距离越大时），则击穿电压和电晕起始电压之间的差别也越大。当极间距离 d 在 d_1～d_2 之间时，属于过渡区域，击穿电压分散性较大。

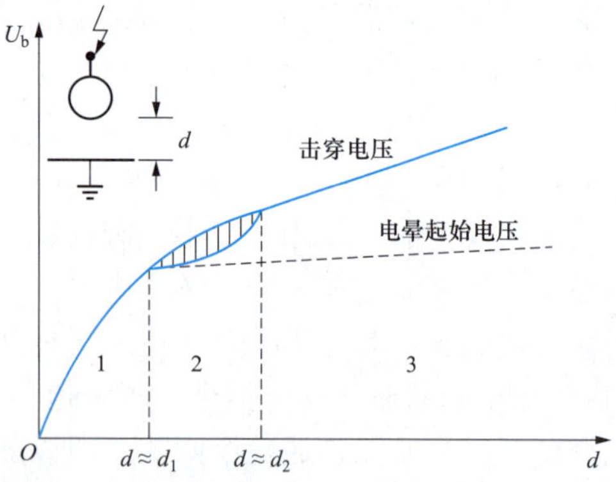

图1-15 球—板间隙的放电电压与极间距离的关系
1—稍不均匀场区；2—过渡区；3—极不均匀场区

从放电的观点看，电场的不均匀程度也可以根据是否存在稳定的电晕放电来区分。在极不均匀电场中存在稳定的电晕放电；而在稍不均匀电场中不存在稳定的电晕放电，放电电压与电晕起始电压重合，电晕一旦出现，间隙立刻被击穿。

在稍不均匀电场中放电达到自持条件时发生击穿现象，此时间隙中的平均电场强度比均匀电场间隙的略小，因此在同样极间距离时稍不均匀电场间隙的击穿电压比均匀电场间隙低；在极不均匀电场间隙中自持放电条件即是电晕起始条件，由发生电晕至击穿的过程还必须提高电压才能完成。

极不均匀电场中的放电具有如下特征：

（1）极不均匀电场间隙的击穿电压比均匀电场低。

（2）极不均匀电场中具有特殊的放电形式——电晕放电。

（3）极不均匀电场如果由不对称电极形成，则放电有明显的极性效应。

1.4.2 极不均匀电场中的电晕放电现象

1. 电晕放电的特点

在极不均匀电场中，当间隙上所加的电压远低于击穿电压、间隙被完全击穿以前，在曲率半径小的电极表面附近，场强可能已经达到自持放电的条件，这时会出现电晕放电，产生蓝紫色的晕光。这种特殊的晕光是电极表面电离区的放电过程造成的。电离区内的分子，在外部电离因素和电场的作用下，产生了激发、电离，形成大量的电子崩，与此同时也产生激发和电离的逆过程——反激励和复合。在这些去电离过程中，会产生强烈的光辐射，从而形成晕光，即电晕。在黑暗的环境中，可以看到电晕电极周围出现微弱的晕光，伴随着电晕噪声，并嗅到由电晕放电产生的臭氧的味道。与此同时，电路电流也突然增大到可以测量的数值。电晕电极周围的电离区称为电晕层，电晕层以外的电场较弱，不发生强烈的电离过程。

在电晕的起始阶段，放电电流通常由一系列短促的陡脉冲组成，一般认为这与电离的间歇性质有关。电晕层中的碰撞电离过程不断产生正、负带电粒子，其中与电极同极性的粒子在电场作用下离开电晕层，逐步向对面电极移动（其中电子在弱场强区运动常会附着在中性粒子上形成带负电荷的粒子），而异号电荷则快速进入电极。因此电极附近存在较多的与电极同号的电荷，电极表面场强减小，导致电离停止；等到这些电荷逐渐向外移动及扩散，电场强度得以重新增强后，电离才会再次爆发。图 1-16 所示为负极性电晕放电过程中电荷分布示意图。

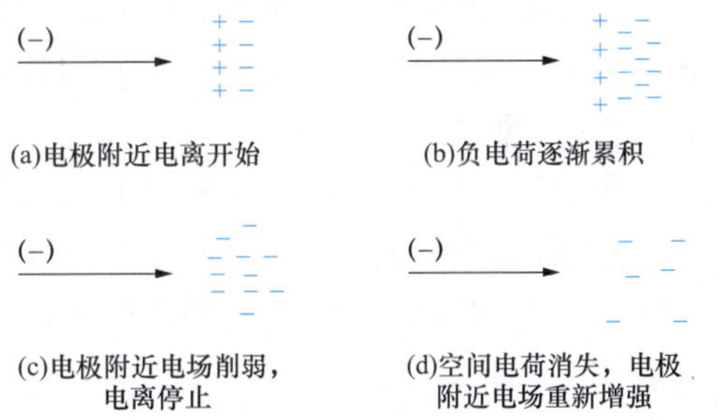

图 1-16　负极性电晕放电过程中电荷分布示意图

上述过程不断重复，就造成了放电的脉冲现象，电晕放电电流也呈脉冲形式。图 1-17 所示为一尖（针）—板间隙上施加负极性直流电压时的电晕放电电流 i 波形，电流脉冲重复频率为几千赫兹至兆赫兹，随电压的升高而提高。电晕层外区域中不发生电离，电导不大，所以放电电流很小，间隙尚未完全击穿。

电晕放电的电流强度取决于外施电压、电极形状、极间距离、气体性质和密度等因素。

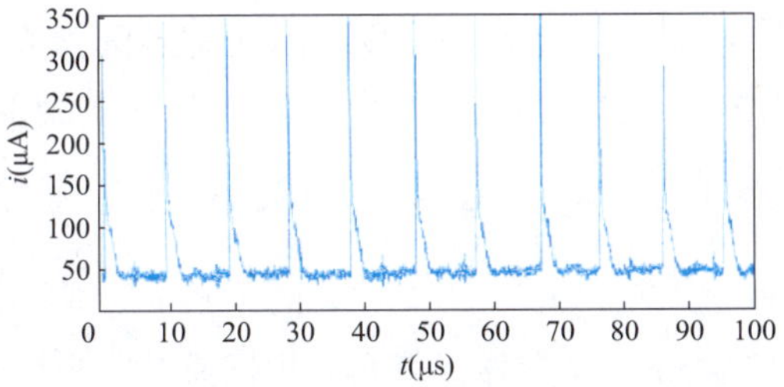

图 1-17　尖（针）—板间隙上施加负极性电压时的电晕放电电流波形

试验结果表明，在尖（针）—板间隙中，随着外施电压的逐渐升高，放电现象大致呈以下几个阶段：

（1）当外施电压很低时，间隙中的放电过程取决于外电离因素，属于非自持放电，放电电流极小，一般仪器难以测量。

（2）随着电压升高，开始产生电晕，放电电流突然增大到可以察觉的数值，可以探测到有规律性的重复电流脉冲波形。当尖（针）电极为正极性时，由于正离子在电场中的迁移速度比电子慢得多，因此重复电流脉冲不如负极性时规则。

（3）当电压继续升高，电荷运动速度加快，尖（针）附近电场更迅速地得到恢复时，放电脉冲重复频率上升，电流脉冲幅值基本不变，但平均电流增大。

（4）电压再继续升高到一定程度，电晕放电的脉冲特性由于近乎连续的单脉冲的重叠而消失，形成含有一定纹波的持续电流，平均值继续增大。

（5）电压再进一步升高，个别流注强烈发展，因其形状称为刷状放电或羽状放电，这时又出现不规则的强脉冲电流，幅值也大为增加。

（6）随着电压的不断升高，最后间隙完全被击穿。

电晕放电是极不均匀电场所特有的一种自持放电形式。根据电晕放电的特点，电晕有两种基本形式，即电子崩形式和流注形式。

（1）起晕电极曲率很大（如针尖）的情况。除了电极表面附近极小的空间，外部电场强度迅速下降，激发不起电离。因此电晕层很薄，且比较均匀，放电电流比较稳定，自持放电属于汤逊放电形式，即出现电子崩形式的电晕。随着电压升高，电晕层不断变厚，个别电子崩形成流注，出现放电的脉冲现象，开始转入不均匀、不稳定的流注性质的电晕放电。电压很高引起刷状放电时，不断形成强烈的流注，由于流注形成具有统计性，所以电流脉冲不再呈现规律性。

（2）对于曲率半径较大的电极，电晕一开始就很强烈，一旦出现就是流注形式的电晕放电。在冲击电压作用下，电压上升很快，来不及出现分散的大量的电子崩，因此电晕从一开始就具有流注的形式。

开始爆发电晕时的电压称为电晕起始电压 U_c，而电极表面的场强称为电晕起始场强 E_c。

2. 输电线路的电晕放电

（1）影响因素。输电线路是极不均匀电场的一个典型例子。当平行导线轴线间距离 d 远大于导线半径 r 时，导线表面场强为

$$E=\frac{U}{2r\ln\frac{d}{r}} \tag{1-22}$$

式中：U 为线间电压，kV。

电晕起始电压与导线尺寸、大气状态和导线表面状态等因素有关。皮克（F.W.Peek）研究了平行导线间电晕起始电压的大量数据，得到了目前被广泛采用的计算均匀绞线表面电晕起始场强的皮克公式，即

$$E_c=30m\delta\left(1+\frac{0.3}{\sqrt{r\delta}}\right) \tag{1-23}$$

式中：E_c 为电晕起始场强，kV/cm；m 为导线表面的粗糙系数，光滑导线 m=1，对于表面不光滑导线，全面电晕时 m=0.82～0.9，局部电晕时 m=0.72；δ 为空气相对密度；r 为导线半径，cm。

式（1-23）表明，E_c 与空气相对密度和导线半径有关。另外，当导线表面粗糙时，电晕起始电压降低。

由式（1-22）可以得到电晕起始电压 U_c（线间电压）为

$$U_c=2E_c r\ln\frac{d}{r} \tag{1-24}$$

地面上单根导线的电晕起始场强和电晕起始电压也可以用式（1-23）和式（1-24）求取，但式中 d 为导线与其镜像之间的距离（离地高度的两倍），电压为导线对地电压的两倍。

输电线路上的电晕除了如上所述与导线直径所决定的表面工作场强有关，还与导线的表面状况及天气状况有关。导线表面曲率增大（如绞线）、粗糙不平或污秽都会使电晕增强。天气的影响：空气密度降低将使电晕起始场强降低，雨、雪、霜等坏天气都将使电晕急剧增强，这是由于附着在导线上的水滴在电场作用下将克服本身的表面张力而变成锥形（见图 1-18），

从而在其尖端产生强烈的电晕放电。

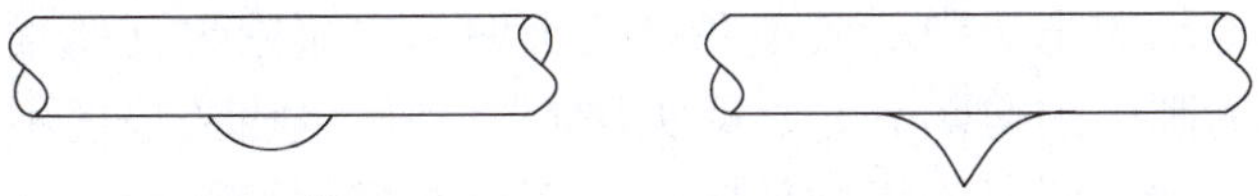

图 1-18 导线电场对水滴形状的影响

（2）危害与能量损失。在高压输电线路中，电晕放电产生的空间电荷的运动构成了电晕电流。由于导线间大部分空气间隙仍保持绝缘，电晕电流自然是比较小的，但它比正常情况下的线路绝缘的泄漏电流要大得多。空间电荷的运动需要能量，电晕放电时发光并发出“咝咝”声和引起化学反应（如使空气中产生 O_3 和 NO 等）也需要能量，这部分能量构成了输电线路电晕损耗的主要部分，从而使空气电离所消耗的能量比较小。

除了能量损耗和可听噪声，在电晕放电时流注的不断形成、熄灭和重新爆发，也会产生强烈的放电脉冲，这些脉冲电流将产生电磁波并传播到空间。特别是工频电压下的电晕，由于每半周期内都存在着电晕产生和消失阶段，因此不断地发射出电磁波，造成无线电干扰，最严重的无线电干扰源来自正半周期时的流注放电。

随着电压等级的提高，输电线路自然传输功率相应增大。如以同样的电流密度确定导线的截面积，则可以计算得到导线表面的场强将随着电压的升高而增大（与电压的平方根近似成正比），因此电晕问题会更加严重。对于 220kV 及以下的输电线路，电晕放电及其所引起的损耗和干扰一般还不算突出；但对于电压等级更高的线路，如果不采取一定的措施，在工作电压下导线表面的场强就可能超过电晕起始场强，从而引起严重的电晕。

电晕损失是电力工业中的一个技术经济指标，在电网的设计中是首先必须验算的。由于输电线路的电晕损失随天气状况的不同变化范围很大，且各国气象条件差异很大，因此尚未有一个公认的线路电晕损失的计算方法。工程实际中采取的方法是根据试验线路上的实测结果进行综合计算。如我国对一条采用 8 分裂导线的 1000kV 特高压交流输电线路的观测表明，电晕损耗变动范围很大，推算电晕损失从好天气时每千米几千瓦到雨雪天气时每千米几百千瓦不等，三相导线年平均电晕损失一般为几十千瓦/千米。

在正常输送功率条件下，特高压线路的导线选择主要取决于电晕条件，以及由电晕派生的无线电干扰和可听噪声。随着电压等级的提高，人们发现在决定导线结构方面，电晕损失所起的作用越来越小，在特高压线路设计中，由电晕引发的可听噪声和无线电干扰是导线最小截面选择的主要控制条件。通常在正常运行时的导线表面的电场强度为电晕起始场强的80%以上。

（3）措施。从式（1-22）可以看出，降低导线表面场强的主要措施是增大导线半径 r。但对于 330kV 及以上电压等级的线路，按照电晕要求选择的导线直径一般大于按经济电流密度选择的导线直径。为了经济，也为了避免使用直径太大的导线，通常采用分裂导线的解决办法，即每相导线由两根或两根以上的子导线组成，使导线的等效半径增大。分裂导线在保持同样导电截面的条件下，导线表面积比单导线时增大，降低了导线表面场强。

当然，电晕放电在某些场合也有对人类有利的一面。例如电晕可削弱输电线路上的雷电冲击电压的峰值和陡度，也可以使操作过电压产生衰减。电晕放电在工业领域已获得广泛应用，例如材料表面的处理改性、净化工业废气的静电除尘器、净化水用的臭氧发生器和静电喷涂等。

1.4.3　极不均匀电场中的放电过程与极性效应

如前所述，在极不均匀电场中，放电总是从大曲率电极附近开始发展。放电过程中空间电荷对极不均匀电场间隙中的电场分布有较大影响。外施电压的极性不同时，空间电荷对放电发展的影响不同，呈现出明显的极性效应。下面以典型的棒—板间隙为例，讨论极不均匀电场中的放电过程和极性效应。

1. 电晕起始

在极不均匀电场中，当电压还不足以引起间隙击穿，大曲率电极附近的电场强度已经很高时，可以发展起电离现象。

在正极性棒—负极性板间隙中，自由电子向棒极运动，进入强电场区后，开始引起碰撞电离并形成电子崩。随着电压逐渐上升，到放电达到自持、爆发电晕之前，间隙中的这种电子崩数量已相当多了。当电子崩到达棒极后，其中的电子就进入棒极，而正离子仍留在空间，相对缓慢地向板极移动。于是在棒极附近，积聚起正空间电荷，靠近棒极的空间电荷感应的电场强度 E_q 与外施电场强度 E_0 方向相反，从而减小了棒极表面附近的电场强度，而略微加强了外部空间的电场强度，如图 1-19（a）所示。由于棒极表面附近电场强度减弱，不容易产生流注，因此电晕放电难以形成。

而在负极性棒—正极性板间隙中，棒极附近电离形成电子崩，电子崩中的电子迅速扩散并向板极运动。电子离开强电场区后，不再能引起电离，向阳极运动的速度也越来越慢，一部分消失于阳极，另一部分被气体吸附形成负离子。电子崩中的正离子逐渐向棒极运动，但其运动速度远比电子慢，所以在棒极附近总是存在着正空间电荷，如图 1-19（b）所示。这些正空间电荷加强了棒极附近的电场强度，使棒极附近自持放电条件易于得到满足，易于转入流注形成电晕，因而电晕起始电压比正极性棒—负极性板间隙要低。

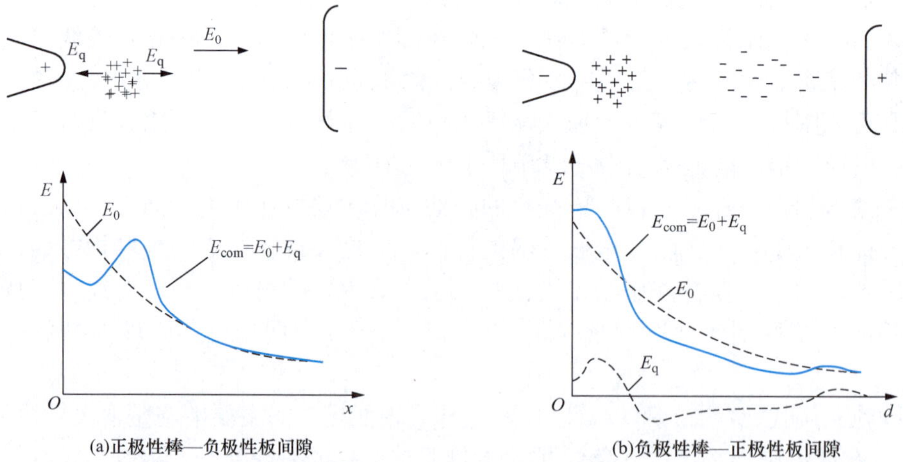

(a)正极性棒—负极性板间隙　　(b)负极性棒—正极性板间隙

图 1-19　棒—板间隙中非自持放电阶段空间电荷及电场分布

E_0—原电场强度；E_q—空间电荷的电场强度；E_{com}—合成电场强度

2. 流注发展及击穿

随着电压的升高，棒极表面附近首先形成流注。

在正极性棒—负极性板间隙中，由于外电场的特点，流注等离子体头部具有正电荷。空间正电荷减小了流注中的电场强度，而加强了其头部电场强度，如图 1-20（d）曲线 2 所示，使此处易于产生新的二次电子崩。二次电子崩中的电子被吸引进入初崩形成的正电荷区内，形成等离子体，电子崩尾部的正离子则构成了流注新的头部。流注及其头部的正电荷使强电场区向前移动，如图 1-20（d）曲线 3 所示，好像将棒极向前延伸，由此促进了流注通道的进一步发展，逐渐向板极推进，如图 1-20（c）所示。由于流注产生的空间电荷总是加强流注通道头部前方的电场强度，因此正流注的发展是连续、快速的，与棒为负极性时相比，击穿同一间隙需要的电压较低。

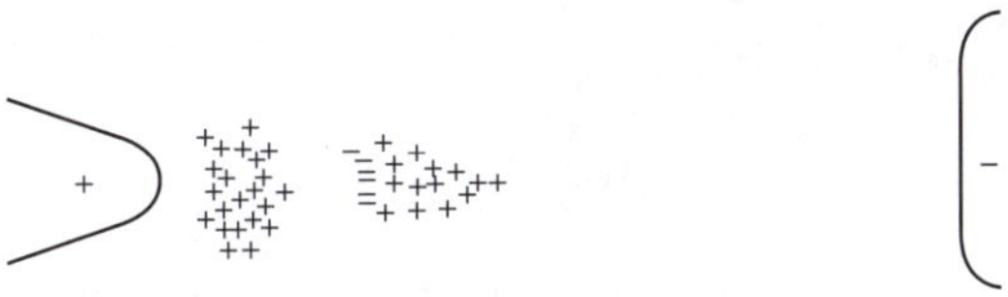

(a)棒极附近的电荷

(b)棒极附近流注的形成

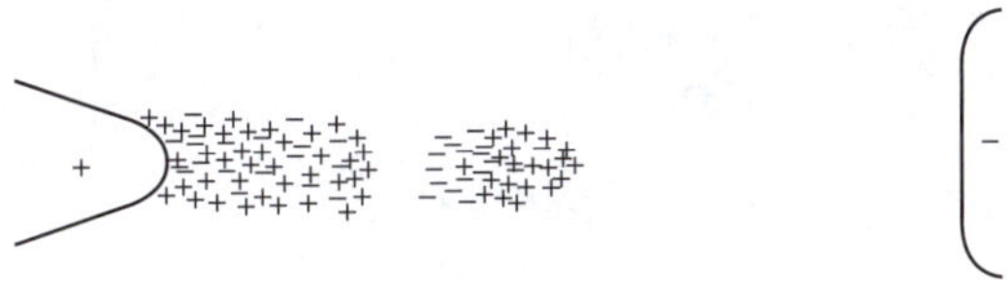

(c)流注的发展

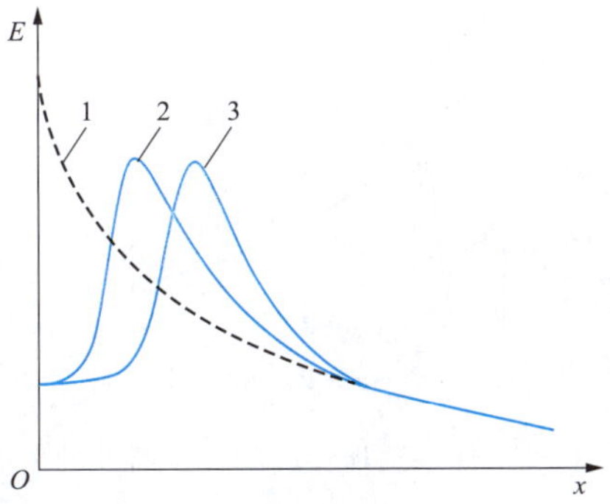

(d)电场分布

图 1-20　正极性棒—负极性板间隙中流注的形成和发展

1—外电场分布；2—（b）情况下的电场分布；3—（c）情况下的电场分布

在负极性棒—正极性板间隙中，在达到电晕起始电压后，由于电场强度很高，紧贴棒极表面附近的同时产生了大量的电子崩。电子崩中的电子向外空间运动，留下的正空间电荷使电场畸变，如图 1-21（b）所示，增强了负极性棒极附近原已很强的电场强度，易于转入流注放电，大量电子崩造成弥散分布的等离子体层；但是等离子体层起着类似增大棒极曲率半径的作用，削弱了外部空间的电场，如图 1-21（d）曲线 2 所示，使负流注的向前发展受到限制。当电压很高时，流注前方电场强度足够强，产生新的电子崩，并向极板方向发展，通道中充满了等离子体，负流注才能逐渐向阳极推进，如图 1-21（c）所示。由于等离子体层对前方电场的削弱作用，通道前方电场被加强的程度要比正极性棒—负极性板间隙中低得多。综上分析，负极性棒下放电通道的发展比正极性棒下要困难得多，负极性棒下的击穿电压也更高。

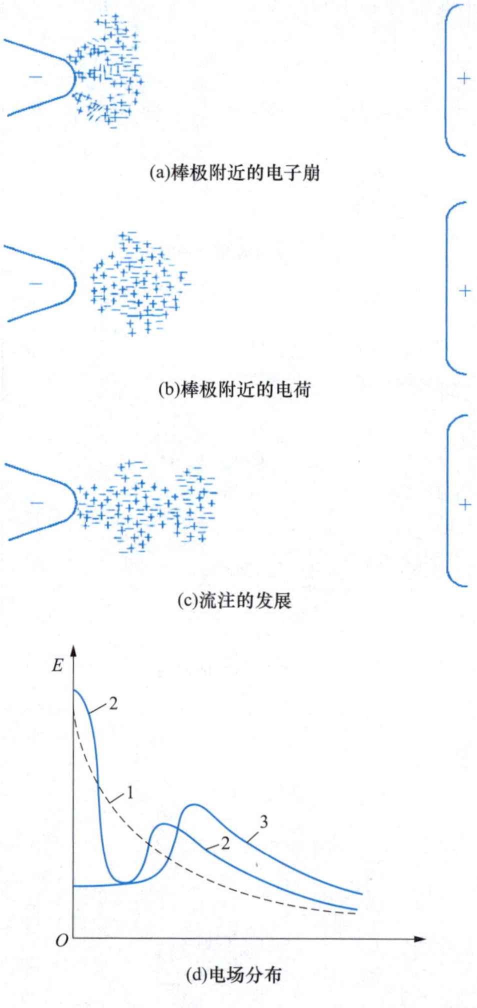

图 1-21　负极性棒—正极性板间隙中流注的形成和发展

1—外电场分布；2—（b）情况下的电场分布；3—（c）情况下的电场分布

在极不均匀电场中，随着与起晕电极间距离的增大，电场迅速减弱。根据电压的高低，随着流注向前发展，当流注头部电场不足以使流注继续发展时，放电就停滞不前，形成电晕放电或刷状放电。在电压足够高，流注头部的电场足以驱使流注发展时，流注将一直达到对面电极，从而导致间隙被完全击穿。

3. 长间隙的击穿过程

当间隙距离足够长（如棒—板间隙距离大于 1m），在流注不足以贯穿整个间隙时，仍可能使间隙发生击穿。

（1）先导放电。当外施电压达到一定程度时，高电压使棒极附近电场很强，在棒极前方较大范围内都能产生强烈电离，形成电子崩和流注。电离出来的自由电子沿流注通道汇聚到棒极上。当流注通道发展到足够的长度后，数目极多的电子沿通道流向电极，于是流注根部温度急剧上升，出现热电离过程。这个具有热电离过程的等离子体通道称为先导通道，如图 1-22 所示。棒为负极性时，先导的发展也类似，只是电子从电极流向流注头部。由于出现了新的电离过程，先导在外观上更为明亮，电导率提高，轴向场强比流注通道中的场强低得多。实验结果表明，正、负极性棒下先导中的平均电位梯度分别为约 1kV/cm 和 2～3kV/cm，而在流注中的电位梯度则分别为约 5kV/cm 和 10～15kV/cm。先导的形成和发展近似把棒极电位带到通道的前段，从而增强了其头部前沿区域中的电场，引发新的流注，导致先导通道不断向前伸长。

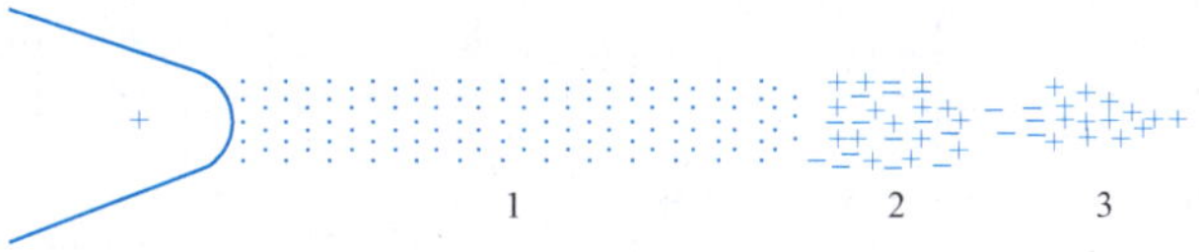

图 1-22　正极性棒—负极性板长间隙中先导通道的发展

1—先导；2—流注；3—电子崩

（2）主放电。当先导通道头部发展到非常接近极板时，这一很小间隙中的电场强度可达很高的值，引起强烈的电离过程，使这一间隙中出现了带电粒子浓度远大于先导通道、电导率极高的等离子体。新出现的等离子体通道大致具有极板电位，因此在它和先导通道交界处总保持着极高的电场强度，继续引起强烈的电离。于是高场强区，即强电离区迅速向阳极传播，强电离通道也迅速向前推进，这就是主放电过程，如图 1-23 所示。由于其头部电场极强，所以主放电通道的发展速度远大于先导通道的发展速度，实测可以达到 10^7m/s。主放电通道贯穿电极间隙后，间隙就类似于短路，失去绝缘性能，击穿过程完成。

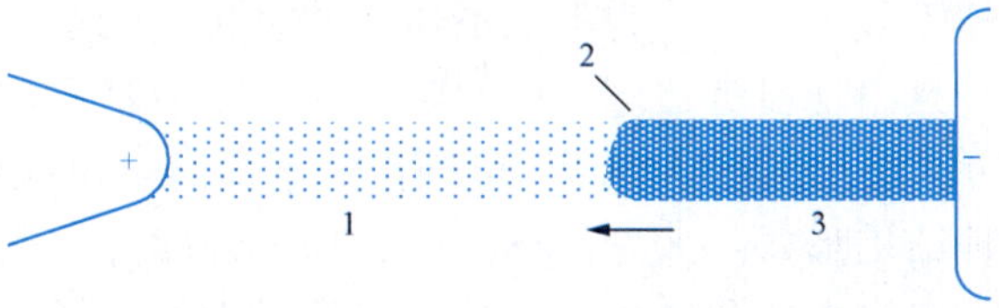

图 1-23　正极性棒—负极性板间隙中的主放电过程

1—先导；2—主放电通道与先导交界处；3—主放电通道

试验研究结果表明，长间隙的放电大致分为电晕（流注）放电、先导放电和主放电三个阶段。其中在不太长间隙中没有先导放电阶段，只有流注和主放电两个阶段。

1.5　气体间隙的稳态击穿电压

直流电压和工频交流电压是持续作用的稳态电压，这类电压的变化速率很低。气体间隙的击穿电压与电场分布有很大关系，当间隙距离相同时，通常电场越均匀，击穿电压也越高。

1.5.1　均匀电场中的击穿电压

在均匀电场中，从自持放电开始到间隙完全击穿的放电时延可以忽略不计，因此相同间隙的直流击穿电压与工频击穿电压（幅值）都相同，且击穿电压的分散性也较小。均匀电场

中空气间隙的击穿电压经验公式为

$$U_b = 24.4\delta d + 6.1\sqrt{\delta d}\ \text{(kV)} \tag{1-25}$$

式中：d 为间隙距离，cm；δ 为空气相对密度。

图 1-24 给出了在标准参考大气条件下，具有均匀电场的空气间隙的稳态击穿电压与极间距离的关系。从图中可以看出，即使在均匀电场中，空气间隙击穿场强也随间隙距离增大而减小，当间隙距离接近 1cm 时，空气间隙击穿场强约为 30kV/cm。对于极间距离大于 10cm 的较长间隙，击穿场强约为 24kV/cm。

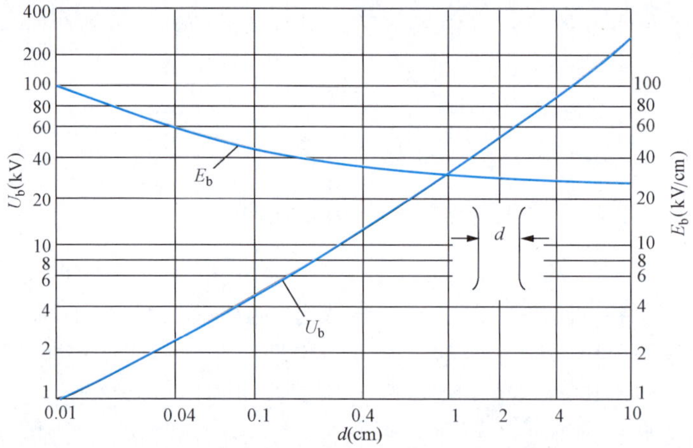

图 1-24　稳态电压作用时空气间隙击穿电压 U_b 与极间距离 d 的关系

1.5.2　稍不均匀电场中的击穿电压

在稍不均匀电场气体间隙中，与均匀电场类似，间隙各处的电场强度大致相等，不可能发生稳定的电晕放电，一旦出现自持放电，则间隙击穿。由于稍不均匀电场的间隙距离一般不会很大，放电时延较短，因此在不同波形的电压作用下击穿电压很接近，其分散性也不大。

稍不均匀电场有多种结构形式，如球—球间隙、球—板间隙、同轴圆筒构成的间隙等。在稍不均匀电场间隙中，击穿电压和电场均匀程度关系极大，电场越均匀，相同间隙距离下的击穿电压就越高，其极限值就是均匀电场时的击穿电压。

在稍不均匀电场中也有极性效应，主要体现在不对称电场中。以球—球间隙为例，若两球对称布置，其中任何一球不接地，在间隙上施加电压时，电场对称，无极性效应；但通常是一球接地使用，由于大地和周围物体的影响，电场分布不对称，因而有较弱的极性效应。

图 1-25 表示两直径为 D 的球形电极中一球接地时，球间隙的击穿电压与间隙距离的关系。由图可见，当 $d<D/4$ 时，由于大地及周围物体对球间隙电场分布的影响很小，且电场相当均匀，因而其击穿特性与均匀电场相似，直流、工频交流（包括冲击电压）作用下的击穿电压大致相同。球间隙是标准的高电压测量器具，为了保证测量准确度和稳定性，间隙距离应保证在 $d \leqslant D/2$ 内。但当 $d>D/4$ 时，电场不均匀度增大，大地对球间隙中电场分布的影响加大，平均击穿场强减小。此时不接地的球为正极时击穿电压高于负极性时的数值，其产生的原因是由于空间电荷的影响。在稍不均匀电场中，不能形成稳定的电晕放电，电晕起始电压就是其击穿电压，所以电晕起始电压较低的负极性下击穿电压略低于正极性下的数值。

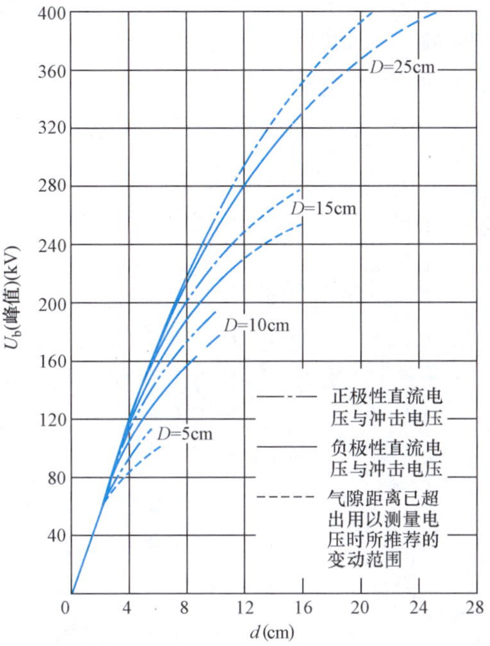

图 1-25　一球接地时直径为 D 的球间隙的击穿电压 U_b 与间隙距离 d 的关系

1.5.3　极不均匀电场中的击穿电压

在极不均匀电场中，直流击穿电压、工频击穿电压、冲击击穿电压间的差别比较明显，分散性也较大，不对称电场的极性效应显著。

1. 直流击穿电压

对于棒—板间隙，由于极性效应，棒电极为正极性时击穿电压比负极性时低得多；而棒—棒间隙的击穿电压介于极性不同的棒—板间隙之间。这是由于一方面，棒—棒间隙有正极性尖端，放电容易由此发展，所以其击穿电压应比负极性棒—正极性板的低；另一方面，棒—棒间隙有两个尖端，即有两个强电场区域，而同样间隙距离下强电场区域增多后，通常其电场均匀程度会增加，因此棒—棒间隙中的最大场强应比棒—板间隙低，从而击穿电压又应比正极性棒—负极性板间隙高。

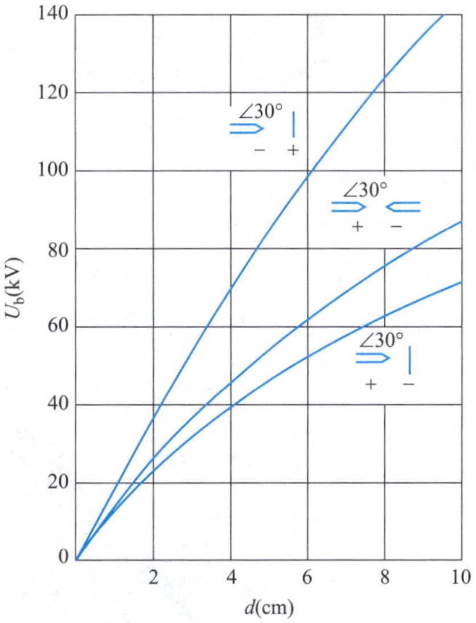

图 1-26　棒—棒、棒—板空气隙的直流击穿电压 U_b 与极间距离 d 的关系

从图 1-26 中可以看出，短距离间隙的平均击穿场强随间隙距离增大而减小。当间隙很短（约小于 1.5cm）时，由于棒尖端均匀的电晕层改善了电场分布，所以正极性棒—负极性板间隙和负极性棒—正极性板间隙的平均击穿场强分别达到 15kV/cm 和 20kV/cm。随着间隙距离的继续增大，由于流注的产生及对电场分布的影响，负极性棒—正极性板间隙的平均击穿场强逐渐下降到约 10kV/cm，而正极性棒—负极性板间隙的平均击穿场强则降到约 5kV/cm，如图 1-27 所示。棒—棒间隙仍具有微弱的极性效应，当

一极接地时，受大地影响，电场分布不对称，加强了高压电极处的场强，所以不接地棒为正极性时的击穿电压略低。较长棒—棒间隙的平均击穿场强约为 5.4kV/cm。当间隙距离超过约 2.5m 后，在放电的发展过程中产生了先导，间隙击穿电压呈现明显的饱和现象，正极性棒—负极性板间隙和负极性棒—正极性板间隙的平均击穿场强分别可以下降到约 1kV/cm 和 2～3kV/cm。

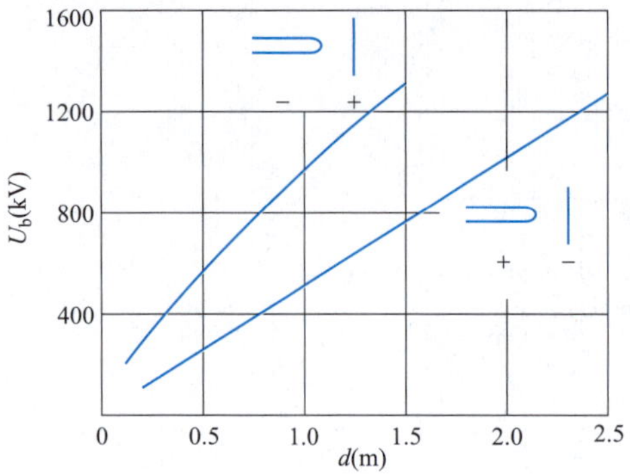

图 1-27 棒—板长空气间隙直流击穿电压 U_b 与极间距离 d 的关系

2. 工频击穿电压

间隙击穿发展的时间一般在微秒及以下量级，因此工频交流电压的频率对其击穿电压几乎没有影响，击穿发生在电压为幅值时，击穿机理与直流条件下相同。在棒—板间隙中，当工频交流电压缓慢升高时，击穿总是发生在棒电极为正、电压达到幅值附近时。

唯一可能的影响因素是间隙中空间电荷的作用。在电压高于电晕起始电压后，与直流电压作用下相同，也会产生空间电荷。当间隙较短（约小于 1m）时，在电压极性反转前，空间电荷有足够的时间离开间隙，对间隙击穿电压没有影响；而当间隙较长时，空间电荷来不及离开间隙，对击穿电压有一定的影响。棒—板间隙的交流击穿电压略高于正极性棒—负极性板间隙的直流击穿电压，而低于负极性棒—正极性板间隙的直流击穿电压。

随着间隙距离加大，由于先导的产生及发展，平均击穿场强明显降低。此时即使增大间隙距离，也难以明显提高击穿电压，即击穿电压存在饱和现象。图 1-28 所示为棒—棒和棒—板长空气间隙的工频击穿电压幅值与极间距离的关系曲线。从图中可以看出，棒—板间隙的饱和趋势尤其明显。因此，在电气设备中希望采用棒—棒类型的电极结构而避免采用棒—板结构。

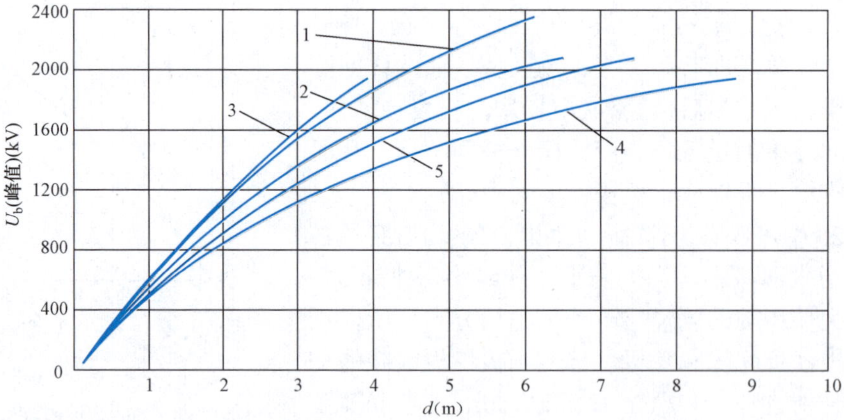

图 1-28 棒—棒、棒—板长空气间隙的工频击穿电压 U_b 与极间距离 d 的关系曲线

1—棒—棒、环—环或导线—导线；2—导线（或护环）—塔腿；3—垂直的棒—棒；4—棒—板；5—绝缘子串

1.6 雷电冲击电压作用下气体间隙的击穿

在电力系统中，冲击电压分为雷电冲击电压和操作冲击电压两类，前者是由雷电造成的峰值高、作用时间极短的冲击电压；后者是由电力系统在开关操作或发生事故时，因系统状态发生突然变化引起的持续时间较长、峰值高于系统运行电压的冲击电压。不同于稳态电压，在冲击电压作用下空气间隙的击穿特性有许多新的特点，且雷电冲击电压与操作冲击电压下的放电特性也有很大不同。本节讨论在雷电冲击电压下空气间隙的击穿特性。

1.6.1 雷电冲击电压标准波形

为了检验绝缘耐受雷电冲击电压的能力，在高压实验室中利用冲击电压发生器产生冲击电压，以模拟雷闪放电引起的过电压。雷电冲击电压是指波前时间小于 20μs 的冲击电压。如果施加电压的波形不同，绝缘击穿电压往往也不同，所得结果无法互相比较。为使试验结果具有可比性，根据大量实测结果，国际电工委员会（IEC）标准和 GB/T 16927.1—2011 对各种稳态和冲击高电压试验作了规定，其中雷电冲击电压用非周期性衰减波表示，并通过规定波前时间和半峰值时间确定波形，如图 1-29 所示。由于在实际试验中，测量得到的波形原点较为模糊，峰值附近较为平缓，因此波形的原点和峰值的位置不易确定。为此，取波形中峰值 U_m 的 30%和 90%两点连成直线，这条直线与横坐标的交点 O_1 定义为视在原点，直线与峰值所在水平线的交点为 P。将 O_1 点与 P 点之间的时间间隔定义为视在波前时间 T_1，从 O_1 点到半峰值电压点的时间间隔定义为视在半峰值时间 T_2。标准的雷电冲击电压波形参数为：T_1=1.2μs，容许偏差±30%；T_2=50μs，容许偏差±20%。标准雷电冲击电压波形也可以用±1.2/50μs 表示，其中“±”符号表示电压的极性。

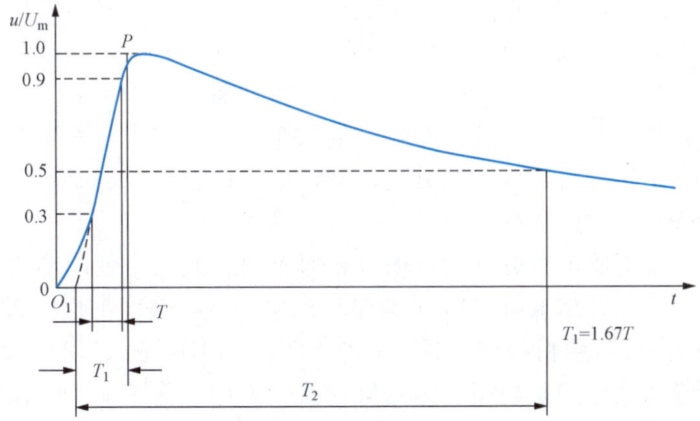

图 1-29 雷电冲击电压波形的定义

1.6.2 放电时延

试验研究表明，对空气间隙施加冲击电压，要使间隙击穿不但需要足够高的电压、有引起电子崩并最终导致击穿的自由电子（有效电子），而且需要电压作用一定的时间让放电得以发展才能发生击穿。冲击电压作用时间很短，因此其击穿电压可能与冲击电压随时间的变化规律有关。对间隙施加冲击电压，当经过时间 t_1 后，电压升高到持续作用电压下的击穿电压 U_{bs}（即稳态击穿电压）时，间隙并不立即击穿，而需要经过一定的时间才能击穿。间隙中受到外界因素的作用出现有效电子需要一定的时间，从 t_1 开始到间隙中出现第一个有效电子所需的时间 t_s 称为统计时延，因为这一电子的出现受电离、去游离等过程的影响而具有统计性。从出现有效电子到产生电子崩，甚至间隙击穿完成所需的时间 t_f 称为放电形成时延，它同样具有统计性。所以，冲击放电所需的全部时间为

$$t_b = t_1 + t_s + t_f \tag{1-26}$$

式中，$t_s + t_f$ 称为放电时延，记为 t_{lag}，是统计时延和放电形成时延的总和（见图 1-30）。

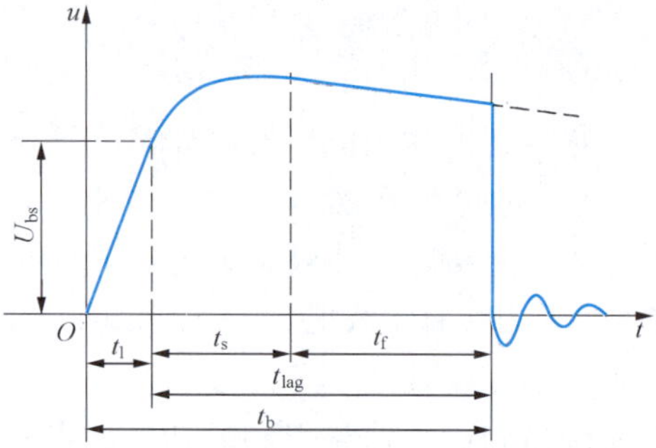

图 1-30　冲击放电时延的组成

研究表明，间隙距离越短，放电形成时延 t_f 越小；电场越均匀，t_f 也越小。在短间隙（几厘米内）中，特别是电场较均匀时，间隙中的电场到处都很强，放电发展速度快，放电形成时延短，此时 $t_s \gg t_f$，这种情况下放电时延主要取决于统计时延 t_s。要减小 t_s，一方面可提高外施电压，使间隙中出现有效电子的概率增加；另一方面可采用人工光源照射，使阴极释放出更多电子，例如用球间隙测冲击电压时通常就采取紫外光照射措施。在较长的间隙中，由于电场往往不均匀，局部场强很高，出现有效电子的概率增加，统计时延较小。放电时延主要取决于 t_f，且电场越不均匀则 t_f 越长，此时提高外施电压则可以减小 t_f。

1.6.3　雷电冲击 50%击穿电压（U_{50}）

在持续电压作用下，当气体状态不变时，击穿电压与间隙距离具有确定的关系。

在冲击电压作用时，间隙的击穿过程有自身的特点。当冲击电压峰值很低时，即使多次重复施加冲击电压，间隙也均不击穿。发生这种现象的原因可能是没有发生电离过程，或虽然发生了电离过程，但所需放电时间超过了冲击电压的作用时间，因而导致间隙不击穿。随着电压增高，间隙有时击穿而有时不击穿。发生这种现象的原因是随着外施电压的升高，放电时延缩短；由于放电时延有分散性，在较短的放电时延时有可能发生击穿，而在较长的放电时延时则不发生击穿。随着电压继续升高，间隙击穿的百分比越来越高；最后，当电压超过某一值后，间隙每次都能被击穿。

由于冲击电压作用下放电有分散性，所以很难准确得到一个使间隙击穿的最低电压值，因此工程上采用 50%冲击击穿电压（U_{50}）来描述间隙的冲击击穿特性，即在多次施加波形相同的冲击电压时，用间隙击穿百分比（概率）为 50%时的电压值来反映间隙的冲击击穿特性。从统计的角度看，施加电压的次数越多，结果越准确，但工作量太大。在工程实际中，如果在某个电压作用下，施加的 10 次冲击中有 4～6 次击穿，则这一电压可以认为是该间隙的 U_{50}。在均匀电场和稍不均匀电场间隙中，由于放电时延短，击穿通常发生在冲击电压的峰值附近。在极不均匀电场中，由于放电时延较长，击穿通常发生在波尾。

根据 50%冲击击穿电压决定绝缘距离时，应根据击穿电压分散性的大小，留有一定的裕度。50%冲击击穿电压和稳态击穿电压之比称为冲击系数。在均匀电场和稍不均匀电场中，击穿电压分散性小，其 U_{50} 和稳态击穿电压 U_{bs} 相差不大，因此冲击系数接近于 1。而在极不均匀电场中，由于放电时延较长，其冲击系数均大于 1，击穿电压分散性也大一些，其标准偏差可取 3%。试验表明，棒—棒和棒—板间隙冲击击穿特性有极性效应，如图 1-31 所示，其中

棒—板间隙极性效应明显。对比图 1-31 和图 1-28，可以看出雷电冲击 50%击穿电压比工频击穿电压的幅值要高。雷电冲击 50%击穿电压和间隙距离大致呈线性关系，因为作用时间短，所以当间隙距离加大后，需要提高先导发展速度才能完成放电，因而导致击穿电压升高。

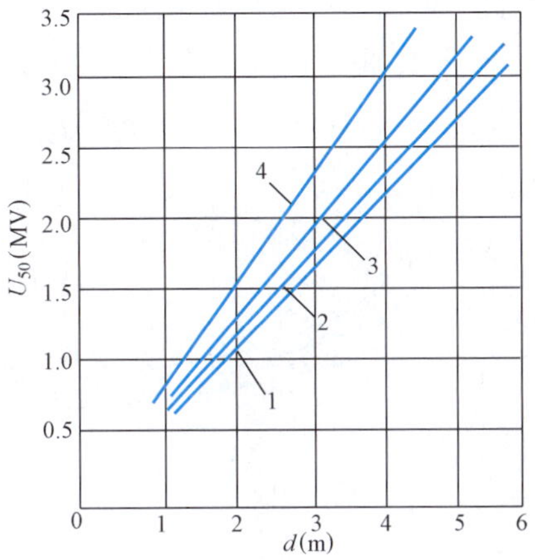

图 1-31　棒—棒和棒—板长空气间隙的雷电冲击 50%击穿电压（U_{50}）和极间距离 d 的关系

1—正极性棒—板；2—正极性棒—棒；3—负极性棒—棒；4—负极性棒—板

1.6.4　伏秒特性

由于雷电冲击电压持续时间很短，间隙的击穿存在放电时延现象，放电电压与该电压的作用时间有很大的关系，因此仅靠 50%冲击击穿电压来表征间隙的击穿特性是不全面的，击穿特性最好用击穿时的电压和时间两个参量来表示。这种特性称为伏秒特性，它是表征间隙击穿特性的另一种方法。

图 1-32 表示了通过试验绘制间隙伏秒特性的方法。其方法是保持间隙距离和冲击电压波形不变，逐级升高电压使间隙发生击穿，读取击穿电压值 u 与击穿时间 t。当电压不是很高时，放电时延较长，放电所需的时间较长；当电压很高时，击穿百分比将达 100%，放电时间大大缩短，击穿可能在波前时间发生。以图 1-32 中三个坐标点为例说明绘制方法：当击穿发生在波前或峰值时，u 与 t 均取击穿时的值（如图中 2、3 坐标点）；当击穿发生在波尾时，虽然此时电压已从峰值下降，但该峰值仍然是间隙击穿过程中的重要因素，因此在曲线上 u 取该冲击电压波的峰值，t 取击穿时对应值（图中 1 坐标点）。根据不同峰值的冲击电压，将得到一系列坐标点，将这些坐标点连接起来，即可得到伏秒特性曲线。

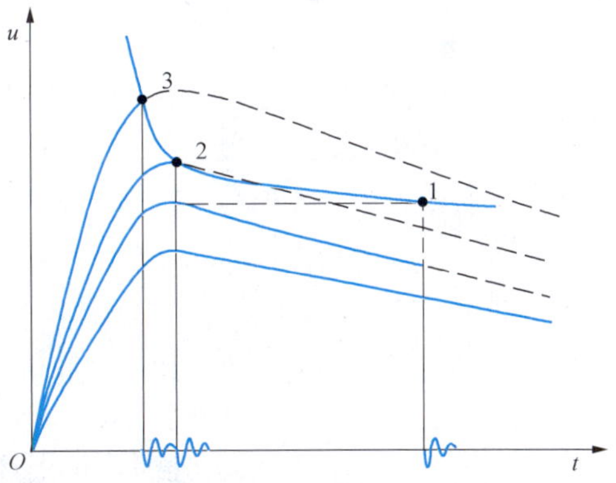

图 1-32　气体间隙伏秒特性曲线的绘制方法

（虚线表示不击穿时外施冲击电压波形）

间隙伏秒特性曲线的形状与间隙中的电场分布有关。在均匀电场和稍不均匀电场中，击穿时平均场强较高，放电发展较快，放电时延较短，伏秒特性曲线比较平坦；在极不均匀电场中，平均击穿场强较低，放电时延较长，伏秒特性曲线较为陡峭。

实际上，放电时间有分散性，即在每级电压作用下可测得不同的放电时间，所以伏秒特性是如图 1-33 所示的具有上、下包络线的带状区域，击穿电压 u_1 对应的放电时间小于下包络线横坐标所示数值 t_1 的概率为 0，而小于上包络线横坐标所示数值 t_2 的概率为 100%。工程上为方便起见，通常用平均伏秒特性或 50%伏秒特性曲线表征气体间隙的冲击击穿特性，此时每个电压下放电时间小于或大于横坐标所示数值的概率各为 50%。

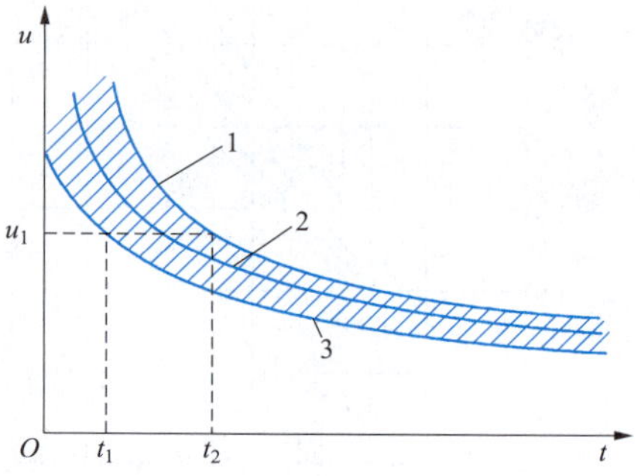

图 1-33　伏秒特性带与 50%伏秒特性

1—上包络线；2—50%伏秒特性；3—下包络线

图 1-34 表示被保护设备绝缘的伏秒特性 1 与并联的保护间隙的伏秒特性 2 配合的情况，因为伏秒特性 1 的下包络线始终都在伏秒特性 2 的上包络线之上，所以这种配合可达到完全保护，即任何情况下保护间隙都会先动作从而保护了电气设备的绝缘。如果保护间隙内的电场分布极不均匀，使伏秒特性 2 过陡，以致与伏秒特性 1 存在交叉的情况，则在冲击电压峰值较高、击穿时间较短时，反而是被保护设备先被击穿。为了降低被保护设备的绝缘造价，应使伏秒特性 1 与伏秒特性 2 的间隔不致过大，并要求保护间隙的伏秒特性低而平坦，即采用电场较均匀的电极结构。

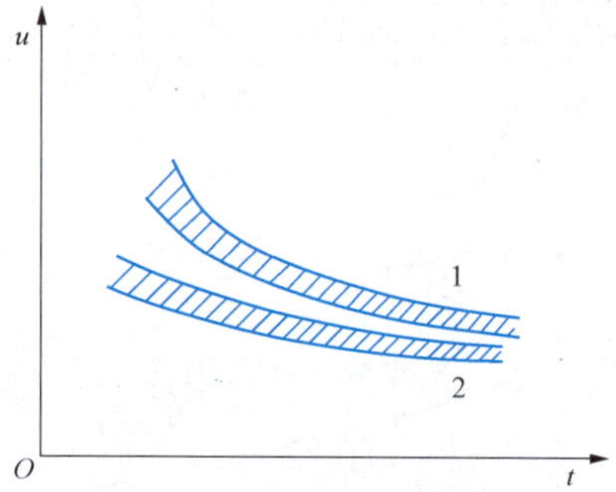

图 1-34　伏秒特性的正确配合

用伏秒特性表征间隙的冲击击穿特性较为全面和准确，但其制作相当费时。在某些情况下，只用某一特定的值，如 50%冲击击穿电压值就够了。

1.7　操作冲击电压作用下气体间隙的击穿

1.7.1　操作冲击电压标准波形

操作冲击电压是指波前时间（按雷电冲击电压时间参数计算方法）不小于 20μs 的冲击电压。与雷电冲击电压类似，操作冲击电压的标准波形也是非周期性衰减波，如图 1-35 所示。GB/T 16927.1—2011 规定标准操作冲击波形为±250/2500μs，即其波前时间 T_1 为 250μs，容许偏差±20%；半峰值时间 T_2 为 2500μs，容许偏差±60%；“±”符号表示电压的极性。由于原点和峰值点的位置较清晰，所以波前、半峰值都为自然波前和半峰值。此外，标准还建议当标准操作冲击不能满足要求或不适合时，在有关设备标准中可以采用其他非周期性波形或振荡波形两种特殊的操作冲击。

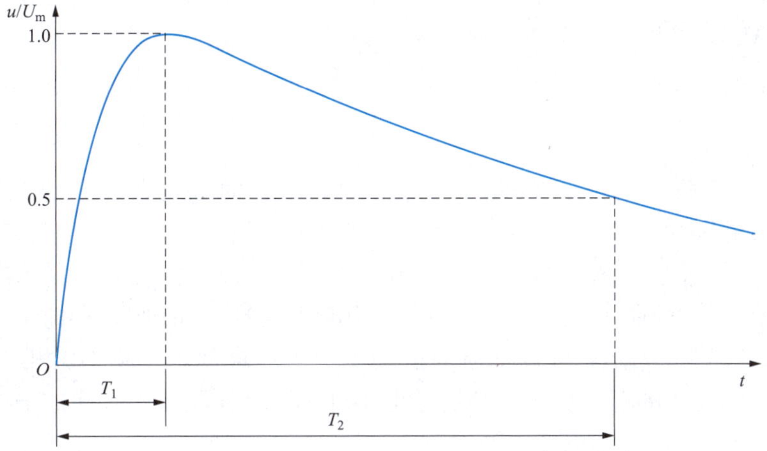

图 1-35　操作冲击电压波形

1.7.2　操作冲击 50%击穿电压（U_{50}）

操作冲击电压作用下气体绝缘间隙的击穿电压也具有分散性，也可采用操作冲击 50%击穿电压来反映间隙的绝缘强度。研究表明，在均匀电场和稍不均匀电场中，由于操作冲击电压的作用时间介于工频电压和雷电冲击电压的作用时间之间，间隙的操作冲击 50%击穿电压也与雷电冲击 50%击穿电压和工频击穿电压（幅值）几乎相同，且击穿都几乎发生在峰值，击穿电压的分散性也较小；而在极不均匀电场中，操作冲击电压下的击穿通常发生在波前部分，击穿电压与波前时间有关而与半峰值时间无关。正极性操作冲击击穿电压比负极性下要低得多。

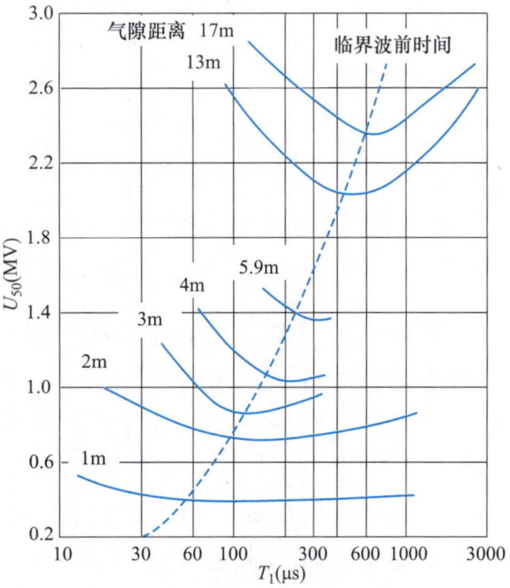

图 1-36　棒—板间隙正极性操作冲击 U_{50} 与波前时间 T_1 的关系

试验结果表明，在操作冲击电压作用下，极不均匀电场长空气间隙的击穿电压呈 U 形曲线。图 1-36 表明棒—板间隙正极性操作冲击 50%击穿电压与波前时间的关系。从图中可以看出，对一个固定长度的间隙，某一波前时间的 U_{50} 具有极小值，这个波前时间称为临界波前时间，它随间隙距离的加大而增大。对于长度为 7m 以下的间隙，临界波前时间一般在 300μs 以内。这种“U 形曲线”现象被认为是由于放电时延和空间电荷形成迁移两类不同因素的影响所造成的。在 U 形曲线极小值的左边，击穿电压随波前时间的减小而增高，这是由于在波前时间较短时，在短时间内放电不足以发展到使间隙完全击穿，需要有更高的电压才能击穿，这一点与雷电冲击电压下的伏秒特性是相似的。在 U 形曲线极小值的右边，由于放电发展的时间已足够长，电晕产生的空间电荷不再集中在电晕电极附近，而有时间被驱赶到离电极较远的地方，减小了电晕电极附近电场，改善了电场分布，不利于放电的进一步发展，从而使击穿电压提高。

当间隙距离为 1～20m 时，正极性棒—负极性板间隙的操作冲击 U 形曲线底部的最小击穿电压 $U_{50\min}$（MV）可以用经验公式表示为

$$U_{50\min}=\frac{3.4}{1+\frac{8}{d}} \tag{1-27}$$

由于上述原因，虽然操作冲击电压的变化速度和作用时间均介于工频交流电压和雷电冲击电压之间，但间隙的操作冲击击穿电压不仅远低于雷电冲击击穿电压，在某些波前时间内，甚至比工频击穿电压还低。图 1-37 是棒—板间隙在正极性操作冲击波、雷电冲击波和工频电压作用下击穿电压的试验曲线。图中虚线为不同距离间隙对应的临界波前时间 T_{1C} 及操作冲击 50%击穿电压极小值 $U_{50\ (\min)}$，此虚线所对应的击穿电压最低。工频半波相当于波前时间为 5000μs，位于 U 形曲线的右半支，故其击穿电压反而比临界波前操作冲击击穿电压更高，这对工程中各间隙尺寸的选择有重要的影响。

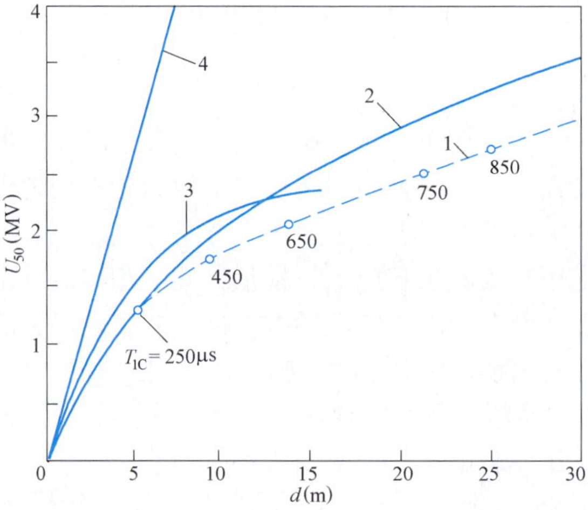

图 1-37　棒—板间隙的不同类型电压作用下的试验曲线

1—在不同 T_{1C} 值下得出的 $U_{50\ (\min)}$；2—+250/2500μs 操作冲击电压；

3—工频交流电压；4—+1.2/50μs 雷电冲击电压

从图 1-37 中还可以看出，在极不均匀电场中的操作冲击 50%击穿电压和间隙距离的关系具有“饱和”特征。这是因为形成先导后，放电易于发展。其“饱和”程度与电极对称度、操作冲击电压极性、波形等有关；随着极间距离的增大，间隙的“饱和”程度更高。正极性操作冲击击穿电压的“饱和”现象最为严重。

由于空间电荷的形成、扩散和放电时延具有很大的统计性，所以操作冲击电压作用下间隙的击穿电压的分散性比雷电冲击电压下大得多，在极不均匀电场中的相对标准偏差可达 5%～8%。

1.8　大气条件对间隙击穿电压的影响

空气间隙和电气设备外部绝缘的击穿电压会受到气压、温度、湿度等大气条件的影响，

因此在不同大气条件下的击穿电压必须换算到标准参考大气条件下才能进行比较。相关标准中规定的电气设备的试验电压值只适用于标准参考大气条件。标准参考大气条件是：温度 t_0=20℃或 T_0=293K；气压 p_0=101.3kPa；绝对湿度 h_0=11g/m^3。

1.8.1 大气条件的影响及放电电压修正

1. 影响因素分析

根据气体放电机理，当气压升高或者温度降低时，空气的密度增大，带电粒子在气体中运动的平均自由行程减小，在电场作用下运动中所积累的动能就较小，发生碰撞电离的概率下降，电离能力较弱，因此间隙和外绝缘的击穿电压提高；反之则击穿电压降低。

湿度反映了空气中水分子数量的多少。由于水分子能捕获自由电子而形成负离子，使电离能力下降，故对气体中的放电过程起到抑制作用，因此空气的湿度越大，间隙的击穿电压也会越高。但试验发现，湿度对击穿电压的影响比较复杂。在均匀或稍不均匀电场中间隙和外绝缘的击穿电压随空气湿度的增加而略有增加，但程度极微弱，可以忽略不计，如 1cm 长的均匀电场空气间隙在正常大气压下当湿度从 9.6g/m^3 增大到 24.0g/m^3 时，击穿电压大约仅提高 2%。推测原因，可能均匀电场中的平均击穿场强较高，电子运动速度较快，分子不易吸附电子，故湿度的影响小。而在极不均匀电场中，平均击穿场强较低，电子运动速度慢，易被水分子吸引形成负离子，所以湿度对间隙和外绝缘的击穿电压的影响就比较明显，击穿电压通常将随湿度的增大而升高。但当相对湿度大于 80%时，破坏性放电会变得不规则（特别是当放电发生在绝缘表面时）。

2. 修正方法介绍

关于大气条件对空气间隙和外绝缘放电电压的影响，各国研究人员进行了大量试验，迄今只能通过经验公式和相关系数进行定量表述。我国自 1997 年开始，采用 IEC 修订的方法进行不同大气条件下放电电压的修正和互相换算。以下根据 GB/T 16927.1—2011 对干燥条件下放电电压的修正做简要介绍，具体方法见附录 A。

（1）大气修正因数。破坏性放电电压值正比于大气修正因数 K_t。K_t 是空气密度修正因数 k_1 和湿度修正因数 k_2 的乘积，即

$$K_t = k_1 k_2 \tag{1-28}$$

试验时试品上的放电电压 U 为标准参考大气条件下的试验电压 U_0 乘以 K_t 求得，即

$$U = U_0 K_t \tag{1-29}$$

（2）空气密度修正因数。空气密度修正因数 k_1 取决于相对空气密度 δ，为

$$k_1 = \delta^m \tag{1-30}$$

式中：m 为指数。

δ 为

$$\delta = \frac{p}{p_0} \cdot \frac{273 + t_0}{273 + t} = \frac{2.89p}{273 + t} \tag{1-31}$$

式中：t 为温度，℃；t_0 为 20℃；p 为大气压力，kPa。

对于距离不太长的间隙，$m \approx 1$。试验表明，当 δ 处于 0.95～1.05 范围内时，对于较短距离的间隙（如不超过 1m），其击穿电压几乎与 δ 成正比，可以按式（1-32）估算

$$U \approx \delta U_0 \tag{1-32}$$

（3）湿度修正因数。湿度修正因数 k_2 可表示为

$$k_2 = k^w \tag{1-33}$$

式中：w 为指数；k 取决于电压类型，并为绝对湿度 h 与 δ 的比率 h/δ 的函数。

（4）指数 m 和 w。指数 m 和 w 与间隙放电的平均场强有关。对于不同的间隙长度和间隙类型，由于预放电形式不同，数值会有较大的变化。对于均匀电场和稍不均匀电场间隙，$w \approx 0$，即不进行湿度修正。

需要说明的是，随着试验研究的不断深入，大气条件对放电电压影响的修正因素也在不断改进完善中。

1.8.2 海拔的影响

随着海拔的增加，空气逐渐稀薄，气压下降，空气密度减小，带电粒子在气体中运动的平均自由行程增大，在电场驱动下运动所积累的动能增大，电离能力增强，因此间隙的击穿电压降低。对于海拔处于1000～4000m处的设备的外绝缘，海拔每升高100m，空气间隙的放电电压约下降1%。

实际经验表明，气压随海拔呈指数下降，可以按式（1-34）计算

$$p = p_0 e^{-\frac{H}{8150}} \tag{1-34}$$

式中：H 为海拔，m。

由式（1-30）和式（1-31），可以得到放电电压的空气密度修正因数 k_1。

安装在高海拔地区的电力设备，考虑到外绝缘的放电电压随海拔上升而下降，因此其外绝缘长度应比应用于低海拔地区的同电压等级电力设备更长。对这些设备在低海拔地区进行外绝缘试验时，GB 311.1—2012规定：其试验电压 U 应按将标准规定的耐受试验电压 U_0（适用于标准气压下）除以海拔修正因数设置，即

$$U = U_0 e^{\left[q\left(\frac{H-1000}{8150}\right)\right]} \tag{1-35}$$

式中：q 为指数，与电压类型有关。对于雷电冲击耐压、空气间隙和清洁绝缘子的短时工频耐压，q=1；对于操作冲击耐压，标准给出了 q 值的取值办法。

【例1-1】 某用于海拔2000m的110kV变压器，其额定1min工频干耐受电压为200kV。问在平原地区制造厂的试验中，其在标准参考大气条件下进行1min工频干耐受电压试验时的试验电压为多少？

解：由式（1-35）可知，其1min工频干耐受电压为

$$U = 200e^{\left(\frac{2000-1000}{8150}\right)} = 226\,(\text{kV})$$

1.9 提高气体间隙击穿电压的措施

影响气体间隙击穿电压的主要因素有气体间隙中的电场分布、施加电压的波形、气体的种类和状态等。为了提高气体间隙的击穿电压，一般有两种途径：一是改善间隙中的电场分布，使之尽量均匀；二是削弱或抑制气体介质电离过程。

1.9.1 改善电场分布

电场分布越均匀，间隙的平均击穿场强越高。因此，改善电场分布可以有效地提高间隙的击穿电压。改善电场分布可从三个方面着手。

1. 改进电极形状及表面状况以改善电场分布

为了减小间隙中场强差异，使间隙中电场分布尽可能均匀，可以采取下述措施：增大电极的曲率半径；改善电极边缘形状以消除边缘效应；尽量避免电极表面出现毛刺、棱角等以消除局部场强增高现象。图 1-38 反映了球直径对球—板气体间隙工频击穿电压的影响，可见，球直径增大使电场均匀性提高，有助于提高间隙的击穿电压。

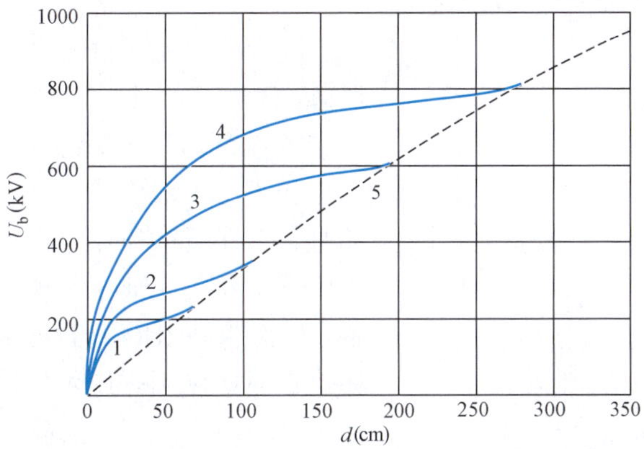

图 1-38 球—板气体间隙工频击穿电压 U_b（有效值）与间隙长度 d 的关系

1—球极直径 D=12.5cm；2—D=25cm；3—D=50cm；4—D=75cm；5—棒—板气体间隙（虚线）

采用屏蔽罩增大电极的曲率半径是电气设备设计中常采用的办法。为了避免在工作电压下出现强烈的电晕放电，一些高压设备的高压出线端都加装屏蔽罩（如球形电极或环形电极等）以减小出线端附近空间的最大场强，提高电晕起始电压。

2. 利用空间电荷改善电场分布

在极不均匀电场中，由于间隙击穿前先发生电晕放电，因此在一定条件下，可以利用放电自身产生的空间电荷来改善电场分布，提高击穿电压。例如，对于由平行的导线和极板组成的极不均匀场间隙，由于电晕的影响，表现出明显的细线效应。试验发现，在间隙距离较大，电场为极不均匀电场时，间隙的击穿电压随导线直径的减小而升高。这是因为在导线直径较小时，导线周围容易形成比较均匀的电晕层，并随电压升高而扩大。均匀的电晕层改善了间隙中的电场分布，使间隙击穿电压提高。空间电荷对电场的改善越显著，细线效应越明显。当导线直径较大时，因为电极表面不可能绝对光滑，总存在电场局部加强的地方。由于粗导线周围强电场区扩大，局部电离一旦发展，就比较强烈，将显著加强电离区前方的电场，从而使该电离区进一步发展，击穿电压较低。

细线效应只对提高稳态作用下的击穿电压有效。因为雷电冲击电压作用时间太短，来不及形成充分的空间电荷层，所以在雷电冲击电压下没有细线效应。

3. 极不均匀电场中采用屏障改善电场分布

在极不均匀电场中放入薄层固体绝缘材料（如纸或纸板）作为屏障，可以提高间隙的击穿电压。屏障本身的击穿电压并不高，但其拦住了与电晕电极同号的空间电荷，使得电晕电极与屏障之间电场减弱，并在屏障与极板之间形成比较均匀的电场，从而使整个间隙的击穿电压得到提高，但在均匀电场中加屏障并无多大的作用。虽然屏障与间隙中另一电极之间的空间电场反而增强了，但其电场分布更具有均匀电场的特性，所以整个间隙的击穿电压得到了提高。

图 1-39 给出了在直流电压作用下间距为 8cm 棒—板空气间隙中直流击穿电压和屏障位置的关系曲线。由图 1-39 可见，随着屏障位置不同，击穿电压有很大变化。当棒极极性不同时，屏障的影响也有区别。对正极性棒—负极性板间隙，屏障的作用明显；但当屏障离电极过近时，屏障上正电荷的分布将变得很不均匀，屏障前方又出现了极不均匀电场，造成了电离发展的有利条件，因而屏障的作用有所削弱。

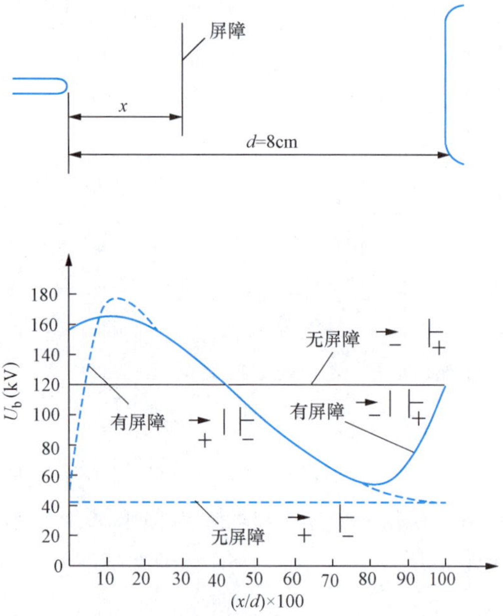

图 1-39　棒—板空气间隙中直流击穿电压 U_b 和屏障位置 x 的关系曲线

对负极性棒—正极性板间隙，在设置屏障后，屏障上集中了大量的负离子，在屏障与极板之间形成了均匀的电场，因此间隙击穿电压和屏障位置的关系曲线与正极性棒—负极性板间隙相近。所不同的是，当屏障离开棒电极一定距离后，由于屏障上集中了大量的负离子，提高了屏障与板极之间的场强，反而将降低间隙的击穿电压。而当屏障靠近负棒电极时，由于强电场作用下电子速度很高，已可穿透屏障，故屏障上积聚的负电荷不是很多；相反，正离子为屏障所挡而大量积聚，因此屏障总体带正电荷，从而削弱了屏障前方的电场，提高了击穿电压。

最有利的屏障位置是在 $x/d \approx 0.2$ 处，这时该间隙的击穿电压在正极性棒—负极性板时约增大 3 倍；但屏障在负极性棒—正极性板时只是略有提高(约 20%)。在工频电压下，由于击穿发生在棒为正极性的那半个周期，因此设置屏障仍然是有效果的。而对于棒—棒间隙，电晕放电都从两棒电极发生，故在两个棒电极附近都应设置屏障。

一般来说，屏障插入极不均匀电场的电极附近能提高间隙的稳态击穿电压。而在冲击电压作用下，由于屏障来不及积累足够的空间电荷，屏障的作用不大。

1.9.2　削弱或抑制电离过程

通过改善电场分布提高常压下气体间隙的击穿电压的方法，效果有限，其极限是均匀场强下的击穿电压。如果设法削弱或抑制电离过程，使间隙中发生碰撞电离和自持放电的概率大为下降，也可以提高间隙的击穿电压。

1. 采用高气压

提高气压可提高间隙的击穿电压。因为随着气压增高，气体密度增大，电子的平均自由行程减小，发生碰撞电离的概率降低。空气在常压下的击穿场强约为 30kV/cm；如果压缩空气，使气压大大超过一个标准大气压，它的击穿电压就会有显著的提高。因此某些电气设备（压缩空气断路器、高压标准电容器等）采用压缩空气作为内绝缘介质。在均匀电场中，当气压在 10 个标准大气压以下时，击穿电压随气压增大而线性增加，再继续增大气压，将逐渐呈现饱和趋势，如图 1-40 所示。从图 1-40 中可以看出，2.8MPa 的压缩空气具有很高的击穿电压，但高气压对电气设备外壳的密封性和机械强度提出了很高的要求；工程中往往采用压力稍低，但电气绝缘性能好的 SF_6 来代替压缩空气。

在高气压下，电场均匀度对间隙击穿电压的影响比大气压下更为显著。在极不均匀电场中，虽然提高气压也可以提高击穿电压，但效果远不如在均匀电场中显著，因此采用高压力气体绝缘的电气设备的电场应尽可能均匀。

在大气压力下，击穿电压与电极表面状态及材料关系不大；而在高气压下，电极表面的脏物、粗糙度等均对击穿电压有明显影响，且气压越高，影响越显著。对于刚加工过的电极，最初的几次击穿电压往往较低，经过多次放电电流受到限制的击穿之后，可以烧掉电极上的毛刺和尘埃，击穿电压就可以得到提高，分散性也大为减小。高气压下电极材料对击穿电压也有影响，如不锈钢电极的击穿电压比铝电极的要高。上述现象的原因可能是在高气压下，击穿场强很高，电极上电场局部增强的地方发生剧烈的强场发射，从而导致击穿。关于高气压下击穿的机理还有待进一步研究。

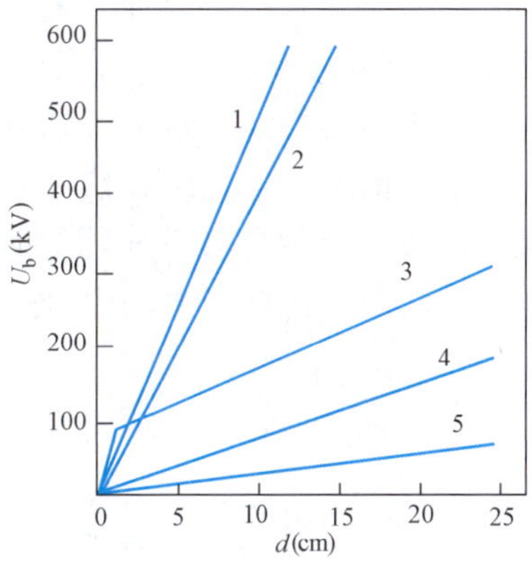

图 1-40　不同气压下电介质在均匀电场中的直流击穿电压 U_b 与极间距离 d 的关系

1—空气，2.8MPa；2—SF_6，0.7MPa；3—高真空；4—SF_6，0.1MPa；5—空气，0.1MPa

2. 采用强电负性气体

六氟化硫（SF_6）、氟利昂（CCl_2F_2）等一些含卤族元素的气体属于强电负性气体，电气强度比空气高得多，因此采用这类气体或在其他气体中混合一定比例的这类气体，可大大提高间隙的击穿电压。表 1-1 所示为几种气体的相对电气强度（取空气的相对电气强度为 1）。

表 1-1　　几种气体的相对电气强度

气体名称	分子式	分子量	相对电气强度	0.1MPa 下的液化温度（℃）
氮	N_2	28	1.0	−196
二氧化碳	CO_2	44	0.9	−78
六氟化硫	SF_6	146	2.5	−63
氟利昂	CCl_2F_2	121	6.3	−28
四氯化碳	CCl_4	153.8	2.5	76
30%SF_6+70%空气	—	—	2.0	—

这类气体具有高电气强度的主要原因是：①具有很强的电负性，容易吸附电子成为负离子，削弱了电离过程，同时加强了复合过程；②气体分子量大，分子直径大，使电子在其中的平均自由行程缩短，难以积累足够的动能，碰撞电离能力减弱；③电子与这些气体分子碰撞发生电离，必须供给比电离能更多的能量，增加了能量损失。以 SF_6 为例：在试验中没有观察到 SF_6^+ 离子，观察到的主要是 SF_5^+ 离子，这意味着每个电离都伴随着分子离解，没有不离

解的电离。要使 SF_6 分子电离，不仅要供给电离能，还必须要供给离解能。

强电负性气体要在工程中获得实际应用，除电气强度要高外，还必须具备以下条件：①液化温度低以便于采用高气压；②化学性能稳定，在该气体中发生放电时不易分解、燃烧，不产生有毒物质；③经济上合理，能大量供应。

SF_6 的电气强度约为空气的 2.5 倍，而其灭弧能力则为空气的 100 倍以上，它作为绝缘介质和开关的灭弧介质，是除空气外应用得最广泛的气体介质。

应该强调指出，与高气压下气体绝缘性能类似，SF_6 优异的绝缘性能只有在电场比较均匀、电极表面比较光滑的场合下才能得到充分的发挥，因此在进行绝缘设计时应尽可能避免极不均匀电场的情况。在均匀电场中 SF_6 气体间隙击穿电压为

$$U_b = 88.5pd + 0.38\ (\text{kV}) \tag{1-36}$$

式中：p 为气压，MPa；d 为极间距离，mm。

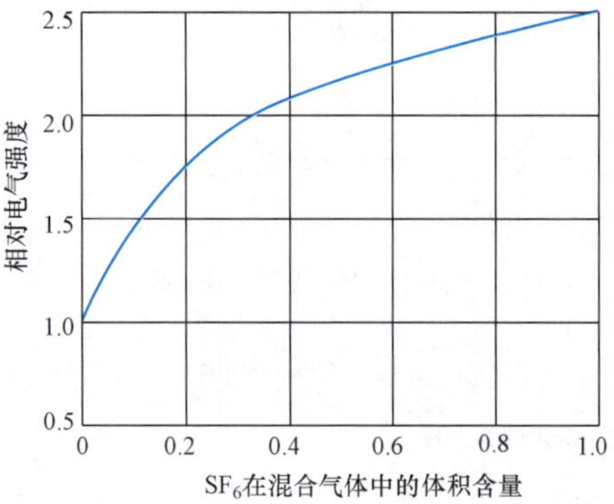

图 1-41　SF_6-N_2 混合气体的相对电气强度

试验研究表明，用廉价气体如 N_2、CO_2 或空气与 SF_6 气体组成混合气体时，能使这些常见气体的电气强度有很大的提高。图 1-41 表示了压力为 0.15MPa 时，不同比例的 SF_6-N_2 混合气的相对电气强度（以空气的电气强度为基准）。当 SF_6 的含量仅为 20%时，混合气体的相对电气强度即达到 1.8，接近纯空气电气强度的两倍；当 SF_6 的含量分别为 50%和 75%时，混合气体的相对电气强度已达到 2.2 和 2.4 了。

但是 SF_6 混合气体存在灭弧能力较差等弱点，在工程中未得到大面积应用。为了减少 SF_6 这种温室气体的使用，需要寻找绝缘性能与之相当且环境友好的替代气体。迄今仍没有一种单一气体或气体混合物能在电力工业中全面替代 SF_6，有待进一步的研究。

3. 采用高真空

当间隙中接近真空时，整个间隙中气体分子的数量非常少，虽然电子的平均自由行程很大，但产生碰撞电离的概率很小，因此击穿电压可以显著提高。图 1-42 给出了间隙击穿电压与真空中气压的关系。在高真空条件下，如按气体碰撞电离理论分析，则所得击穿电压将极高，直至趋于无穷大。实际情况当然不是这样，当真空度高于一定值时，击穿电压不再上升，这说明高真空中击穿机理发生了改变。高真空间隙击穿的机理迄今尚不清楚，有两种真空击穿理论。

（1）场致发射引起击穿。当高真空中的距离较小时，由于阴极表面微观的粗糙突起处电场很强，足以引起场致发射。由于场致发射造成很大的电流密度，导致阴极凸点局部过热，引起阴极材料气化，破坏了真空，从而引起间隙击穿。

（2）全电压效应。在间隙长度较大时，阴极与阳极之间存在巨大的电位差，电子在定向运动过程中积聚了极大的动能。当高能电子轰击阳极时，能使阳极释放出正离子及辐射出光子。当正离子及光子到达阴极时，也将加强阴极的表面电离。在此反复过程中，产生越来越大的电子流，使电极局部气化，导致间隙击穿，这就是全电压效应。电极表面如附有微小颗粒，则促进上述过程的发展，使击穿电压降低。

由于全电压效应，在真空中随着间隙距离加大，平均击穿场强越来越低。图 1-43 所示为钢制球—板间隙（球直径为 25.4mm，板直径为 50.8mm）的击穿电压和平均击穿场强与间隙距离的关系曲线，其中击穿场强为根据击穿电压 U_b 计算得到的阴极表面的最大场强。电极表面上附有不牢固的微小粒子对真空间隙的击穿电压也有很大影响。这些粒子脱离电极后，又被电场加速，撞击对面电极，使电极局部气化，导致真空间隙击穿。由于真空中击穿过程有上述特点，所以真空间隙的击穿电压与电极材料、电极表面的粗糙度及清洁度等多种因素有关，分散性很大，因而也可针对上述机理进行处理以提高间隙的击穿电压。

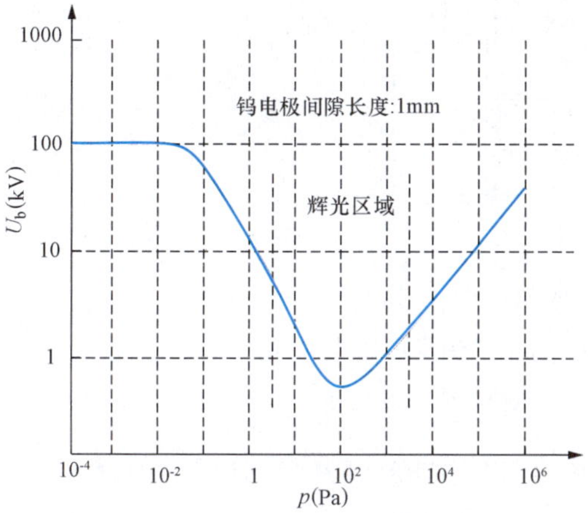

图 1-42　均匀电场中间隙击穿电压 U_b 与气体压力 p 的关系

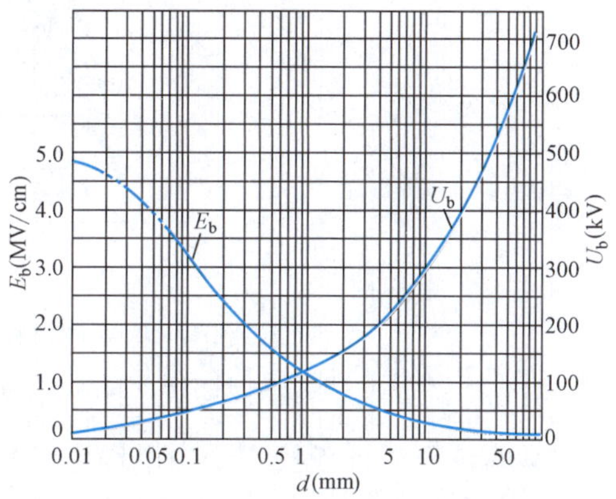

图 1-43　真空中直流电压作用下球—板间隙的击穿电压 U_b、场强 E_b 与间隙距离 d 的关系

1.10 沿面放电

在高压电气设备中，带电部分需用固体绝缘介质材料支撑或悬挂，这些固体绝缘处于气体中。当加在这些固体绝缘上的电压超过一定值时，沿气体与固体介质交界面上就可能出现放电现象，这种沿固体介质表面发生的气体放电称为沿面放电。沿面放电发展成为贯穿性放电时称为沿面闪络。试验结果表明：在相同的放电距离条件下，空气与固体介质交界面上的沿面闪络电压比纯空气间隙的击穿电压低得多，如图 1-44 所示，可见一个绝缘装置的实际耐压能力取决于它的沿面闪络电压。

沿着空气、固体绝缘交界面处的沿面放电是电力系统事故的主要原因之一。因此，在确定输电线路和变电站外绝缘的绝缘水平时，其沿面闪络电压值起着决定性作用。应该注意的是，表面潮湿、污染时的沿面放电电压比表面干燥、清洁时的沿面放电电压更低，甚至可能在系统工作电压作用下发生沿面闪络，使电力系统的安全运行受到严重威胁。

1.10.1　不同电场形式中的沿面放电

气体与固体介质交界面（简称界面）上的电场分布情况对沿面放电的特性有很大的影响。界面电场分布可分为三种典型情况。

（1）固体介质处于均匀电场中，电力线与界面平行，如图 1-45（a）所示。工程中较为常见的是稍不均匀电场的情况，其放电现象与均匀电场中相似。

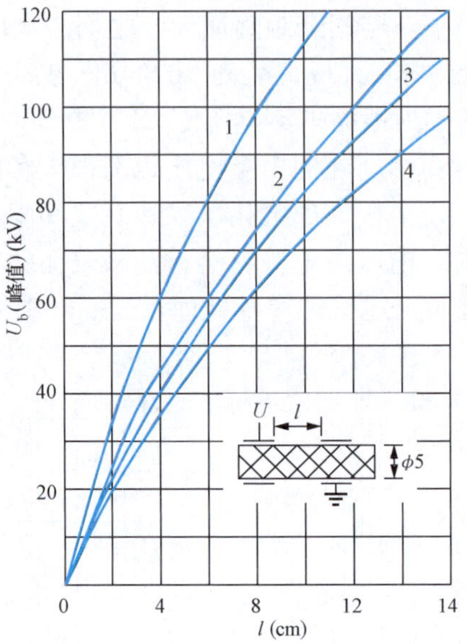

图 1-44 不同材料表面的工频沿面闪络电压

1—纯空气间隙；2—石蜡；3—胶木纸筒；4—瓷和玻璃

（2）固体介质处于极不均匀电场中，垂直于电介质表面的法向电场分量比平行于电介质表面的切向电场分量要高得多，如图 1-45（b）所示的套管。

（3）固体介质处于极不均匀电场中，大部分界面上的电场强度平行分量高于垂直分量，如图 1-45（c）所示的支柱绝缘子。

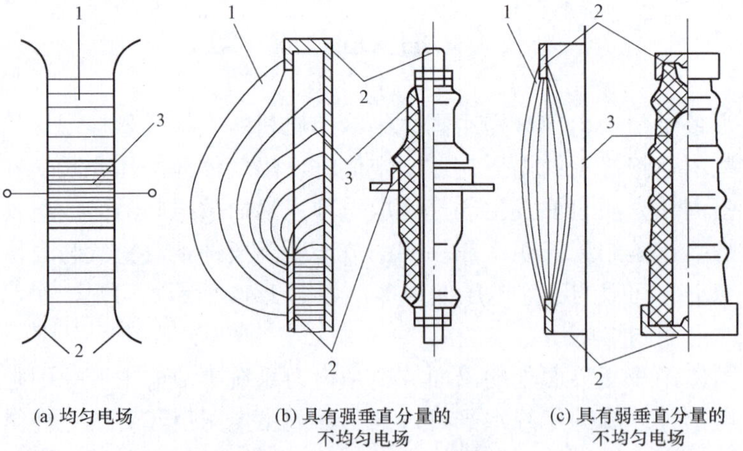

图 1-45 沿面放电的几种典型电力线分布形式

1—电力线；2—电极；3—固体介质

1. 均匀场中的沿面放电

在图 1-45（a）所示的均匀电场中插入固体介质后，仍能保持界面与电力线平行，看起来固体介质的存在并未影响原来的电场分布，因此极间击穿电压应保持不变，电极间任何地方的气体都有放电的可能性。实际上，当两电极间的电压逐渐升高时，放电总是发生在沿固体介质的表面上，此时的沿面闪络电压已比纯空气间隙的击穿电压低很多，这说明原先的均匀电场发生了畸变。

表面电场出现畸变有以下原因：

（1）固体介质与电极接触不良、存在小间隙。由于空气的介电常数比固体介质小，在交流电压作用下，间隙中的场强比平均场强高得多，小间隙内将首先发生放电，所产生的带电粒子沿着固体介质的表面移动，使原有电场发生畸变，降低了沿面闪络电压。

（2）沿面电位分布不均。由于潮气被吸附到固体介质的表面而形成薄水膜，水膜中的离子受电场的驱动逐渐积聚在电极附近表面，使沿面电位分布变得不均匀，从而降低了沿面闪络电压。这种影响取决于空气的潮湿程度和固体绝缘材料吸附水分的性能。石蜡、硅橡胶等为憎水性材料，表面不易形成水膜，影响较小；瓷和玻璃等为吸附水分能力较强的亲水性材料，影响较大。由于电荷的迁移和积聚需要时间，所以在工频电压下其闪络电压降低较多，而在雷电冲击电压下降低较少。此外，由于水分的影响，各处表面电阻不相同，当界面上有泄漏电流流过时，表面电位分布不均匀使电场分布不均匀，发生畸变，也会使沿面闪络电压降低。

（3）固体介质表面具有一定的粗糙度。由于固体介质表面不是绝对光滑，使表面电场分布发生畸变。将某一局部放大，可见表面有凸凹不平处，凸凹处就可看成是空气介质与固体介质的串联。而空气部分的电气强度低，但所承受的电场强度高，因此空气部分将首先发生放电。如果各个空气部分的放电连接起来，就形成了沿面闪络。

2. 极不均匀电场具有强垂直分量时的沿面放电

如图 1-45（b）所示，套管中的固体介质（瓷套）处于极不均匀电场中，而且电介质表面的法向分量要比切向分量大得多。接地的法兰附近的电力线密集，电场最强。

（1）滑闪放电现象。当导杆与法兰之间施加的电压较高时，法兰附近首先出现电晕放电，如图 1-46（a）所示；随着外施电压的升高，电晕伸长，放电区逐渐形成由许多平行的火花细线组成的光带，即细线状辉光放电，如图 1-46（b）所示。火花细线的长度随电压的升高而继续增长，但此时放电通道中的电流密度较小，压降较大，伏安特性仍具有上升的特征，因此仍属于辉光放电的范畴。

当外施电压超过某一临界值时，个别细线突然迅速伸长，转变为分叉的树枝状明亮的火花通道，如图 1-46（c）所示。这种树枝状放电并不固定在一个位置上，火花在不同位置交替出现，出现后紧贴介质表面向前发展，随即很快消失，而后又在新的位置产生，因而称为滑闪放电。滑闪放电通道中的电流密度已较大，压降较小，其伏安特性具有下降的特征。此后，电压的微小升高就会导致火花的急剧延伸；这时电压不用再升高很多，放电火花就将发展到另一电极，产生沿面闪络（简称闪络）。

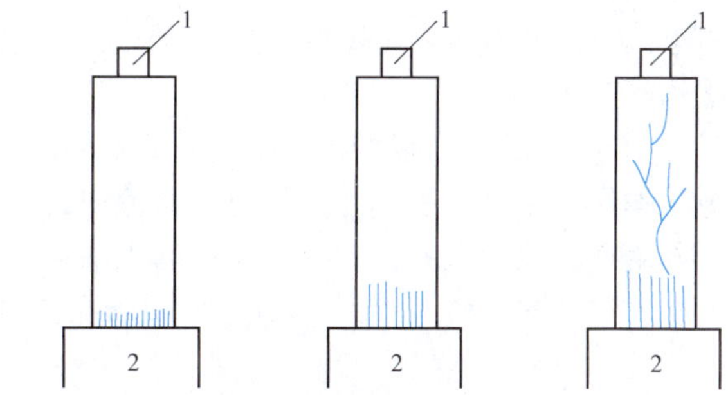

(a)法兰附近的电晕放电　(b)细线状辉光放电　(c)滑闪放电

图 1-46　沿套管表面的放电

1—导杆；2—法兰

（2）滑闪放电机理。滑闪放电是具有强垂直分量电场的绝缘结构所特有的放电现象。以套管型结构为例，图 1-47（a）所示为长度为 l 的套管的链形等效电路。图中，R_s 为单位面积电介质的表面电阻，C_0 为单位面积电介质表面与导杆之间的电容（比电容），为简化分析，图中略去了与 C_0 并联的介质体积电阻。比电容 C_0 为

$$C_0 = \frac{\varepsilon_r}{36\pi\times10^{11}\times r_2 \ln\frac{r_2}{r_1}} (\mathrm{F/cm^2}) \tag{1-37}$$

式中：ε_r 为介质的相对介电常数；r_1、r_2 分别为介质圆柱的内、外半径，cm。

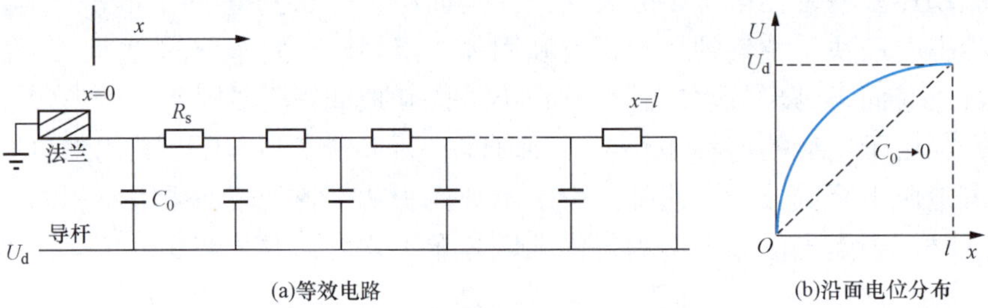

图 1-47　套管的等效电路及沿面电位分布

从图 1-47（a）可以看出，当在导杆与法兰之间施加交流电压时，由于 C_0 的分流作用，靠近法兰处的 R_s 中流过的电流大于远离法兰处的 R_s 中电流，导致沿套管表面电位不均匀。通常套管的沿面距离都足够长，电压主要降落在法兰附近的表面电阻上，如图 1-47（b）所示。

在接地的法兰附近，电流密度最大，电场强度最高。当此处电场强度达到使气体电离的数值时，就开始发生沿面放电。随着电压的升高，放电向前发展。由于电场的垂直分量很强，带电粒子轰击电介质表面，引起局部温度升高，从而进一步产生热电离。热电离使放电通道中的带电粒子数目急剧增大，电阻下降，通道头部电场增强，放电通道向前发展，形成滑闪放电。此时，只要再继续增加不大的电压，滑闪放电就会很快贯通法兰和导杆，完成闪络。

可以推导得到，在交流电压作用下，滑闪放电的起始电压 U_0 为

$$U_0 = \frac{E_0}{\sqrt{\omega C_0 \rho_s}} \tag{1-38}$$

式中：E_0 为滑闪放电的起始场强，V/m；ω 为电压的角频率，rad/s；ρ_s 为电介质的表面电阻率，Ω·m。

由式（1-38）可以看出，电压的频率越高，越容易发生滑闪放电，冲击电压作用下比工频电压作用下更容易引起滑闪放电，直流电压作用下没有明显的滑闪放电现象。由于大部分电压降落在法兰附近的介质上，单靠增大沿面距离并不能有效提高闪络电压。相反，当沿面距离增大时，图 1-47（a）中通过电介质表面的电容电流也随之增大，法兰附近的场强更高，沿面电位分布更不均匀。

3. 极不均匀电场具有弱垂直分量时的沿面放电

对图 1-45（c）所示支柱绝缘子结构，电介质表面电场强度的切向分量要比法向分量大得多。此时由于电极结构使电场很不均匀，因此其平均闪络场强要低于均匀电场中的情况；另一方面，由于法向电场分量很弱，因而在放电过程中没有热电离和明显的滑闪放电。因此沿面闪络电压与空气击穿的电压差别不如具有强垂直分量的情况大。试验结果表明，当表面干

燥、清洁时，这种绝缘子的闪络电压基本上随极间距离的增大而提高。

1.10.2 绝缘表面脏污时的沿面放电

绝缘表面常受污染，如架空输电线路绝缘子表面常受到工业污物或盐分、灰尘、鸟粪的污染。对直流线路绝缘子而言，由于受恒定方向静电场影响，带电微粒易被吸附到绝缘子表面，表面积污现象更为严重。污层在干燥状态下电阻很大，可以视为绝缘；但在雨、雾、露、雪等不利天气时，污层将被水分所湿润，电导大增。在工作电压下污层中电流密度较大，污染较轻、电阻较大的污层烘干较快，先出现宽度较小的贯穿区干区。干区的电阻比其他区域湿层的电阻大很多（有时大几个数量级），此时整个绝缘上的电压几乎都集中在干区上，因而干区中电场强度很高。如果电场强度达到一定数值，已足以引起表面空气碰撞电离，于是在干区部分开始出现蓝紫色的线状辉光放电。由于泄漏电流较大，辉光放电很容易转化为具有下降的伏安特性的局部电弧放电。随后电弧根部附近的湿污层被很快烘干，即干区扩大，电弧伸长，若此时电压尚不足以维持电弧的燃烧，则电弧在交流电流过零时熄灭，呈现“熄灭—重燃”或“延伸—收缩”的交替变化。

如果污秽严重，或绝缘表面距离短，使湿润带总的电阻较小，则跨过烘干带的放电电流就较大，分担到放电通道上的电压足以维持，局部电弧会进一步伸长，最后接通两个电极，形成沿面闪络。由以上分析可见，绝缘的污闪是一个复杂的过程，大体可分为积污、受潮、干区形成、局部电弧的出现和发展等阶段。闪络发展过程如图 1-48 所示。污闪的发展需要较长的时间，因此污闪大多发生在正常工作电压下或规定允许的短时工作电压下。

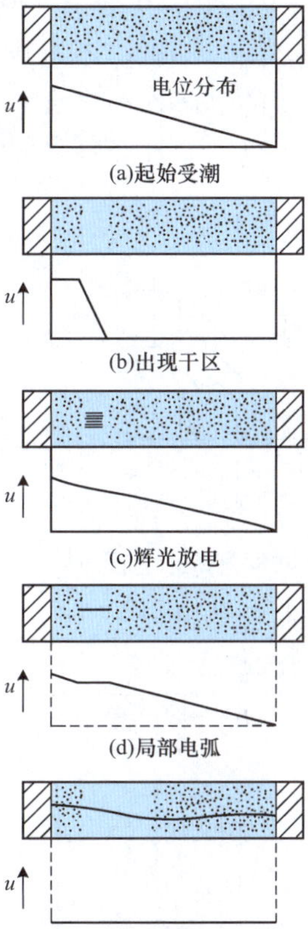

图 1-48 绝缘表面脏污时闪络发展过程示意图

绝缘表面上这种不断延伸发展的局部电弧现象俗称爬电。一旦爬电至某一临界长度时，弧道的进一步伸长就不再需要更高的电压，能自动延伸完成沿面闪络，相应的电压称为污闪电压。在电力系统中，绝缘子串的污闪是导致系统故障的主要原因之一。统计表明，因为同一个区域内的绝缘子积污、受潮状况是差不多的，所以容易发生大面积多点污闪事故。污闪时自动重合闸成功率远低于雷击闪络时的情况，因而往往导致事故的扩大和长时间停电。就经济损失而言，污闪在各类事故中居首位。通过改善环境防止积污、改善绝缘子结构阻碍放电发展等办法可以降低污闪发生的可能性，例如增大绝缘子沿面泄漏距离或爬电距离，就可以减小泄漏电流，从而降低闪络的概率；还可以采取对绝缘子表面进行清扫去污等办法。

增大绝缘的爬电距离可以有效提高湿闪电压，即固体介质表面有水膜时的沿面放电电压。以绝缘子为例，由于潮湿的绝缘子表面上的水膜大都是不均匀和不连续的，因而造成有水膜覆盖的表面电导大，无水膜处的表面电导小，绝大部分外施电压由干表面承受，湿闪电压比干燥条件下的闪络（干闪）电压有明显的下降。如果雨水的电导率较高，湿闪电压还会降得更低。因此需要适当改进绝缘子结构，使绝缘子表面有较长的干区，从而提高闪络电压。

1.10.3 提高沿面放电电压的方法

根据前述，可以通过均匀电场、增大爬电距离、抑制放电发生和发展等方法提高沿面放电电压，在工程上主要有下述方法。

1. 屏障

工程上常常通过在固体介质表面等位面方向设置突出的棱缘作为屏障的方法，提高沿面闪络电压，如图1-49所示。绝缘子的伞裙是典型的屏障。这是因为电子或离子沿平行于等位面的屏障表面运动时，不能从电场中吸收能量，使电离难以发生。靠近电极处的屏障的作用比远离电极的屏障作用更大，主要原因是在电离未充分发展时即被阻止。此棱缘不仅能增大沿面爬电距离，而且能阻碍放电发展。

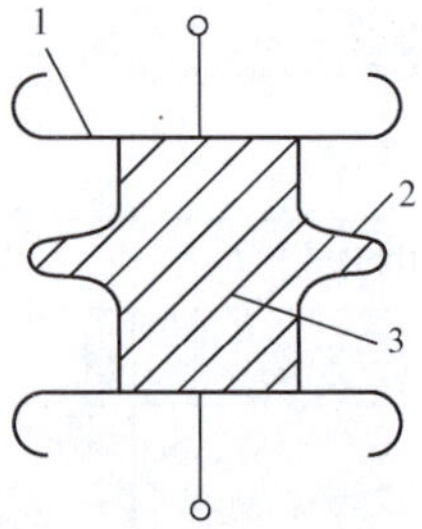

图1-49 屏障示意图

1—电极；2—屏障；3—固体介质

2. 屏蔽

通过设置屏蔽电极改善电场分布，使电极附近的电场和电位分布趋于均匀，可以提高沿面闪络电压。图1-50中电极1表面的电场分布不均匀，沿面放电容易从此电极处开始。电极2是一种屏蔽电极，该电极附近的电场分布就得到了改善，从而提高了沿面闪络电压。很多高压电器出线套管的顶端都采用外部屏蔽电极。另一种方法是在固体介质内嵌入内屏蔽金属电极以改善电场分布，图1-51是内屏蔽电极用在支柱绝缘子中的示意图，其中内嵌的金属球起改善电极与固体介质接触部位电场分布的作用，因而能提高沿面闪络电压。

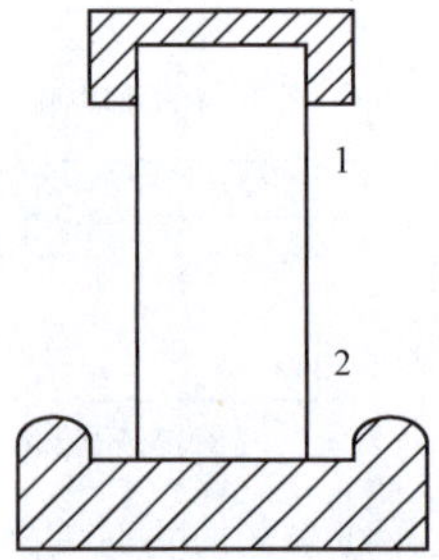

图1-50 外屏蔽示意图

1—无屏蔽电极；2—有屏蔽电极

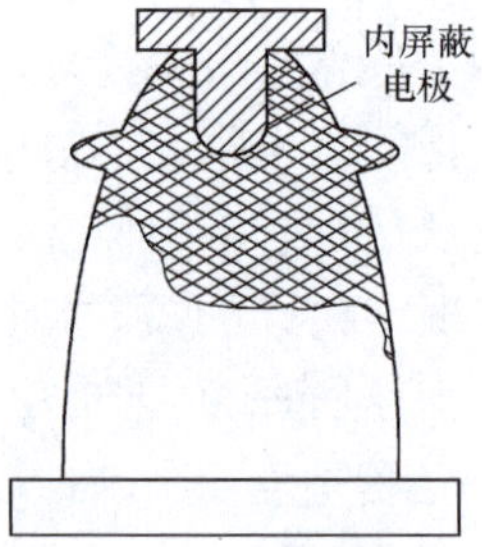

图1-51 支柱绝缘子中的内屏蔽电极

3. 提高表面憎水性

以纤维素为基础的有机绝缘物具有亲水性和很强的吸水能力，受潮后绝缘性能显著下降。玻璃和电瓷是离子性电介质，它们虽然不吸水，但也具有较强的亲水性，吸附的水分能在表面形成连续水膜，大大增加了表面电导，降低了沿面闪络电压。硅有机化合物具有很强的憎水性，用硅有机化合物对纤维素电介质（如电缆纸、电容器纸、布、带、纱等）做憎水处理后，纤维素分子被憎水剂分子所包覆，纤维素中的空隙被憎水剂高分子物质填满，从而降低了纤维素电介质的吸水性，提高了憎水性，使表面不易形成连续的导电膜。对电瓷、玻璃等绝缘也可在其表面涂覆憎水涂料，如室温硫化硅橡胶涂料，提高沿面闪络电压。

4. 消除绝缘体与电极接触面的缝隙

如果电极与绝缘体接触面不密合，留有缝隙，缝隙中的空气极易发生局部放电，使沿面闪络电压降低。消除缝隙最有效的方法是将电极与绝缘体浇铸嵌装在一起，如电瓷、玻璃等绝缘体与电极常用水泥浇铸在一起，SF_6气体绝缘装置内的绝缘支撑件也大多是与电极浇铸在一起的。也可以采取在绝缘介质表面侧喷铝的方法，消除间隙两端的电位差。

5. 改变绝缘体表面局部区域的电阻率

根据滑闪放电机理，要提高套管的电晕起始电压和滑闪放电电压，关键在于降低法兰附近电介质的电场强度。

（1）减小比电容 C_0。可采用加大法兰处套管的外径和壁厚，也可采用介电常数较小的介质，如用瓷—油组合绝缘。

（2）减小绝缘表面电阻。通过减小套管表面的电阻率实现，如在套管靠近接地法兰处涂半导体釉，减小法兰附近的表面电位梯度。对于电压等级为35kV以上的高压套管，还需要采用能调节径向、轴向电场分布的电容式套管和绝缘性能更好的充油式套管才能符合技术要求。

此方法在工程上得到较多的应用，例如大电机定子绕组槽口附近导线绝缘上的电位分布很不均匀，槽口附近绝缘表面的电位梯度很高，很容易发生沿面放电。在槽口附近涂上半导电漆，使该段绝缘表面电阻减小，这样就能减小该段绝缘表面的电位梯度。

6. 强制固体介质表面的电位分布

在高压套管及电缆终端头等设备中，常用在绝缘内部加电容极板的方法，从导杆到法兰电容极板宽度逐渐减小，保证每层电容量相等，使轴向和径向的电位分布均匀，从而达到提高沿面闪络电压的目的。图1-52所示为电容套管内有无电容极板时的电位分布示意图。

如图1-53所示，在工程实际中，还常用在绝缘表面的中间设置若干环形电极，并将这些环形电极与分压器或电源的某些抽头连接来固定这些电极的电位的方法，使沿面的电位分布较均匀。这种方法在静电加速器、串级高压试验变压器等设备中经常用到。

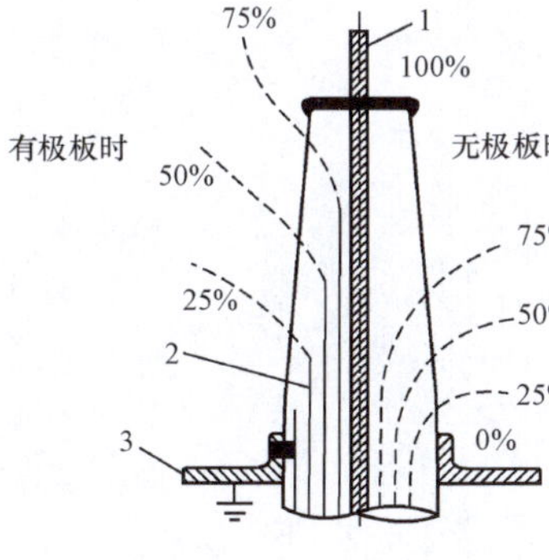

图1-52 电容套管内有无电容极板时的电位分布

1—导杆；2—电容极板（悬浮电极）；3—法兰

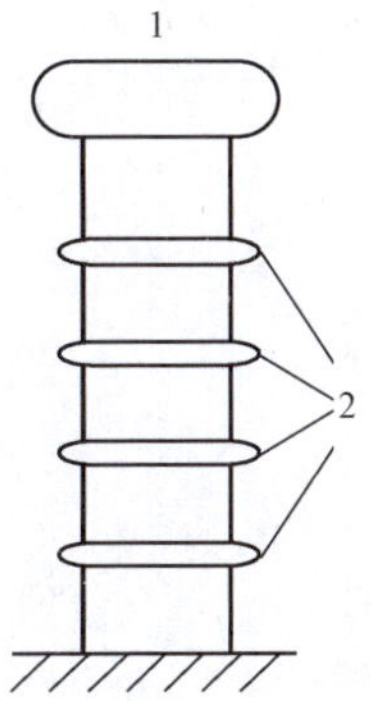

图1-53 强制固定绝缘表面电位的方法

1—高压电极；2—环形电极

习 题

1. 试简述汤逊放电理论与流注理论的异同点，并说明这两种理论各自的适用范围。
2. 试简述汤逊放电理论的自持放电条件，并说明其物理意义。

3．均匀电场和极不均匀电场中气体间隙的放电特性有什么不同？

4．试对极间距离相同的正极性棒—负极性板、负极性棒—正极性板、板—板、棒—棒四种间隙的直流击穿电压进行排序，并说明其原因。

5．雷电冲击电压下间隙的击穿有什么特点？用什么来表示气体间隙的冲击击穿特性？

6．间隙的伏秒特性是怎样绘制的？研究间隙的伏秒特性有何实际意义？

7．试分析不同类型电压作用下气体放电的特点。

8．试简述影响气体间隙击穿电压的主要因素。

9．试简述提高气体间隙击穿电压的措施。

10．试解释沿面闪络电压明显低于纯空气间隙击穿电压的原因。

11．一般在 SF_6 气体绝缘封闭开关设备中充 SF_6 气体的原因是什么？与空气相比，SF_6 的绝缘特性如何？

2 液体、固体电介质的绝缘特性

在高压电气设备中，除了在某些场合采用空气、SF_6作为绝缘电介质，固体和液体电介质也被广泛采用，如作为固体电介质的电工陶瓷（电瓷）、绝缘纸板、玻璃等，作为液体电介质的变压器油、电容器油等。由于固体和液体电介质的绝缘强度比气体高得多，因此用它们作电气设备的内绝缘时可使绝缘尺寸缩小、设备结构紧凑。此外，载流导体的支撑需要固体电介质；液体电介质还可兼作冷却和灭弧电介质。由液体和固体电介质构成的内绝缘的电气性能具有如下特点：

（1）电介质的电气强度一般不受外界大气条件变化的影响。

（2）固体电介质构成的绝缘属非自恢复性绝缘，一旦发生击穿就造成不可逆转的破坏。

（3）液体和固体电介质在运行中会逐渐老化，导致绝缘性能下降、寿命缩短。

2.1 电介质的极化、电导与损耗

2.1.1 电介质的极化

1. 极化的概念

如图 2-1 所示，两个平行极板电容器的结构尺寸完全相同。其中一个电容器被放在密闭容器内，将极间抽成真空；而在另一个电容器极板之间填充其他电介质材料。在两电容器极板上施加直流电压 U，这时真空电容器极板上积聚有正、负电荷，设其电荷量为 Q_0。而对填充电介质的电容器施加同样的电压，就会发现极板上的电荷量增加到 Q_0+Q'。这种现象是由电介质极化造成的：在外施电压作用下，电介质中的正、负电荷沿电场方向产生了位移，使电介质表面出现了束缚电荷，该束缚电荷与极板上的电荷异号。为了保持电场强度不变（因为外施电压不变），必须从电源再吸收一部分电荷 Q'到极板上，所以极板上电荷增多，并造成电容量增大。电介质中的正、负电荷沿电场方向做有限位移，形成宏观偶极矩，或在电介质表面形成感应束缚电荷的现象叫作电介质的极化。

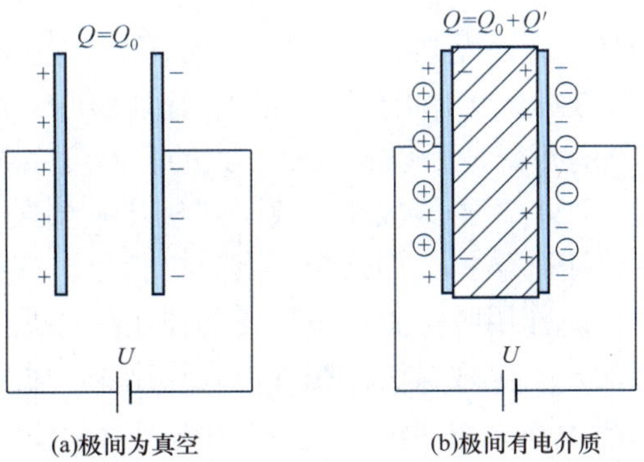

(a)极间为真空　(b)极间有电介质

图 2-1　电介质极化示意图

平行极板电容器在真空中的电容量为

$$C_0 = \frac{Q_0}{U} = \frac{\varepsilon_0 A}{d} \tag{2-1}$$

式中：A 为极板面积，m^2；d 为极间距离，m；ε_0 为真空的介电常数，$\varepsilon_0=8.84\times10^{-12}$F/m。

当极板间为电介质材料时，电容量增大，则有

$$C=\frac{Q_0+Q'}{U}=\frac{\varepsilon A}{d} \tag{2-2}$$

式中：ε 为电介质的介电常数，F/m。

填充电介质材料电容器的电容量与真空电容器的电容量之比为

$$\frac{C}{C_0}=\frac{\varepsilon}{\varepsilon_0}=\varepsilon_r \tag{2-3}$$

ε_r 称为电介质的相对介电常数，它是表示电介质在电场作用下极化程度的物理量。其物理意义表示极板间填充电介质后电容量（或电荷量）为真空时极板间电容量（或电荷量）的倍数。

2. 极化的基本形式与特点

根据电介质的物质结构，极化的基本形式有电子式极化、离子式极化和偶极子极化，另外还有界面极化、空间电荷极化等。

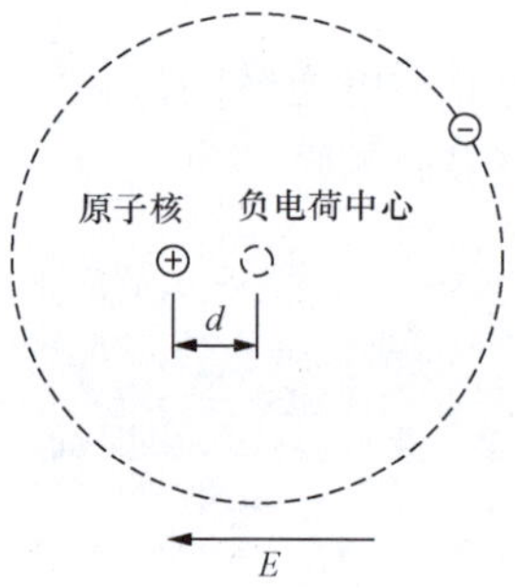

图 2-2 电子式极化

（1）电子式极化。如图 2-2 所示，在外电场的作用下，原子中电子的运动轨道相对于原子核产生了位移，使原子中正、负电荷的作用中心不再重合，直至原子核对电子的牵引力与电场力平衡，这种由电子位移所形成的极化叫作电子式极化。电子式极化存在于一切气体、液体和固体电介质中。

电子式极化的特点如下：

1）因电子质量极小，所以极化形成所需的时间极短，约为 10^{-15}s。电子式极化在各种频率的外电场作用下均能产生，ε_r 不随外施电压频率的变化而变化。

2）极化具有弹性。当外电场消失后，由于正、负电荷的相互吸引力，作用中心立即重合，使整个电介质呈现非极性，所以极化过程几乎没有能量损耗，不会使电介质发热。

3）温度对极化影响不大。温度升高时电介质略有膨胀，单位体积内的原子数减少，引起 ε_r 略有下降，所以 ε_r 具有不大的负温度系数。

（2）离子式极化。离子式极化主要发生在离子式结构的电介质中。固体无机化合物多数属离子式结构，如云母、陶瓷材料等。在无外电场作用时，正、负离子的作用中心是重合的，不呈现极性；在外电场作用下，正、负离子发生相向偏移，两者作用中心不再重合，整个分子呈现极性，如图 2-3 所示。这种由正、负离子相对位移所形成的极化叫作离子式极化。

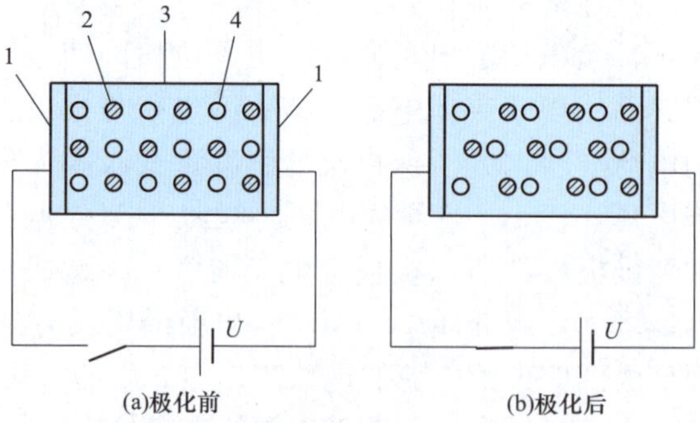

图 2-3 离子式极化

1—电极；2—正离子；3—电介质；4—负离子

离子式极化的特点如下：

1）极化形成过程所需时间很短，约为 10^{-13}s，所以 ε_r 也不随外施电压频率的变化而变化。

2）极化属弹性极化，极化过程几乎没有能量损耗。

3）温度对极化有影响。当温度升高时，离子间结合力减弱，极化程度增强；但同时离子的密度减小，使极化程度降低。通常前者影响较大，所以 ε_r 一般具有正的温度系数。

（3）偶极子极化。有些电介质的分子即使在无外电场作用时，正、负电荷的作用中心也不重合，因而形成一个永久性的偶极矩。这些电介质的每一个分子成为一个偶极子，这种具有永久性偶极子的电介质称为极性电介质，例如蓖麻油、橡胶、酚醛树脂、胶木、纤维素、油浸纸等。

如图 2-4 所示，在无外电场作用时，单个的偶极子虽然具有极性，但各个偶极子处在不停地热运动中，排列混乱，整个电介质对外不呈现极性。在外施电场的作用下，原来混乱排列的偶极子受到电场力作用发生转向，沿电场方向定向排列，对外呈现出极性。这种由于极性电介质偶极子分子的转向所形成的极化称为偶极子极化。

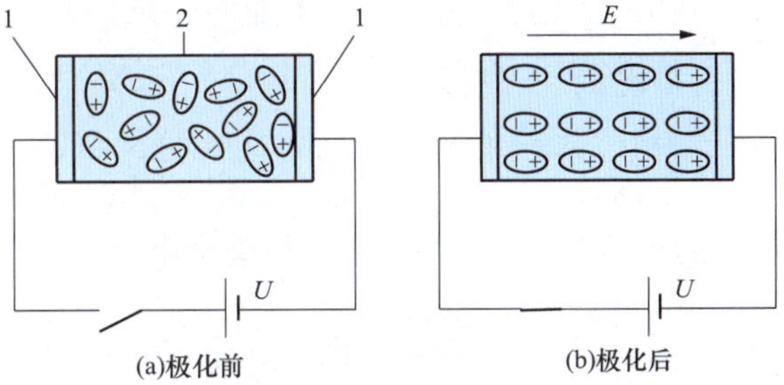

图 2-4　偶极子极化

1—电极；2—电介质

偶极子极化的特点如下：

1）极化过程所需时间较长，为 10^{-10}～10^{-2}s。极化与频率有关，在频率很高时 ε_r 减小，这是因为频率很高时偶极子转向可能跟不上电场方向的改变，转向只能达到某种程度而不完全，因而极化减弱。

2）极化是非弹性极化。因为偶极子在转向时需要克服分子间的吸引力和摩擦力，极化时所消耗的电场能量在复原时不可能收回，故需要消耗能量。

3）温度对极化有很大影响。当温度较低时，分子间联系紧密，偶极子转向困难，极化很弱；当温度升高时，极化增强，ε_r 随温度升高而增大；当温度继续升高时，分子热运动加剧，妨碍偶极子沿电场方向取向，又使极化减弱，ε_r 随温度升高而减小。图 2-5 所示为硫化天然橡胶的相对介电常数与温度、电场频率的关系。

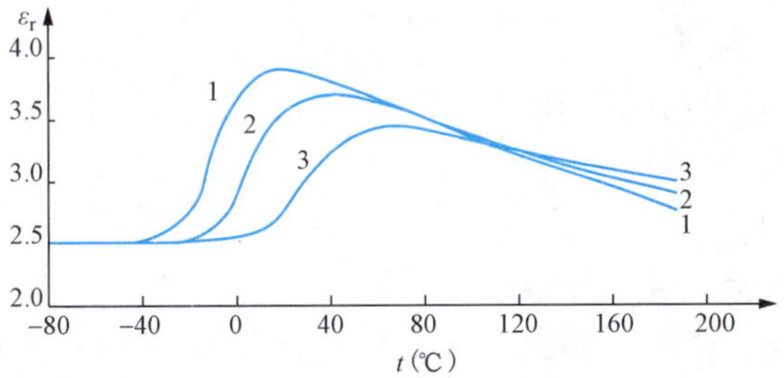

图 2-5　硫化天然橡胶的相对介电常数与温度、电场频率的关系

1—60Hz；2—3kHz；3—300kHz

（4）界面极化。电气设备中常采用几种不同电介质组成复合绝缘，即便是单一电介质，由于电介质不均匀，局部也可看成由不同电介质组成。对于复合绝缘，在外施电压时，各电介质在电场作用下都要发生极化。各部分电压将从开始时按介电常数分布过渡到按电导率分

布。在电压重新分配的过程中，各电介质交界面上会积聚起一些电荷，界面处呈现出极性。这种使夹层电介质分界面上出现电荷积聚的过程叫作界面极化。

如图 2-6 所示，设两层电介质的电导分别为 G_1、G_2，电容分别为 C_1、C_2，设 $2G_1=G_2$，$C_1=2C_2$。在开关合闸瞬间（$t=0$）电压 U 作用于两层电介质上，两层电介质上的电压降取决于电介质电容，有 $U_{10}=\frac{1}{2}U_{20}=\frac{1}{3}U$，电容极板上的电荷由电源输送，输送的电荷量为 $Q_{C10}=\frac{C_1U}{3}$。整个电介质的等效电容为 $C_{eq0}=\frac{Q_{C10}}{U}=\frac{1}{3}C_1$，这时两层电介质的交界面呈电中性，没有多余的正空间电荷或负空间电荷。随着时间的增长，空间电荷重新分配，C_2 上的一部分电荷逐渐通过 G_2 释放，而 C_1 则从电源再吸收一部分电荷（称为吸收电荷），因此 U_1 逐渐增大，U_2 逐渐减小。到达稳态（$t\to\infty$）时，电压分配取决于电导，有 $U_{1\infty}=2U_{2\infty}=\frac{2}{3}U$，电源输送至 C_1 极板上的电荷为 $Q_{C1\infty}=\frac{2C_1U}{3}$，故整个电介质的等效电容为 $C_{eq\infty}=\frac{Q_{C1\infty}}{U}=\frac{2}{3}C_1$；而 C_2 极板上的电荷为 $Q_{C2\infty}=\frac{C_2U}{3}=\frac{C_1U}{6}$。由于两电容极板上的电荷不等，因此交界面上出现堆积的电荷。

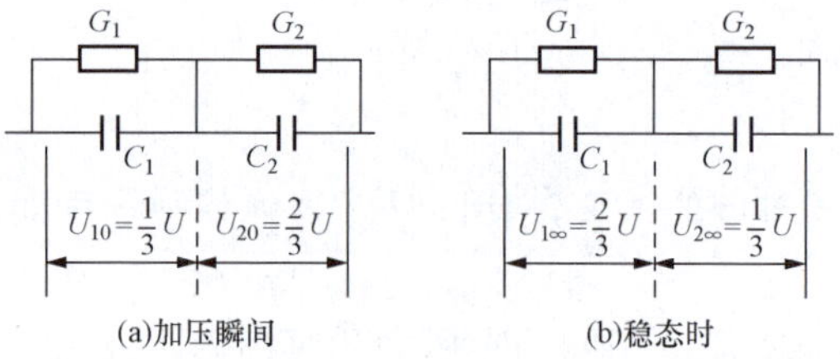

图 2-6 双层电介质的界面极化

界面极化的特点如下：

1）极化过程缓慢，可能需要数小时甚至数天，因此只有在电源为低频时才能完成。

2）由于吸收过程要经过电导，极化过程有能量损耗。

3）由于在夹层界面上产生电荷堆积，使等效电容增大。

（5）空间电荷极化。在大多数电介质中，往往存在晶格缺陷。在电场的作用下，电介质中的正、负自由离子做定向移动，可能被晶格缺陷捕获，形成空间电荷，这个过程叫作空间电荷极化。

空间电荷极化的特点如下：

1）极化进行得很缓慢。

2）极化过程需要消耗能量。

3）极化在频率较低的电场中存在，在高频下空间电荷来不及移动，因而没有这种极化现象。

3. 电介质的介电常数

根据电介质的极化性能，可以分成中性或弱极性电介质和极性电介质两类，其中在中性或弱极性电介质中，以电子式极化和离子式极化为主。电介质的极化性能可以用介电常数来表示。

气体电介质由于密度低，单位体积内所含分子的数量很少，所以极化率很低，介电常数都很小，接近真空，如一个大气压的空气的相对介电常数为 1.00059，因此在工程应用中可取其相对介电常数 $\varepsilon_r\approx1$。

中性或弱极性液体电介质的 ε_r 在 1.8～2.8 之间，例如变压器油、苯、硅油等；极性液体电介质的介电常数较大，ε_r 在 3～6 之间，例如蓖麻油，这类电介质可用作电容器的浸渍剂以增大电容量；对于 ε_r 大于 10 的强极性液体电介质，如酒精、水等，其电导率也很高，一般情况下不能用作绝缘材料。

中性或弱极性固体电介质中仅存在电子式极化和离子式极化，介电常数较低，如聚乙烯、聚丙烯、石蜡等，云母、电瓷、无机玻璃等无机材料也属于中性电介质；极性固体电介质的相对介电常数 ε_r 一般大于 3，如酚醛树脂、聚氯乙烯、有机玻璃等。

在制作电容器时，在保证绝缘的情况下，宜选取 ε_r 大的材料作为电容器的绝缘电介质，这样可减小电容器单位电容量的体积和质量。而对于其他电气设备，应选择 ε_r 小的材料作为绝缘电介质，例如选用 ε_r 小的材料作为交流电力电缆的绝缘，可减小电缆工作时的充电电流以及极化引起的发热损耗。

2.1.2 电介质的电导

在电介质内部总会存在或多或少的带电粒子，它们在外电场的作用下会产生定向漂移从而形成传导电流，这一电流称为泄漏电流（或电导电流）。换言之，任何电介质都有不同程度的导电性，只不过与导体相比，其电导率很低。

气体电介质的电导是由电离出来的自由电子、正离子和负离子等带电粒子在电场的作用下移动而造成的。液体和固体电介质的电导是由于电介质的基本物质（及其中所含杂质）分子发生化学分解或热离解形成的带电粒子沿电场方向移动而形成的。其中，自由电子在电场作用下移动形成电导电流，称为电子电导；正、负离子沿电场方向移动，形成电导电流，称为离子电导，一般电介质的电导主要是离子电导。与金属依靠自由电子导电不同，由于电介质中自由电子数量很少，电子电导通常都非常微弱；如果在电介质中出现了较大的电子电导电流，则意味着该电介质已经被击穿。

表征电导大小的物理量是电导率 γ，它是电阻率 ρ 的倒数。绝缘介质的电阻率一般大于 $10^9\Omega\cdot m$。

1. 液体电介质的电导

液体电介质中构成电导的因素主要有两种：一种是由液体本身和杂质的分子解离为离子，构成离子电导；另一种是液体中的胶体质点，如变压器油中悬浮的小水滴，在吸附电荷后，形成带电质点，构成电泳电导。特别是中性液体电介质，其纯净电介质的电阻率非常高，可达 $10^{20}\Omega\cdot m$ 以上，其电导主要由杂质决定。

如在纯净的液体电介质中放入平行板电极，则流过的电流与外施电压的关系如图 2-7 所示。从图中可以看出，该曲线大致可划分为 a、b、c 三个区域。

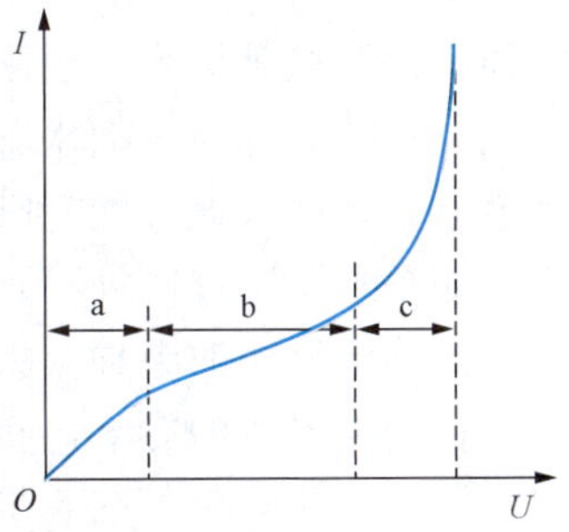

图 2-7　液体电介质中的电流 I 与外施电压 U 的关系

（1）区域 a。在该区域中电压与电流基本呈线性关系，符合欧姆定律，此时液体具有较高的体积电阻率。通常所说的液体电介质电阻率就是按这个范围来定义的。

（2）区域 b。在该区域中电流有一定的饱和趋势。由于液体的密度远高于气体，离子相遇的概率较大，复合概率也较大，不可能所有的离子都运动到电极，因此电流会出现饱和。当电压较高时，复合难度相对较大，所以电流略有增大。该区域和区域 a 称为低电场电导区，导电粒子主要是微量杂质所解离的离子、自然界的射线对液体电离作用所形成的带电粒子等。

（3）区域 c。该区域称为高电场电导区。当电压进一步升高时，电流急剧增大，直至绝缘被击穿。其原理为：在强电场的作用下，在液体中通过分子解离、电极逸出、碰撞电离等方式产生大量的带电粒子。当液体中含有气体时，因为气体中易发生碰撞电离，击穿首先在气体中发生，故击穿电压与液体中的气体含量有关。

影响工程用液体电介质电导的因素除了杂质外，还有温度。当温度升高时，电介质中的离子热运动剧烈，在电场作用下做定向运动的离子数量和速度增加，电导增大，所以电介质的电导率随温度上升而增大。理论和试验都证明电导率γ与温度间近似存在指数关系，即

$$\gamma = A\mathrm{e}^{-B/T} \tag{2-4}$$

式中：A、B 均为常数，与液体性质有关；T 为绝对温度，K。

2. 固体电介质的电导

（1）固体电介质的体积电导。固体电介质中的带电粒子主要包括从电极表面逸出的电子，电介质中由于晶格缺陷和解离等产生的离子、传导电子和空穴等。此外，杂质在固体电介质中也容易产生带电粒子。

在固体电介质上加上电压时，电介质内有电流流过，并随外施电压的升高而增大；当电压很高时，电流急剧增大直至引起绝缘击穿。图 2-8 所示为固体电介质中典型的电流与外施电压的关系曲线。曲线大致可以分成两个区域：区域 a 为低电场电导区，电流与电压的关系服从欧姆定律；区域 b 为高电场电导区，电流随电压升高迅速增大，且电压越高，增大速率越快，直至绝缘击穿。与液体电介质相比，无明显的饱和区。通常认为，在低电场电导区，导电以离子电导为主，而在高电场电导区则以电子电导为主。

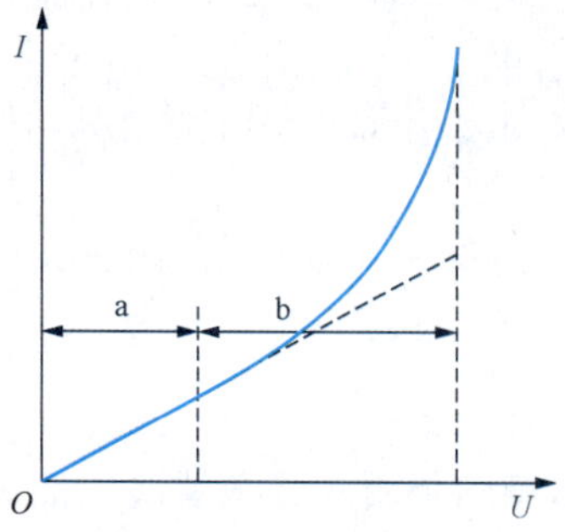

图 2-8　固体电介质中典型的电流 I 与外施电压 U 的关系曲线

温度对固体电介质的电导有较大影响。与液体电导相似，固体电介质的电导与温度也呈指数关系，可以用式（2-4）来表示。

（2）固体电介质的表面电导。固体电介质除了体积电导外，还存在表面电导，其形成原因是电介质表面吸附了一些水分、灰尘或具有导电性的化学物质，这些物质具有较高的电导率，会显著地增大表面电导。虽然表面电导主要取决于外界因素，但材料自身吸附水分的能力影响着介质表面水分含量，因此将表面电导看作是固体电介质本身的一种性能。亲水性电介质（如玻璃、陶瓷等）由于表面能被水湿润，形成水膜，其表面电导要比憎水性电介质（如石蜡、硅有机物等）大得多，而且受湿度影响较大。

固体电介质的电导很大程度上取决于其表面电导。设计绝缘结构时要考虑环境条件的影响，特别是湿度的影响，有些设备在潮湿天气时由于受潮引起表面电导增大，而无法升到额定电压使用。对于某些容量较小的高压电源，要注意减小绝缘材料的表面泄漏电流。当然，也可以对表面电导加以利用，如在高压套管法兰盘附近涂半导体釉，减小此处的绝缘电阻，以改善套管的电压分布。

2.1.3 电介质的损耗

从电介质的极化和电导的机理可以得出，任何电介质在电场作用下都会有能量损耗，其中一种是由电导引起的损耗，另一种是由极化过程引起的损耗。

引起电导损耗的泄漏电流与外施电压的频率无关，因此电导损耗在直流电压和交流电压作用下都存在。

极化损耗主要是指由极性电介质中的偶极子极化和复合电介质中的界面极化等有损极化过程引起的损耗。在直流电压作用下，由于极化过程仅在电压施加后的很短时间内存在，而没有周期性的极化过程，因此可以认为不存在极化损耗。在交流电压作用下，由于电介质随交流电压极性的周期性改变而做周期性的正向极化和反向极化，极化过程始终存在于整个加压过程中，因此就会引起能量损耗。

综上所述，在直流电压作用下仅存在电导损耗而无极化损耗，这时用电导率或电阻率已能表征电介质的损耗特性，不需要再引入介质损耗的概念。而在交流电压作用下，既有极化损耗又有电导损耗，就需要引入介质损耗这一概念及相关的新的物理量来描述电介质的损耗特性。

1. 介质损耗角正切 $\tan\delta$

在电介质两端施加交流电压 U 时，其等效电路如图 2-9 所示。图中，R_g、I_g 分别为泄漏电阻和泄漏电流；C_0 为真空和电介质无损耗极化所形成的电容；I_{C0} 为流过 C_0 的电容电流；C_a、R_a 分别表示有损极化所形成的电容和表示极化损耗的等效电阻；I_a 为极化电流。

从图 2-9 中可以看出，由于电介质中存在极化损耗和电导损耗，流过电介质的总电流 I 不再是纯粹的电容电流，而包含无功和有功分量，其中电流流过电阻形成有功损耗。

流过电介质的电流可按无功和有功分量进行划分，则图 2-9 可进一步简化成如图 2-10 所示的电容、电阻并联形式，图中 C_p 和 R_p 分别为电介质理想的无损等效电容和并联等效电阻，流过的电流分别为 I_C 和 I_R，总电流为

$$\dot{I} = \dot{I}_R + \dot{I}_C \tag{2-5}$$

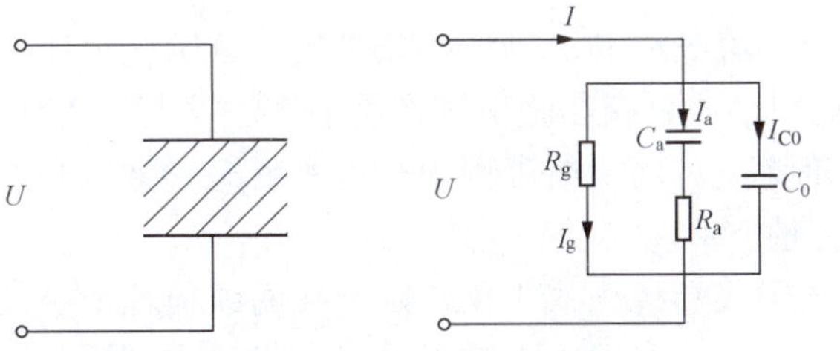

(a)原理接线　　(b)等效电路

图 2-9　电介质的等效电路

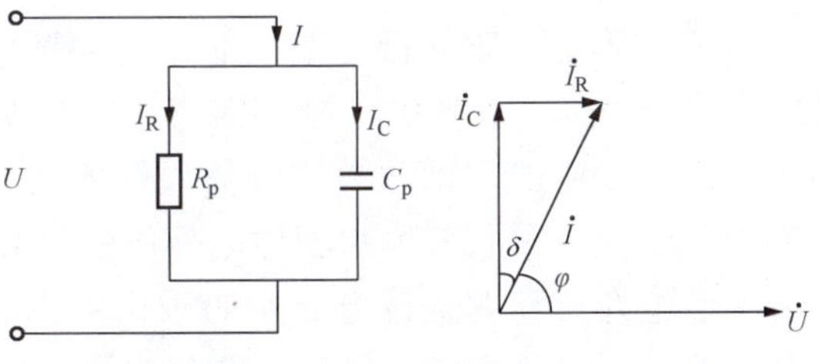

(a)并联等效电路　　(b)相量图

图 2-10　电介质的并联等效电路及其相量图

在相量图中，电流与电压的夹角 φ 是功率因数角，其余角为 δ。

显然 I_R 是 I 中的有功分量，从图 2-10（b）中可以得到

$$\tan\delta = \frac{I_R}{I_C} = \frac{U/R_p}{U\omega C_p} = \frac{1}{\omega R_p C_p} \tag{2-6}$$

电介质消耗的功率为

$$P = UI_R = UI_C \tan\delta = U^2 \omega C_p \tan\delta \tag{2-7}$$

从式（2-7）可见，介质损耗功率 P 与外施电压 U 的平方成正比，与电源角频率 ω、电容 C_p 及介质损耗角的正切 $\tan\delta$ 也均成正比关系。

因为 P 值与试验电压、试品大小等因素有关，不同试品间难以比较。而介质损耗角正切 $\tan\delta$ 仅取决于材料的特性，用它来描述电介质的损耗特性非常方便，于是就改用介质损耗角正切 $\tan\delta$ 作为表征介质损耗程度的物理量。其值越大，说明这种材料的介质损耗越大。

有损电介质也可用一个理想的无损等效电容 C_s 和电阻 R_s 相串联的电路来等效，如图 2-11 所示。由相量图可得

$$\tan\delta = \frac{IR_s}{I/\omega C_s} = \omega C_s R_s \tag{2-8}$$

$$P = I^2 R_s = \frac{U^2 R_s}{R_s^2 + (1/\omega C_s)^2} = \frac{U^2 \omega^2 C_s^2 R_s}{1+(\omega C_s R_s)^2} = \frac{U^2 \omega C_s \tan\delta}{1+\tan^2\delta} \tag{2-9}$$

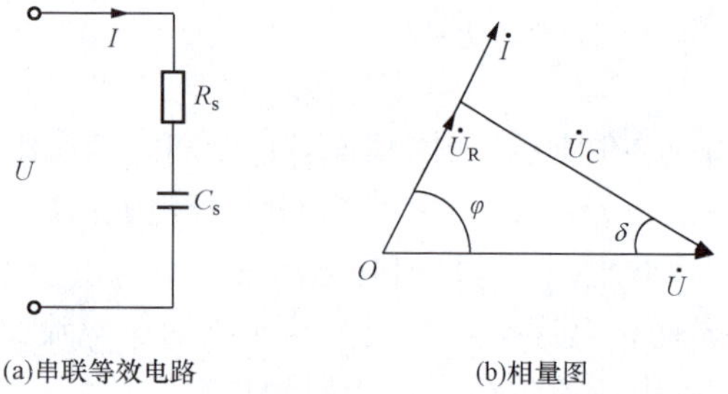

图 2-11 电介质的串联等效电路及其相量图

从图 2-9 可以看出，如果损耗主要是由电导引起的，应用并联等效电路；如果损耗主要由极化及连接导线的电阻引起，则应采用串联等效电路；如果计算多种介质串联或并联引起的损耗，则应根据计算方便，灵活地选用等效电路。需要注意的是，同一种电介质用不同的等效电路表示时，其电容量是不相同的。由式（2-7）和式（2-9）可以看出

$$C_p = \frac{C_s}{1+\tan^2\delta} \tag{2-10}$$

所以，在进行 $\tan\delta$ 测量时，设备的电容量计算公式与采用的等效电路有一定关系。由于绝缘电介质的 $\tan\delta$ 一般都很小，故 $C_p \approx C_s$。此时，介质损耗在两种电路中都可以用同一公式表示，即 $P = U^2 \omega C \tan\delta$。

2. 液体和固体电介质的损耗特性

由于气体电介质的极化率很低，其损耗主要由电导引起。当场强低于气体分子电离所需要的值时，气体电介质的电导率很低，因此损耗很小；只有在强电场作用下气体发生电离时，如不均匀电场中的局部放电，气体损耗才会显著增大。因此在工程中一般不考虑气体电介质的损耗，而主要关心液体和固体电介质的损耗特性。

中性电介质和弱极性电介质的极化主要是电子式和离子式极化，是无损的或损耗很小，电介质的损耗主要由电导引起。这类电介质的 $\tan\delta$ 较小，约为 10^{-4} 数量级，聚乙烯、聚苯乙烯、硅橡胶、云母都属于这类介质，是优良的绝缘材料，可用于高频或精密的设备中。

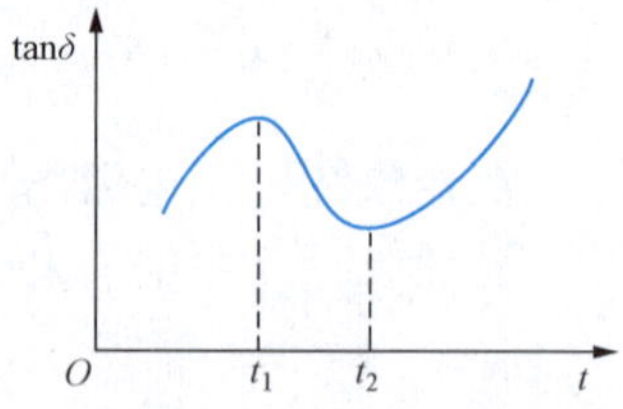

图 2-12 极性液体电介质 $\tan\delta$ 与温度 t 的关系

极性电介质中具有极化和电导两种损耗，与温度的关系较为复杂，如图 2-12 所示为典型的极性液体电介质的 $\tan\delta$ 与温度的关系，极性固体电介质的 $\tan\delta$ 与温度的关系也类似。当温度 $t < t_1$ 时，由于温度较低，电导损耗和极化损耗都很小；随着温度升高，液体的黏度减小，偶极子易转向，极化增强，极化损耗显著增加；同时电导损耗也随温度的升高而略有增加，因此 $\tan\delta$ 随温度升高而增大，直到 $t = t_1$ 时达到极大值。当 $t_1 < t < t_2$ 时，由于温度已不太低，分子热运动加快，妨碍偶极子沿电场方向做有规则的排列，极化程度减弱，极化损耗减小，在这一范围内极化损耗减小的程度大于电导损耗随温度升高而增大的程度，所以总体上 $\tan\delta$ 随温度升高而减小，

在 $t=t_2$ 时出现极小值。当 $t>t_2$ 时，由于温度已很高，电导损耗随温度升高而急剧增大，成为介质损耗的主要部分，所以 $\tan\delta$ 重新随温度升高而增大。

如图 2-13 所示为极性液体电介质的 $\tan\delta$ 与外施电压频率的关系。当频率很低时，电介质中的损耗主要是电导损耗，总的功率损耗很小；但是电介质中的容性电流也很小，所以 $\tan\delta$ 却较大；此时 $\tan\delta$ 随频率的升高而减小。当频率继续升高时，偶极子转向速度加快，介质损耗增大，所以 $\tan\delta$ 随频率升高而增大。当频率继续升高超过某一值（图 2-13 中 f_0）时，由于偶极子质量的惯性及相互间的摩擦作用，使其来不及随电压极性的改变而转向，因而极化程度减弱，介电常数减小，极化损耗也减小，所以 $\tan\delta$ 随频率升高而减小。

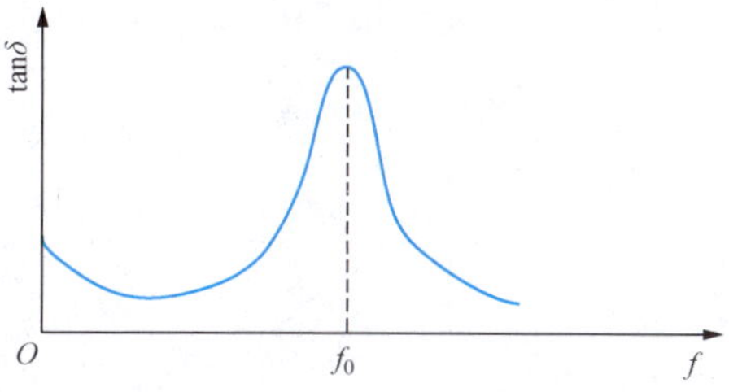

图 2-13 极性液体电介质的 $\tan\delta$ 与频率 f 的关系

对玻璃、石英等材料的试验结果表明，极性固体电介质的 $\tan\delta$ 随频率的升高而增大，其他许多工程材料也有此特性，在实际应用中需要注意适用频率范围。

电介质的损耗还与其承受的电压有关。当外施电压不太高时，电介质中的损耗仅为极化损耗和电导损耗，损耗程度稳定，$\tan\delta$ 变化不大。当外施电压超过某一值时，电介质内部存在的绝缘弱点或气泡将发生局部放电，放电时产生带电粒子需要电离能，放电时出现的光、声、热化学效应等也要消耗能量，这种由局部放电造成的损耗称为电离损耗。由于电离损耗的加入，整个电介质的损耗程度加大，$\tan\delta$ 迅速增大。

3. $\tan\delta$ 在电介质选用中的作用

在进行绝缘结构设计时，必须注意绝缘材料的 $\tan\delta$ 值，如果过大会引起严重发热，将使材料容易劣化，甚至可能导致热不平衡发生热击穿，因此要尽可能选择 $\tan\delta$ 较小的材料。

作为绝缘材料，一般希望其 $\tan\delta$ 值小，但介质损耗引起的电介质发热有时也可以利用，例如电瓷泥坯的阴干需要较长的时间，如果在泥坯两端加上适当的交流电压，则可利用介质损耗发热来加速干燥过程。

在绝缘预防性试验中，$\tan\delta$ 值是一个基本的测试项目。当绝缘受潮或恶化时，$\tan\delta$ 会急剧增大，因此通过监测 $\tan\delta$ 值并进行对比，可判断绝缘的状况，及时发现问题。通过测量 $\tan\delta$ 与电压的关系曲线，可判断绝缘内部是否发生了局部放电。

2.1.4 常用液体和固体电介质的介电特性

表 2-1 所示为一些常用液体和固体电介质的介电特性。表中，除了标注的测试条件外，均为 20℃、50Hz 条件下的测试结果。

表 2-1 常用液体和固体电介质的介电特性

材料类别		名称	相对介电常数	介质损耗角正切	电阻率（Ω·m）
液体电介质	弱极性	变压器油	2.2	5×10^{-4}～5×10^{-3}	2×10^{10}～2×10^{13}
		硅油	2.35～2.8	$<3\times10^{-4}$	2.5×10^{11}～10^{12}
		电容器油	2.1～2.3	<0.005（100℃）	10^{12}～10^{13}
	极性	蓖麻油	4.2～4.5	$<5\times10^{-2}$	10^{11}
	强极性	酒精	25.7	—	10^{6}
		去离子水	81	—	10^{5}

续表

材料类别		名称	相对介电常数	介质损耗角正切	电阻率（Ω·m）
固体电介质	中性或弱极性	聚乙烯	2.3～2.35	2×10^{-4}	$>10^{14}$
		交联聚乙烯	2.3	5×10^{-4}	$>10^{14}$
		聚丙烯	2.2	（2～3）$\times10^{-4}$	$>10^{14}$
		聚苯乙烯	2.4～2.6	$<2\times10^{-4}$	10^{13}
		沥青	2.6～2.7	（1～2）$\times10^{-2}$	$10^{13}\sim10^{14}$
	极性	油浸纸	3.3～4.4	10^{-3}	10^{13}
		有机玻璃	3.3～4.5	0.01～0.05（1MHz）	—
		聚氯乙烯	5.0～6.0	$5\times10^{-2}\sim1.5\times10^{-1}$	$10^{11}\sim10^{12}$
		硅橡胶	3.0～3.5（1kHz）	$1\times10^{-3}\sim1\times10^{-2}$（1kHz）	$10^{9}\sim10^{11}$
		聚酯	3.2	3×10^{-3}	10^{14}
		环氧树脂	3.6	$4\times10^{-3}\sim5\times10^{-2}$	10^{14}
	离子性	云母	5.4～8.7	2.5×10^{-3}	$10^{11}\sim10^{14}$
		电瓷	5.5～6.5	$3\times10^{-4}\sim5\times10^{-4}$（1～10MHz）	10^{12}

2.2 液体电介质的击穿

2.2.1 液体电介质的击穿过程

液体电介质主要取代气体，填充固体材料内部或电极间的空隙，以提高其介电性能，并改进设备的散热能力。液体电介质按材料来源可分为矿物绝缘油、合成绝缘油和植物油三大类。去除了呈离子形式杂质后的纯水（去离子水），也具有绝缘性能。但由于去离子水制备和保存困难，一般不用作绝缘介质，液体电介质一般指绝缘油。

1. 纯净液体电介质的击穿理论

当液体电介质处于高场强电导区时，电压的升高将导致液体的击穿。纯净液体电介质的击穿机理主要可用电击穿理论和气泡击穿理论加以解释。

（1）电击穿理论。对于纯净的液体电介质，在电场作用下，阴极上由于场致发射或热发射出来的电子被加速，碰撞液体分子，使液体分子产生碰撞电离，形成电子崩。由碰撞电离产生的正离子集结在阴极附近，增强了阴极附近的电场，使阴极发射的电子数增多。当外施电压增大到一定程度时，电流急剧增大，导致液体击穿。

该理论与气体放电的汤逊放电理论所描述的过程相类似，可以用来解释纯净的液体电介质的放电过程。由于液体密度远比气体大，电子的平均自由行程小，要实现碰撞电离，必须大大提高场强，高纯净液体电介质的击穿场强均大于100kV/mm，远高于气体。

（2）气泡击穿理论（“小桥”理论）。当外施电压较高时，液体电介质内可能产生气泡，并最终导致击穿。液体中产生气泡的原因可能有：①由阴极的场致发射等产生的电子电流加热液体电介质，使之分解出气体；②电子在电场驱动下加速碰撞液体分子，使之解离产生气体；③在电极表面吸附的气泡表面积聚了电荷，它们在电场作用下产生的静电斥力克服表面张力，使气泡变大；④电极表面的毛刺、尖端等高场强区中的电晕放电引起液体汽化。

在交流电压作用下，串联电介质中的电场强度的分布与电介质的介电常数成反比。由于气泡的介电常数最低，其电气强度又比液体电介质低很多，所以电离首先发生在气泡中。当气泡发生电离后，气泡温度升高、体积膨胀、密度减小，电离得到进一步发展。电离产生的带电粒子撞击液体分子，使之分解产生气体，导致气体通道进一步扩大。如果许多电离的气泡在电场作用下排列成气体小桥，液体击穿就可能沿此通道发生。

2. 工程液体电介质的击穿

工程中使用的液体电介质不可避免地混有气体（即气泡）、水分、纤维等杂质，如液体电介质与大气接触，会从大气中吸收气体和水分，且电介质逐渐被氧化；设备制造和运行中纸、布等纤维性杂质的脱落；设备运行过程中，液体电介质本身老化，分解出气体、水和聚合物等。

气泡击穿理论同样可用于含有这些悬浮杂质的液体的击穿。由于水和纤维性杂质的介电常数都很大，因此它们在电场作用下很容易产生极化，并逐渐沿电场方向排列成“小桥”，如图 2-14 所示。如果小桥贯穿于两电极，则由于水分和纤维的电导大，引起泄漏电流增大，温度升高，使水分汽化，气泡增多扩大；如果纤维尚未贯穿整个电极间隙，则会因为纤维的介电常数高于油的介电常数使得纤维端部周围的场强明显增强，在强电场作用下油被电离分解出气体，形成气泡小桥，最终导致液体被击穿。

图 2-14　杂质形成的“小桥”

2.2.2　液体电介质的击穿电压

1. 影响液体电介质击穿电压的因素

（1）液体电介质的自身品质。液体电介质的品质取决于所含杂质的多少，含杂质越多，品质越差，击穿电压也越低。

通常用标准油杯来检测油的绝缘品质，GB/T 507—2002 规定的标准油杯内的电极结构如图 2-15 所示，在两平行的球盖形电极之间形成了稍不均匀电场，电极间隙距离为 2.5mm，电场不均匀系数约为 1.03。根据不同的电压等级，在标准油杯中，用于灌注高压电力变压器的变压器油的 1min 工频击穿电压的有效值最低为 25～70kV。

如果气体和水分等杂质以溶解状态存在，则对击穿电压影响不大；如果呈悬浮状态，则在电场作用下极化，容易形成“小桥”，此时击穿电压随气体含量增加而下降。当油中含水量仅为十万分之几时，就会使耐压值明显下降，意味着出现了悬浮状水滴；如含水量继续增多，只是增加了几条并联的击穿途径，击穿电压不再继续降低，如图 2-16 所示。

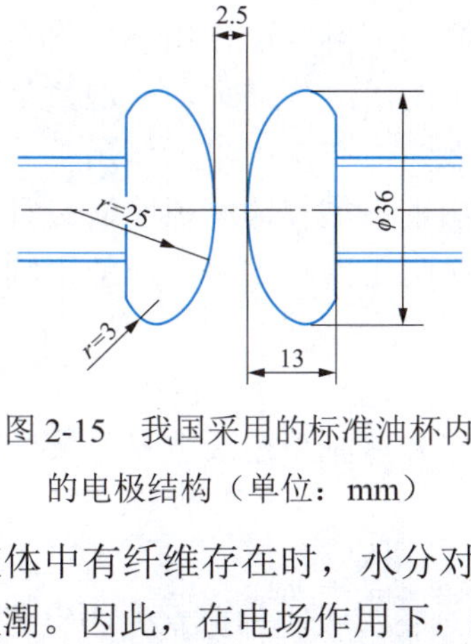

图 2-15　我国采用的标准油杯内的电极结构（单位：mm）

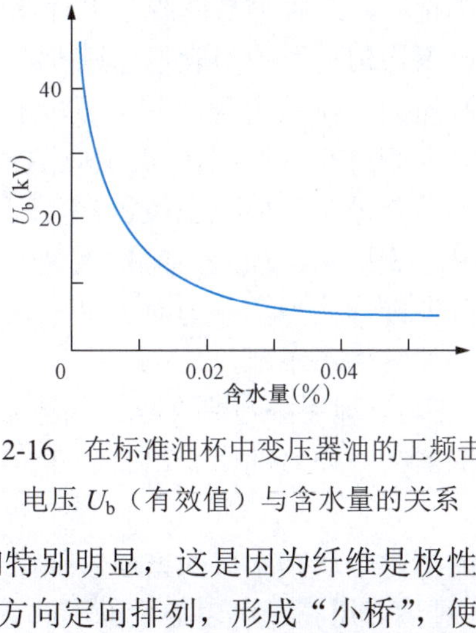

图 2-16　在标准油杯中变压器油的工频击穿电压 U_b（有效值）与含水量的关系

当液体中有纤维存在时，水分对击穿电压的影响特别明显，这是因为纤维是极性电介质且容易吸潮。因此，在电场作用下，纤维将沿着电场方向定向排列，形成“小桥”，使液体的

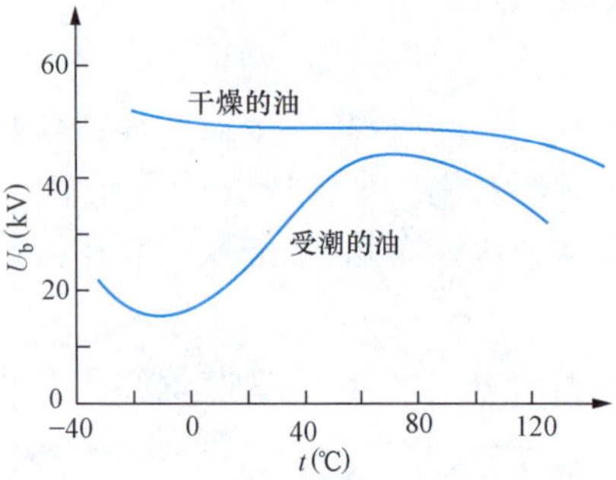

图 2-17 标准油杯中变压器油的工频击穿电压 U_b（有效值）与温度 t 的关系

击穿电压大为下降。纤维含量越多，越容易形成纤维小桥，液体击穿电压就越低。

（2）温度。击穿电压与温度的关系较复杂，随液体电介质的品质、电场的均匀程度、电压形式的不同而不同。以变压器油为例，如图 2-17 所示，对于干燥的油，温度的影响较小，击穿电压随着温度的升高下降速度较慢，一种比较合理的解释是由于油的密度随着温度的升高会有所下降。对于受潮的变压器油，当温度在–5℃以下时，由于温度很低，油很黏稠，“小桥”排列困难，因此温度越低，击穿电压越高；在 0～60℃范围内，随着温度的升高，水在油中的溶解度也逐渐升高，悬浮在油中的水分随温度升高转变为溶解状态，击穿电压随温度升高而升高，并在温度较高时击穿电压出现最大值；当温度更高时，油中所含水分开始汽化，产生气泡，易形成“小桥”，又使击穿电压降低。

（3）电压作用时间。由于加上电压后，液体电介质中的杂质聚集到电极间或电介质发热等需要一定的时间，所以击穿电压随加压时间的增长而下降，冲击系数大于 1。当液体电介质的纯净度及温度提高时，杂质的影响减小，电压作用时间对击穿电压的影响也减小。经过长时间工作后，液体的击穿电压会缓慢下降，这是由于液体劣化、杂质增加造成的；并且电压作用时间越长，杂质容易形成“小桥”，介质发热也越充分，击穿电压越低。在油不太脏时，电压维持 1min 时的击穿电压与长时间时的击穿电压差别不大，因此耐压试验通常只进行 1min。

（4）电场均匀程度。在直流或者工频电压作用下，当液体电介质的纯净度较高时，改善电场的均匀程度能使击穿电压明显提高；对于品质较差的液体电介质，因有较多的杂质使电场已经发生畸变，改善电场对提高电压的作用不明显。在冲击电压作用下，由于杂质来不及形成“小桥”，此时含水量对击穿电压的影响较小，改善电场对提高击穿电压有利。

在不均匀电场中，在高场强处先发生局部放电，电场力对带电粒子的吸、斥作用使该处液体产生扰动，杂质不易形成“小桥”，因此杂质对击穿电压的影响较小。工频击穿电压的分散性在极不均匀电场中一般不超过 5%，而在均匀电场中可达 30%～40%。

（5）压力。无论电场均匀与否，工程中用的变压器油在工频电压作用下，击穿电压随油压力的增大而升高。原因在于当压强提高时，气体在油中的溶解度增大，气泡数量减少，并且气泡的局部放电起始电压也提高。而对于极不纯净的液体或在冲击电压作用下，压力对击穿电压基本无影响。但压力的增大对油隙击穿电压的影响远不如气体间隙明显；且在油经过脱气处理变纯净之后，压力对击穿电压的影响减小，这说明压力对击穿电压的影响主要通过油中所含的气体起作用。

2. 提高液体电介质击穿电压的方法

根据液体电介质的击穿机理，提高击穿电压的途径主要从减少杂质含量和降低杂质的影响考虑。

（1）清除杂质和水分的方法主要有以下几种：

1）过滤。用滤纸可以滤去油中的碳粒、纤维等杂质，还可吸收部分水分。也可先在油中加一些白土、硅胶等吸附剂，吸附油中的水分、有机酸等杂质，然后再进行过滤。

2）脱气及防潮。将油加热，喷成雾状，并且抽真空，以除去油中的水分和气体，并在真空状态下将油灌入电气设备中，可以避免在油中混入气泡。为防止水分、杂质浸入，制成后的内绝缘要与大气隔绝；如不能完全与大气隔绝时，则在空气进口处放置干燥剂。

3）吸附剂。在运行中保持油品质方法是装设吸附剂过滤器，以吸附油中水分及某些酸类和树脂类物质。吸附剂是一种具有高比表面积的微小颗粒，常用的吸附剂有水合硅酸铝、硅胶等。

（2）常用覆盖层、绝缘层、屏障等方法减小杂质和水分的影响。

2.3 固体电介质的击穿

2.3.1 固体电介质的击穿形式

固体电介质的电气强度比气体、液体电介质高。但固体电介质一旦发生击穿，绝缘性能就不可能恢复，构成永久性的破坏，因此固体绝缘属非自恢复性绝缘。一些固体绝缘材料，在短时间内可以承受很高的电压，但在工作电压的长期作用下，电气强度会有大幅度的下降。

固体电介质的击穿有电击穿、热击穿和电化学击穿等形式。

1. 电击穿理论

与气体放电中的汤逊放电理论及液体电介质的电击穿理论相似，固体电介质的电击穿过程建立在碰撞电离的基础上，不考虑由电介质劣化等其他原因引起的击穿。

在强电场作用下，固体电介质内部少量处于导带能级的电子（传导电子）运动，与晶格结点上的原子碰撞，使晶格原子电离，形成电子崩。当电子崩发展到足够强时，电导急剧增大而导致电介质击穿。

电击穿的特点是：电压作用时间短，击穿电压高，电介质发热不显著；击穿电压与环境温度几乎无关，而与电场均匀程度有密切关系。仅考虑电击穿时，大多数固体介质的短时击穿场强达到 50kV/mm 以上。

2. 热击穿理论

当固体电介质承受电压作用时，介质损耗使电介质发热、温度升高；而电介质的电阻具有负温度系数，所以电流进一步增大，损耗发热也随之增加。电介质的热击穿是由电介质内部的热不平衡过程所造成的。如果发热量大于散热量，电介质温度就会不断上升，形成恶性循环，引起电介质分解、碳化等，电气强度下降，最终导致击穿。

热击穿的特点是：击穿电压随环境温度的升高而下降；击穿电压与散热条件有关，如电介质厚度大，则散热困难，因此击穿电压并不随电介质厚度成正比增加；当外施电压频率增高时，击穿电压将下降。

3. 电化学击穿理论

固体电介质受到电、热、化学和机械力的长期作用时，其物理和化学性能会发生不可逆的老化，击穿电压逐渐下降，长时间击穿电压常常只有短时击穿电压的几分之一，这种绝缘击穿称为电化学击穿。

造成电化学击穿的原因是局部放电。由于固体电介质内部不可避免地存在缺陷（如气隙），当电场强度超过缺陷区内绝缘材料的击穿场强时，就会在这些区域发生局部放电。局部放电属非完全击穿，并不立即形成贯穿性放电通道，但它使电介质的放电处发生化学离解。长期的局部放电使绝缘介质（特别是有机电介质）逐步劣化，绝缘损伤扩大，最终发展到整个绝缘击穿。

电化学击穿的特点是：由于它是绝缘性能下降之后发生的击穿，因此击穿电压比电击穿和热击穿电压低。电化学击穿不是发生在很高电压下，而是发生在较低电压下甚至是工作电压下。

2.3.2 影响固体电介质击穿电压的因素

影响固体电介质击穿电压的因素主要有以下几个：

（1）电压作用时间。电压作用时间越长，击穿电压越低，如图 2-18 所示。当外施电压作用时间很短（如 0.1s）时固体电介质被击穿，因为时间太短，热、化学等影响还不明显，这种击穿很可能是电击穿。当电压作用时间较长时（如几分钟到数十个小时）发生击穿，则热击穿往往起决定作用。实际上各种击穿形式之间的界限并不清晰，如在交流 1min 耐压试验中发生击穿，则常常是因为电和热的双重作用。若在电压作用时间长达几十小时甚至几年的时候发生击穿，则大多数属于电化学击穿。需要注意的是，很多有机材料的短时电气强度很高，但它们耐受局部放电的能力较差，因此长时间的电气强度很低。在不可能用浸油等方法来消除局部放电的绝缘结构（如旋转电机）中，就需要采用耐局部放电性能好的云母等无机绝缘材料。

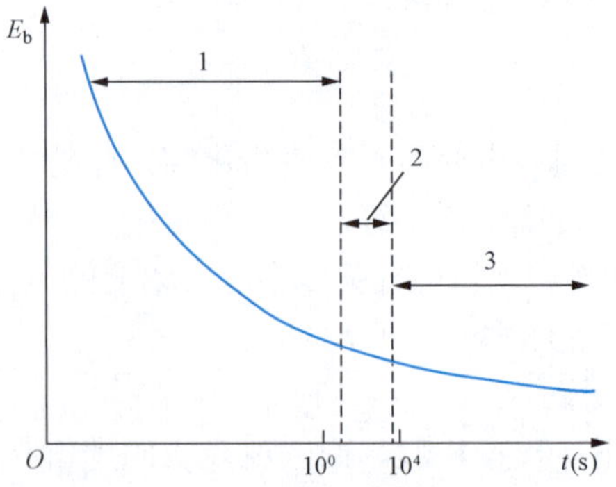

图 2-18 击穿场强 E_b 与电压作用时间 t 的关系

1—电击穿；2—热击穿；3—电化学击穿

（2）温度。如图 2-19 所示，当环境温度低于某个值 t_0 时，聚乙烯的击穿电压很高而且与温度几乎无关，此时若发生击穿就属于电击穿。当温度高于转折温度 t_0 时，随着温度越高，聚乙烯的击穿场强迅速下降，这种击穿属于热击穿。不同材料的转折温度有所不同；对于同一种绝缘材料，厚度越大，散热越困难，转折温度也越低。

（3）电场均匀程度。在均匀电场中，在电击穿范围内，固体电介质的击穿场强与厚度几乎无关，击穿电压与厚度近似呈线性关系，冲击系数接近于 1；而在热击穿范围，电介质越厚，平均击穿场强就越低。在不均匀电场中，电介质厚度的增加也导致电场不均匀度增加，同时因为散热条件变差，击穿电压不再随电介质厚度的增加呈线性上升。因此当厚度达到一定程度后，再增加厚度对提高击穿电压的意义不大。图 2-20 所示为聚酯薄膜在室温下的击穿电压与电介质厚度的关系。工程中常用的固体绝缘材料内部往往有气孔或其他缺陷，导致内部电场畸变，此处易产生局部放电，降低了绝缘的击穿电压。

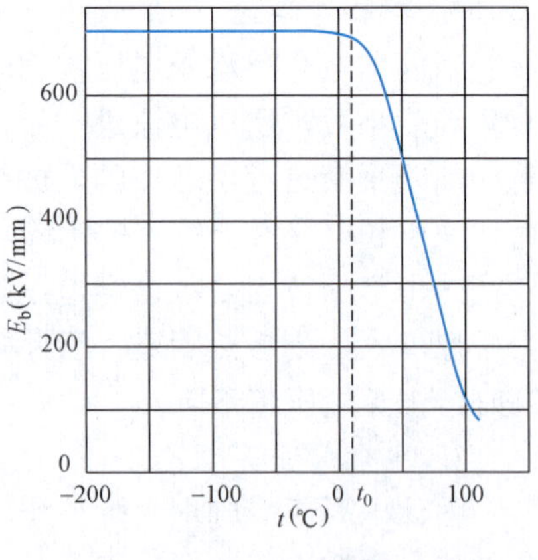

图 2-19 聚乙烯的短时电气强度 E_b 与环境温度 t 的关系

（4）电压的种类。因为直流电压作用下电介质的损耗较小，且局部放电较弱，故其击穿电压远高于工频交流击穿电压；由于作用时间短，因此冲击击穿电压也高于工频交流击穿电压。

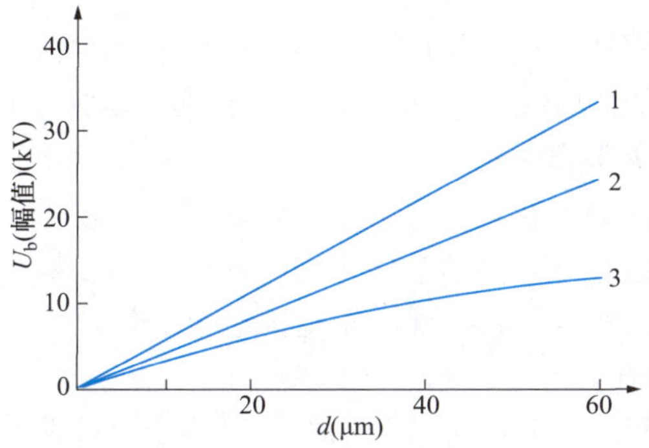

图 2-20　聚酯薄膜在室温下的击穿电压 U_b 与电介质厚度 d 的关系

1—均匀电场（直流）；2—均匀电场（交流）；3—不均匀电场（交流）

在高频电压作用下，一方面由于局部放电更剧烈，介质损耗更大，因此电介质发热严重，更容易发生热击穿；另一方面，高频下的局部放电增强使绝缘劣化加速，导致电化学击穿时间缩短。

（5）累积效应。在冲击电压作用下，有时外施电压已较高，在固体电介质中虽未形成贯穿性的击穿通道，但已形成了局部损伤或局部击穿。在多次冲击或工频电压作用下，内部损伤会逐步发展，所以随着电压作用次数的增多，击穿电压将下降，具有累积效应。在确定电气设备试验电压和试验次数时都需要注意此累积效应，设计中要保证一定的绝缘裕度。

（6）受潮。当固体电介质中的含水量增大后，由于电导和介质损耗增大，容易导致热击穿，击穿电压会迅速下降。对于不易吸潮的中性电介质，如聚乙烯、聚四氟乙烯等，吸潮后击穿电压下降 50%左右；对于容易吸潮的极性材料，如棉纱、纸等纤维材料，吸潮后的击穿电压最低可能降至干燥时的几百分之一。所以对于高压绝缘结构，不但在制造时要注意除去水分，在运行中还要注意防潮，并定期检查受潮情况。

（7）机械负荷。当绝缘结构承受较大的机械负荷，使材料出现开裂或微小裂缝时，击穿电压将显著下降。有机固体电介质在长期运行中因热、化学等作用而逐渐发脆，遇到较大的机械应力时就可能裂开或松散，如在这些裂缝中充有污浊物或受潮后，击穿电压下降更快。如在运行中长期受到较高温度的作用，绝缘材料特别是有机绝缘材料容易劣化，丧失弹性，机械强度会剧烈下降。所以电力设备要注意散热，避免过热运行。

2.3.3　提高固体电介质击穿电压的方法

根据上述影响因素，要提高固体电介质的击穿电压，可以从以下方面考虑：

（1）改进绝缘设计。可以采用合理的结构，使电介质的电气强度与所承受的电场强度相配合，留有一定裕度；改进电极形状及表面粗糙度，使电场分布尽可能均匀；改善电极与绝缘介质的接触条件，避免出现局部放电等。

（2）改进制造工艺。通过真空干燥、浸渍等措施清除杂质、气泡、水分等，使电介质均匀致密，防止发生局部放电和过热；改进密封结构，防止水分、杂质等进入。

（3）改善工作条件。如采取措施防潮、防污及防有害气体侵蚀，加强散热、冷却等。

2.4 组合绝缘的电气强度

高压电气设备的绝缘应具有优异的电气性能、热性能、机械性能及其他物理化学性能。单一品种的电介质往往不能同时满足多种要求，因此在工程中大量使用由多种绝缘电介质组合起来的组合绝缘。如在变压器中采用由油间隙、纸、纸板等组合的绝缘；在电缆、电容器中采用由纸或高分子薄膜的叠层和各种浸渍剂组合的绝缘；在电机中采用由云母、胶黏剂、补强材料和浸渍剂组合的绝缘；充油套管中采用由油间隙和胶纸层或油纸层组合的绝缘；变压器、开关、电机中常用多种类型的纤维增强塑料绝缘。

2.4.1 组合绝缘的电气性能

许多固体材料并不致密，在其内部或表面存在很多空隙或凹坑。当这类固体电介质与某些液体或气体电介质组合使用时，液体或气体电介质就会渗透到这些空隙或者凹坑中，形成组合绝缘。以下以油—固体绝缘为例进行分析。

1. 油—屏障绝缘

工程用液体电介质中总是含有一些杂质。为减小杂质的影响，提高油间隙的击穿电压，常用油—屏障绝缘，如覆盖层、绝缘层和屏障等，如图 2-21 所示。

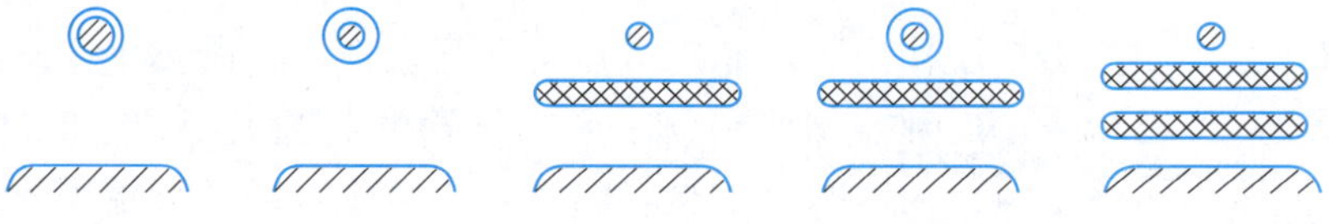

图 2-21 油—屏障绝缘

（1）覆盖层。在曲率半径较小的电极上常覆盖较薄（一般小于 1mm）的固体绝缘材料，如漆膜、电缆纸等。覆盖层的作用为限制泄漏电流，阻挡油中纤维杂质形成小桥，能使油间隙的工频击穿电压明显提高、分散性下降，且电场越均匀提高效果越明显，对于均匀电场，可以提高 70%～100%；对于极不均匀电场，可以提高 10%～15%。因此在充油设备中很少使用裸导体。

（2）绝缘层。绝缘层与覆盖层不同的是其厚度较大（约几毫米到十几毫米）。绝缘层同样可以减小油中杂质“小桥”的影响。由于固体绝缘的介电常数比油大，因此能降低绝缘层内部的场强；同时固体绝缘层的厚度使其外缘处的曲率半径足够大，使油中场强降低，提高了整个绝缘的工频和冲击击穿电压。例如：在变压器内引线与油箱壁之间的绝缘中，若油间隙为 100mm，引线上加 3mm 的绝缘层时，击穿电压比裸电极时就提高 100%；厚度为 10mm 时则提高 200%。

（3）屏障。在油间隙中放置厚纸板、层压布板等固体绝缘屏障，一方面能阻止杂质“小桥”的形成；另一方面，能阻挡电荷运动，屏障表面积聚的空间电荷使油间隙中的电场变得均匀，所以在极不均匀电场中屏障的效果最显著。如图 2-22 所示，在极不均匀电场中，隔板设置在靠近曲率半径较小的电极一侧，间隙的工频击穿电压约为无隔板时的 2 倍以上。在较宽的油间隙中，如将长油隙用多层屏障分隔成多个较短的油间隙，则击穿电压更高，在变压器和充油套管中常采用多个屏障的办法。另外，通过在高场强处采用较小尺寸的间隙，使击穿场强提高，从而使各油间隙基本上具有相同的绝缘裕度，是变压器油纸绝缘中常用的办法。

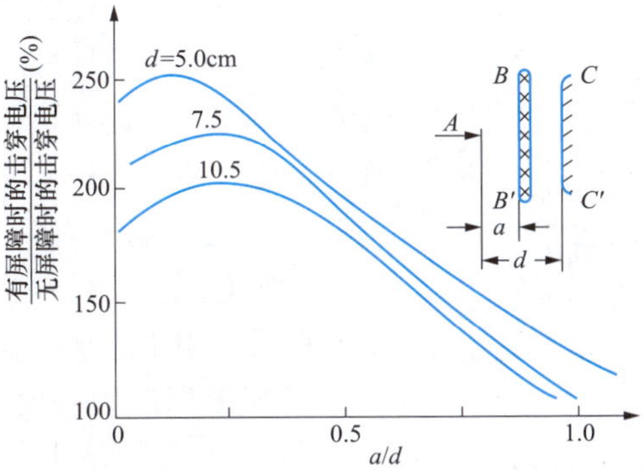

图 2-22　极不均匀电场中，屏障对油间隙工频击穿电压的提高作用

2. 油纸绝缘

在各种组合绝缘方式中以油纸绝缘用得最多，油纸绝缘的实质是“油-浸渍纸”的组合绝缘结构，广泛用于电容器、电缆、套管、电流互感器及变压器中。类似的情况也存在于某些复合电介质中，如由胶黏复合的云母制品包缠，再经整体浸胶、热压烘干成型的电机绕组绝缘等。

电容器纸、电缆纸等由木质纤维组成，结构上并不致密，本身具有许多空隙。当纸被液体电介质充分浸渍后，纸中原有的空隙均被液体电介质所填充，成为浸渍纸。浸渍纸的物理化学性能与原来的干纸有很大的区别。干纸被油充分浸渍后，由于填充了纸中薄弱点的空气隙，纸在油中又起了屏障作用，从而使电气强度提高很多，如干纸的击穿场强为10～13kV/mm，纯油的击穿场强为10～20kV/mm，浸渍纸工频短时击穿场强可达50～120kV/mm。

此外，目前的高压电力电容器中采用油浸聚丙烯膜代替浸渍纸，油填补膜层原有的气隙和微小缺陷，提高了局部放电起始电压，同样可提高绝缘的电气强度。

影响油纸绝缘电气性能的主要因素有：

（1）电压作用时间。油纸绝缘的短时电气强度很好，但大多数有机介质耐局部放电的性能都较差，因此除了有些因材料的介质损耗大或绝缘过厚而散热困难导致的热击穿外，更为突出的是油纸绝缘在长期电压作用下电化学击穿场强较低，一般其长时间电压作用下的击穿场强仅为短时作用下击穿场强的50%左右。同样地，在工频电压作用下局部放电和损耗都要严重得多，油浸纸的直流击穿电压常为工频击穿电压（幅值）的2倍以上。

（2）介质厚度。油纸绝缘整体的电气强度与纸的层数及纸厚有关。如图2-23所示，在每层纸的厚度不变时，增加纸的层数使两极间距离增大，一方面由于纸中电弱点重合的概率减小而使电气强度增高；另一方面由于极间距离增大使边缘效应及散热问题都越发严重，使电气强度下降，存在一个纸的层数及厚度的最佳值。纸介电容器元件的极板间绝缘常用数层8～12μm厚的电容器纸叠成，当极间距离在70～90μm时其电气强度最高。当极间距离不变时，每层纸越薄，即层数增多时，则电气强度增高，这也是高压变压器等层间绝缘常用较薄的电缆纸包几层，而不用一层厚纸的原因。

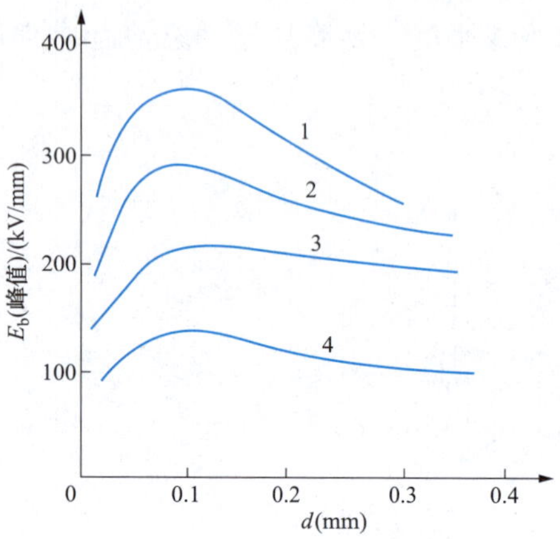

图 2-23　油浸电容器纸的短时击穿场强与极间纸厚 d 的关系

1—每层纸厚 8μm，直流电压；2—每层纸厚 12μm，直流电压；3—每层纸厚 15μm，直流电压；4—每层纸厚 12μm，工频电压

（3）油压。油纸绝缘的电气性能与浸渍剂的特性和浸渍程度有关。在不同电介质的交界处，或层与层、带与带交接等处容易出现气隙，因而容易产生局部放电，对油纸绝缘的长期电气强度有很大的威胁。所以充油后再提高或保持油压来保证油纸绝缘在工频长时间作用下的电气强度是常用的措施。而在冲击或直流电压下，纤维层对击穿起重要作用，提高油压的影响不大。

（4）温度。油的黏度随温度变化，会影响短时电气强度。如黏度较高，油中带电粒子运动困难，击穿场强提高；但黏度高后，浸渍能力下降。一般的低黏度油在正常工作温度范围内对短时击穿场强的影响已经不大。在长期电压作用下，温度的上升可能导致热击穿或加速绝缘的热劣化过程，从而导致电气强度下降。当外施电压频率很高时，由于局部放电、损耗发热都增加，油纸绝缘的电气强度下降。

（5）局部放电。工作在工频电压下的油纸绝缘，在电场强度较高处的油层或气隙较易发生局部放电，放电区域逐步扩大，对油纸绝缘的长期电气强度是很大的威胁。纸的密度越高，介电常数就越大，分配在其串联的油层或气隙上的场强将增大，局部放电越容易发生。可以采取的措施包括改进浸渍剂的吸气性能，提高浸渍剂的介电常数等。选用介电常数较小的纸（或塑料薄膜）也是较好的方法，如采用聚丙烯等薄膜，不但介电常数较低，而且由于薄膜比纸更致密，工作场强可以进一步提高。

2.4.2　组合绝缘中的电场分布与结构设计

组合绝缘中各电介质的电场分布情况与电压的类型等因素有关。如在交流电压作用下，在油—屏障绝缘结构中，油与屏障分担的电场强度与其介电常数成反比，因而油间隙中的场强比固体隔板中的场强高，成为绝缘结构中的弱点。

对于由多种绝缘材料组合的绝缘结构，理想的电场分布应满足各层电介质所承受的场强与该层电介质的电气强度成正比，这样可使各层绝缘的利用最充分，整个组合绝缘能耐受的电压最高。一种常用的绝缘结构方式是分层绝缘。

以采用单相圆芯单一电介质绝缘的电缆为例，设 r_0、r_2 分别为电缆芯线和绝缘层的外径。在电压 U 的作用下，绝缘层中最低电场强度出现在绝缘层的靠近护套侧处，最高电场强度出现在芯线表面上，其值为

$$E_{\max}=\frac{U}{r_0\ln\frac{r_2}{r_0}} \tag{2-11}$$

电缆中的平均电场强度 E_{mean} 为

$$E_{\text{mean}}=\frac{U}{r_2-r_0} \tag{2-12}$$

绝缘的利用系数为

$$\eta=\frac{E_{\text{mean}}}{E_{\max}}=\frac{r_0}{r_2-r_0}\ln\frac{r_2}{r_0} \tag{2-13}$$

η值越大，表明电场分布越均匀，绝缘材料利用得越充分。由式（2-11）和式（2-12）可知，采用单一绝缘电缆时，靠近线芯侧的绝缘承受的场强比靠近护套侧的绝缘高得多。电缆额定电压越高，绝缘层越厚，二者的差别越大，靠近外层绝缘的电气强度未能充分利用。改进的办法是采用分阶绝缘，在交流电压的作用下，各层绝缘中的电场分布由介电常数决定。内层采用介电常数较高的高密度纸，降低绝缘中的最大场强（线芯外表面处），外层则采用介电常数较低的低密度纸，抬高绝缘中的最低场强（护套内表面处），电场分布较为均匀。图 2-24 所示为 110kV 电缆采用分阶绝缘时绝缘层中的电场分布，图中 r_0、r_1、r_2 分别为电缆芯线外径、内层绝缘外径（分阶半径）和靠近外电极（外皮）的外层绝缘外径，ε_{r1}、ε_{r2} 分别为内、外层绝缘的相对介电常数。

当电缆芯线与外皮之间的交流电压为 U 时，在距离芯轴为 r（$r_0 \leqslant r < r_1$）的内层绝缘区，电场强度为

$$E_1=\frac{U}{r\varepsilon_{r1}\left(\frac{1}{\varepsilon_{r1}}\ln\frac{r_1}{r_0}+\frac{1}{\varepsilon_{r2}}\ln\frac{r_2}{r_1}\right)} \tag{2-14}$$

在距芯轴为 r（$r_1 \leqslant r < r_2$）的外层绝缘区，电场强度为

$$E_2=\frac{U}{r\varepsilon_{r2}\left(\frac{1}{\varepsilon_{r1}}\ln\frac{r_1}{r_0}+\frac{1}{\varepsilon_{r2}}\ln\frac{r_2}{r_1}\right)} \tag{2-15}$$

由式（2-14）和式（2-15）可得内、外层绝缘中的最大电场强度和最小电场强度。因此，分阶绝缘可使芯线表面的电场强度降低，且 ε_{r1} 和 ε_{r2} 的差距越大，降低得也越多。可见合理选择分阶绝缘的材料介电常数和分阶半径，就能限制最高场强，使两层绝缘材料的利用率均有所提高，电缆的整体电气强度就可大为提高。

以导体截面积为 240mm^2 的 110kV 电缆为例，其绝缘层总厚度（r_2-r_0）为 18mm，如图 2-24 所示。当线芯导体上施加最高工频相电压（有效值为 $126/\sqrt{3}$ kV）时，线芯表面最高场强（有效值）由单一绝缘的 7.44kV/mm 下降到双阶绝缘的 5.64kV/mm，下降了 24.2%。因此，适当设计分阶绝缘的参数，可使各阶绝缘强度具有接近相同的利用率，技术性和经济性均较好，超高压电缆绝缘多采用这种结构。

工作在直流电压下的电缆绝缘的电场分布由电阻率决定。采用分阶绝缘时，可考虑内层用低电阻率的电介质，外层用高电阻率的电介质。

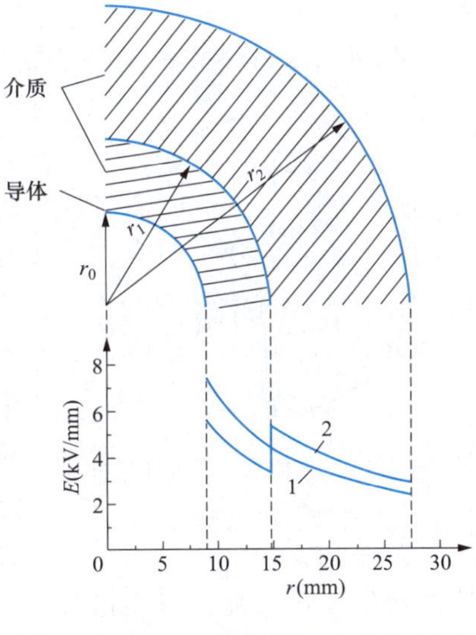

图 2-24 110kV 电缆采用分阶绝缘时绝缘层中的电场分布

1—单一绝缘：ε_r=4；

2—双阶绝缘：ε_{r1}=4、ε_{r2}=3

2.5 电介质的老化

电气设备的绝缘电介质，在长期运行中受到各种因素的影响，会产生不可逆的变化，从而使其物理、化学、电气和机械等各方面的性能随时间的增长而逐渐劣化，这一现象称为绝缘的老化。老化现象包括液体电介质变得浑浊、酸价增大，固体电介质开裂、变色、变脆等，在电气性能上表现为击穿电压的下降。材料能耐受各种老化因子作用的能力称为材料的耐久性。

引起绝缘老化的因素很多，主要有电、热、机械力、光、辐射等物理因素，还有臭氧、酸、碱、潮湿等化学因素，以及霉菌、微生物等生物因素。多种影响因素往往同时起作用，还互相影响和促进，使老化过程加速。其中最主要的是电老化、热老化和环境老化。

1. 电介质的电老化

电老化是由电介质内部的局部放电引起的。在强电场作用下，电介质中存在的气隙或气泡发生局部放电。这种局部放电属非完全击穿，并不立即形成贯穿性放电通道，但在持续电压的作用下局部放电逐步发展，最后导致击穿。

局部放电引起电介质老化损伤的机理如下：

（1）带电粒子不断撞击气泡壁，破坏电介质分子结构，使分子裂解；

（2）放电产生的热能引起电介质局部温度上升，高温使材料产生热裂解，还可能因气隙膨胀而使材料开裂；

（3）局部放电产生的活性气体 O_3、NO、NO_2 等强氧化剂和腐蚀剂，能使高分子材料发生化学腐蚀；

（4）在局部放电区，由于强烈的离子复合放射高能辐射线，引起材料分解，使分子结构发生变化。

不同绝缘材料的耐受局部放电能力有很大差别，云母、玻璃纤维等无机材料具有良好的耐受局部放电能力，而有机高分子材料的能力较差。

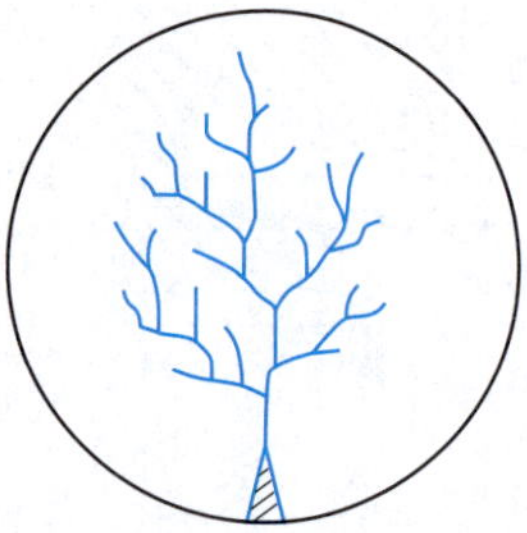

图 2-25 自电极尖端发展的树枝状放电痕迹

在某些较致密的有机高分子材料中，在尖端处或微小空气隙、杂质等处，凡是引起高场强的区域，均可能发生放电，并留下细的沟状放电通道。这种局部放电的发展呈树枝状，称为电树枝，如图 2-25 所示。

在某些绝缘材料中，存在一些液态的导电物质（如水或电解液），最常见的是在电极与绝缘的交界面处。当该处场强超过一定值时，这些导电物质便会沿着电场的方向逐渐渗入绝缘层深处，形成近似树枝状的痕迹，称为水树枝，如油纸绝缘电缆和交联聚乙烯电缆中常出现水树枝放电形式。水树枝的产生原理可能是导电液体中的离子在交变电场作用下反复冲击绝缘介质，使之疲劳和发生化学分解，液体随之渗透而成。水树枝发展到一定程度后，电场畸变加剧，往往会进一步发展成为电树枝直至击穿。同样，电场和某些化学物质的联合作用也会使化学物质逐渐渗透，产生化学树枝，导致绝缘击穿场强下降。

绝缘油的电老化原因主要是内部局部电晕和电弧放电引起局部油温升高而导致油的裂

解，并析出乙炔、甲烷等微量气体，使油中局部放电进一步加剧。此外，油中的局部放电还可能产生一些聚合蜡状物，它附在固体电介质的表面上而影响散热，加速固体电介质的热老化。

2. 电介质的热老化

热老化是指电介质在长期受热的情况下，其性能逐渐发生不可逆转的劣化。热老化的原因是内部发生分子热裂解、氧化裂解或交联等，低分子挥发物逸出等过程；其外在主要表现为机械强度降低，电介质失去弹性、变脆，绝缘性能降低。

电介质的耐热性，是指保证其安全可靠运行时能承受的最高允许温度。在一定温度下，电介质不发生热损坏的时间称为电介质的寿命。温度越高，电介质的热老化速率越高，寿命也越短。在很高温度的作用下，电介质短时就能发生软化、气化、碳化等明显损坏。在确定的寿命条件下，电介质不发生热损坏的最高容许温度即是它的长期耐热性，温度过高会引起热击穿和寿命的急剧下降。因此，耐热性是绝缘材料的一个十分重要的指标，电气设备绝缘电介质的工作温度由其耐热性能决定。

根据耐热性能，GB/T 11021—2014 将绝缘电介质划分成 9 个耐热等级，见表 2-2。当工作温度超过表中所规定的温度时，绝缘材料就将迅速劣化，寿命将大大缩短。例如，105 级绝缘温度每上升 8℃，则寿命便缩短一半左右，这一规律通常被称为热劣化的 8℃规则。其他各级绝缘也有类似的规则，如 130 级绝缘此温度约为 10℃，180 级绝缘约为 12℃等。对于液体电介质绝缘，温度的影响也很大，以变压器油为例，当温度低于 60～70℃时，油的氧化速度很慢，而在此温度之上，温度每增加 10℃，油的氧化速度加快约一倍。

此外，空气中氧气及水分、电场、机械负荷等因素对热老化也有影响。当存在水分或空气时，热老化过程将加速。

表 2-2　绝缘材料的耐热等级

耐热等级	字母表示	最高持续工作温度（℃）	材料举例
90	Y	≥90	未浸渍过的纤维素、棉纱、天然丝、纸，聚乙烯、聚氯乙烯、天然橡胶
105	A	≥105	矿物油及浸入其中的纤维材料，油性树脂漆及其漆包线
120	E	≥120	酚醛树脂塑料及制成的胶纸板、胶布板，聚氨酯，聚酯薄膜及聚酯纤维，聚氨酯
130	B	≥130	用合适的树脂或沥青浸渍过的云母带、玻璃纤维，聚酯漆及其漆包线，环氧树脂
155	F	≥155	改性硅有机漆等耐热漆或树脂黏合或浸渍过的云母制品、石棉和玻璃纤维等无机物
180	H	≥180	硅有机树脂，硅有机漆及其制品，硅橡胶
200	N	≥200	不采用任何有机黏合剂或浸渍剂的云母、石英、电瓷、玻璃等无机物，聚酰亚胺，聚四氟乙烯
220	R	≥220	
250		≥250	

3. 环境老化

环境老化是指大气老化，包括光氧老化、臭氧老化、盐雾酸碱等污染性化学老化。对于有机绝缘电介质，特别是暴露在户外大气中的固体有机绝缘物，环境老化是主要因素之一。环境老化的机理主要表现在以下几方面：

（1）光老化。太阳光中部分紫外线的能量大于多数有机绝缘物中主价键的键能，使分子键断裂，因而多数有机绝缘物在紫外光的作用下会逐渐老化。当高分子电介质吸收紫外光能量后，有部分分子被激励；当存在氧气或臭氧时，还会引发高分子材料的氧化降解反应，称为光氧化反应。

（2）臭氧老化。大气中的臭氧是氧气受光辐射或放电作用形成的。当臭氧与某些有机绝缘物相互作用时，会生成氧化物或过氧化物，导致高分子材料主键的断裂，造成老化。

（3）化学老化。有酸、碱、盐类成分的污秽尘埃，与雨、露、霜、雪等相结合后，在长期作用下，会对绝缘物（特别是有机绝缘物）产生腐蚀。

（4）用于湿热地区的材料，还应注意其抗生物（昆虫、霉菌等）作用的性能。

液体电介质环境老化的主要过程是液体的氧化。以变压器油的老化为例，新油在与空气接触的过程中逐渐吸收氧气，初期吸收的氧气将与油中的不饱和碳氢化合物起化学反应，形成饱和的化合物。此后再吸收氧气，生成稳定的油的氧化物和低分子有机酸，也生成部分高分子有机酸，使油的酸价增高，这种油对绝缘和金属都有较强的腐蚀作用。此后油再进一步氧化，当油中酸性物质达到一定的浓度时，便产生加聚反应和缩聚反应，生成中性的高分子树脂质及沥青质，使油呈混浊的悬胶状态，最后成为固态的油泥沉淀，在此过程中还会析出水分。随着时间的增长，析出的油泥和水分越来越多，油的性能日益劣化。劣化到一定程度的油，就不能再继续使用。

习　题

1．试比较电介质的电导和导体的电导有何不同。

2．介质损耗角正切 $\tan\delta$ 意味着什么？在什么情况下引起绝缘 $\tan\delta$ 的变化？

3．气体、液体、固体电介质的击穿过程有何异同，试进行比较。

4．影响液体电介质击穿的主要因素是什么？

5．固体电介质的电击穿和热击穿有什么区别？

6．下列的双层电介质串联后在交流电压下工作时，哪一种电介质承受的场强较大？哪一种电介质比较容易击穿？

（1）固体电介质和薄层空气串联；

（2）纸和油层串联。

3　常用电气设备的绝缘

3.1　绝缘子的绝缘

在电力系统及电气设备中，通过绝缘子将处于不同电位的导电体在机械上相互连接，而在电气上相互绝缘。

3.1.1　绝缘子的分类

1. 根据绝缘子的功能和结构分类

根据绝缘功能和结构的不同，绝缘子可分为三大类：

（1）狭义的绝缘子。用于不同电位导体之间或导体与地之间的固定连接，如变电站内支撑母线的支柱绝缘子、输电线路的盘形悬式绝缘子等。

（2）套筒。用作电器内绝缘的空心容器，并使内绝缘避免遭受周围环境因素的影响，如电压互感器的瓷套、避雷器的瓷套等。

（3）套管。用作导电体穿过接地隔板、电器外壳和墙壁的绝缘部件，如变压器的出线套管、配电装置的穿墙套管等。将在 3.2 对套管进行介绍。

如图 3-1 所示为三类绝缘子的典型外形及结构示意图。

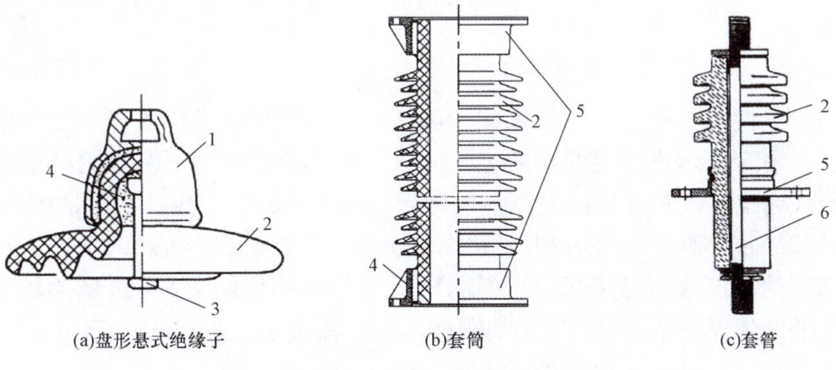

图 3-1　三类绝缘子的典型外形及结构示意图

1—钢帽；2—绝缘；3—钢脚；4—胶合剂；5—法兰；6—导杆

2. 根据绝缘子的材料分类

根据绝缘件材料的类型，绝缘子可以分成瓷绝缘子、玻璃绝缘子和复合绝缘子三类。

高压绝缘子通常由绝缘件、机械固定用的金属附件、将绝缘件与金属附件黏合在一起的胶合剂等组成。

（1）绝缘件。

1）电瓷。电瓷是一种无机绝缘材料，由石英、长石和黏土按一定比例配料后，经制泥、成型、烧结等工艺制成。电瓷能耐受恶劣的大气环境和酸碱污秽的长期作用而不受侵蚀，抗老化性好，具有良好的电气和机械强度，其击穿场强达到20kV/mm（有效值）以上。釉是覆盖在瓷表面的玻璃质表面层，使瓷表面致密、光滑、便于清洗，提高抗污和防潮能力，并提高机械强度。

2）玻璃。钢化玻璃也是一种良好的外绝缘材料，具有和电瓷同样的环境稳定性。经过退火和钢化处理的玻璃，机械强度和冷热性能好，机械强度比普通电瓷高1～2倍，介电强度也高于电瓷，击穿场强达到30kV/mm（有效值）以上。输电线路采用悬式盘形钢化玻璃绝缘子还有一个优点，就是有局部损坏后整体伞盘脱落的“自爆”特性，便于巡线时及时发现。

3）聚合物材料。复合绝缘子的绝缘件由环氧树脂玻璃纤维芯棒或套筒和硅橡胶等高分子聚合物伞套等有机材料组成，具有良好的电气性能、机械强度和环境稳定性。与瓷和玻璃绝缘子相比，复合绝缘子具有工艺简单，生产过程对环境污染小、质量轻、体积小、运输安装方便等优点，尤其是伞盘表面积污后，由于硅橡胶材料的憎水性，使得复合绝缘子具有优良的耐湿闪和污闪性能。

（2）金属附件。绝缘子的金属附件主要由铸铁和钢制成。对于一些要通过大电流的产品，为了减小附件的涡流损耗，避免因铁磁损耗而过度发热，端盖和法兰可采用非磁性铁或有色金属，如硅铝合金、黄铜等。

（3）胶合剂。胶合剂是将绝缘件和金属附件胶合连接的材料，在瓷绝缘子和玻璃绝缘子中一般采用不低于500号硅酸盐水泥。此外，常用沥青作为水泥胶装的缓冲层（涂于胶装瓷面和金具上）和防潮层（涂于水泥表面上）。在复合绝缘子中，胶合剂普遍采用环氧树脂等高分子材料。

3.1.2　绝缘子的性能要求

对绝缘子的基本要求是有足够的电气绝缘强度，能承受一定的机械负荷，能经受恶劣的环境条件作用。

1. 电气性能

绝缘子的电气性能主要包括击穿电压、闪络电压、可见电晕电压等。为避免造成不可恢复的绝缘击穿，击穿通道贯穿绝缘件的绝缘子击穿电压应比沿表面发展的闪络电压更高。另外，为避免造成通信干扰和能量损失，会使绝缘子的电晕起始电压高于正常运行的电压。

受运行环境导致的表面污秽、湿度等因素影响，沿绝缘子表面的闪络更易发生。因此，常用连通绝缘子两端电极的沿绝缘子表面的放电电压——沿面闪络电压来衡量绝缘子的电气性能。运行中的绝缘子应能在正常工作电压和一定幅值的过电压下可靠工作，不发生闪络。当绝缘子发生闪络时，几千安以上的大电流以电弧的形式沿绝缘子表面流过，绝缘子要能耐受电弧的烧蚀直到线路保护动作。

根据绝缘子表面条件的不同，闪络电压可分为以下几种：

（1）干闪络（干闪）电压。指表面清洁、干燥的绝缘子的闪络电压，包括工频干闪电压、雷电冲击干闪电压和操作冲击干闪电压。对户内绝缘子而言，这是它的主要性能。

（2）湿闪络（湿闪）电压。指表面洁净的绝缘子在淋雨时的闪络电压，包括工频湿闪电压、雷电冲击湿闪电压和操作冲击湿闪电压。湿闪电压反映户外绝缘子的主要性能。

（3）污秽闪络（污闪）电压。指表面脏污的绝缘子在受潮情况下的闪络电压。在污秽地区确定绝缘子串长的决定性因素是运行电压下绝缘子的耐污闪能力。

图3-2所示为由14片高度为146mm、盘径为255mm的绝缘子串联而成的绝缘子串的闪

络电压与电压持续时间的关系。从图中可以看出，随着电压作用时间的变长，闪络电压迅速下降，污秽闪络电压甚至低于正常工作电压。

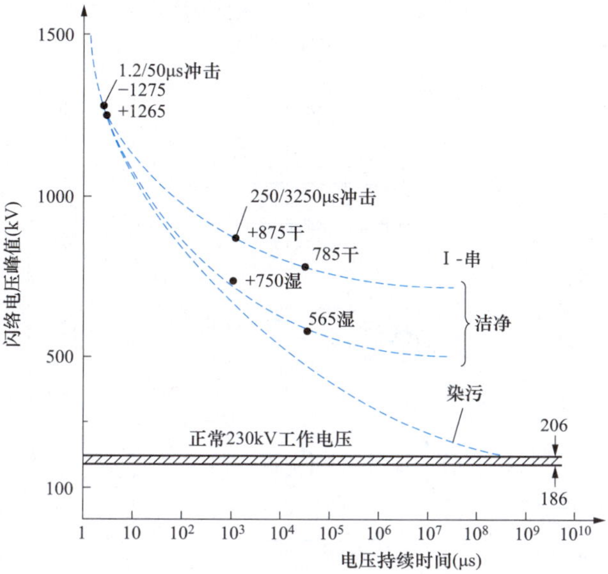

图 3-2　14 片盘形悬式绝缘子串的闪络电压与电压持续时间的关系

2. 机械性能

绝缘子的机械性能按照它在运行中承受外力的形式分别用以下几项指标表示：

（1）拉伸负荷。指作用在绝缘子两端的拉伸力，如悬挂输电线的绝缘子受重力和导线拉力作用。

（2）弯曲负荷。指作用在绝缘子顶部的垂直力，如导线拉力、风力或短路电流电动力作用于支柱绝缘子，因它们的方向与支柱垂直而使支柱受到弯矩作用。

（3）扭转负荷。指作用在绝缘子顶部的扭矩，如隔离开关的支柱绝缘子常以转动方式来开闭，绝缘支柱承受扭转力矩。

3.1.3　绝缘子的闪络及对策

1. 干闪

（1）干闪路径与干闪电压。绝缘子不同电位的两个金属电极之间外部空间的最短距离称为干闪距离（见图 3-3 中路径 1）。绝缘子的干闪电压不取决于绝缘子类型，仅与串的干闪距离 L_g 即串的长度有关，即闪络一般沿最短路径发生。

若支柱绝缘子固定在高处的支架上，则其电场结构比较对称，其干闪电压也就接近棒—棒空气间隙的击穿电压。如盘形悬式绝缘子串和棒形悬式绝缘子串的电场结构比较对称，近似于棒—棒间隙，并且绝缘子在干闪时，尤其是雷电冲击干闪时，基本上是绝缘子两端金具间空气间隙的闪络，而不是绝缘子的沿面闪络，因此其干闪电压也就接近棒—棒空气间隙的击穿电压。

若支柱绝缘子固定在地面或离地很近的支架上，则其电场结构不再对称，近似于棒—板电极，其干闪络电压也就接近棒—板空气间隙的击穿电压。

与空气间隙的击穿电压规律相似，一般雷电冲击干闪电压高于工频干闪电压，操作冲击干闪电压与工频干闪电压相当；但当干闪距离较大时，操作冲击干闪电压可能低于工频干闪电压。

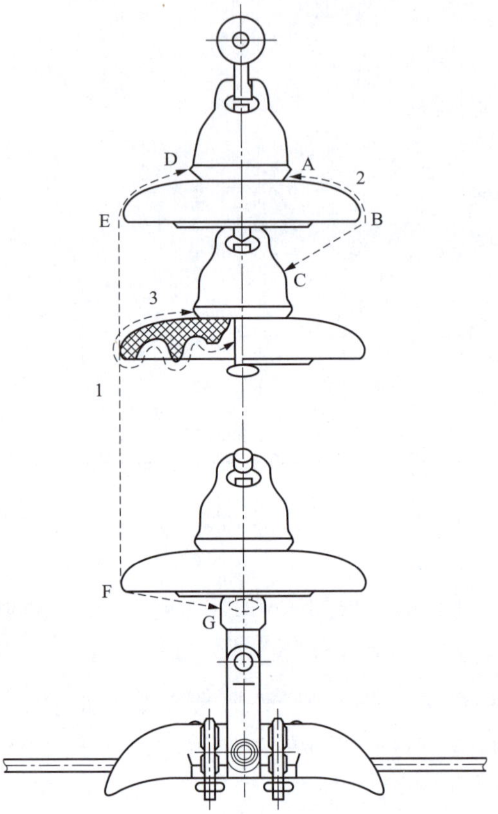

图 3-3 盘形绝缘子串的闪络距离和闪络路径

1—干闪路径；2—湿闪路径；3—污闪路径

（2）提高干闪电压的措施。增加绝缘子的结构高度是提高干闪电压的根本。对于较高电压等级，常用几个支柱绝缘子叠加组装成绝缘子柱的形式。对于盘式绝缘子，可以采用增加盘式绝缘子片数的形式提高干闪电压。当绝缘子串长度很长时，会出现沿绝缘子串表面电压分布不均匀的问题，使闪络电压不随绝缘子串长度的增加而上升。一般常采用屏蔽环，一方面用于减弱电极边缘的场强；另一方面，还由于流经屏蔽环与电介质表面间的分布电容电流，部分补偿了电介质表面的对地电容电流，使表面电压分布较均匀。图 3-4 所示为一带圆形屏蔽环的复合绝缘子。

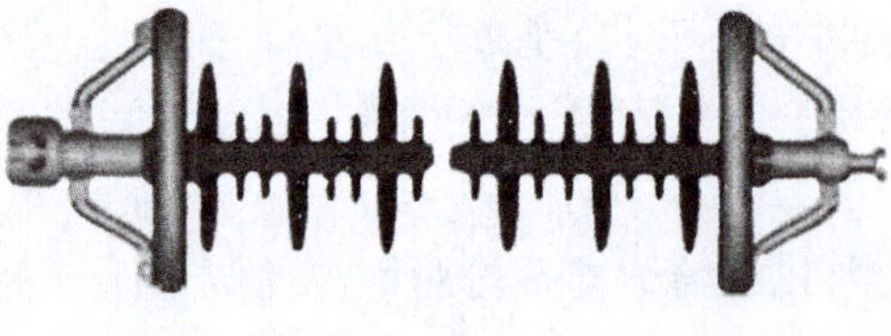

图 3-4 带圆形屏蔽环的复合绝缘子

2. 湿闪

（1）湿闪路径与湿闪电压。湿闪电压是户外绝缘子最重要的性能指标，绝缘子在雨天应仍能承受住操作过电压的作用。

湿闪电压是决定户外绝缘子外形结构的最主要因素。户外绝缘子常用优化伞形结构来提高湿闪电压。

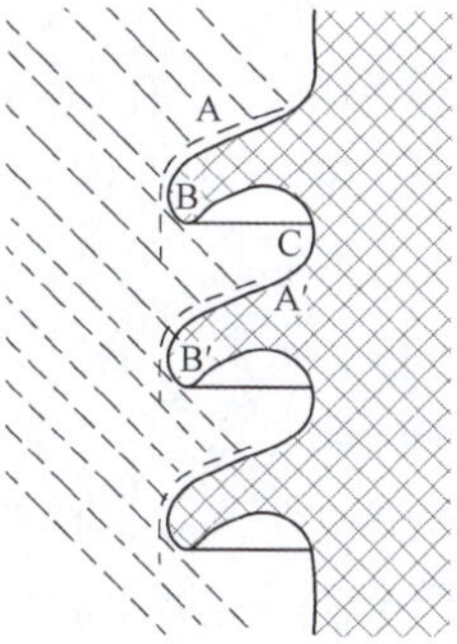

图 3-5 支柱绝缘子淋雨时的闪络路径

以如图 3-5 所示的支柱绝缘子为例，垂直安装的绝缘子淋雨时，其表面并未全部被雨淋湿。视伞裙材料被水润湿的程度不同，伞的上表面部分被水膜或水滴盖着的部分，有较大的电导；伞的下表面不直接淋雨，只是被溅回的或由电场吸入的微小水珠所沾湿，表面电导也小。外施电压的绝大部分由比较干燥的表面 BCA′承受。当电压升高到一定值时，空气间隙 BA′击穿或沿表面 BCA′闪络，全部电压加到 AB、A′B′等表面上。由于湿表面闪络电压低，放电通道 ABA′就发展为电弧放电，绝缘子完全闪络。可知绝缘子的湿闪是一种沿着被雨淋湿的表面和空气间隙串联路径的放电。若雨量特别大，伞边缘 BB′线段大部分被雨水短路，则放电也可能沿 BB′产生。由此可知，绝缘子的湿闪电压不仅与其干闪距离有关，还与绝缘子的伞形结构有关。图 3-3 中路径 2 为盘形悬式绝缘子串的湿闪路径。

从湿闪机理可以看出，雨水电导率对湿闪电压的大小有较大影响。随着雨水电导率的增大，湿闪电压迅速下降。

湿闪电压降低的程度随电压的种类和电压作用时间而异，一般来说，电压的等效频率越高，电压作用时间越短，闪络电压的降低程度越小。在工频电压作用下，绝缘子的干、湿闪电压相差较大，如盘形悬式瓷绝缘子串的工频湿闪电压约为干闪电压的 70%。而支柱绝缘子淋湿时，雨水容易形成连续的导电层，泄漏电流增大，闪络电压降低得更多。在操作冲击电压下，两者也有差别，但不如工频电压下那么显著。而在雷电冲击电压下，由于作用时间短，两者基本相同。

（2）提高湿闪电压的措施。提高户外绝缘子湿闪电压的措施主要有以下几种：

1）选择适当数量及尺寸的伞裙。设置伞裙可以增大湿闪距离，并使伞的下表面保持半干状态，从而提高闪络电压。伞裙应能在降雨的条件下隔断沿绝缘子串流下的雨水。伞盘应向下倾斜，以使雨水能形成水珠下落。从湿闪路径看，伞裙不能太密，伞盘也不宜过大。

2）采用憎水性伞裙材料。目的是避免在绝缘子表面形成连续水膜。如憎水性的硅橡胶复合绝缘子的湿闪电压仅比干闪电压下降不到 10%。可以在陶瓷、玻璃绝缘子表面加涂憎水性材料。

3）装设防雨罩。对于降雨量很大或绝缘子较高（如 3m 以上的绝缘子）的情况，流到绝缘子下部伞裙边缘的雨水已不是分散的水滴，而是不间断的水流，容易形成伞间水流的搭接，导致湿闪电压的降低。此时可以采取装防雨罩等措施，以避免湿闪电压的大幅下降。

3. 污闪

（1）污闪路径及污闪电压。根据污闪发展的原理（见 1.10），当绝缘子表面有湿润的半导电污秽时，沿面放电不再是单纯的空气间隙击穿现象，而是脏污表面气体电离和局部电弧发展、熄灭、重燃、再发展的过程，闪络路径沿绝缘子表面（如图 3-3 中的路径 3）。在脏污表面沿面放电过程中，表面泄漏电流起主导作用。泄漏电流与污秽层的电导、大气湿度、电源和加电压的方式以及电介质表面形状和极间距离有关。影响污闪电压的主要因素如下：

1）污秽物性质与污染程度。绝缘子表面的污秽沉积物有多种，其中可溶性盐类或酸、碱的沉积对闪络电压下降的影响最大。当污层受潮时，这些沉积物使表面电导骤增，泄漏电流增大，大大降低闪络电压。而一些含可溶性盐类少、不黏附的积尘，如电站烟灰和尘土等，只在严重污染时才有较大影响。绝缘子的污闪电压随污染程度的增大而降低。当污染严重时，下降趋势变缓，但此时污闪电压可能低于正常工作电压而发生污闪事故。

2）大气湿度。当污秽物干燥时，通常不降低绝缘子的闪络电压。但当空气相对湿度较大（如 60%以上）时，随着湿度增大，泄漏电流迅速增大，闪络电压迅速下降。绝缘子污闪事故都发生在毛毛雨、雾、融雪等高湿度天气。

3）爬电距离。目前常用爬电距离来衡量绝缘子在污秽和受潮条件下的绝缘能力，爬电距离是指不同电位的绝缘子两电极之间沿其表面的最短距离或最短距离之和。如 XP-70 型盘形绝缘子，其公称爬电距离为 295mm。爬电距离越长，污闪发展所需的局部电弧越长，污闪电压越高。但是若绝缘子结构设计不合理，局部电弧在相邻伞间发展，则污闪电压也提高不多。

（2）提高污闪电压的措施有以下几种：

1）配置足够的爬电距离。提高绝缘子污闪电压最直接的方法是提高绝缘子串的爬电距离。具体方法有增加串联绝缘子的片数、选用大爬距绝缘子。

2）选用耐污闪能力强的绝缘子。耐污闪绝缘子普遍具有下述特点：伞形扩张较大，增大了爬电距离；一部分表面不容易被污染；下雨时脏污容易被清洗，便于清扫。绝缘子的伞形对积污有显著影响，因此需要根据所在地区的污染物特点，选择具有更合适伞形的耐污闪绝缘子。如图 3-6 所示为几种耐污盘形悬式绝缘子。

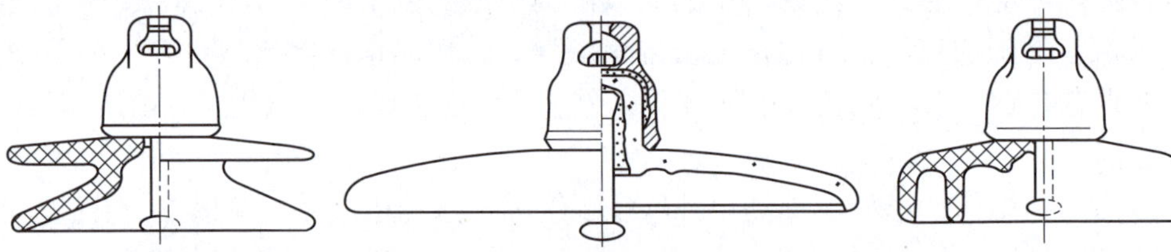

图 3-6　几种耐污盘形悬式绝缘子

在各类污秽地区，复合绝缘子均表现出了优越的耐污性能，主要原因是复合绝缘子的憎水性，有效抑制了绝缘子的表面泄漏电流。在运行过程中，绝缘子表面会逐渐积聚一层污秽物质，这些污秽物质沉积于硅橡胶表面时，也会获得良好的憎水性，呈现“憎水性迁移”现象。复合绝缘子的污闪电压明显高于瓷或者玻璃绝缘子的污闪电压。

3）涂防尘涂料。在绝缘子表面涂一层憎水性防尘涂料，如室温硫化硅橡胶，使污秽物质不易形成连续污层，放电不易发展，也能提高污闪电压。

4）污秽清扫。通过定期或不定期的清扫，除去绝缘子表面污秽，可以提高绝缘子的闪络电压，常用的清扫介质包括水、气体等。

3.1.4　电瓷、玻璃和复合绝缘子性能比较

常用的绝缘子分为电瓷、玻璃和复合绝缘子三种。

电瓷或玻璃绝缘子的绝缘部件都是无机材料，它们的熔点都超过了 1500℃，而且具有良好的化学稳定性。因此电瓷和玻璃绝缘子具有优异的耐电晕或电弧烧蚀的能力以及耐化学腐蚀的能力，抗老化能力强。电瓷或玻璃材料本体内的多种原子是由离子键通过静电引力结合

在一起的，稳定性好，这也意味着这两种材料有较高的表面能和热动量，因此材料表面有较强的吸附水分的能力，比较容易受潮湿润。为了在潮湿脏污的环境条件下仍能使绝缘子有较高的表面电阻，就需要使绝缘子有较大的泄漏距离和合适的结构形状。

电瓷和玻璃都是很致密的材料，密度较大，因此电瓷和玻璃绝缘子都很笨重，这两种材料的抗压强度都高于抗拉强度。但这两种材料都是脆性材料，在运输和安装中要小心轻放，避免破碎。

复合绝缘子由芯棒和伞套所组成，并带有金属端部。图3-7 所示为棒形悬式复合绝缘子的结构。硅橡胶良好的憎水性使复合绝缘子伞套表面不易形成水膜，具有良好的耐污闪和耐湿闪能力。复合绝缘子的伞套材料在微观上各分子通过共价键相结合，结合力较弱，因此在电晕放电、紫外线辐射、潮气、温度变化及化学因素等的作用下，有机绝缘材料比较容易老化。因此，复合绝缘子的电气性能和机械性能都会随着运行时间而逐渐下降，老化是一个比较严重的问题。

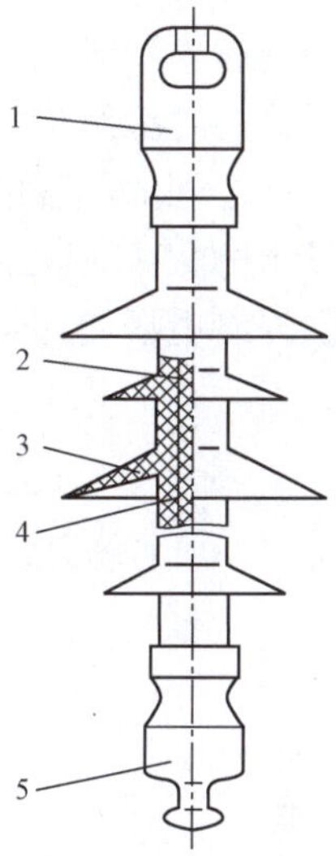

图 3-7　棒形悬式复合绝缘子的结构

1—上铁帽；2—芯棒；3—伞套；4—黏接层；5—下铁帽

在机械性能等方面，复合绝缘子具有抗拉性能好、质量轻、体积小、制造工艺简单、运输安装方便等优点。硅橡胶复合绝缘子自 20 世纪 80 年代开始在我国应用以来，得到越来越广泛的应用，并且在特高压线路中占据了主导地位。

3.2 高压套管的绝缘

3.2.1 套管的绝缘特点和要求

当高压载流导体需要穿过与其电位不同的金属箱壳或墙壁等隔板时，需要用到高压套管。套管是用来使这些导体与隔板绝缘的一种支撑装置，按照其用途分为两类：一类是用于导体与金属箱壳间绝缘的套管，称为电器用套管（如变压器、断路器或电容器用套管）；另一类是用于导体与墙壁间绝缘的套管，称为穿墙套管。

如图 3-8 所示，套管的基本组成包括载流导体（导杆），导杆与隔板之间的绝缘件，用于套管与隔板的固定、套管内两边绝缘管对接的中间法兰。

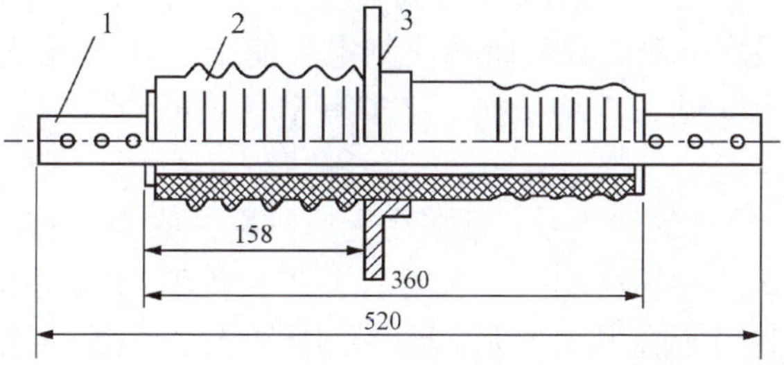

图 3-8　户外穿墙套管 CWL-10/400 的结构（单位：mm）

1—导杆；2—瓷件；3—法兰

高压套管的绝缘包括两个方面，一方面是套管内导杆与法兰/隔板之间的绝缘，为内部绝缘；另一方面是导杆与法兰/隔板之间沿套管表面的绝缘，为沿面绝缘。套管是电气绝缘结构中唯一的既有内绝缘又有外绝缘要求的装置。

在套管的绝缘结构中，电场强度具有强垂直介质表面分量［参见图 1-45（b）］。由于介质表面与导杆之间的电容的分流作用（见 1.10.1），它的表面电位分布很不均匀，在中间法兰边缘处电场十分集中，很容易从这里开始发生电晕及滑闪放电。因此，当沿面距离较长时，套管的沿面闪络电压比棒形支柱绝缘子低得多，如图 3-9 所示。

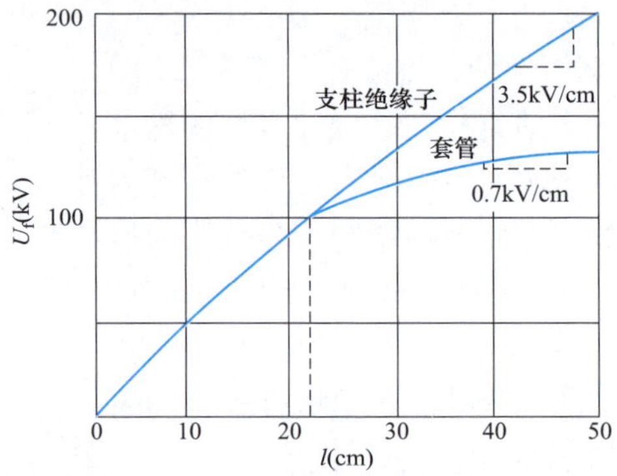

图 3-9 闪络电压与沿面距离的关系

为了保证套管运行时绝缘的安全性，必须改善法兰和导杆附近的电场，以提高套管的整体绝缘强度。高压套管在绝缘设计时需要满足以下要求：

（1）在长期工作电压下不发生电晕等有害的局部放电；

（2）在 1min 工频耐压试验时，不发生滑闪放电；

（3）在工频干耐受试验或冲击电压试验时不击穿。

根据高压套管的结构特点及所使用的材料，可以分成三大类：以电瓷或树脂为绝缘的单一绝缘套管，内部充以油、气或胶的复合绝缘套管，以及内部电场较均匀的电容式套管。在实际应用中，上述三类套管的工作电压逐级提高。

3.2.2 瓷套管的绝缘

瓷套管以电瓷（或还有空气）为绝缘，结构简单，维护方便，广泛用作 35kV 及以下电压等级的穿墙套管和 10kV 及以下电压等级的电器套管。穿墙套管一般是水平安装的，所以户外部分不用伞盘，而用波纹宽度小且数目多的瓷棱。从图 3-8 可以看出，户内部分套管表面的波纹更小。当电压较高时，套管的导杆表面电场强度大，容易发生局部放电。在发生沿面放电前，瓷套内空气已发生强烈电晕，瓷套管内空气电离使比电容 C_0 增大，促进了套管表面滑闪放电的形成和发展，因而降低了闪络电压。这类有空气腔的纯瓷套管一般用于 10kV 及以下电压。

在 20kV 及以上电压等级的应用中，常采用无空气腔的实心套管。在瓷套内壁喷一层铝或半导电釉，并用金属弹簧片与导杆相接，使导杆与瓷套内壁的电位相等，这样内腔的空气不再承受电压，因而导杆表面不会发生电晕。由于内腔空气被短路，法兰附近的比电容加大，所以必须加大紧靠法兰的伞的直径和瓷壁厚度，同时在法兰到大伞的瓷壁喷铝或上半导体釉，这样大伞相当于增厚瓷壁，减小了比电容；喷铝层又将法兰边缘极不均匀电场的锐边电极延伸到伞槽下，减弱了法兰附近的电场强度，提高了电晕和滑闪放电的起始电压，相应地提高了闪络电压。图 3-10 所示为瓷套法兰表面的喷铝处理。

纯瓷套管一般只用于 35kV 及以下电压等级。

3.2.3 充油套管的绝缘

在纯瓷套管中，瓷套与导杆间的内腔中有空气层。如果在此内腔中充以绝缘油就成了充油套管，则击穿电压、散热等性能比原来具有空气腔时将大为改善，并且仍保持纯瓷套管的结构简单、制造方便等优点。

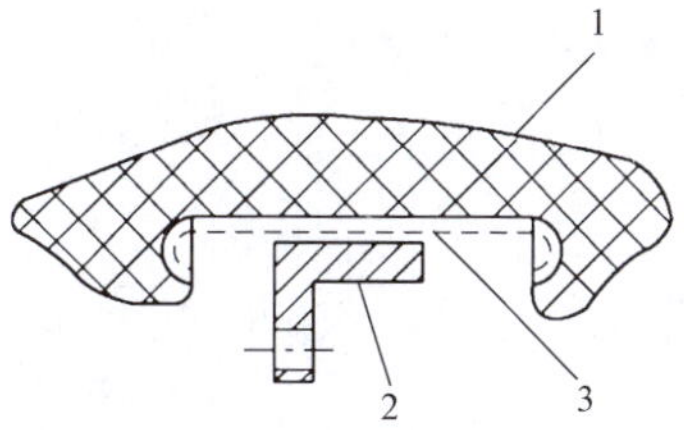

图 3-10 瓷套法兰表面的喷铝处理

1—瓷件；2—法兰；3—铝层

20kV 及以下的充油套管，主要靠瓷套中所充的变压器油作绝缘。当电压较高（如 35kV 以上）时，导杆表面处油道中的场强已很高，为降低场强，常在导杆上套以绝缘纸管或包以电缆纸（5～15mm），如图 3-11 所示。因纸的介电常数都比油高，故能降低工频电压下导杆表面附近的电场强度。对于 60kV 或 110kV 以上的充油套管，只在导杆上包绝缘纸或套胶纸筒，其击穿电压往往不能满足要求，需在油间隙中多放入几个绝缘筒，利用屏障作用提高击穿电压，而且油间隙分隔越细，击穿电压越高。充油套管在油中的沿面闪络电压比在空气中的高，其工频闪络电压（有效值）与闪络距离的关系如图 3-12 所示。因而一般充油套管的油中部分的瓷套高度常取其空气中部分的一半左右。

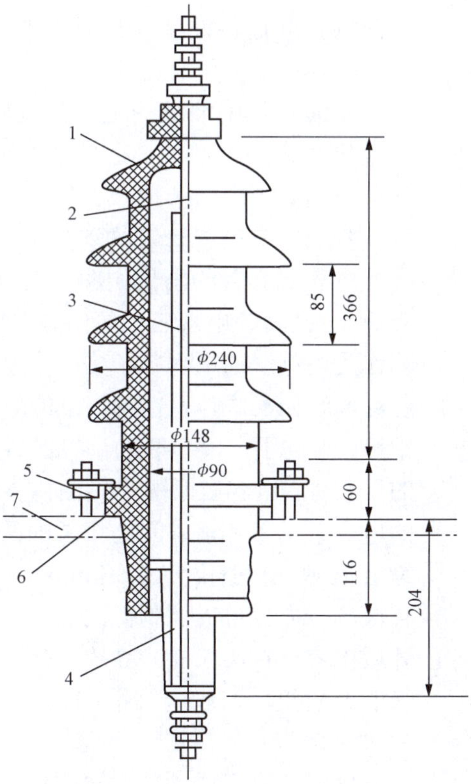

图 3-11 35kV 变压器用充油套管（单位：mm）

1—瓷套；2—导杆；3、4—绝缘筒；5—卡件；6—密封垫；7—油箱盖

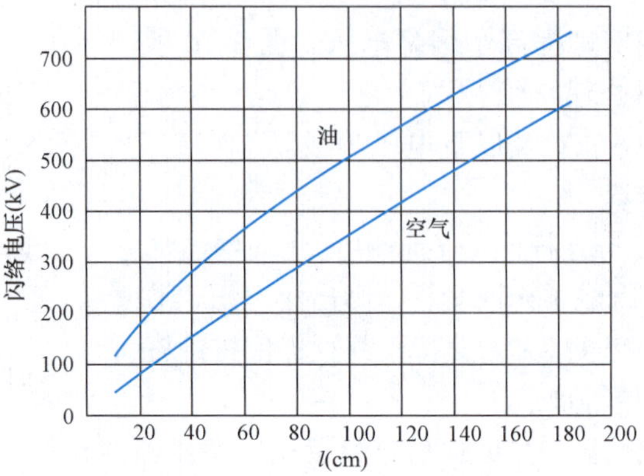

图 3-12　工频闪络电压（有效值）与闪络距离 l 的关系

在充油套管中，法兰和导杆之间的内绝缘由瓷套壁和油道层来承担，根据套管本身绝缘配合的原则，其径向绝缘击穿电压应大于其干闪络电压，一般取为 1.3 倍以上。内绝缘采用瓷—油或瓷—油—胶纸（或油纸），其中的绝缘薄弱环节是油层，其内部电场强度可按多层介质同心圆绝缘分析（见 2.4.2）。

在工频试验电压的作用下，视油道宽度不同，油中的最大径向场强（通常发生在最靠近导杆的油层处）一般应不超过 45～65kV/cm（有效值）。

充油套管中油道的电气强度较低，当套管电压等级升高时，尺寸将大大增加，因此在交流 110kV 及以上电压等级中逐渐被电容式套管所取代。

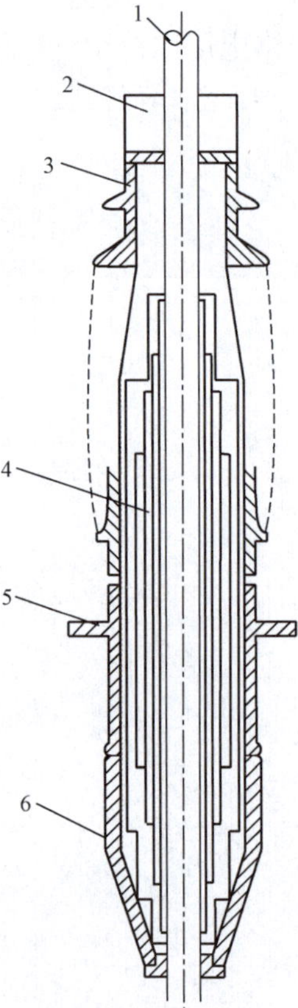

图 3-13　电容式套管的结构

1—导杆；2—储油柜；3—上瓷套；4—电容芯子；5—中间法兰；6—下瓷套

3.2.4　电容式套管的绝缘

电容式套管的结构如图 3-13 所示，它由中间法兰（连接套筒）、瓷套、电容芯子等组成。其绝缘由作为外绝缘的瓷套和作为内绝缘的电容芯子构成。电容芯子通过在导杆上包以多层绝缘纸而构成，而在绝缘纸的层间按设计要求的位置上夹有铝箔，组成了一串串联的同轴圆柱形电容器。为保证电场分布的均匀性，电容芯子的高度由内往外逐渐下降，使各电容芯子的电容量基本相等。因为相邻的两层铝箔（均压极板）间的绝缘层很薄（一般仅为 1～2mm），这样不仅电气强度很高，而且电场分布也可以控制得比较均匀。在高压电容式套管中的最外层电容极板（末屏）常设置有接地引出线，可以在此测量套管的介质损耗值和电容量，以判断套管的绝缘状况，在运行时常将它接地。

电容式套管的性能主要取决于电容芯子，根据电容芯子的材料不同，电容式套管主要分为胶纸式和油纸式两类，也可以采用 SF_6 和纸作为电容芯子的绝缘介质。

胶纸套管的芯子由厚约 0.06mm 涂有环氧树脂等材料的单面上胶的胶纸作为绝缘。在制作过程中，一般用整张胶纸在加热状态下绕在导电管上，绕到规定的直径时再包上电容极板。当胶纸中含胶量较多时，局部放电电压可以提高，但介质损耗也较大，热击穿电压降低。在绝缘中同轴布置的极板过去常用铝箔，为了改善电极边缘处的电场，现常用半导体极板或带有半导体镶边的铝箔极板。

胶纸套管具有用油量小、密封容易、机械强度高等优点，但也存在介质损耗大、极板边缘气隙不易消除、局部放电起始电压低等缺点。

油纸套管的芯子以矿物油浸电缆纸为绝缘，同样在中间同心安置了许多均压极板，最后经过严格的干燥和真空浸油过程制成套管。当真空浸油工艺良好时，油纸套管中电容芯子边缘的气隙被油所填充，所以局部放电电压高，介质损耗小，因此更适合制造超高压及以上电压的套管。

图 3-14 所示的是胶纸与油纸的击穿电压 U_b 与时间 t 的关系。从图中可以看出，当电压作用时间很短时，电气强度都极高，例如可达 100kV/mm 以上；而在长期电压作用下，电气强度降为短时作用下的几十分之一。这是由于这些有机绝缘材料都不耐受局部放电的长期作用，在局部放电的热、电、化学的综合作用下，这些组合绝缘逐渐老化变质。因此套管内绝缘的工作场强的选取，主要取决于长期工作电压下不应发生有害的局部放电。

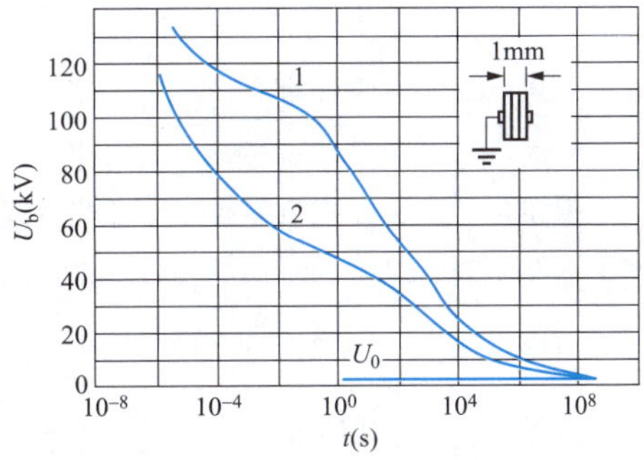

图 3-14 胶纸与油纸的击穿电压 U_b 与时间 t 的关系

1—油纸绝缘强度；2—胶纸绝缘强度；U_0—长期工作电压

从局部放电的发展来看，胶纸绝缘中的局部放电不像油纸绝缘中那样容易扩大，因而胶纸套管中选用的工作场强通常略低于（甚至等于）其起始电晕场强值。而在油纸绝缘中，经过真空浸油后，原有的气隙已几乎全被性能良好的绝缘油所填充，局部放电起始电压较高。可是如果在瞬时过电压下发生局部放电，将引起油的分解、气隙扩大，局部放电电压下降。若局部放电电压降到工作电压以下，则会导致在运行过程中连续不断地发生局部放电，这是不能允许的。因此在油纸绝缘中选取工作场强时应取较大的裕度。

3.3 电容器的绝缘

电容器是电力系统和电气装置中常用的设备，在无功补偿、滤波、信号耦合、电压测量、储能和冲击发生器等装置中有广泛的应用。

3.3.1 电容器的结构及比特性

电容器由电容器元件、外壳和出线套管等部件组成，如图 3-15 所示。常用的电容器元件如图 3-16 所示，由两层电极（一般为厚度 5μm 左右的铝箔）和绝缘介质材料叠在一起卷绕而成，其电容量为

$$C = \frac{\varepsilon S}{d} \tag{3-1}$$

式中：ε为绝缘介质的介电常数，F/m；S 为极板的面积，m^2；d 为极板间介质的厚度，m。

通过在内部将不同数量的电容器元件进行串联和并联的方法，可以制成满足不同容量和电压要求的电容器。

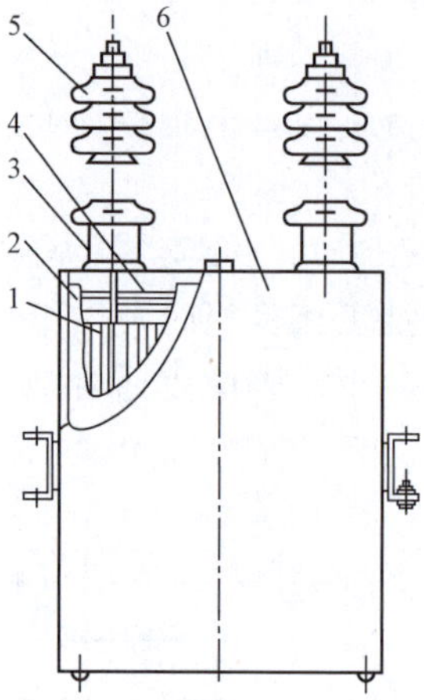

图 3-15　高压并联电容器的外形及内部结构

1—元件；2—绝缘件；3—连接件；4—内放电电阻；5—出线套管；6—箱壳

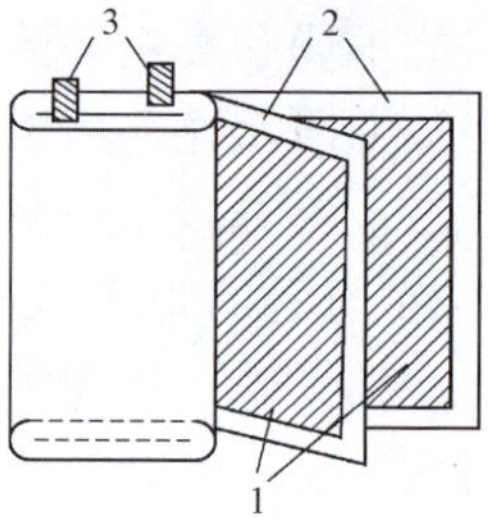

图 3-16　卷绕式扁平电容器元件

1—电极；2—介质；3—引出电极

为实现电容器的功能，以及提高电容器的技术经济特性，对电容器的体积和质量需要加以控制。对于直流或脉冲电容器，通常使用单位体积或质量储存的能量—能量密度（能量比特性）表示；对于交流电容器，则使用单位体积或质量吸纳或释放的无功功率—功率密度（功率比特性）表示。以电容器在直流电压 U 作用下的情况为例，电容器储存的能量为

$$W=\frac{1}{2}CU^2 \tag{3-2}$$

由式（3-2），得到电容器的储能密度为

$$D_V=\frac{W}{V}=\frac{1}{2K}\varepsilon E^2 \tag{3-3}$$

式中：E 为介质工作场强（$E=U/d$），V/m；V 为电容器体积，m^3，$V=KSd$，其中 K 为考虑电容器外壳、元件电极、引出线、元件与外壳间的绝缘等影响后的体积系数，$K>1$。

同样，可以得到电容器在交流电压作用下的功率密度为

$$A_V=\frac{Q}{V}=\frac{\omega}{K}\varepsilon E^2 \tag{3-4}$$

式中：Q 为电容器的无功功率，kvar；ω 为交流电压角频率，rad/s。

可见，电容器的能量密度及功率密度主要取决于介质的 εE^2，需要选用介电常数 ε 较高的介质材料，尤其是选用具有高电场强度 E 的介质材料。目前，国际上先进的电容器功率密度可以达到 11×10^3kvar/m^3。

3.3.2　绝缘介质

在电容器元件中使用的介质包括固体介质与液体介质，其中固体介质包括电容器纸、塑

料薄膜、陶瓷、云母等。这里介绍电容器纸和塑料薄膜这两种高压电容器常用材料。

液体介质在电容器中用作浸渍剂，用来填充固体介质中的空隙，从而提高组合绝缘的介电常数、电气强度及改善散热条件等。

1. 电容器纸

电容器纸具有较高的介电常数，且对浸渍剂的渗透性好。但电容器纸在120℃以上时氧化速度加快，机械强度下降，超过150℃后将迅速分解。另外，电容器纸在高温时具有较大的电导损耗，且其低密度导致电气强度较低，因此，很少单独用纸作为电容器绝缘材料。

2. 塑料薄膜

薄膜的特点是机械强度、电气强度及绝缘电阻都很高，中性或弱极性薄膜的 $\tan\delta$ 值远小于电容器纸。

聚丙烯属非极性材料，电气性能、机械性能优异，耐热性好，而且来源广泛，聚丙烯薄膜已经成为电力电容器主要的绝缘介质。目前在电力电容器产品中，聚丙烯膜的长期工作场强最高已经达到 70V/μm（有效值），远高于纸介质电容器。聚酯属强极性材料，介电常数较高（ε_r=3.2），其他性能也较好，但 $\tan\delta$ 偏大。

除了极少数特殊用途的电容器外，普遍采用聚丙烯薄膜作为电容器固体绝缘介质。

3. 浸渍剂

在选用电容器的浸渍剂时，应保证液体介质渗透到电容器固体介质内的所有空隙，消除产品内的残存气体，提高产品的局部放电性能。因此，对液体介质的基本要求有三个方面：

（1）介电强度高，一般要求标准油杯中 1min 工频击穿电压有效值达到 60kV 以上；

（2）吸气性好，能够溶解和吸收更多气体；

（3）黏度低，能够充分浸渍和渗透固体介质。

目前普遍使用的苄基甲苯、苯基乙苯基乙烷和二芳基乙烷都能满足以上要求，相对介电常数也普遍在 2.0 以上，但其击穿场强低于塑料薄膜。其中二芳基乙烷的黏度较高，低温性能稍差。如果用于生产高场强电容器时，液体介质中还需要加入添加剂，以提高液体介质的抗老化性能。

3.3.3 提高电气强度的措施

影响电容器击穿电压的主要因素有元件内部的气体、薄膜内部的电气薄弱点、电极边缘的场强畸变等因素，使电容器的局部放电起始电压低，击穿电压也受到限制。

提高电容器绝缘强度的措施也主要从这些方面加以改进。

1. 充分浸渍

一般塑料薄膜表面光滑，互相紧贴，浸渍剂难以进入，内部存在水分和气体，降低了局部放电的起始电压和击穿电压。由于电容器纸介质有纤维毛细管虹吸作用，将电容器纸与塑料薄膜交替叠放后一起作为电容器的绝缘介质，便能实现聚酯膜完全浸渍、排除气体的作用。纸—聚酯膜交替叠加作为储能介质的电容器曾经是脉冲电容器的常用介质形式。

为了提高薄膜的浸渍性能，一般采用表面进行了粗化处理的薄膜（粗化度一般为 0.4μm 左右），再配以在高真空度下的浸渍，浸渍剂也能很好地浸透。目前，实际应用中的真空浸渍工艺过程一般可分成加热、真空干燥、降温、高真空注油和浸渍等过程。高真空度下电容器内部的水分和吸附的气体更易于排出，也利于浸渍，可有效提高电容器的质量。

由于浸渍剂的击穿场强低于薄膜而介电常数相对较高，因此浸渍剂主要用于驱赶电容器内部的气体，浸渍剂在极板之间的占比也应尽量小。但当占比过小时，可能造成元件浸渍不良，导致介电强度下降、局部放电等问题的产生。在油浸式电容器生产中，一般薄膜厚度占铝箔极板间距离的 80%以上，不超过 90%。

2. 薄膜及电极结构优化

由于材料晶格缺陷、杂质及制造工艺的缺陷，固体介质内部局部电气强度较弱（称为电弱点），且厚度越大，缺陷尺寸往往越大；场强越高，单位面积介质中的电弱点数目也越多。因此在电容器元件中，为实现较高的工作电压，电极之间通常采用多层固体介质叠加的方式（每层介质厚度一般不超过 15μm），以避免电弱点在某一处重叠，从而提高介质的工作场强。

不过，增加电极之间的固体介质层数并不能使电容器耐受电压一直增加。受电极边缘效应的影响，层数越多，电极边缘处的电场畸变越大，局部放电更易发生。因此，层数过多会使得电容器比特性降低，通常高压全膜电容器元件采用 2 层或 3 层膜结构。另外，为改善电极的边缘效应，部分厂家对电极边缘及首尾均进行折边处理，提高了电极边缘的曲率半径，降低了边缘电场强度。另有部分厂家将极板一边延伸到介质外，另一边缩放在介质内，并采用激光技术切割，避免在电极边缘形成毛刺。这样也减小了电极边缘的电场强度并明显提高了电容器的电气绝缘强度。

为满足高电压等级系统中对电容器的应用需求，通常将电容器的外部串联成电容器组使用以提高工作电压，降低套管制造长度和成本。如我国交流电力系统中常用的高压电容器，其中单个电容元件的额定电压仅在 2kV 左右，每台电容器的额定电压为 6～15kV。脉冲电容器的额定电压一般不超过 100kV。

3. 绝缘自愈技术

常规的高压电容器采用厚度为几微米的铝箔作为电容器元件的电极。一旦薄膜中电弱点处发生击穿，整个电容器就失效。20 世纪 60 年代以来，逐渐采用一种绝缘材料表面金属化的技术，即在纸或薄膜上喷镀上一层薄薄的（小于 0.1μm）的金属（如锌或铝），这层极薄的金属就起到了原来的铝箔极板的作用。由于这层金属电极很薄，因此单位面积电极上具有较大的电阻，当薄膜中某电弱点处在电压作用下击穿时，短路电流流经这层金属时产生的热量足以使击穿部位周围的金属蒸发，从而使薄膜恢复绝缘性能，这个过程叫作绝缘的“自愈”，如图 3-17 所示。

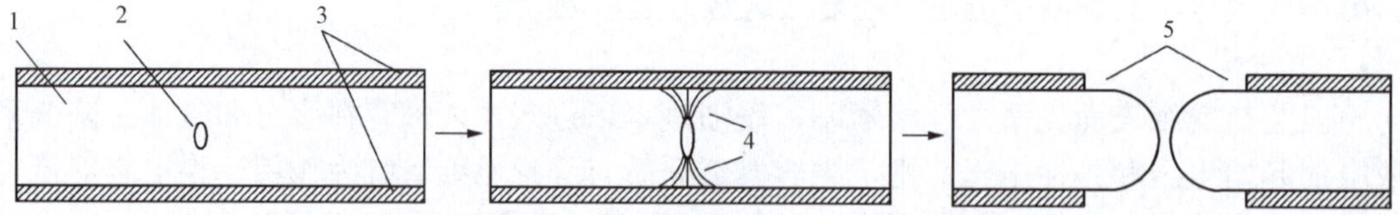

图 3-17　金属化膜绝缘击穿及自愈过程示意图

1—介质薄膜；2—电弱点；3—蒸镀的电极；4—短路电弧；5—去金属电极部位

一方面，由于金属化膜的自愈性能，在外施场强提高的过程中数量较少的电弱点可以因自愈被扫除掉，因此可以使工作场强大为提高；另一方面，金属化膜电容器中不再存在铝箔电极，因此金属化膜电容器比同容量的铝箔电极电容器有更小的体积。由于电极依附在薄膜表面，不需要通过浸渍改善场强分布，所以可以做成不浸油的干式电容器。目前，金属化膜电容器在 1kV 以下电力系统中已经被广泛使用。在脉冲电容器领域，由于其极高的工作场强（其直流工作场强最高可以达到 600V/μm 以上），因此可以做成高能量密度电容器，极大地缩小了电气装置的体积。

3.4 电缆的绝缘

电力电缆广泛应用于城市电网及工矿内部电网中。与架空线相比，电力电缆采用高电气强度的电介质材料作为导线与地之间的绝缘，耐用且受气候影响小。电缆线路包括电缆本体和电缆附件两部分，其中电缆附件主要用于电缆之间或电缆与其他输变电设备之间的连接。

按绝缘材料分，电缆可以分成油纸绝缘电缆、塑料电缆和橡胶电缆三大类。在较低电压时，电缆广泛采用橡胶（如天然橡胶、乙丙橡胶等）或塑料（如聚氯乙烯、聚乙烯等）电缆；对于高电压等级，大多改用油纸绝缘电缆、交联聚乙烯（XLPE）电缆等。

3.4.1 电缆的结构

电缆的基本结构包括电缆导体（线芯）、绝缘层和保护层（护套）。图 3-18 为 XLPE 作为绝缘介质的电缆的结构。

电缆线芯材料一般为铝或铜，铜的载流能力和机械性能更好，因此国内大多数高压电缆的导电线芯均采用铜。为了便于运输和敷设，电缆应可以弯曲。为此，电缆线芯常用多股细导线扭绞而成。

护套有金属护套、橡塑护套及组合护套几种，高压电缆中一般采用由铝、铅或不锈钢材料制成的金属护套。金属护套的作用是防止水分、潮气等侵入绝缘层而引发水树枝的生成和成长，并能避免外力对电缆导体和绝缘产生破坏。为保证绝缘层中电场的均匀性，金属护套内壁应保持光滑，并与线芯之间保持良好的同轴度。

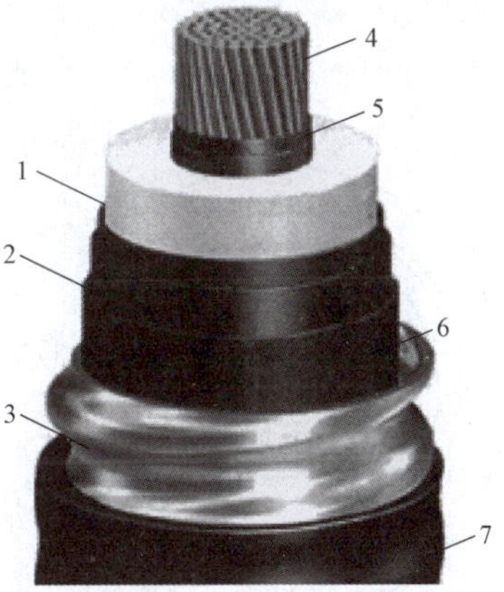

图 3-18 高压 XLPE 电缆结构

1—XLPE 绝缘；2—绝缘屏蔽；3—金属护套；4—线芯；5—导体屏蔽；6—缓冲层；7—外护套

由于电缆线芯由多根导线绞合而成，它与绝缘层之间易形成气隙，且表面不光滑容易导致电场畸变，易发生局部放电。因此在导体表面加一层比较柔软的半导电材料屏蔽层，它与被屏蔽的导体等电位并与绝缘层良好接触，起到均匀电场和改善分层间隙电场的作用，从而避免在导体与绝缘层之间发生局部放电，起到抑制电树枝生长的作用。同样在绝缘外表面和护套接触处也可能存在间隙，故在绝缘层表面加一层半导电材料的屏蔽层，它与被屏蔽的绝缘层有良好接触，与金属护套等电位。

处于高电位的线芯外侧及低电位的绝缘层外侧的半导电屏蔽层，分别称为导体屏蔽层与绝缘屏蔽层。塑料电缆的屏蔽层由聚乙烯等绝缘材料混合炭黑、抗老化剂等制成，其厚度在 1mm 左右。电缆绝缘屏蔽表面的缓冲层，由半导电弹性阻水材料制成，也与绝缘屏蔽与金属护套等电位。对于油浸纸绝缘电缆，其屏蔽层一般采用半导电纸材料。

当需要承受较大的机械负荷时，电缆最外层常装有钢带或钢丝铠装。

3.4.2　电缆的绝缘介质

1. 油纸绝缘

油纸绝缘是应用较早、历时最久的电力电缆绝缘材料。它是由薄的（一般小于 0.1mm）电缆纸包绕到电缆芯后，经过干燥，在真空下浸渍电缆油而成的，是一种油纸组合绝缘。纸的纤维素含量较高，有利于提高纸的密度，但是又会引起介质损耗和介电常数的增大。因此，在高压和超高压电缆中，力求更低的介电常数和介质损耗的纸，如去离子水洗木纤维纸。

由于纸中存在大量空隙，极易吸潮，使电气性能大大下降，所以电缆纸必须进行浸渍。电缆纸的浸渍剂分为高黏度的黏性浸渍剂和低黏度油两类。其中，黏性浸渍剂在工作温度下基本不流动，主要用于 35kV 及以下的浸渍纸绝缘电缆。低黏度油的渗透性好，用于充油电缆，可以工作在较高的电压等级下，如 220kV 电缆油浸纸厚度约为 18mm。自容式充油电缆利用补充浸渍原理来消除绝缘层中形成的气隙，以提高绝缘的工作场强，如图 3-19 所示。这种电缆一般在载流芯的中心（有的在金属护套内）具有与补充浸渍设备（压力箱等）相连的油道。它利用电缆两端的压力箱，使电缆油始终处于一定的油压下，避免了绝缘层中产生气隙。当油压从 0.1MPa 增加到 1.5MPa 时，工频击穿强度可以提高 60%左右。

为了提高电缆的防火能力，也可以采用在油纸绝缘中充入干燥的氮气或 SF_6 的充气电缆。充气电缆中气体密度高，气体分子的平均自由行程减少，可以提高其游离电场的强度。增大气体压力同样可以提高工频击穿电压，但冲击电压提高得不多，因此充气的油纸电缆的许用场强比充油电缆低。

油浸纸绝缘电缆的结构和维护均较复杂，对安装落差也有限制，除部分 500kV 及以上高压充油电缆仍在使用外，基本被 XLPE 电缆取代。

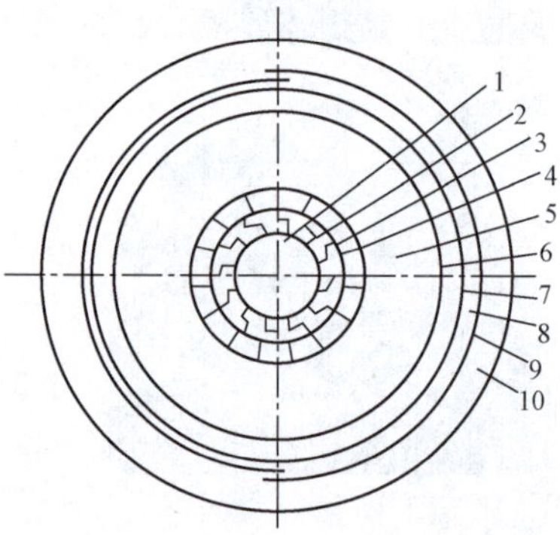

图 3-19　220kV 自容式充油电缆截面

1—油道；2—Z 形线；3—弓形线；4—内屏蔽；5—绝缘；6—外屏蔽；7—铅套；8—内衬垫；9—加强带；10—外护层

2. 橡胶绝缘

橡胶电缆的绝缘材料以天然橡胶为原料，加进丁苯橡胶等配合剂后经混炼、硫化而成。其绝缘层通过挤包在导电线芯上生成。

橡胶电缆的击穿主要是由于绝缘层中存在气隙、杂质等，在电场作用下部分放电而引起的。这种电缆主要用于 10kV 及以下电压等级。

橡胶电缆对潮气的渗透性低，特别是弹性好，适用于要求柔软性好的移动式设备上，但它可燃、不耐电晕、工作温度低。

3. 塑料绝缘

塑料电缆的绝缘主要有聚氯乙烯（PVC）、聚乙烯（PE）和交联聚乙烯（XLPE）等材料。塑料绝缘的击穿主要由绝缘层中的气隙、杂质以及屏蔽层与绝缘层之间的贴合不良等缺陷，在电场作用下逐渐形成树枝状放电引起。绝缘中如有水分，在电场和水分的共同作用下，树枝状放电发展得更快。因此，塑料电缆应尽可能消除绝缘中的气隙、杂质和水分。高压塑料电缆（110kV 及以上）采用内、外半导电屏蔽层和绝缘层三层同时挤出及逐段冷却等工艺，以提高其电气强度。如 220kV 和 500kV 的 XLPE 电缆，视线芯截面积的大小，绝缘厚度分别为 24～27mm、31～34mm。

在塑料绝缘介质中，PVC 绝缘的机械强度、耐酸碱性能都较好，且性能价格比高；但它是极性介质，tanδ大，且燃烧时释放出有害气体。PE 的电气性能要好得多。通过辐照、温室等交联方法将线型的 PE 转变成三度空间结构的 XLPE，既保留了聚乙烯的优良电气性能，又大大提高了耐热性和机械强度，其允许长期工作温度达到 90℃以上。XLPE 电缆是在缆芯上挤塑交联聚乙烯而成，不用液体浸渍，因此也避免了油纸电缆中的浸渍剂因落差、温度等带来的困难，而且电缆附件也可大大简化。我国 1～220kV 的各种电力电缆中，XLPE 电缆几乎完全取代了其他绝缘电缆。

3.4.3 电缆接头或终端的绝缘

电缆终端与电缆接头称为电缆附件，其中电缆终端用于与其他设备的电气连接，电缆接头则用于电缆之间的连接。

电缆附件是整条电缆线路绝缘最薄弱之处，电缆线路事故 85%以上由附件缺陷导致。正常情况下，电缆本体中只有垂直于绝缘层的径向电场，绝缘的电气强度很高。但在电缆终端和接头处，电缆端部绝缘屏蔽层断开后，电场分布比电缆绝缘层内的分布复杂得多，突出表现在靠近绝缘屏蔽层断口处电场强度明显增强，且具有较大的轴向分量，其电位分布如图 3-20（a）所示。因此在屏蔽层断口处易导致电缆击穿、发生电晕或轴向的沿面放电。

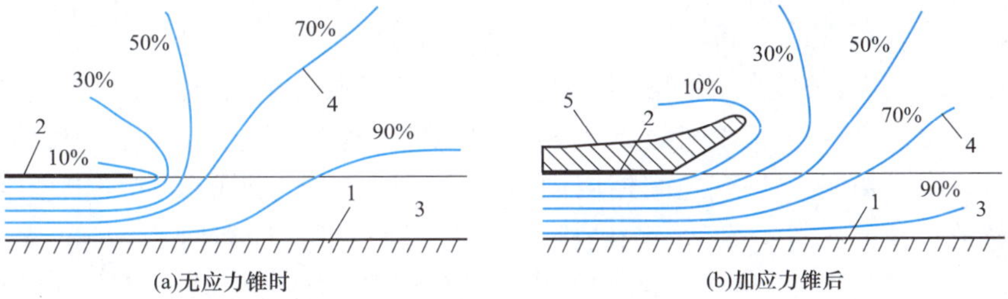

图 3-20 电缆端部电位分布示意图

1—线芯；2—半导电屏蔽层；3—绝缘层；4—等电位线；5—应力锥

为减小金属护套边缘处的电场强度，可采取增大电极曲率半径、增大电缆绝缘半径、断口处采用高介电常数材料等措施。如 110kV 及以上电压等级的电缆使用半导电材料的应力锥来增大等效半径，通过将绝缘屏蔽层逐渐向外延伸成喇叭状，加厚屏蔽层断口处的绝缘并改善电场分布，从而提高电气强度。使用应力锥后电位分布如图 3-20（b）所示。

3.4.4 气体绝缘输电线路（GIL）

GIL 是将单相或三相的导体直接装在金属管道内，以 SF_6 或其混合气体作绝缘，也可以视为充气电缆的一种。与固体绝缘电缆相比，气体绝缘电缆具有良好的绝缘自恢复能力。GIL 被广泛用于变电站中。由于以气体作绝缘，其电容比油纸绝缘的电容小，tanδ极小，散热性能好，也很适合传输容量大、落差大的场合，如过江电力传输通道。

SF_6 气体具有优异的绝缘性能和灭弧能力，3 个大气压的 SF_6 气体的电气强度相当于变压器油的电气强度，如图 3-21 所示。当压力增大到 3MPa 以上时，击穿电压已达到饱和，压力再增加击穿电压也不再增高了。在实际 GIL 中一般采用 0.3～0.7MPa 的气压。

在均匀电场中，SF_6 气体的绝缘性能十分优良。因此，GIL 比架空输电线路的体积大为缩小，如额定电压为 550kV 和 1200kV 的单相 GIL 的直径分别只有 0.5m 和 0.76m。

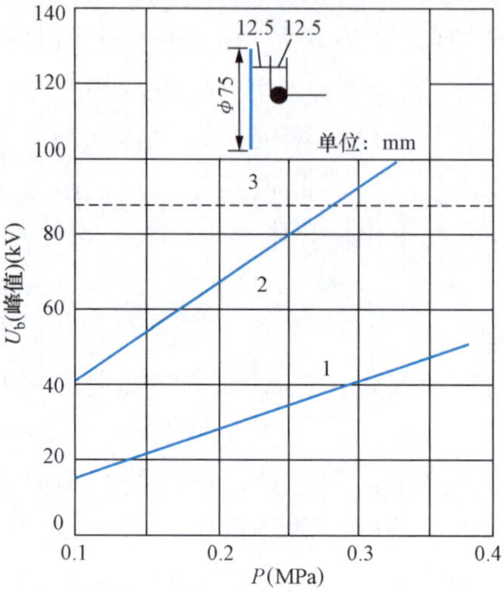

图 3-21 SF_6气体、空气、变压器油在工频下的击穿电压

1—空气；2—SF_6；3—变压器油

随着电场不均匀程度的提高，由于高场强下 SF_6 分子有效游离系数（碰撞电离系数-电子附着系数）的迅速增大，SF_6气体间隙击穿电压与空气间隙击穿电压的差值逐渐缩小，击穿电压逐步饱和，甚至出现 SF_6 气体间隙 50%击穿电压低于空气间隙的现象。因此，在设计 GIL 设备的绝缘时，高压导体与外壳之间使用同轴圆柱体的结构，即稍不均匀电场结构，并保证电极表面的光滑。在 GIL 中，SF_6绝缘结构大致可分为以下几种类型：

（1）SF_6气体间隙绝缘。这是 GIL 中的主要绝缘结构，要求电场尽可能均匀。可采用同轴结构，所有转角之处，都要呈弧形，不能有棱角，如图 3-22 所示。为了达到电场尽量均匀和击穿电压最高这一目的，可选择外壳直径与导体直径之比为 e=2.718 倍左右的设计。

（2）SF_6—固体介质绝缘。在 GIL 中，固定高压导体采用的绝缘支持物由环氧树脂和填料制成。为保证 GIL 外壳和导体之间的同心度，并提高沿面放电电压，可以采用盆式、均匀布置的三柱式绝缘子等结构，如图 3-23 所示。

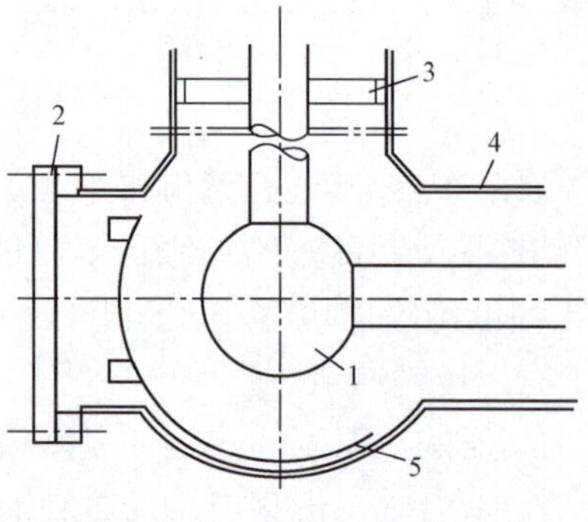

图 3-22 GIL 内导体直角拐弯结构

1—导电连接球；2—安装盖；3—加固环；4—外壳；5—球罩

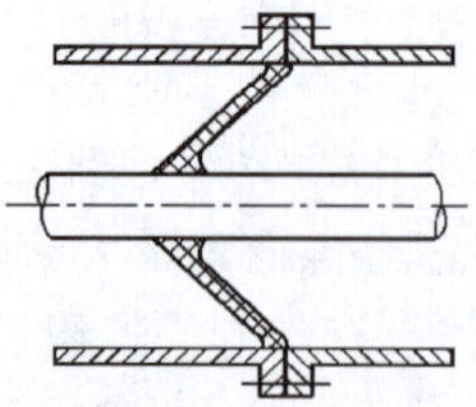

图 3-23 GIL 中使用的一种盆式绝缘子结构

由于 SF_6 是一种对大气环境有较大危害的温室气体，且其分解气体和反应生成物有不同程度的毒性，因此 SF_6 的消减和替代是电力行业迫切需要解决的问题。从 20 世纪 70 年代开始，各国都在进行此项研究工作，多种替代气体正在研发中。

3.5 变压器的绝缘

变压器是电力系统中的关键设备。电力变压器绝缘材料及绝缘结构的可靠性，直接影响电力变压器的运行可靠性。对 110kV 及以上电力变压器的事故统计表明，绝缘事故数量占大部分。在保证运行可靠性的前提下，缩小变压器的绝缘距离具有重要的技术经济意义。

变压器的绝缘包括外绝缘和内绝缘两大类。通常将变压器油箱以外的空气（包括沿面）绝缘称为外绝缘，变压器箱体内的绝缘称为内绝缘。本节主要介绍变压器的内绝缘。内绝缘又分为主绝缘和纵绝缘。其中主绝缘指不同绕组之间及其对接地部件（铁心、油箱）之间的绝缘，包括高低压、不同相绕组间的绝缘及绕组对地绝缘，引出线对地及其他绕组的绝缘等。纵绝缘是指同一绕组的各部分之间的绝缘，包括匝间绝缘、层间绝缘等。图 3-24 所示为饼式绕组变压器内绝缘结构。

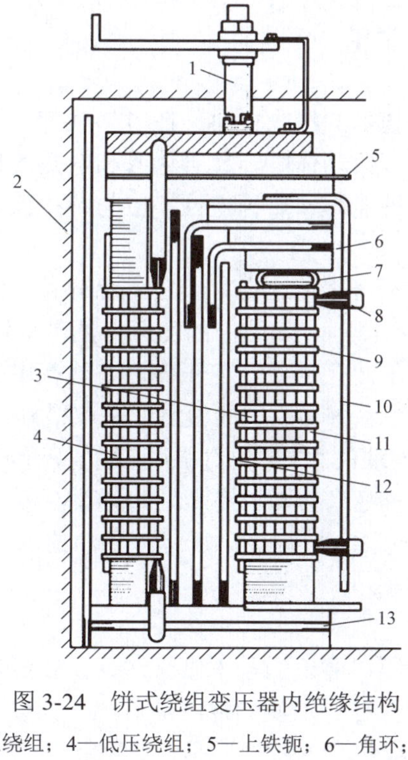

图 3-24　饼式绕组变压器内绝缘结构

1—压钉；2—铁心；3—高压绕组；4—低压绕组；5—上铁轭；6—角环；7—静电环；8—引线绝缘；9—饼间绝缘；10—相间隔板；11—匝间绝缘；12—绕组间绝缘；13—下铁轭

3.5.1 对变压器绝缘的要求

变压器投入运行后，要长期承受工作电压、电流、发热、环境等因素的作用，并需要短时承受雷电过电压和内部过电压的冲击，因此需要在电气性能、耐热性能、机械强度及抗老化等方面满足一定的要求。

（1）电气性能。为了使变压器能在额定电压下长期运行，而且能耐受可能出现的各种过电压，需要进行 1min 工频耐压试验、冲击耐压试验等试验，其中工频耐压试验的主要目的是检验变压器主绝缘，冲击耐压试验主要检验纵绝缘。

（2）机械性能。当变压器绕组有电流流过时，此电流与漏磁通的相互作用会产生电磁力。尤其是当发生短路时，由于短路电流有可能达到额定电流的 20～30 倍，绕组上的电磁力有可能达到正常时的近千倍。由于冲击电流作用而导致的绕组变形、松散等，是变压器事故的一个重要原因。

（3）热性能。变压器运行时，绕组和铁心均有能量损失而发热。如油浸式电力变压器所用的油浸纸、纸板、漆布、酚醛筒等材料的长期允许温度为 105℃，温度升高会使这些绝缘材料的热老化速度迅速加快。为了保证必要的寿命，要改善其散热条件，如较大型变压器采用强迫油循环冷却。

（4）化学性能。内绝缘在运行中会受到环境因素的影响。例如，变压器油受潮，与铜、铝导线及铁心接触会加快其老化的速度。因而，要求绝缘有一定的抗老化能力和良好的化学稳定性，同时在设计制造和运行中防止绝缘受潮或受其他污染。

3.5.2 常用的绝缘材料

电力变压器，特别是高压电力变压器，几乎都用油—纸绝缘。对于防爆、防火要求较高的场合，则采用干式变压器。

1. 变压器油

变压器油是油浸式变压器基本的绝缘材料，在电气强度、传热性、热容量等方面远胜于空气。变压器油充满在整个变压器箱体中，起着绝缘和散热的作用。对变压器油的主要要求是：具有较高的防氧化、防水解能力和热稳定性，应与绝缘纸或者纸板具有良好的相容性，另外具有较好的吸气性。

因为在制造和运行过程中不可避免地会有杂质、水分、气泡等混入，所以工程中变压器油的电气强度远低于纯净的变压器油。如纯净的变压器油击穿场强可达 400kV/mm 以上，而工程上使用的变压器油则远低于此。另外，变压器油在运行中会逐渐老化变质。因此，在变压器运行过程中，需要定期进行水分等杂质的检测，采取措施保证变压器油的纯净度。

GB/T 7595—2017 对变压器油的水分、电气强度、酸值、介质损耗等参数指标均做了规定。随着变压器电压等级的提高，对绝缘的要求提高，如 10kV 和 500kV 变压器运行中的油的标准油杯中击穿电压分别为不低于 40kV 和 65kV，运行中油的水分含量则分别为不高于 35mg/L 和 15mg/L。

2. 绝缘纸与油浸纸

变压器中用的绝缘纸用未漂白的硫酸盐木纸浆制成，在纤维之间有大量孔隙，因而具有很强的透气性、吸水性和吸油性等。干燥的纸浸油后电气强度显著提高。在变压器中常用的绝缘纸有电缆纸、电话纸、皱纹纸、绝缘纸板等。

电缆纸（常用厚度为 0.08～0.12mm、密度为 0.85g/cm^3）主要用作导线绝缘（匝间绝缘）、绕组层间绝缘及引线包扎绝缘等。电话纸的质地与电缆纸基本相同，但较薄，常用电话纸的厚度约为 0.05mm，可用于绕组导线绝缘、绕组端部绝缘等。皱纹纸拉伸性好，用于机械强度需求较高的出线头、引线绝缘等。绝缘纸板由木质纤维、棉纤维等混合而成，厚度一般大于 0.5mm 且小于 10mm。绝缘纸板利用了棉纤维间隙多而小的特点，抗张强度和吸油性都较好，常用作绕组间的垫块、撑条、相间隔板，或制成绝缘筒及对铁轭绝缘的角环、端圈等。

由于纤维的耐热性不高，在油浸及干式变压器中已采用新型的高耐热性绝缘纸板，如芳香族聚酰胺纸，不仅具有较好的耐热性，而且机械强度也有所提高。此外，由于油和纸总是组合使用，油间隙的介电常数较低（相对介电常数约为2.3，油浸纸约为3.5），而击穿强度又较纸低，因此油间隙成为油纸绝缘的薄弱环节。当两种绝缘的介电常数接近时，变压器的绝缘结构尺寸就可以缩小，因此低介电常数的新型纸板是发展的一个方向。

油浸式变压器的绝缘结构中，由于油的浸渍，纸绝缘变成油浸纸绝缘。油与纸配合使用，可以互相弥补各自的缺点，显著增强绝缘性能。因纸纤维为多孔性的极性介质，极易吸收水分，经过干燥浸油处理后吸潮速度会延缓，但仍会吸潮，当油浸纸板的吸湿量超过3%～5%后，电气强度会急剧下降。

3. 油—纸组合绝缘

为了提高变压器的电气强度和减小绝缘尺寸，除了提高油的纯净度外，更有效的措施是采用纸等固体绝缘材料与油配合组成的组合绝缘。

在变压器的绝缘结构中，采用的组合绝缘包括覆盖层、绝缘层、隔板三类，其作用机理参见2.4。

（1）覆盖层。在曲率半径较小的电极上覆盖电缆纸、皱纹纸或绝缘漆等较薄的固体绝缘材料，紧贴于电极表面。

（2）绝缘层。厚度约几毫米到十几毫米，用于高压线圈首端及末端线饼的加强绝缘、静电环的绝缘及引线绝缘等。

（3）隔板（屏障）。在绕组间、绕组对铁心或铁轭间的油间隙中放置尺寸较大的绝缘纸筒或纸板作为隔板，提高油间隙的电气强度，阻止局部放电的发展。根据间隙中电压的高低，一般设置多个隔板。可以通过调整油间隙的宽度，即高场强处取较小尺寸的间隙，使击穿场强提高，从而使各油间隙基本上具有相同的绝缘裕度。

4. 干式变压器的绝缘

干式变压器分为浸渍型和树脂型两类。干式变压器采用固体有机绝缘材料，电气强度高；通过真空浸渍、真空浇注等工艺，提高了局部放电电压，在35kV及以下电压等级中广泛应用。

浸渍型干式变压器工艺简便，导线采用玻璃丝包线，垫块用相应耐热等级的材料热压成型。主、纵绝缘的气道均靠空气绝缘，防火性能好，但由于以空气为绝缘介质，其尺寸、质量较大，受外界环境影响也显著。

树脂型干式变压器可分为树脂浇注、树脂加石英粉填料浇注、树脂绕包、树脂真空压力浸渍等几类。前两类的低压绕组用箔板或扁线绕制，高压绕组用铜或铝的箔带在环氧玻璃布筒上绕成分段圆筒式，然后入模浇注。树脂绕包类不需浇注模，而在绕高压绕组时一边绕导线一边将有树脂的纤维浇上，全部绕完后对绕组进行加热固化。树脂真空压力浸渍类型是在绕组绕好后，在真空状态下往浇注罐中注入树脂，最后加压而成。

为了提高散热效果，一般会在干式变压器的低压、高压绕组边和高压绕组层间设置风道，通过自然风冷或强迫风冷的方式降低绕组温度。

3.5.3 变压器的主绝缘

油浸式变压器的主绝缘广泛采用油—隔板绝缘结构，35kV及以下电压等级一般采用油和胶纸筒，110kV及以上电压等级采用绝缘纸板制成的纸筒和油组成的绝缘。

在决定绝缘尺寸时，主要是校核工频1min及冲击试验电压下不发生油间隙的击穿或闪络，而在工作电压下不出现有害的局部放电等。在设计绝缘结构时，需要进行电场分布的计算，油间隙的工频最低击穿场强应大于上述情况下可能出现的最高场强。

1. 绕组间或绕组对铁心柱的绝缘

同相的高低压绕组间围绕铁心呈同轴布置结构。纸筒或纸板厚度一般为2～5mm，通过多层纸筒将油间隙分隔为多个较短的间隙，纸筒之间用绝缘撑条固定，其截面如图3-25所示。变压器电压等级越高，油间隙也分得越细，其电气强度相应越高。所以在同样的绝缘距离时，插入的隔板数目增加，击穿电压提高，如图3-26所示；纸筒总厚度一般占油间隙总尺寸的25%左右，有的要占到30%～40%。在考虑油浸式变压器中的油道时，油间隙越窄，油的耐电强度越高，但对油的对流散热越不利，故而油间隙宽度一般不宜小于3mm。

图3-27所示为一种端部出线的110kV主变压器主绝缘的一个例子。图中高低压绕组之间的绝缘距离为42mm，采用三个厚度均为3mm的纸筒，分隔成4个油道，各油道宽度（由低压绕组侧向外）分别为7、9、9、8mm。与绕组表面相邻油道中的场强较高，因此将此油道取得窄一些。

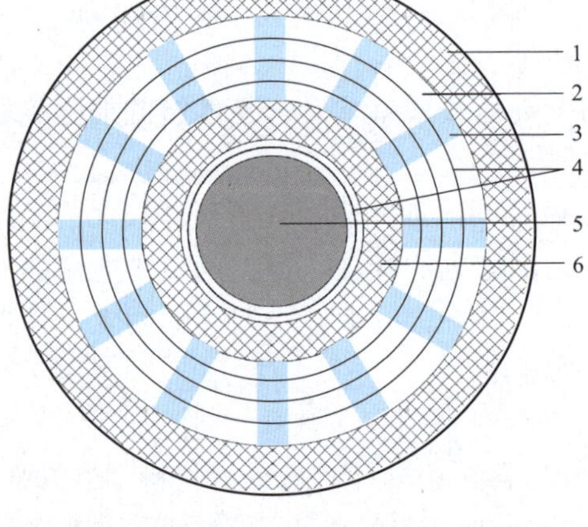

图3-25 变压器高低压绕组间绝缘结构截面示意图
1—高压绕组；2—油间隙；3—撑条；4—绝缘纸筒；5—铁心；6—低压绕组

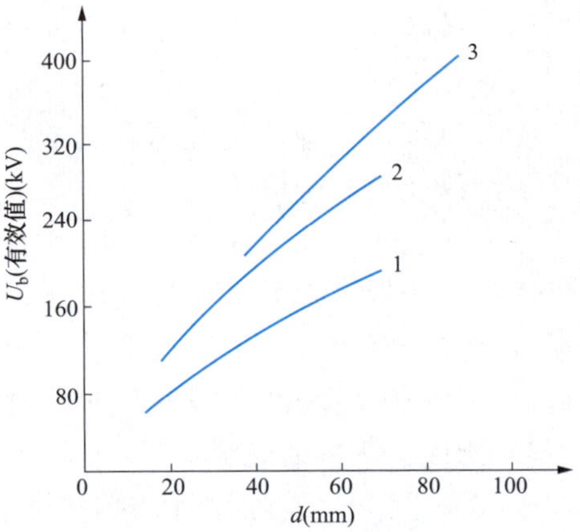

图3-26 纸筒数（曲线所注）及绝缘距离对击穿电压的影响

在超高压变压器中广泛采用以油浸瓦楞纸组成的薄纸小油道结构作为主绝缘，或对高场强部位（第一油隙）采用以固体绝缘填充的混合绝缘结构形式。

2. 绕组与铁轭间的绝缘

变压器绕组与铁轭间的绝缘距离要比绕组间的距离大得多，这是因为绕组端部与铁轭间的电场很不均匀，并且具有很强的与绝缘层相平行的切线分量，以致很容易发生电晕甚至滑闪放电。在可能出现表面滑闪放电的结构中，增加沿面距离对提高工频及冲击耐压已作用不大。

为此，在布置对铁轭的绝缘时，宜采用多个角环，且将各角环等绝缘件做成与等位面相近的形状，以减少与绝缘件相切的电场分量，如图3-27所示。电压等级越高，放置的角环越多。对于高电压等级的大容量变压器，已广泛采用按与电场相配合的复杂形状的绝缘成型件，使铁扼处的绝缘性能明显改善。

3. 引线绝缘

引线是指绕组之间的连线、绕组至分接开关或套管的引线。引线采用较粗的导线以降低引线表面的电场，并包有一定厚度的绝缘层降低油中场强，以保证在试验电压下导线表面和绝缘层表面的场强都不超过各自的击穿场强。当两根引线大致平行或引线近似与油箱平行时，可分别按平行圆柱电极，或圆柱对平面的电场来估算其中的最大场强。在不均匀电场中，引线绝缘的工频击穿电压应略高于油中尖端对尖端间隙的击穿电压。

3.5.4 变压器的纵绝缘

在冲击电压作用下，变压器的各饼间、匝间等纵绝缘上的电压分布很不均匀，所以在核算纵绝缘时，应根据实际可能出现的电压来考虑。根据该处纵绝缘上的电压峰值及持续时间，参考已有的典型绝缘结构的试验数据，便可校核绝缘是否合理。

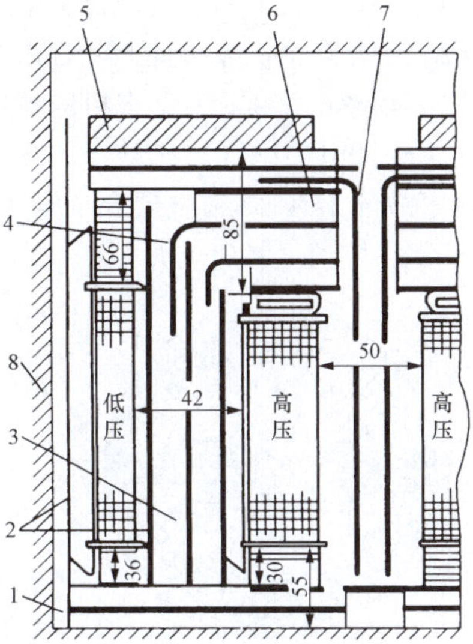

图 3-27 一种端部出线的 110kV 变压器主绝缘结构举例（单位：mm）

1—对轭绝缘；2—绝缘筒；3—油隙及撑条；4—角环；5—钢压板；6—绝缘端圈；7—相间绝缘角隔板；8—铁心

油浸式电力变压器的绕组，一般采用多层电缆纸包扁导线绕制而成。因为油浸纸的介电常数与油差别不是很大，因而可以使绕组匝间电场分布较为均匀。为使匝间绝缘有足够的裕度，一般匝间绝缘的工频工作场强（有效值）控制在约 2kV/mm，留有较大的裕度，如厚度为 0.45mm 和 1.95mm 的匝间绝缘的工频 1min 耐压水平（有效值）分别达到 9kV 和 29kV。

绕组的饼间或线段间的绝缘，通常由轴向油道或纸板等组成，如图 3-28 所示。目前我国的线段间油道已趋向于 6mm 及以下的结构尺寸，国外甚至已有 3mm 及以下的油道。

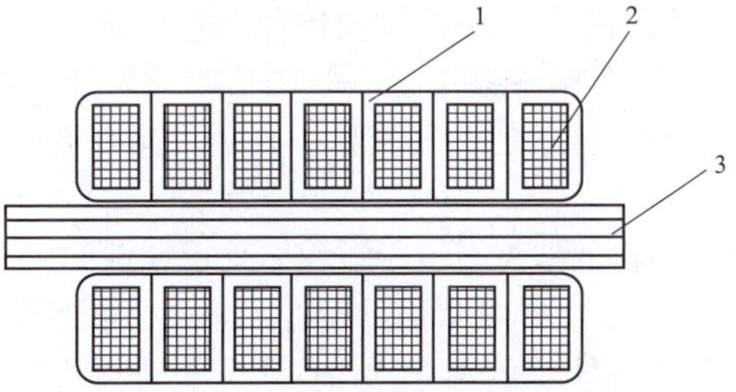

图 3-28 绕组的匝间与饼间绝缘示意图

1—匝间绝缘；2—导体；3—轴向油道

3.6 高压电机的绝缘

3.6.1 电机绝缘的特点

1. 电机绝缘的组成

电机通过定子绕组和转子绕组之间的电磁感应和电磁力作用实现机电能量转换。电机转子绕组工作电压为幅值较低的直流或低频电压，例如，在大型的汽轮发电机中，转子励磁电压通常低于 600V，耐压要求高达额定电压的 10 倍左右。电机的额定电压指的是定子绕组的额定线电压，目前大型电机的额定电压为 6～30kV，对绝缘的要求较高。电机的绝缘主要是指定子绕组的绝缘。在常用的 6～20kV 电机中，由于定子绝缘损坏而导致的事故约占全部停机事故的 1/3。本节主要介绍定子绕组的绝缘。

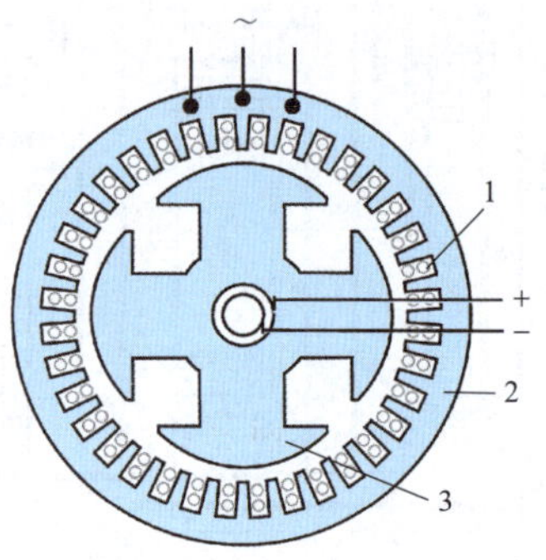

图 3-29　电机的定子转子结构示意图
1—定子绕组；2—定子铁心；3—转子

高压电机的定子绕组镶嵌在定子槽中，如图 3-29 所示。从图中可以看出，定子绕组的绝缘主要包括绕组的匝间及层间绝缘、绕组与定子铁心槽之间的对地绝缘（主绝缘）、绕组槽外连接线的绝缘三部分。

2. 电机绝缘的工作条件及要求

在运行过程中，绝缘同时受到电场、热、机械力和环境因素的作用。因此，对高压电机绝缘提出以下要求：

（1）良好的热性能。当额定电压不高时，绝缘的损坏主要表现为长期工作条件下的热老化，如变脆、丧失机械强度等。电机发热主要来自绕组导体的电阻性损耗，随着大容量电机的发展，绕组中电流可以达到几十千安培，电阻性损耗严重；另外还有铁心损耗、风摩损耗和涡流损耗等，这些都导致绕组温度上升。随着温度升高，各种材料都发生热膨胀，由于处在一起的铜线、绝缘层、铁心等不同材料的热膨胀系数不同，在温度反复的变动中将引起绝缘层的分层、开裂，出槽口及通风槽处的绝缘更易损坏。为延缓热老化，电机绝缘应选用耐热等级高、具有良好热稳定性的绝缘材料。高压电机的耐热温度通常要求达到 155℃（即耐热等级 155）甚至更高。

（2）良好的电气性能。由于电机中有高速旋转的转子，因此电机绕组难以像油浸式变压器中那样将导线包以固体绝缘材料后浸在绝缘油中。受散热要求的影响，电机的绝缘也不可能太厚。因此，高压电机在运行过程中，有些区域存在严重的局部放电现象，如在绝缘与铁心槽壁间的空气层中、绝缘层内部的空气隙中及绝缘层外表面。

虽然许多绝缘材料的短时击穿场强很高，但在长期的局部放电所引起的热、电、化学腐蚀等联合作用下会迅速劣化，因此在高压电机中宜选用具有良好抗电晕等局部放电的绝缘材料。

（3）良好的机械性能。电机的绕组在运行过程中受周期性的电磁力作用，会不断地振动，造成绝缘的损伤。绕组绝缘承受拉伸、压缩、剪切、弯曲、摩擦等各种力的作用，当绝缘缺乏弹性时就会较快损坏。特别是绕组的端部比槽内部分更难以固定，在反复启动或短路时很大的电动力作用下，容易出现变形或损坏。

（4）良好的防潮性能及环境适应性。电机绕组在暴露的环境中运行，其绝缘中有许多强极性物质、有机纤维材料及其他疏松、多孔材料，具有很强的吸湿性。吸潮后机电性能大大降低，因此需要采取措施提高其防潮性能。另外，电机绝缘还应具有良好的物理化学性能，包括化学稳定性、耐腐蚀性、耐油性等。

3.6.2　高压电机的绝缘结构

高压电机通常采用成型定子绕组，即预先制作绝缘线圈，然后嵌入定子铁心槽中支撑绕组，如图 3-30 所示。

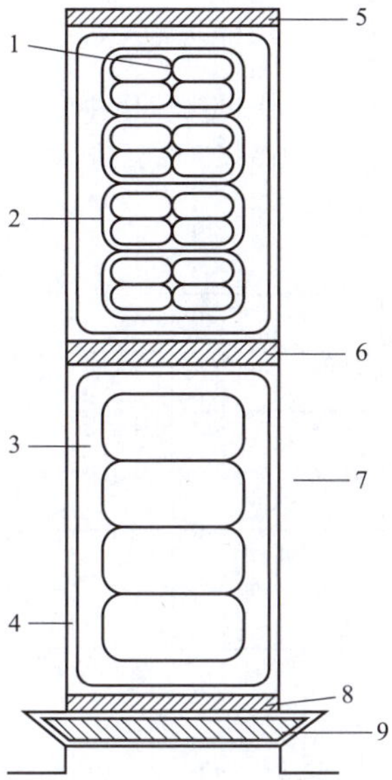

图 3-30 定子铁心槽横截面

1—股线绝缘；2—匝间绝缘；3—主绝缘；4—半导体涂层；5—槽底垫条；
6—层间垫条；7—铁心；8—楔下垫条；9—槽楔

1. 股线绝缘

为了保证制造时的可弯曲性，大容量电机采用多股线作为绕组的导体。为减小趋肤效应和涡流损耗，各股线之间需要互相绝缘。股线间的电位差通常仅为几伏，因此，股线绝缘层可以很薄。股线绝缘在线圈制造过程中可能会遭到机械性损伤，因此它必须具有良好的机械特性。同时，股线绝缘必须具有良好的热特性。

加强股线绝缘的办法是对单根股线绕包薄的云母纸带，增强材料选用聚酯薄膜或聚酰亚胺薄膜。这种聚合物薄膜可能还含有某些无机添加物（如氧化铝），可以防止局部放电。

2. 匝间绝缘

在大容量电机中，成型绕组的线圈被分成许多匝。绕组的匝间除特殊规格需加包绝缘外，主要是利用导体自身的绝缘。在高压电机中，要求绝缘既能抑制电晕产生，也能承受可能的过电压。常用的导体绕包绝缘有玻璃丝包云母带与聚合物薄膜混合材料等，厚度一般不大于1mm。

运行经验和理论研究表明，实际上匝间最大过电压幅值很少超过 2kV。一般 400V～6kV 电动机的正常匝间电气强度最小值均大于 2kV，或者接近相电压。当匝间电压较低时，常用玻璃丝包的漆包线；如电压较高，则半叠绕上 1～2 层塑料薄膜或云母带。

3. 主绝缘

主绝缘起分隔铜导体与接地的定子铁心的作用。

在间接冷却的成型绕组电机中，主绝缘是将热量从铜导体（热源）传导到定子铁心（冷源）的主要路径。因而，主绝缘材料应具有尽可能小的热阻，防止铜导体内产生高温。另一方面，绕组铜导体上承受的磁场力较大。在电机运行时，铜导体或整个绕组会在铁心槽内上下振动，造成绝缘损伤。为此，需在绕组与铁心间填满绝缘材料，使导体不产生位移。

常用的主绝缘结构为连续式绝缘结构，即在整个绕组上采用同一种绝缘。以前采用以纸、布补强的沥青云母带绝缘（黑绝缘）；自20世纪80年代以来主要采用以玻璃纤维材料补强的环氧粉云母带绝缘（黄绝缘），电气强度明显提高，耐热等级也可以达到155。图3-31所示为两种云母绝缘的寿命曲线。

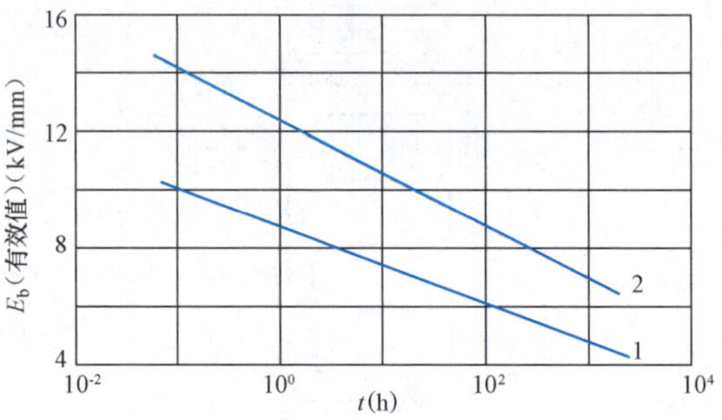

图3-31 云母绝缘的寿命曲线

1—沥青云母绝缘；2—环氧粉云母带绝缘

在确定主绝缘厚度时，除了需要考虑到电场强度的不均匀性导致的击穿电压下降外，还需考虑由于工艺过程造成的固体绝缘结构电气强度的分散性和气隙中局部放电的影响，需留有较大的裕度。一般高压电机中对绝缘选取的工作场强并不高，如一额定电压为18kV的发电机，主绝缘采用5.5mm厚的环氧粉云母带，平均工作场强为1.89kV/mm，最大场强为5.27kV/mm。

3.6.3 高压电机的主要绝缘材料

如上节所述，高压电机中绝缘需要具有较高的耐热等级和良好的抗电晕性能，广泛采用云母制品和高耐热等级塑料薄膜。

1. 云母制品

由于高温性能良好和抗局部放电能力极强，云母始终都是额定电压1000V以上电机的定子绕组采用的关键材料之一。天然云母是属于铝代硅酸盐类的一种天然无机矿。可用于电工绝缘材料的云母包括白云母和金云母两类，耐热性分别达到600℃以上和800℃以上。这两种云母可以剥离加工成厚度为0.01～0.03mm的柔软而富有弹性的云母薄片，旋转电机使用的云母薄片的面积一般为几平方厘米大小。粉云母（即粉云母纸）是以云母碎料为原料，经热化学或水力剥分破碎成浆抄纸，再经分切而成的连续卷筒纸或单张纸。合成云母是天然金云母的拟似物，性能优于天然云母，也可以用于制造粉云母纸。

云母制品有云母带、云母箔、云母板等多种类型，均由云母或粉云母、补强材料和胶黏剂组成，可以做成具有多种不同性能的云母绝缘材料。其中云母是基本绝缘材料，保证很高的电气强度；补强材料（主要有云母纸、无碱玻璃等）用以提高机械强度；胶黏剂（主要有沥青漆、环氧树脂漆等）将两者黏结为一体，同时又起绝缘及提高机械强度的作用。云母制品也具有较高的耐热等级、电气强度和抗张力，最高耐热等级可以达到200以上，适合作为高压电机的主绝缘。如厚度为0.11～0.13mm的环氧玻璃粉云母带的耐热等级达到130，其击穿场强达到24～45kV/mm。

2. 电工用薄膜和复合材料

一些高分子聚合物可以制成不同特性和用途的电工薄膜，具有厚度薄、柔软、耐潮湿性、电气和机械强度高等特点。常用的电工薄膜有聚酯薄膜（耐热等级 120）、聚酰亚胺（耐热等级 250）、聚四氟乙烯（耐热等级 180）等。这些薄膜主要用于电机绕组包绕绝缘和绕组衬垫绝缘。

在薄膜的一面或双面黏合电话纸或漆布等纤维材料组成复合材料，可以提高薄膜的机械强度、抗拉强度。这些复合材料可以用作中小型电机的主绝缘和层间绝缘。

3. 层压板

电机中的绝缘层压制品是以有机纤维、无机纤维或布作底材，浸涂不同的胶黏剂（如环氧树脂、有机硅树脂或酚醛树脂），经热压而成的层状结构绝缘材料。加工过程中通过施加一定的温度和压力，使树脂变成不可熔物，并与纤维材料凝固在一起成为一个整体。层压板常用作电机的槽楔、挡块或挡板、衬条，以及转子和定子绕组的槽衬绝缘。如环氧酚醛树脂玻璃布板具有很高的电气强度、机械强度、耐潮性和耐霉性，适用于高压电机的绝缘，且能在湿热带地区使用。

3.6.4 主绝缘的局部放电抑制

在电机内部的定子绕组出槽口以及绕组匝间，由于电机的结构特点和制造工艺，在固体绝缘内、外部存在的大量的气隙，极易产生电晕和局部放电。反复的局部放电最终会使固体绝缘劣化，需要从绝缘材料、结构和工艺等方面设法减少电晕及其影响，提高电晕和局部放电起始电压。

为了抑制局部放电的产生，在电机制造过程中，目前普遍采用真空压力浸渍绝缘处理技术浸渍树脂和固化，以消除绝缘内部的气隙。除此之外，还采取一些防电晕处理措施。

（1）采用防晕涂层。防晕涂层通常是一种添加了石墨或其他材料的半导体涂料或绑带，涂在绕组的槽部，是高压电机重要的绝缘结构组成部分。这种涂层在沿着槽部的方向上，可以与接地的铁心形成多处接触。由于其电阻足够小，因此实际上处于地电位，可以用来防止在绕组表面与定子铁心之间可能存在的任何空气间隙上发生局部放电，还用来防止绕组端部在靠近定子铁心端部的区域发生局部放电。

（2）采用导体屏蔽。导体屏蔽的作用是减小局部放电发生在铜导体附近的可能性。在绕组的制造过程中，由于多股线堆叠造成绕组导体表面会出现一些小的气泡，以及导体上的毛刺增加了局部电场强度，容易引发局部放电。为解决这个问题，通常在铜导体外围使用一种软性的导电材料，如掺有石墨的胶带，导体和该材料之间的缺陷上因而只有很低的场强，防止了局部放电的发生。

（3）改善近槽口处的结构。高压电机在出槽口处的绝缘常易于损坏，因为这里不但机械应力集中，而且由于电场强度高而电晕强烈。

通常的设计思路为增大表面电导电流，从而相应减小因体积电容电流所导致的表面电位不均匀分布（详见 1.10.1）。例如常在此采用涂半导电漆或包半导电带的方法，在此端部处所采用的半导电层的表面电阻率，要比槽部用的高；而且最好将半导电层分成几级，离出槽口越远所用的电阻率越高。

图 3-32 所示为绕组在近槽口处所采取的一种两级半导电层的方案。于近槽口处用涂半导电漆的玻璃丝带，其表面电阻率为 $10^7 \sim 10^9 \Omega \cdot m$；而在其终端处盖以电阻率高些的半导电漆层，

表面电阻率为$10^9 \sim 10^{11}\Omega \cdot m$。通过合理设置两级或三级半导电层，可以有效降低沿面电位梯度，如图 3-33 所示。

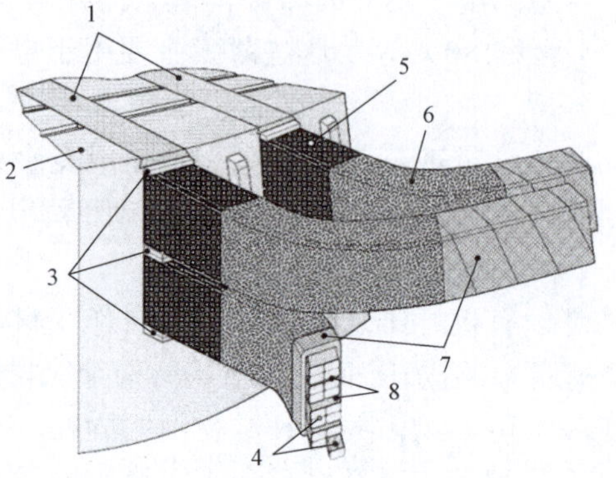

图 3-32　绕组出槽处防晕结构

1—槽楔；2—定子铁心；3—垫条；4—股线绝缘；5—低阻半导体防晕带；6—高阻半导体防晕带；7—主绝缘；8—匝间绝缘

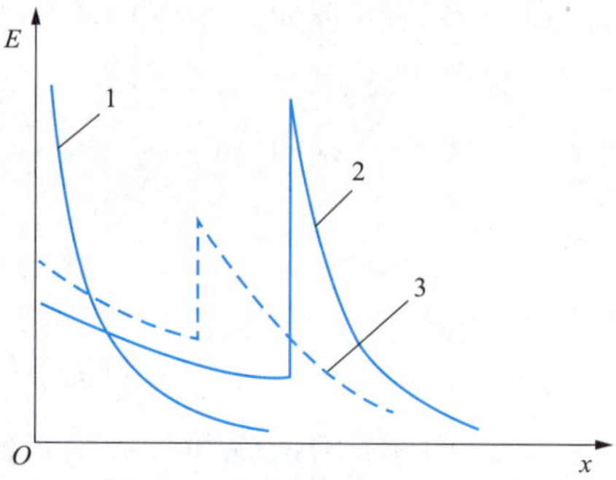

图 3-33　出槽口出表面场强分布

1—未涂半导电层；2—表面有单级半导电层；3—表面有二级半导电层

习　题

1．线路绝缘子串上的电压分布为什么会不均匀？解释其原因，并简述改善电压分布的方法及理由。

2．试简述电容式套管的优点。

3．在电容器中，为什么要选择介电常数 ε 较高的材料作为绝缘介质？

4．常用的电容器绝缘介质有哪些？试简述它们的主要特点。

5．试简述交联聚乙烯电缆的优点。

6．变压器内绝缘主要分为哪几类？试简述它们的结构特征。

7．试简述高压电机常用的绝缘结构及特点。

8．试简述 GIL 中绝缘设计的特点。

第2篇

电气设备绝缘试验

受材料特性和制造工艺的影响，电气设备可能存在绝缘缺陷；在长期的运行过程中，其绝缘性能会逐渐劣化，最后导致绝缘击穿故障。为了保证各种电气设备的安全可靠运行，必须对设备的绝缘性能进行试验，从而了解绝缘状况，预防事故发生。这些试验包括生产过程中的型式试验、抽样试验，安装后投入运行前的交接试验及运行过程中定期进行的预防性试验，设备损坏后对其进行的检查、试验或监测，也包括对绝缘油样或气样的检测等内容。

绝缘试验主要检测电气设备的绝缘能否满足系统运行的要求，按施加电压的高低可分为非破坏性试验和破坏性试验。

（1）非破坏性试验，又称绝缘性能试验，是指在较低的电压下，或用其他不会损伤绝缘的方法检测绝缘的各种性能，主要包括绝缘电阻试验、介质损耗角正切试验、局部放电试验、绝缘油的气相色谱分析等。

（2）破坏性试验，又称耐压试验，是指在绝缘上施加高于该电气设备运行时其绝缘可能出现的电压，直接检测绝缘的耐受水平或裕度。试验项目主要有交流耐压试验、直流耐压试验、雷电冲击耐压试验及操作冲击耐压试验。

本篇主要介绍电力系统中常用的绝缘试验及对绝缘优劣判断的一些基本原理和方法。随着对规律认识的不断加深和技术的发展进步，试验方法及标准也在不断修订和完善中。

4 绝缘性能试验

4.1 绝缘电阻和泄漏电流测量

绝缘电阻测量是电气设备绝缘试验中一种简单、常用的试验。当电气设备绝缘受潮，表面变脏，表面留有放电痕迹，或内部有放电通道时，其绝缘电阻会显著下降。

4.1.1 绝缘电阻试验的主要参数及技术指标

1. 双层介质的吸收现象

根据电介质的极化和电导理论，绝缘介质可以用阻容电路来等效。绝大多数电气设备的绝缘采用多层绝缘或组合绝缘，例如电机绝缘中用的云母带由纸、玻璃布和云母片黏合而成，变压器绕组采用油和纸组合绝缘。这里以双层结构为例进行分析，图 4-1 所示为双层电介质的等效电路，由电容和绝缘电阻组成。

当合上开关 S 将直流电压 U 加到绝缘上后，等效电路中电流 i 的变化如图 4-2 所示，开始电流很大，以后逐渐减小，最后趋近于一个常数 I_g。这个过程持续的时间较长，甚至达几分钟或更长时间。根据 2.1.1 中的讨论，由于存在界面极化，总电流 i 实际上由多个分量叠加而成，如图 4-2 所示。

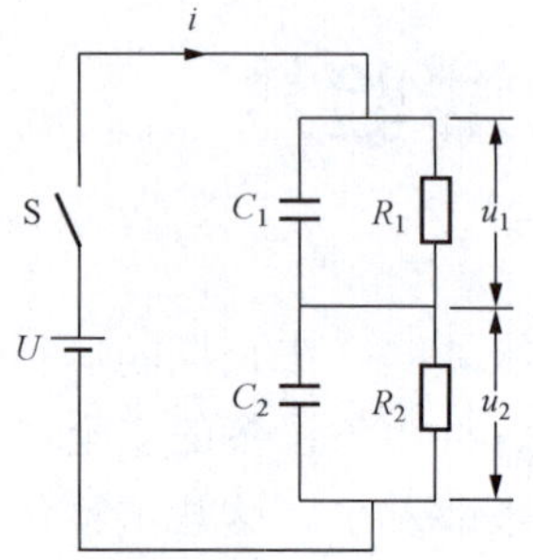

图 4-1　双层电介质的等效电路

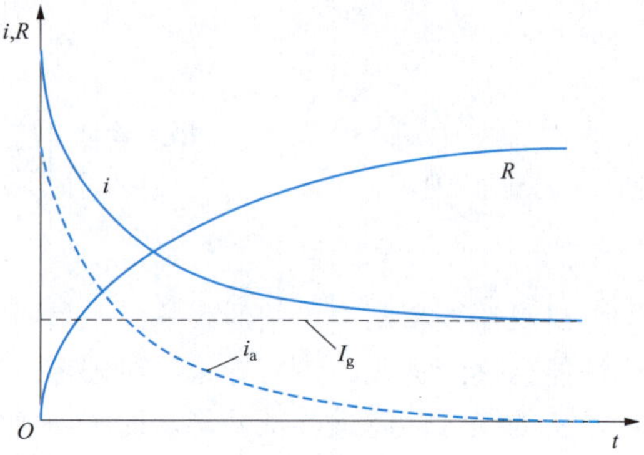

图 4-2　绝缘电阻和电流随时间 t 变化曲线

（1）合闸瞬间电源对 C_1 和 C_2 充电的电流。它很快就衰减到零，在分析时不予考虑。

（2）流过 R_1 和 R_2 的传导电流 I_g。这是个恒定值，是阻性电流。

（3）吸收电流 i_a。为绝缘被试品在界面极化过程中从电源“吸收”电荷形成的电流，图中电流 i_a 的时间积分值即为“吸收”的电荷量。

在开关 S 合上瞬间，C_1 和 C_2 分别被充电，两层绝缘上的初始电压为

$$\begin{cases} u_{10} = U\dfrac{C_2}{C_1+C_2} \\ u_{20} = U\dfrac{C_1}{C_1+C_2} \end{cases} \tag{4-1}$$

到达稳态时，两层绝缘上的电压按电阻分配，分别为

$$\begin{cases} u_{1\infty} = U\dfrac{R_1}{R_1+R_2} \\ u_{2\infty} = U\dfrac{R_2}{R_1+R_2} \end{cases} \tag{4-2}$$

稳态电流为阻性电流 I_g，即

$$I_g = \frac{U}{R_1+R_2} \tag{4-3}$$

两层绝缘上的初始电压不等于稳态电压。在从初始向稳态变化的过程中，两层绝缘的电压为

$$\begin{cases} u_1 = U\dfrac{R_1}{R_1+R_2} + U\left(\dfrac{C_2}{C_1+C_2} - \dfrac{R_1}{R_1+R_2}\right)e^{-\frac{t}{\tau}} \\ u_2 = U\dfrac{R_2}{R_1+R_2} + U\left(\dfrac{C_1}{C_1+C_2} - \dfrac{R_2}{R_1+R_2}\right)e^{-\frac{t}{\tau}} \end{cases} \tag{4-4}$$

$$\tau = (C_1+C_2)\frac{R_1R_2}{R_1+R_2}$$

式中：τ为时间常数。

流过双层介质的电流为

$$\begin{aligned} i &= i_{R1} + i_{C1} = \frac{u_1}{R_1} + C_1 \frac{du_1}{dt} \\ &= \frac{U}{R_1 + R_2} + \frac{U(R_2 C_2 - R_1 C_1)^2}{(C_1 + C_2)^2 (R_1 + R_2) R_1 R_2} e^{-\frac{t}{\tau}} \end{aligned} \tag{4-5}$$

式（4-5）中第一个分量为传导电流 I_g，第二个分量为吸收电流 i_a。从式（4-5）可以看出，如果绝缘是比较均匀的，或 $R_1C_1 \approx R_2C_2$，则吸收电流很小，吸收现象不明显；如果绝缘很不均匀，则吸收现象可能十分明显。

由时间常数τ的定义及式（4-5）可以看出，当 R_1、R_2 减小时，I_g 增大，而 i_a 迅速衰减。

2. 绝缘电阻和吸收比的测量

在绝缘上施加电压 U 时，定义电压 U 与电流 i 的比值为所测被试品的绝缘电阻 R。绝缘电阻 R 随加压时间的增加而上升，见图 4-2 中 R 的曲线，只有当 $t\to\infty$时，其测量值为 $R_\infty = U / I_g$，即等于两层介质电阻的串联值。如绝缘良好，则稳定的绝缘电阻值很高，而且要经过较长的时间才能达到此稳定值；特别是当电容量较大时，很难测得 R_∞的值。如绝缘受潮或出现贯穿性导电通道，则不仅稳定的电阻值较低，而且会很快到达稳定值。

因此，在实际测试中，对某些容量较大或不均匀的绝缘被试品，往往用测吸收比的方法来代替单一稳态绝缘电阻的测量。该方法通过测量绝缘电阻随时间变化的关系判断绝缘的状况。通常将对被试品加压 60s 和 15s 时所测得的绝缘电阻值 R_{60s} 和 R_{15s} 的比值定义为吸收比 K，即

$$K = R_{60s} / R_{15s} \tag{4-6}$$

利用 K 值有助于判断绝缘的状况，K 值越大表示吸收现象越显著。当绝缘状况良好时，K 值应远大于 1；当绝缘受潮时，K 值将变小。一般认为当 $K<1.3$ 时，就可判断绝缘可能受潮。不过也不能一概而论，有些被试品的 R 很高，但 K 小于 1.3，因此应将 R 值和 K 值结合起来考虑，方能做出比较准确的判断。

对于电容量较大的绝缘被试品，如大型发电机，吸收时间常数大，有时会出现电阻很大但吸收比较小的现象，上述吸收比还不能充分反映绝缘吸收现象的全过程。这时可利用极化指数 P 作为另一个判断指标，其值定义为对被试品加压 10min 和 1min 时所对应的绝缘电阻 R_{10min} 和 R_{1min} 的比值，即

$$P = R_{10min} / R_{1min} \tag{4-7}$$

如绝缘良好，则 P 值应不小于某一定值（如 1.5～2.0）。

从上述分析可知，对于单一介质绝缘或电容量较小的绝缘被试品，可以只测量其绝缘电阻；而对于电容量较大的绝缘被试品，不仅要测量其绝缘电阻，还要测量其吸收比。

4.1.2 试验设备与接线

在工程中进行绝缘电阻试验所用的设备为绝缘电阻表。绝缘电阻表按输出电压有 50V 到 10kV 不等的多种规格，根据测量对象电压等级的不同选用。

根据电源电压产生方式的不同，有手摇式绝缘电阻表和电子式绝缘电阻表两类。手摇式绝缘电阻表采用流比计的测量机构，测量原理如图 4-3 所示。流比计的电流线圈 L_1 和 L_2 的绕

向相反，固定在同一转子上，并可带动转子旋转。由于转轴上没有装弹簧游丝，当线圈中没有电流流过时，指针可停留在任一偏转角α的位置。当摇动发电机产生一直流电压U时，两线圈中均流过电流，在同一磁场中产生不同方向的转动力矩M_1和M_2，分别为

$$M_1 = I_1F_1(\alpha),\ M_2 = I_2F_2(\alpha) \tag{4-8}$$

式中，$F_1(\alpha)$和$F_2(\alpha)$与气隙中磁通密度的分布有关，随指针转动角度α而变。

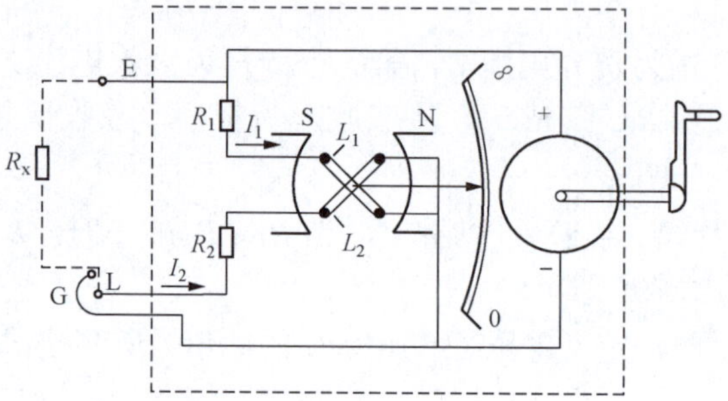

图4-3 手摇式绝缘电阻表原理接线图

当指针旋转到一定角度时，转矩平衡，即M_1=M_2，有

$$\frac{I_1}{I_2} = \frac{F_2(\alpha)}{F_1(\alpha)} = F(\alpha) \text{ 或 } \alpha = f\left(\frac{I_1}{I_2}\right)$$

由$I_1 = \dfrac{U}{R_1}$，$I_2 = \dfrac{U}{R_2 + R_x}$（其中$R_x$为被试品的绝缘电阻），可得

$$\alpha = f\left(\frac{I_1}{I_2}\right) = f\left(\frac{R_2 + R_x}{R_1}\right) = f'(R_x) \tag{4-9}$$

从式（4-9）可以看出，指针偏转角直接反映了绝缘电阻的大小。

绝缘电阻表有线路端子L、接地端子E、屏蔽（或保护）端子G三个接线端子，被试品绝缘接在L和E之间。其中屏蔽端子G用以消除绝缘被试品表面泄漏电流的影响。图4-4所示为电缆绝缘电阻试验的原理接线。如不接屏蔽端子，则沿绝缘表面的泄漏电流同样流过绝缘电阻表的测量回路，所以测得的绝缘电阻是表面电阻和体积电阻的并联值。如果在表面上缠几匝裸铜线，并接到端子G上，则绝缘表面泄漏电流不流过绝缘电阻表的测量回路，这时测得的结果便是消除了表面泄漏电流影响的真实的绝缘体积电阻。

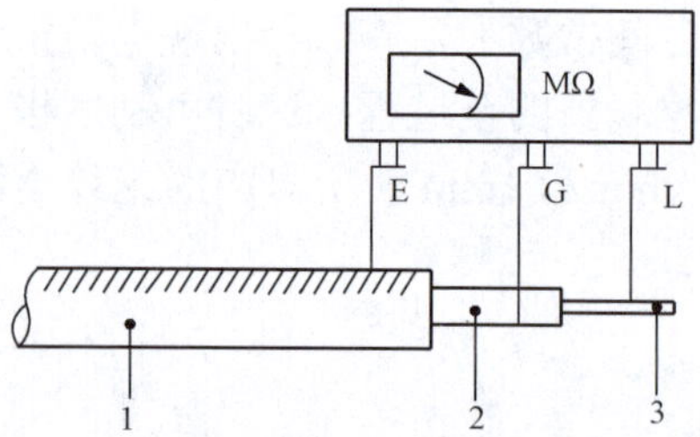

图4-4 电缆绝缘电阻试验原理接线示意图
1—电缆金属铠装；2—电缆绝缘；3—导电芯线

从流比计的原理可以看出，仪表的读数与手摇式发电机的输出电压或转速绝对值的关系不大，一般只要使得手柄的转速达到额定转速（通常为120r/min）的80%以上即可，重要的是要保持转速的恒定。需要注意的是，当被试品电容量较大时，测量后须先将绝缘电阻表从测量回路中断开，然后才能停止转动发电机，以免被试品的电容电压损坏仪器。

电子式绝缘电阻表的测量原理与手摇式绝缘电阻表的测量原理相同，只是电源的产生方

式不同，前者由电池或 220V 交流电源供电，转换成直流高压输出，电子式绝缘电阻表已经在工程中大量应用。

4.1.3 绝缘电阻试验结果判断与适用范围

因为试验时施加的电压较低，对于一些局部的集中性缺陷，即使可能是很严重的缺陷，在试验时也可能出现绝缘电阻仍然很大的现象。有的绝缘即使发生老化后也具有较高的绝缘电阻，不能用这种方法进行判断。通过绝缘电阻试验能有效发现的绝缘问题主要包括贯穿性的绝缘损伤和缺陷，以及绝缘表面状况不良、总体绝缘质量不佳、绝缘受潮等使绝缘电阻下降的分布性缺陷。

在绝缘电阻试验中，绝缘电阻的大小与绝缘材料的结构、体积有关，与所用的绝缘电阻表的电压高低有关，还与大气条件有关，因此，不能简单地用绝缘电阻的大小或吸收比来判断绝缘的好坏。所测被试品的绝缘电阻值和吸收比应与其出厂时的值等历史数据比较，或者与同类型设备相比较，结合绝缘电阻值与吸收比的变化综合判断。

4.1.4 泄漏电流的测量

测量流经被试品绝缘的泄漏电流实际上也是为了测量绝缘电阻，只是试验电压较高（可达几十千伏），有可能发现尚未完全贯通的集中性缺陷或其他绝缘弱点，测试灵敏度比绝缘电阻表更高。DL/T 596—2021 规定了变压器等设备试验时所施加的直流试验电压值。

图 4-5 所示为绝缘的泄漏电流测量接线。图中，交流电源经整流输出直流高压，PV2 用于测量被试品上所加的直流高压，泄漏电流用设置于被试品 TO 高压端（图 4-5 中 a 处）或低压端（图中 b 处）的微安表进行测量。对于被试品一端接地，且接地线不易解开的情况（如变压器），微安表接在 a 处；此时需要将微安表及其与被试品相连的高压引线加以等电位屏蔽，如图 4-5 中虚线所示，使这部分的对地杂散电流（电晕电流、泄漏电流）不流过微安表，以减小测量误差。如被试品尺寸不大，可以对地绝缘，则微安表也可以串联在图中 b 处；为防止包括高压引线电晕放电在内的干扰在低压引线上产生电流，同样需要对微安表及低压引线进行屏蔽。

微安表是很灵敏和脆弱的仪器，需要加以保护。如图 4-6 所示，将放电管 F 与微安表支路并联，当泄漏电流超过一定值时，电阻 R 上的压降使放电管放电。并联电容 C' 的作用是使指针指向更稳定。微安表平时被闭合的开关 S 短路，S 只在需要读数时打开。

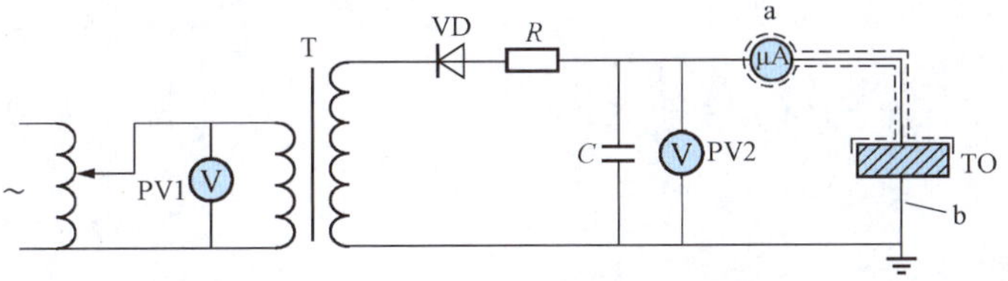

图 4-5 绝缘的泄漏电流测量接线

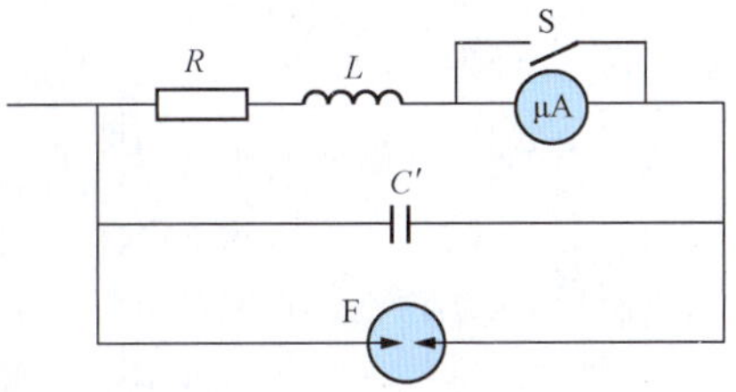

图 4-6 微安表保护电路

对于良好的绝缘，其泄漏电流应随所加电压的上升而呈线性上升。

4.2 介质损耗角正切的测量

介质损耗角正切（$\tan\delta$）是绝缘在电压作用下所消耗的有功功率与无功功率的比值，是表征绝缘功率损耗大小的特征参数。如果绝缘内的缺陷不是分布性而是集中性的，$\tan\delta$有时反应就不灵敏。被试绝缘的体积越大，或集中缺陷所占的体积越小，集中缺陷处的介质损耗占被试绝缘全部介质损耗中的比重就越小，容性电流几乎不变，总体的 $\tan\delta$增加的就越少，测 $\tan\delta$ 法就越不灵敏。因此，测量 $\tan\delta$的方法适合检测分布性的绝缘缺陷。对于大容量电机、变压器和电力电缆等大电容量设备绝缘中的局部性缺陷，这时应尽可能将这些设备分解成几个部分，然后分别测量它们的 $\tan\delta$。

4.2.1　西林电桥测量原理

介质损耗角正切的测量方法很多，从原理上可分为平衡测量法和角差测量法两类。传统的测量方法为平衡测量法，即高压西林电桥法。

西林电桥是一种交流电桥，用于测量材料和设备的电容值和介质损耗角正切，其电路如图 4-7 所示。西林电桥有两个高压桥臂，分别为被试品（由泄漏电阻 R_x 与电容 C_x 并联回路等效）及无损耗（$\tan\delta\approx0$）的标准电容器 C_N；两个低压桥臂，分别为可调的无感电阻 R_3 及无感电阻 R_4 与电容 C_4 的并联回路。为了保护低压回路和操作者的安全，在低压臂设置了放电管。

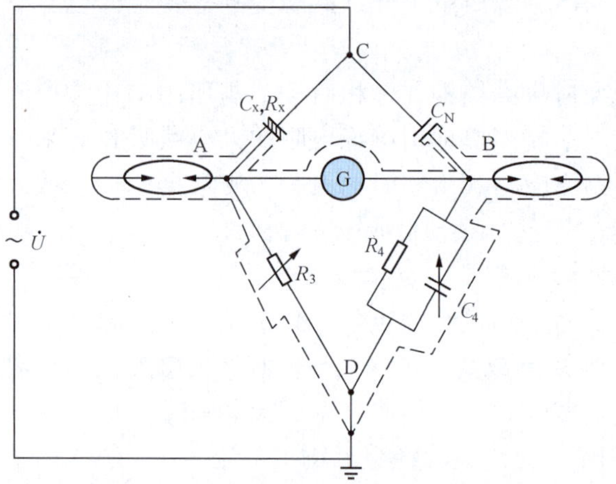

图 4-7　西林电桥测量原理电路

各桥臂的导纳分别为

$$Y_x=\frac{1}{R_x}+j\omega C_x\,,\quad Y_N=j\omega C_N$$

$$Y_3=\frac{1}{R_3}\,,\quad Y_4=\frac{1}{R_4}+j\omega C_4$$

调节 R_3、C_4 使流过检流计 G 的电流为零，电桥达到平衡，此时应满足

$$Y_xY_4=Y_3Y_N$$

即

$$\left(\frac{1}{R_x}+j\omega C_x\right)\left(\frac{1}{R_4}+j\omega C_4\right)=\frac{1}{R_3}\times j\omega C_N \tag{4-10}$$

将式（4-10）展开，得到

$$\left(\frac{1}{R_xR_4}-\omega^2C_xC_4\right)+j\left(\frac{\omega C_x}{R_4}+\frac{\omega C_4}{R_x}\right)=j\frac{\omega C_N}{R_3} \tag{4-11}$$

式（4-11）左右两边的实部、虚部应分别相等，得到

$$\tan\delta=\frac{1}{\omega C_xR_x}=\omega C_4R_4 \tag{4-12}$$

$$C_x=\frac{R_4C_N}{R_3(1+\tan^2\delta)}\approx\frac{R_4C_N}{R_3} \tag{4-13}$$

在以上推导中，被试品是以并联等效电路来代表的；如以串联等效电路代表被试品，计算方法相同，最后可得 $\tan\delta=\omega R_4 C_4$，与式（4-12）相同，而 C_x 为

$$C_x=\frac{R_4 C_N}{R_3} \tag{4-14}$$

因此，无论是采用并联等效电路还是串联等效电路，介质损耗角正切的表达式相同，均为 $\omega R_4 C_4$。因为一般 $\tan^2\delta$ 值极小，所以两种被试品等效电路下电容量的表达式［式（4-13）、式（4-14）］实际上也可以互换。

西林电桥采用 50Hz 的工频高压电源，其角频率 $\omega=2\pi f=100\pi$ 是固定的。为方便起见，在西林电桥中的 R_4 取为 $\frac{10^4}{\pi}\Omega$，将其代入式（4-12），得

$$\tan\delta=C_4\times10^6 \tag{4-15}$$

如 C_4 的单位是μF，则在数值上，$\tan\delta=C_4$。

西林电桥高压桥臂的阻抗比对应的低压臂阻抗大得多，所以电桥上施加的电压绝大部分都降落在高压桥臂上。由于电介质的损耗有时会随着电压的升高而变化，所以西林电桥的工作电压通常不宜太低，通常采用 5～10kV。出于安全考虑，西林电桥本体内有一点接地，并与电源接地点连在一起，这样对操作者是安全的。只要把被试品和标准电容器放在高压保护区，用屏蔽线从其低压端连接到低压桥臂上，在低压桥臂上调节 R_3 和 C_4 就会很安全，而且测量准确度较高，但这种方法要求被试品高低压端均对地绝缘。

实际上在现场运行的电气设备的外壳通常是固定接地的，特别是一些大型设备，要采用上述被试品对地绝缘的测量是不可能的。对此，现场试验通常采用反接线试验方法，原理接线如图 4-8 所示，将 R_3、R_4 和 C_4 接在高压端。为保证操作的安全，应采取一定的措施，一种办法是将电桥本体和操作者一起放在绝缘台上或放在一个等电位的法拉第笼中对地绝缘，使操作者与 R_3、R_4、C_4 处于等电位；另一种办法是操作者通过绝缘连杆去调节 R_3 和 C_4。高压西林电桥主要采用后一种方法。

4.2.2 tanδ 测量中的电磁干扰及抗干扰措施

在现场进行测量时，被试品和桥体往往处于周围带电部分的电场和磁场的作用范围之内，会引起电桥测量误差，甚至无法调节到平衡。虽然电桥本体及连接线采用了屏蔽措施，但被试品无法做到全屏蔽。此外，桥路本身的杂散电容也会参与电桥平衡的过程，对测量结果造成影响。

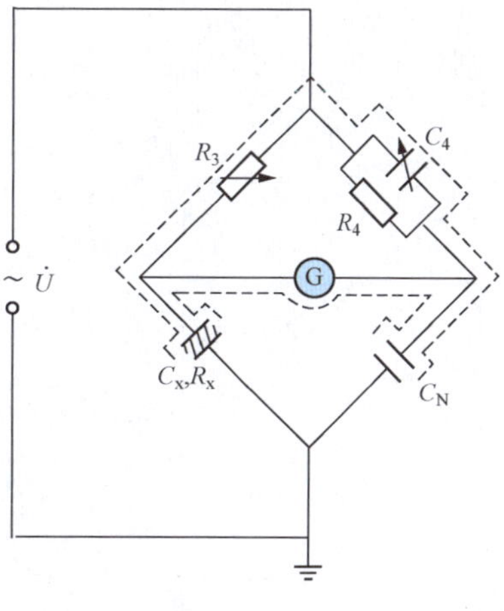

图 4-8 反接法西林电桥测量原理图

1. 静电干扰及对应措施

静电干扰是一种电容性耦合干扰，其干扰源为周围的高压带电物体，包括电桥的高压引线、附近具有高电位的设备等，如图 4-9 所示。高压干扰源通过杂散电容对电桥各节点注入电流，从而使各个桥臂的电压发生变化，影响桥臂平衡，产生测量误差。

为了减小电磁干扰导致的测量误差，可以采用屏蔽、倒相、异频电源等方法。

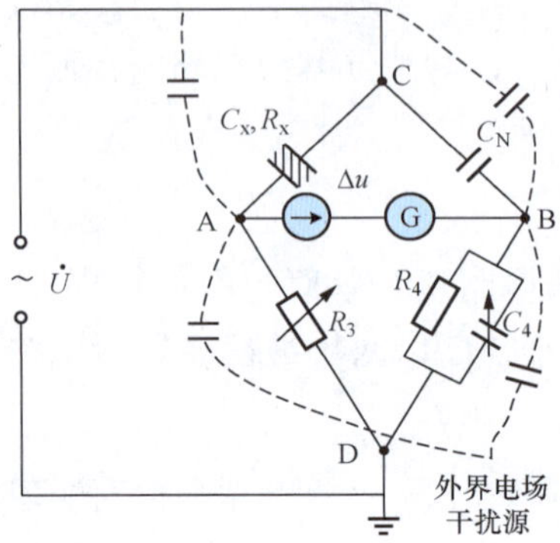

图 4-9　西林电桥测量中的静电干扰示意图

（1）屏蔽。为避免外部的静电干扰，也为了避免桥体内各元件间的电容性耦合，常按图 4-7、图 4-8 中虚线所示，将电桥的低压部分（包括被试品的低压电极在内）用接地的金属网屏蔽起来，这种措施可基本上消除静电干扰导致的误差。

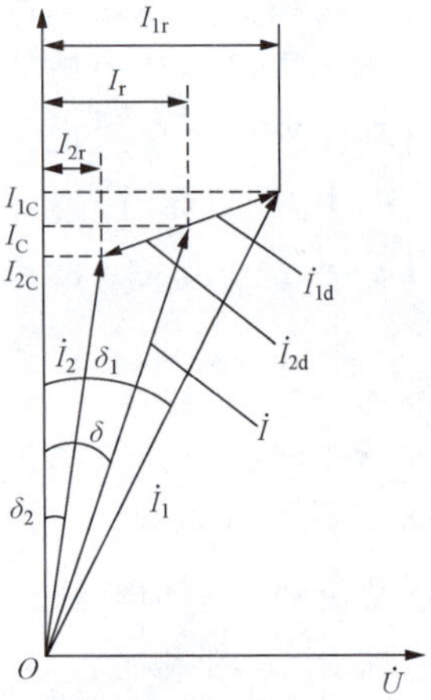

图 4-10　存在外界电场干扰时电桥测量电流相量图

（2）倒相法。倒相法通过两次测量消除外界电场的干扰，两次测量指电源正、反接各一次，这是一种比较简便的方法。如图 4-10 所示，图中 $\dot{I}$ 为无干扰时流经被试品的电流，$\dot{I}_{1d}$ 和 $\dot{I}_{2d}$ 表示外界电场引起的干扰电流。$\dot{I}$ 中的容性分量 I_C 为 $\omega C_x U$，阻性分量 I_r 大小为 $\omega C_x U\tan\delta$。设 $\dot{I}_1$ 为第一次测量时 $\dot{I}$ 和 $\dot{I}_{1d}$ 的合成电流，其容性和阻性分量分别为 I_{1C} 和 I_{1r}；第二次测量时由于电源相位旋转了 180°，因此 $\dot{I}_{2d}$ 的相位转了 180°，但是其幅值与 $\dot{I}_{1d}$ 相同，合成电流为 $\dot{I}_2$，其容性和阻性分量分别为 I_{2C} 和 I_{2r}。

在试验时，第一次将电桥调至平衡，测得被试品的损耗角正切和电容量分别为 $\tan\delta_1$ 和 C_{1x}；第二次时倒转试验变压器一次侧电源线的两头，此时试验电压 U 的相位旋转了 180°，测得的值分别为 $\tan\delta_2$、C_{2x}。由于介质损耗角很小，因此可以认为

$$\begin{cases} I_r = \dfrac{1}{2}(I_{1r} + I_{2r}) \\ I_C = \dfrac{1}{2}(I_{1C} + I_{2C}) \end{cases} \tag{4-16}$$

被试品实际的介质损耗角正切为

$$\tan\delta = \frac{I_r}{I_C} = \frac{\omega C_{1x} U \tan\delta_1 + \omega C_{2x} U \tan\delta_2}{\omega C_{1x} U + \omega C_{2x} U} \approx \frac{\tan\delta_1 + \tan\delta_2}{2} \tag{4-17}$$

$$C_x = \frac{C_{1x} + C_{2x}}{2} \tag{4-18}$$

（3）采用异频电源。对于工频干扰严重的情况，可以采用非工频的异频电压源作为电桥电源的办法。如采用 45～55Hz 的电源，分别测量在 45Hz 和 55Hz 电压作用下的 $\tan\delta$，可以认为在 50Hz 下的 $\tan\delta$ 即为两者的算术平均值。

2. 磁场干扰及对应措施

当电桥靠近电抗器等漏磁通较大的电气设备时，电桥处于交变磁场的影响中，桥路内将感应出干扰电动势和回路电流，使检流计偏转，造成测量误差。为减小外部磁场的影响，电桥的测量部分应尽量布置紧凑，缩小环路面积。在测量中，如外部磁场相对稳定，则可以采取两次测量的方法来消除磁场干扰引起的测量误差。在两次测量时，将检流计极性转换开关分别处于正、反两种不同位置，可以认为无干扰时的 $\tan\delta$ 为两次测量结果的算术平均值。

4.3 局部放电测量

局部放电是引起电介质老化的重要因素之一，最终会导致整个绝缘体被击穿。在绝缘中内在的局部缺陷尚不严重时，用别的方法往往很难发现；而通过检测局部放电信号，能比较灵敏地显示出来。因此局部放电的测量是制造厂检查产品质量的重要手段，也是电力系统运行部门进行预防性试验的重要项目之一。

4.3.1 局部放电基本物理过程及其主要技术参数

1. 三电容模型与放电过程

目前较为通用的局部放电基本电路模型为三电容模型，如图 4-11 所示。

图 4-11（a）表示一绝缘被试品经阻抗 Z 接到试验电压 u_t 的回路。设绝缘内部某处含有小气泡，气泡厚度远小于绝缘厚度，气泡上下壁之间的电容为 C_c，与之串联的完好介质的电容为 C_b，其余完好绝缘部分的电容为 C_a，因此有 $C_c \gg C_b$，$C_a \gg C_b$。由此得到图 4-11（b）所示的由三电容构成的等效回路。

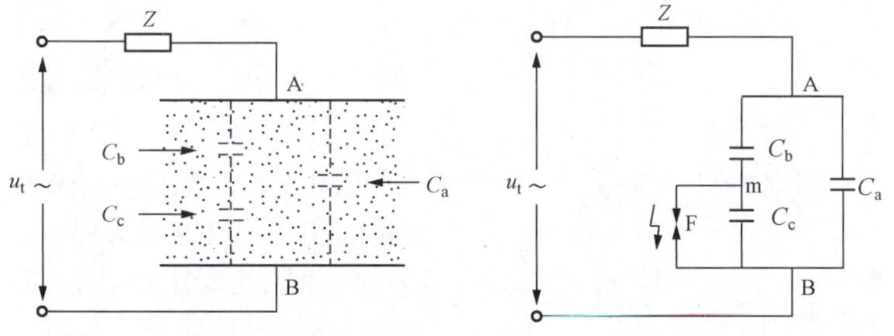

(a)介质中的气泡示意图　　(b)三电容模型

图 4-11　介质中的气泡及其放电时的等效回路

通常 u_A 近似等于 u_t，气泡电容 C_c 上承受的电压为 $u_c = u_A C_b / (C_b + C_c)$。电容 C_c 上的电压绝对值虽然只占 u_A 的一小部分，但由于空气的介电常数比其他介质本身的介电常数小，故气泡中的电场强度高于其他介质中的电场强度。由于空气隙的击穿场强比其他电介质的低，当外加电压使 u_c 达到放电电压 u_s 时，气泡中就发生放电，相当于在 C_c 两端并联的放电间隙 F 放电。间隙 F 放电后，C_c 两端的电压迅速下降，当电压降低到不足以维持间隙中气体电离过程时，电弧熄灭，完成一次局部放电过程。设电弧熄灭后间隙的残余电压为 u_r，则 C_c 两端的电压变化为 $\Delta u_c = u_s - u_r$。由于气泡中的放电过程仅持续约 10^{-8}s，而电源和被试品间串联有阻抗 Z，所以电源不能立刻对被试品补充电荷，可认为在放电过程中三电容与电源断开，放电回

路可认为是 C_a 和 C_b 串联后再与 C_c 并联的回路。因此，在放电过程中总的放电电荷为

$$q_t = \Delta u_c \left[C_c + C_a C_b/(C_a + C_b)\right] \tag{4-19}$$

Δu_c 在 C_a、C_b 上造成的电压变化分别为

$$\Delta u_a = \Delta u_c C_b/(C_a + C_b)，\quad \Delta u_b = \Delta u_c C_a/(C_a + C_b) \tag{4-20}$$

其中 Δu_a 即为被试品两端的电压变化 Δu。如果放电发生在外施电压上升阶段，则 Δu_a 与 C_a 上原电压的极性相反，而 Δu_b 与 C_b 上原电压的极性相同。因此，随着放电的发生，C_a 上电压降低了 Δu_a，而 C_b 上电压则瞬时升高了 Δu_b，这是 C_a 对 C_b 充电的结果。由式（4-19）得

$$\Delta u_c = q_t/\left[C_c + C_a C_b/(C_a + C_b)\right]$$

将其代入式（4-20）中 Δu_a 的表达式，并以 Δu_A 表示 Δu_a，则

$$\begin{aligned}\Delta u_A &= q_t C_b/(C_a C_b + C_a C_c + C_b C_c) \\ &= q_t[C_b/(C_b + C_c)]/[C_a + C_b C_c/(C_b + C_c)]\end{aligned} \tag{4-21}$$

式（4-21）中分母就是被试品的总电容，以 C_A 代替；另外，令

$$q = q_t[C_b/(C_b + C_c)] \tag{4-22}$$

则式（4-21）变为

$$\Delta u_A = q/C_A \tag{4-23}$$

式（4-23）可理解为：C_c 放电后在被试品两端引起的电压变化 Δu_A，与整个被试品电容 C_A 发生电荷为 q 的放电时造成的电压变化一样。这个 q 被称为视在放电量，通常在皮库仑量级，它是衡量局部放电强度的一个重要参数。

如前所述，当外施电压工作在正半周期时，当间隙 F 放电时，电容 C_b 上电压升高Δu_b，而 C_a 上电压下降 Δu_A。从 F 放电起，外施电源就开始了经阻抗 Z 对各电容补充电荷的过程，但相对放电过程而言比较缓慢。如 F 一直维持放电，则 C_b 两端的电压终将通过补充电荷而达到与正弦变化的外施电压 u_A 相等。但实际上间隙 F 放电很快停止，绝缘恢复，C_c 又和 C_b 串联接受电源补充的电荷，其总电压达到与外施电压相同。从细节上观察，u_b 在放电瞬间出现了一个上升的阶梯，被试品电压 u_A 存在一个缺口，而 u_c 则像一个锯齿。这样，当 u_c 再次上升到 u_s 时，间隙 F 再次发生放电；随后又恢复绝缘，u_b 上又出现第二个阶梯，u_c 形成第二个锯齿，u_A 出现又一个缺口。由于 u_b 的不断升高，u_c 在放电结束后上升速率逐渐下降，如此下去，直到 u_c 即使在 u_A 的正峰值下也比 u_s 小而不再使间隙击穿为止。此后，u_c 将随 u_A 的下降而下降，直到过零点，再随着外施电压的增大而发生局部放电过程。放电过程中各电容两端波形如图 4-12 所

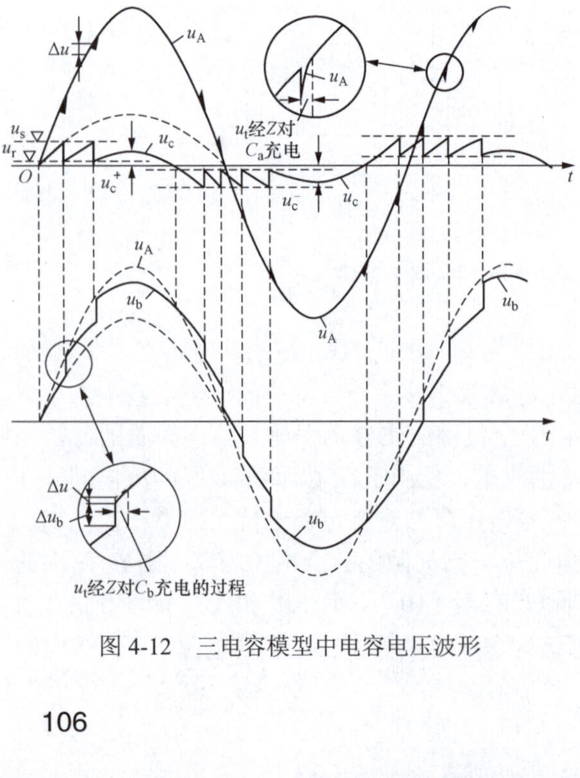

图 4-12　三电容模型中电容电压波形

示，图中虚线所示波形为没有发生局部放电时 u_b 和 u_c 的波形。

2. 主要表征参数

由前述介绍可知，间隙放电的电荷 q_t 实际上是无法测量的参数，而视在放电量 q 则是可以测量的参数，两者通过式（4-22）可以相互转换。因此，可以通过视在放电量表征局部放电。从式（4-22）中也可以看出，视在放电量远小于间隙的实际放电量。

除了视在放电量外，可以测量的衡量局部放电强度的还有以下参数：

（1）放电重复率。单位时间内发生的放电次数，外施电压越高，则放电重复率越高。

（2）放电能量。通常指一次局部放电所消耗的能量 W，为

$$W=\frac{1}{2}\left(C_c+\frac{C_aC_b}{C_a+C_b}\right)(u_s^2-u_r^2) \tag{4-24}$$

结合式（4-19）、式（4-22）将式（4-24）展开，可得

$$\begin{aligned}W&=\frac{1}{2}\left(C_c+\frac{C_aC_b}{C_a+C_b}\right)(u_s-u_r)(u_s+u_r)\\&=\frac{1}{2}q_t(u_s+u_r)=\frac{1}{2}q\frac{C_c+C_b}{C_b}(u_s+u_r)\end{aligned} \tag{4-25}$$

设当外施电压由零上升到 u_i 时气泡放电，则 $u_s\approx u_i\dfrac{C_b}{C_c+C_b}$，代入式（4-25），得

$$W=\frac{1}{2}q\frac{u_i}{u_s}(u_s+u_r) \tag{4-26}$$

近似地认为 $u_r\approx 0$，则

$$W=\frac{1}{2}qu_i \tag{4-27}$$

（3）其他参数。包括局部放电起始电压、局部放电熄灭电压、平均放电电流和放电功率等。

4.3.2 脉冲电流检测法

当绝缘内部发生局部放电时，将伴随发生许多现象，有电脉冲、电磁波辐射等电现象，也有声、光、热、压力变化等非电现象。局部放电检测方法也分为电类和非电类两大类。脉冲电流检测法是常用的一种方法，IEC 和许多国家都制订了相关的标准。

1. 基本测量回路

从式（4-22）可以看出，用被试品的视在放电量 q 可以表征局部放电量。因此，通过检测被试品发生局部放电时的脉冲电流可以表征局部放电特性。图 4-13 所示为测量局部放电的三种基本回路，分别称为并联测量回路、串联测量回路和桥式测量回路。图中，C_x 代表被试品电容；测量回路由耦合电容 C_K 与检测阻抗 Z_m(及 Z_m')串联而成，其中 C_K 的作用是为 C_x 与 Z_m 之间提供一个低阻抗的通道。Z 代表接在电源与测量回路间的电感或电阻，它是一个低通滤波器，防止局部放电时放电脉冲被电源的杂散电容旁路，也可以阻止电源本身的干扰脉冲进入被试品或测量支路。Z 上不应该出现放电，且其值应大于检测阻抗 Z_m；检测阻抗 Z_m 和耦合电容 C_K 本身也不产生局部放电。

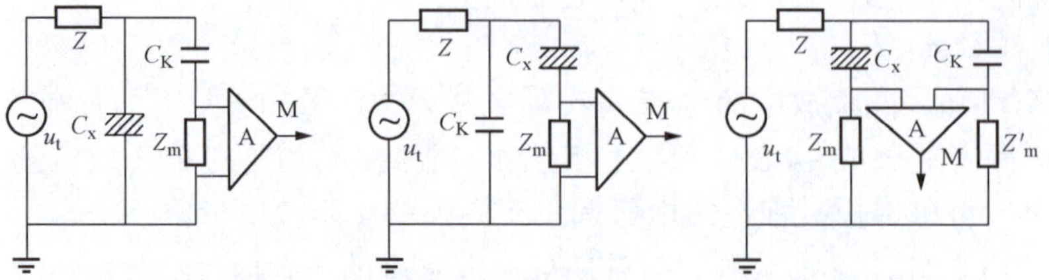

(a)并联测量回路 (b)串联测量回路 (c)桥式测量回路

图 4-13 测量局部放电的三种基本回路

在试验过程中，被试品一旦发生局部放电，因被试品 C_x、耦合电容 C_K 和检测阻抗组成的闭合回路中有脉冲电流流过，就可通过检测阻抗 $Z_m(Z'_m)$把脉冲电流转换成成比例的脉冲电压输出。将该脉冲电压信号放大后送往测量仪器，即可得出局部放电的视在电荷量。

检测阻抗与局部放电测量的灵敏度、输出波形和脉冲分辨率都有关系，有电阻、电感以及电感、电阻和电容的组合多种类型。可以证明，不论检测阻抗的类型如何，其两端电压均与被试品局部放电的视在放电量成正比。

2. 测量结果的校准

虽然已知局部放电信号与被试品的视在放电量 q 成正比，但其定量关系与回路和仪器的性能有关，因此需对测量结果进行校准，确定测量系统的刻度因数 K。校准是在接好被试品的实际试验条件下进行的，通过向被试品注入已知的、模拟视在放电量的电荷，记下仪器显示的读数，即可得到测试回路的刻度因数。具体方法如图 4-14 所示，用一输出电压幅值为 u_0 的方波发生器 G 串联一个小容量的校准电容 C_0 构成与被试品 C_x 并联的有源支路来模拟 C_x 上发生的局部放电。校准方波的上升时间应接近局部放电脉冲的真实上升时间。由于 C_0 后面所接电容（C_x 和 C_K 的并联）远大于 C_0，则通过 C_0 注入回路的电荷为 $q_0 \approx u_0 C_0$。

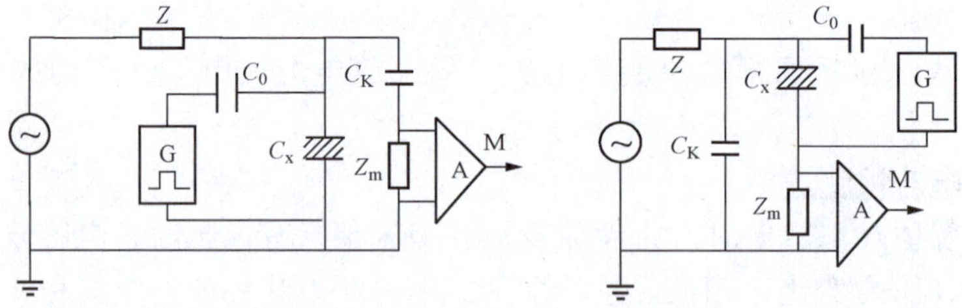

(a)并联测量回路的校准 (b)串联测量回路的校准

图 4-14 局部放电校准回路

3. 抗干扰措施

由于视在放电量很小，因此脉冲电流信号很微弱，测量结果往往受到电磁干扰的影响而有较大误差。背景噪声决定了最小可见视在放电量，严重的噪声将使试验无法进行，因此试验时间应尽量选择在干扰较小的时段，如夜间等。

为了提高测量准确度，避免电磁干扰，一般采取如下抗干扰措施：

（1）建立屏蔽室。在良好的屏蔽条件下，最低可测放电量可达到 1pC。

（2）试验中所使用的设备应尽量采用无电晕设备，特别是试验变压器和耦合电容。

（3）实验室内一切不带电导体均良好接地，防止出现浮电位引发的放电。

（4）采用性能良好的滤波器，做到电源与测量回路的高频隔离。

（5）选用抗干扰能力强的信号放大器，必要时选用较窄频带的放大器或选频放大器。

4.3.3 局部放电的超声波探测法

发生局部放电时，不但会产生高频的脉冲放电信号，还会伴随超声波的产生，并向四周传播，一直到达电气设备的外壳。研究表明，局部放电产生的超声波频率与设备的铁心、外壳等振动产生的噪声频率有很大差别。如果在设备外壁上装上用锆钛酸铅等材料制成的压电晶体，那么在超声波的作用下，压电晶体沿受力方向的两个断面上会出现交变的束缚电荷。交变的束缚电荷会引起端部金属电极上电荷的变化或在外回路中产生电流，可以据此判断设备内部是否发生局部放电。

不同条件下的局部放电会产生不同的超声波信号，如固体介质中的气泡放电与油介质中的气泡放电所产生的超声波波形就有所不同。另外在一定的局部放电条件下，超声波信号的峰值与放电量的大小成正比，由此可以通过超声波峰值的大小来判断局部放电的强度。随着声电转换装置效能的提高以及电子技术的发展，超声波探测法的灵敏度有了较大的提高。同时，超声波探测法可以避免测量现场的电磁干扰，如采用多个声发射器，可以利用声信号到达的时间差，比较准确地定位局部放电的位置，实现电气设备绝缘的在线监测。

4.4 绝缘油的电气试验和气相色谱分析

绝缘油在运行过程中，会受到电场、温度、氧气、水分的影响，以及铜、铁等材料的催化作用，会发生氧化、裂解及碳化等反应，从而使油慢慢老化，导致绝缘性能下降。因此，需要对绝缘油的电气性能、油中水分、杂质、油的闪点等进行试验和长期监测，保证电气设备的正常运行。

通过在标准油杯中对油做击穿试验，用专用的试验电极测量油的 $\tan\delta$ 等方法，以及测量油的电阻率，可以检测油的电气性能。

1. 油中溶解气体与故障类型的关系

绝缘油与油中的固体有机绝缘材料（如纸和纸板等）在运行电压作用下，会因电、热、氧化和局部电弧等多种因素作用而逐渐变质，一些 C-H 键和 C-C 键断裂，伴随生成各种低分子量的气体。劣化反应初期产生的气体较少，多溶解于油中；当产气较多时，会聚集成小的气泡。电场强度和外界温度越高，劣化反应速率越快；当存在绝缘故障时，油中所含某些气体的成分会大大增加。此外，绝缘油劣化过程中生成碳的固体颗粒以及碳氢聚合物（油泥）等也会沉积在设备内部。

统计结果表明，运行中油浸式电气设备的绝缘故障主要有过热性故障和高能放电性故障两大类。不同的绝缘介质在不同故障时分解所产出的气体会有所不同，对故障判断有价值的气体成分有甲烷（CH_4）、乙烷（C_2H_6）、乙烯（C_2H_4）、乙炔（C_2H_2）等烃类气体和 H_2、CO 和 CO_2。如电弧放电的电流较大，变压器油主要分解出 C_2H_2 和 H_2；变压器内裸金属部分局部过热时油分解出较多的 CH_4 和 C_2H_4 等，而纸和某些固体绝缘材料过热时会分解出较多的 CO 和 CO_2 等气体。表 4-1 所示为油浸式变压器不同故障类型产生的气体。

表 4-1 油浸式变压器不同故障类型产生的气体

故障类型	主要气体成分	次要气体成分
油过热	CH_4、C_2H_4	H_2、C_2H_6
油和纸过热	CH_4、C_2H_4、CO、CO_2	H_2、C_2H_6
油纸绝缘中局部放电	H_2、CH_4、CO	C_2H_2、C_2H_6、CO_2
油中火花放电	H_2、C_2H_2	—
油中电弧	H_2、C_2H_2	CH_4、C_2H_4、C_2H_6
油和纸中电弧	H_2、C_2H_2、CO、CO_2	CH_4、C_2H_4、C_2H_6

注 进水受潮或油中气泡可使 H_2 含量升高。

因此，通过检测绝缘油中溶解的气体成分、含量及其随时间增长的规律，就可以判断设备内部的故障类型和发展程度。如电力运行部门通过对运行中的变压器定期进行溶解于油中的气体组分、含量及产气速率的分析，总结出了能够及早发现变压器内部存在潜在性故障和绝缘老化程度、判断其是否会危及安全运行的方法，即气相色谱分析法。对油中溶解气体的气相色谱分析已经得到了普遍应用，并已列入预防性试验标准，制订了相应的导则。

2. 气相色谱分析法

气相色谱分析法是将变压器油取回实验室中用气相色谱仪进行分析，不受现场复杂环境的干扰。其主要测量过程如下：

（1）油样采集。从待检测的运行设备中提取油样和保存油样时，要保证油样与外界空气的隔离。

（2）脱气。目前常用的脱气方法有两种：其一为真空法，基于真空脱气的原理把油中溶解的气体脱出；另一种为溶解平衡法，基于顶空色谱法原理（分配定律），即在一恒温的密闭系统内使油中溶解气体在气、液两相达到分配平衡，通过测定气相内气体浓度，并根据分配定律和物料平衡原理所导出的公式求出样品中的溶解气体浓度。

（3）样品检测。将收集的气体样品送入气相色谱仪，对其进行分离和鉴定。气相色谱仪主要由色谱柱和鉴定器组成。色谱柱内装有吸附剂，当气体样品进入色谱柱后，这些吸附剂便能使不同成分的气体有次序地先后流出色谱柱。鉴定器将流动相中各组分浓度变化转变为相应的电信号，由记录仪依次记录，形成一个有序的脉冲峰图，即色谱图。

（4）结果判断。根据气体成分和浓度可以进行故障的初步判别，如正常变压器的油中烃类气体的总含量一般小于 150μL/L，若大于此值，则要引起注意。

研究结果表明，由于设备的绝缘材料、结构和运行方式条件等差别，尚无法取得统一的严密的标准。含绝缘油的电气设备的故障诊断不能只依赖于油中溶解的气体的成分及其浓度，还要结合各种气体的相对含量和增长率综合判断。

对故障类型的判断，可以根据表 4-1 所列的不同故障类型产生的气体成分推断。根据长期的热动力学研究和实践结果，GB/T 722—2014 推荐采用改良三比值法作为判断充油电气设备故障类型的主要方法。这种方法将五种气体的三对比值以不同的编码表示，根据 C_2H_2/C_2H_4、CH_4/H_2、C_2H_4/C_2H_6 三种比值的编码组合判断故障类型。

由于电气设备的内部绝缘材料和结构多样化，多种故障可能同时存在，各故障的分类本身也存在模糊性。所以改良三比值法不能反映充油设备内部故障的所有情况，需要结合其他气体的含量、气体增长速率等因素进行判断。

4.5 绝缘的在线监测

以上介绍的绝缘试验方法都是在设备处于离线情况下进行的，除了绝缘油的色谱分析外，设备必须停运，因此会对用户造成一定的影响。由于离线试验测量的数据没有考虑设备绝缘的运行条件和外界工作环境等因素，因此可能出现预防性试验结果合格，而在运行中发生事故的现象。另外，电力设备运行电压越来越高，而现行的部分预防性试验电压偏低，如介质损耗的测量，难以真实反映运行电压下的绝缘性能。随着传感器、计算机、光纤等技术的发展，对运行的电气设备绝缘进行不停电在线监测的技术也得到了快速的发展。

绝缘设备的种类较多，虽各有特点，但在大类上可分为绝缘可以等效成电容的容性设备、避雷器、开关类设备、充油类设备，或这些类型的综合。从反映绝缘性能的信号种类来分，可分为绝缘温度、色谱、泄漏电流或损耗、局部放电等。因此，需要针对不同的设备绝缘及其性能特点，采取不同的监测方法，图 4-15 所示为电气设备绝缘在线监测系统的基本框架。

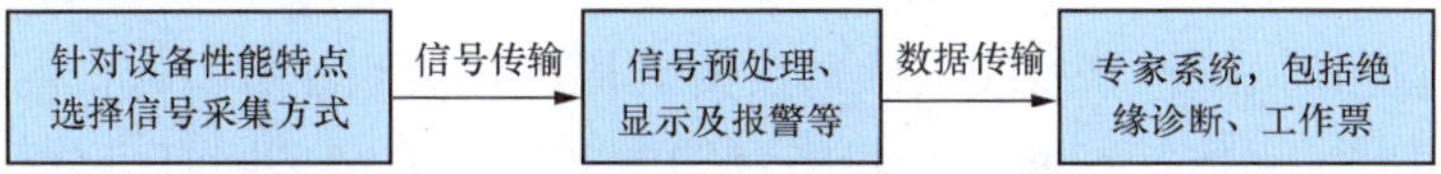

图 4-15　电气设备绝缘在线监测系统的基本框架

对绝缘的监测和诊断技术包括三个基本环节：

（1）正确选用各种传感器及测量手段，采集被监测对象的特性参数。

（2）对原始的杂乱信息进行数据处理，提取反映被测对象运行状态中有效的特征参数。

（3）根据提取的特征参数，比照基础数据和运行经验，对绝缘运行状态和故障进行识别，完成诊断过程。同时，对绝缘性能的发展趋势进行预测，并为下一步的维修决策提供技术根据。

由于绝缘监测信号一般都较微弱，而现场的电磁干扰又较强，因此，得到真实的待测信号是绝缘监测的基础。而要根据监测到的各种信号数据来判断绝缘的劣化程度，需要大量的试验及长期的运行经验，在此基础上形成判断方法。以下介绍一些常用的绝缘在线监测方法。

4.5.1 tanδ 的在线监测

在线监测介质损耗角正切（tanδ）的方法很多，有电桥法、相位差法和全数字测量法等。目前广泛采用包括基波相位分离法在内的各种全数字测量法。这种方法同时测量流过被测设备绝缘的电流和绝缘两端的电压的基波分量，通过计算电流和电压之间的相位差得到绝缘的 tanδ。

图 4-16 所示是用数字测量法测量介质损耗的原理图。其中被测设备的电压信号由电压互感器 TV 输出，电流信号由电容式套管末屏或设备接地线上的电流传感器 TA 获得。

传感器采集的信号经 A/D 采样转换后送入计算机，仅抽取 50Hz 的基频信号进行计算以求出 tanδ。这种方法因只对基频信号进行计算，消除了各次谐波的干扰，测量数据稳定，能很好地反映出设备的绝缘变化。但由于绝缘体中的电流信号非常微弱，而且现场的干扰较大，要准确监测绝缘体中的电流较困难，因此要实现绝缘 tanδ的在线监测，必须首先解决微弱电

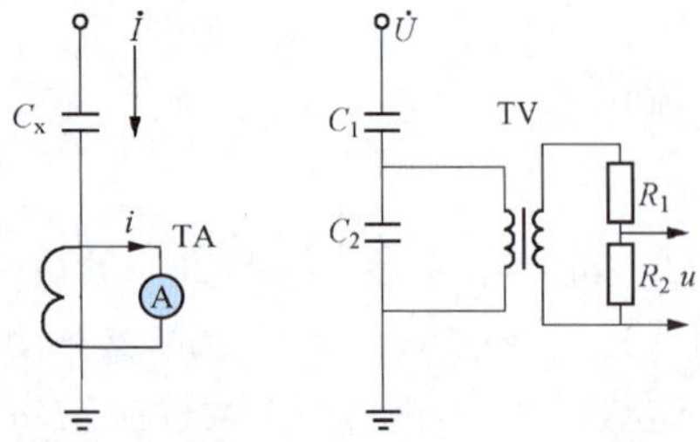

(a)电流信号的拾取　　(b)电压信号的拾取

图 4-16　tanδ数字化测量中电信号的拾取

流的取样及抗干扰问题。此外，由于引入了电流、电压传感器及滤波单元，存在一定的误差，对电子器件及数据处理有较高的要求。

4.5.2　局部放电的在线监测

在局部放电的过程中，除了伴随着电荷的转移和电能的损耗之外，还产生电、光、声、温升等现象，因此可以通过监测这些现象进行局部放电监测，测量方法大致分为电测法和非电测法两大类。

电测法即为脉冲电流法，其优点是灵敏度高，且可以标定放电量指标；缺点是由于现场测量时电磁干扰严重，甚至远强于局部放电信号，监测的灵敏度和可靠性受到严重影响。

非电测法有声测法、光测法、超高频法和油中气体分析等，利用监测局部放电时伴随的声音、发光和高频辐射、气体生成物等现象进行测量。其中应用最广泛的是声测法。声传感器一般可安装在设备的外壳上。因为声波传播速度远低于电磁波的速度，所以在当电流传感器和声传感器同时监测局部放电信号时，可以根据声信号滞后于电信号的时间来确定局部放电的位置。由于路径长短和传播媒质吸收、反射等原因，声测法本身无法对放电量进行标定。目前已较多地采用脉冲电流法和超声法相结合的方法，用多探头同时进行检测，以提高在线监测的准确性，并进行大致定位。图 4-17 所示为电—声联合监测法进行变压器局部放电测量的示意图。图中通过电流传感器 TA 的脉冲电流输出信号进行电信号触发，通过比较设置在变压器外壳上超声波传感器（AT1 和 AT2）信号到达的时间差，推测局部放电的发生部位。

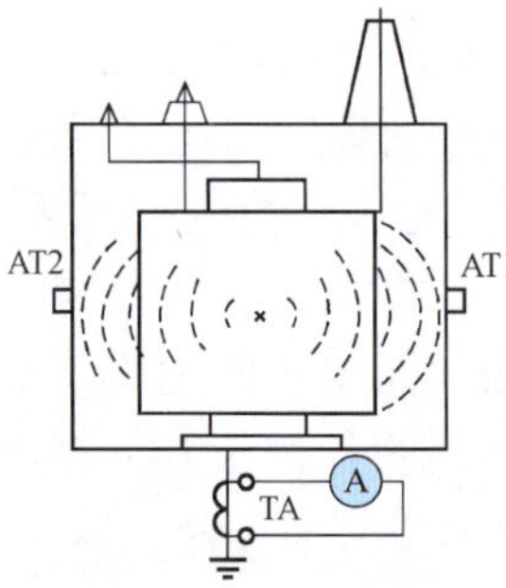

图 4-17　局部放电电—声联合监测法定位示意图

除了声测法之外，常用的非电测法就是油中溶解气体的色谱分析，通过对设备中油样进行溶解气体的分析，可以判断设备是否发生局部放电及放电位置。

4.5.3　绝缘材料的温度测量

电介质的绝缘性能受温度的影响较大，温度升高会导致绝缘性能下降。电气设备发生故障的主要原因之一是绝缘过热，如变压器、开关、母线等在负载电流过大时会出现温度升高，引起绝缘劣化并最终导致绝缘击穿。因此，温度是电气设备的基本参数之一，通过监测变压器、电缆接头、开关触点等设备和部位的温度，可以及时发现设备的运行工况，有效防止设备热故障的发生。

温度测量的方法较多，按照传感器是否与被测介质接触，可以分为接触式与非接触式温度测量两大类。

1. 接触式温度测量

常见的接触式温度测量采用的温度传感器有热电偶、热电阻、热敏电阻、集成温度传感器和光纤温度传感器等类型。

热电偶利用热电效应将被测温度转化为热电动势。这种传感器内含一个由两种不同性质材料的金属丝或合金构成的闭合回路。由于两种导体接触点处存在接触电势，且每个导体由于两端温度不同而存在温差电势，因此回路中会产生电动势，称为热电动势。

热电阻和热敏电阻均利用材料的电阻率与温度间存在的确定关系测量温度。其中热电阻利用金属导体的电阻率随温度升高而增大的正温度系数特性，而半导体热敏电阻则包括正温度系数、负温度系数与临界温度系数热敏电阻等多种形式。

温敏二极管和晶体管的原理分别是利用 PN 结的正向压降、晶体管的基极—发射极电压与温度变化近似呈线性关系等特性测量电压。将这类温敏元件与放大电路等集成在一个芯片上，就构成了集成温度传感器。

光纤温度传感器分为传光型和功能型两大类传感器。在传光型光纤温度传感器中，光源发出的光经过温敏元件后呈现出与温度有关的变化，光纤仅用于传递光信号；而功能型光纤温度传感器将光纤的光强和相位等参数随温度变化的特性作为传感器的主体，光纤起到感温和传光的作用。光纤温度传感器特别适用于对高电位处或设备内部温度的测量。

由于接触式温度传感器要考虑绝缘问题，因此不能直接安放在带电部位，只能放在绝缘层外，在某些场合限制了它的使用。如为了监测发电机的温度，在定子绕组或定子铁心之中常预埋热电偶或热电阻等测温元件，但不能直接安放在定子绕组的最热部位，只能安放在定子线棒的绝缘层外，以测量发电机内部某些部位的局部温度和内部温度分布。

2. 非接触式温度测量

非接触式温度测量通过红外传感器测量物体的温度。任何温度高于绝对零度的物体，都会向外辐射能量，辐射出的能量及波长与温度有关。红外传感器通过测量红外波段的辐射，并转换为电信号，从而测得物体表面的温度。

根据探测机理的不同，红外传感器分为热传感器和光子传感器两大类。热传感器的机理是热辐射效应，通过探测器件接收辐射热能后引起温度升高，再由接触式感温元件测量温度改变量，从而输出电信号。红外光子传感器的原理是，某些半导体材料在红外辐射下具有光电效应，材料的电学性质会发生变化，据此可以确定红外辐射的强弱并推断温度。

红外传感器具有测温速度快、范围广、测量灵敏度高、对被测温度场无干扰等优点。红外传感器常用于对电气设备温度的在线监测，随着红外技术的发展，可以成功检测出套管、绝缘子、避雷器、电容器、断路器等设备的绝缘缺陷，并实现非接触、远距离的在线监测。

习　题

1．在绝缘预防性试验中测量绝缘的吸收比有何意义？请举例说明。

2．试写出吸收比的表达式。若测得 A、B 两种绝缘体的吸收比为 K_A=3.0、K_B=1.1，绝缘状况哪个好？为什么？

3．测量绝缘材料的泄漏电流为什么用直流电压而不用交流电压？

4．在测量绝缘的介质损耗时抗干扰措施有哪些？

5．测量绝缘的介质损耗角可以反映绝缘的哪些缺陷？

6．正接法和反接法西林电桥各应用在什么条件下？

7．已知某变压器带套管测量介质损耗时，测得 $\tan\delta=0.03$，$C=4500\text{pF}$。单独测量套管时的 $\tan\delta_1=0.3$，$C_1=300\text{pF}$，试求变压器器身的介质损耗 $\tan\delta_2$ 和电容量 C_2。

8．对某一试品在现场用电桥测量其 $\tan\delta$，为了减小干扰所引起的测量误差，采用了倒相法。第一次测量时，$R_3=302\Omega$，$C_4=0.010\mu\text{F}$；倒相后第二次测量时，$R_3=278\Omega$，$C_4=0.0125\mu\text{F}$。试问试品的“真实”电容及 $\tan\delta$ 各为多少？已知 $R_4=\dfrac{10^4}{\pi}$，$C_\text{N}=50\text{pF}$。

9．试推导说明局部放电中视在放电电荷量 q 与介质中真实放电电荷 q_t 之间的关系。

5 高电压和大电流的产生

高电压和大电流试验包括绝缘耐压试验和冲击大电流试验。绝缘耐压试验（破坏性试验）的主要特点是试验时施加到设备绝缘上的电压高于设备正常运行时绝缘所承受的电压，所以试验时可能会对绝缘造成伤害。电气设备在定型、出厂、安装调试或大修后需要进行各种绝缘耐压试验。针对设备类型和过电压特点，耐压试验类型主要包括交流（工频）耐压试验、直流耐压试验和冲击耐压（包括雷电冲击、操作冲击等）试验。GB/T 16927.1—2011 对各类耐压试验的要求做了规定。冲击大电流试验主要用于考核设备耐受冲击电流产生的热能或电动力的能力，以及避雷器残压和冲击电流耐受能力。

5.1 工频高压试验装置

工频耐压试验是高压设备绝缘的一项基本耐压试验，一般是单相高压试验，用于校核在交流高压下的绝缘水平，对 220kV 及以下电压等级的设备也用于等效校核绝缘耐受冲击电压的能力。通常采用 1min 工频耐压方法，即试验时在绝缘上施加一定大小的工频试验电压 1min，如果在耐压试验过程中不发生绝缘闪络、击穿或泄漏电流陡增等异常现象，则可判断绝缘是合格的。

5.1.1 工频高电压试验设备

为保证电网安全及获得畸变很小的正弦波形，在工频耐压试验中使用专门的工频变压装置。工频高压试验变压器是高电压实验室内的基本设备，除了能产生 50Hz 的高压，以及作为直流高压和冲击高压设备的电源变压器外，还可以用来产生操作冲击试验电压。

1. 高压试验变压器

试验变压器的工作原理与电力变压器相同，但有自身的特点。

（1）电压变比大，漏抗大。由于试验变压器的原方输入一般为配电网电压，因而变压器的变比很大。为此高压绕组需要采用较厚的绝缘及较宽的油间隙，变压器的漏抗较大。

（2）工作环境好，安全裕度小。在试验过程中不会遭受雷电和操作过电压的冲击；此外，在试验过程中有完善的保护，不会出现长时间的短路电流。因此，试验变压器的绝缘和结构均只需要较小的安全裕度。

（3）运行时间短，没有复杂的散热系统。电气设备的工频耐压试验持续时间通常是 1min，且试验电流很小，变压器的发热温升可以忽略，因此不需要配置复杂的油循环和散热系统。

（4）试验电流小，额定容量要求低。被试品放电或击穿前，变压器只需要供给被试品绝缘的电容性电流，因此所需试验功率不大。

试验变压器高压侧额定电流 I 和额定容量 P 取决于被试品的等效电容，即

$$I = 2\pi fCU \tag{5-1}$$

$$P = 2\pi fCU^2 \tag{5-2}$$

式中：C 为被试品电容；U 为试验电压；f 为电源频率。

除了电力电缆外，常用的绝缘子、套管的电容一般小于 1000pF，电力变压器、互感器等被试品绝缘的电容量则不大于 15000pF。

根据被试品容量大小和试验电压，可知一般被试品的试验电流不大于 1A。对于某些特殊的被试品（如电缆）和特殊试验项目（如线路电晕、湿闪和污闪试验），试验电流往往大于 1A，需要选用更大容量的试验变压器。

为了保证试验结果的可比性，需要试验电压波形为两个半波相同的近似正弦波，且畸变较小，如我国标准规定电压幅值和有效值之比应在 $\sqrt{2}\times(1-5\%)$ ～ $\sqrt{2}\times(1+5\%)$ 范围内，波形的频率应在 45～65Hz 之间。为此，试验变压器应采用优质的铁心和较低的磁通密度以避免产生较大的谐波，用于电压调节的调压器也需要具有较低的畸变率，必要时需要在低压侧加装滤波装置。

此外，对用于局部放电试验的试验变压器，还要求试验变压器自身的局部放电电压应足够高。

高压试验变压器一般采用油浸式结构，有金属外壳和绝缘外壳两种形式。按照高压套管的数量，金属外壳的试验变压器可分为两种类型。

（1）单套管式。高压绕组的一端接地，并与铁心相连，另一端经套管输出试验电压 U，如图 5-1（a）所示，因此高压绕组和套管对铁心、外壳（油箱）的绝缘均应按耐受全电压的要求来设计。这种结构多用于 300kV 以下的试验变压器中。

（2）双套管式。高压绕组分成两部分，绕组中点与铁心和油箱相连，两端各经一个套管引出，其中 X 端接地，另一端输出对地的全电压 U，如图 5-1（b）所示。在这种结构中，高压绕组和套管对铁心、外壳（油箱）的绝缘均只需按全电压的一半进行考虑。应该注意的是，这时由于铁心和油箱均处于 $U/2$ 电位，所以变压器外壳（油箱）不能直接放在地上，而必须按全电压的一半（$U/2$）进行对地绝缘。双套管结构的优点是用两个额定电压只有 $U/2$ 的套管来代替一个额定电压为 U 的套管，用油箱外部的绝缘支柱来降低对变压器内绝缘的要求。当输出电压 U 要求很高时，这种结构可以大大降低试验变压器和套管的制造难度及价格。目前，双套管试验变压器的最高额定电压可达 750kV。

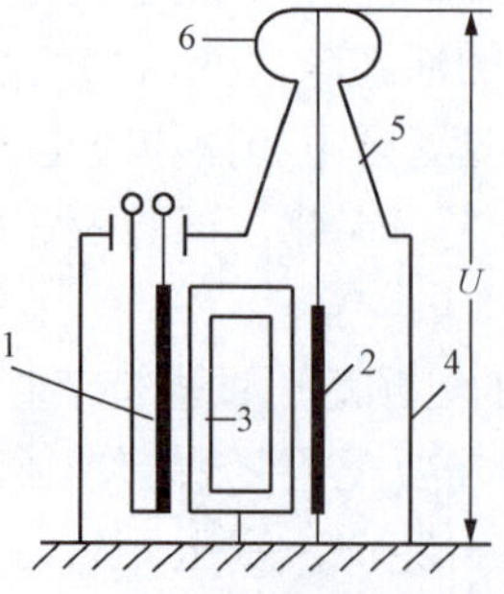

(a)单套管式

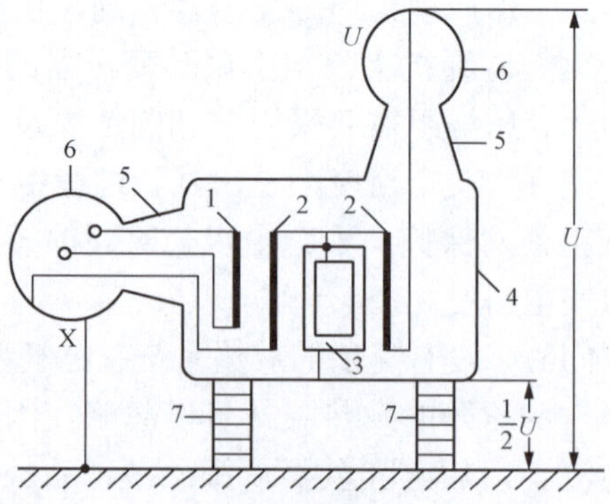

(b)双套管式

图 5-1 试验变压器结构图

1—低压绕组；2—高压绕组；3—铁心；4—外壳；5—高压套管；6—屏蔽电极；7—绝缘支柱

2. 串级高压试验变压器

变压器的体积和质量近似与额定电压的三次方成正比，因此当试验电压要求很高时，如国内已有多个 2000kV 以上电压等级的工频耐压试验装置，若采用单台变压器，则在结构、绝缘的实现上会比较困难，且制造成本大为提高。常用的办法是采用串级连接的方式，即将几台变压器的高压绕组串联叠加输出高电压，这在技术和经济上比较合理。目前常用的串级方式是自耦式连接，即高一级变压器的励磁电流由前一级高压绕组的一部分（累接绕组）供给，图 5-2 所示是三台单套管试验变压器组成的串级高压试验装置。在工程实际中，常采用套筒形式绝缘外壳的试验变压器，将各级变压器自下而上叠加在一起形成高压，从顶部引出高压接线。

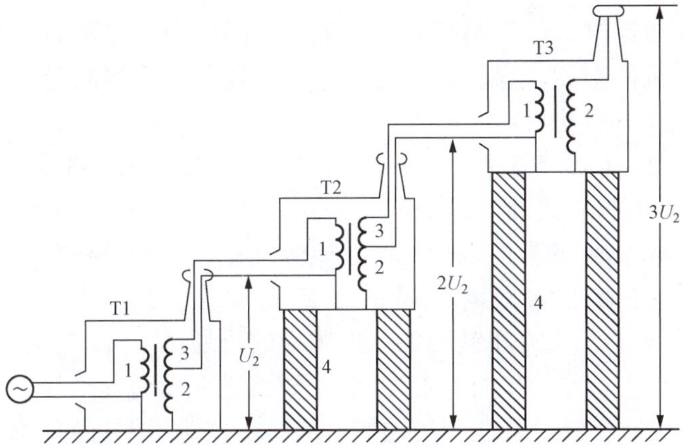

图 5-2　三台单套管试验变压器组成的串级高压试验装置

T1、T2、T3—单套管试验变压器；1—低压绕组；2—高压绕组；3—累接绕组；4—绝缘支柱

图 5-2 中，第一级变压器 T1 的高压绕组 2 的一端和油箱相连（接地），另一端再接上一个特殊的励磁（累接）绕组，用来给第二级变压器 T2 的低压绕组 1 供电。T2 的油箱与 T1 的高压绕组 2 的输出端同电位（对地电压为 U_2），所以必须用绝缘支柱 4 将 T2 的油箱对地绝缘起来。由于 T2 的低压绕组的对地电压也被抬高到 U_2，因而 T2 的内绝缘（高、低压绕组之间及高压绕组对铁心、油箱之间的绝缘）和引出套管的绝缘水平也仅需 U_2，而不是 T2 的输出电压 $2U_2$，这就大大减小了 T2 的内绝缘和高压套管的体积。同理可得，第三级变压器 T3 的套管输出对地电压为该串级装置的输出电压 $3U_2$，而其内绝缘和引出套管的绝缘也仅需 U_2。

按照图 5-2 所示的方法，可以得到串级试验变压器的输出电压为 $U=3U_2$。虽然各级试验变压器的绝缘水平相同，但各级试验变压器的容量是不一样的。设该装置输出的额定电流为 I_2，则装置的额定试验容量为 $3U_2I_2$。最高一级变压器 T3 的额定试验容量为 U_2I_2。中间一台变压器 T2 的装置额定容量为 $2U_2I_2$，这是因为这台变压器除了要直接供应负荷的容量 U_2I_2 外，还得供给最高一级变压器 T3 的励磁容量 U_2I_2。同理，第一级变压器 T1 的装置额定容量为 $3U_2I_2$。

所以，整个串级试验变压器装置的容量利用率为

$$\eta = \frac{3U_2I_2}{6U_2I_2} = \frac{1}{2} \tag{5-3}$$

不难得到 n 级串级装置的容量利用率为

$$\eta=\frac{2}{n+1} \tag{5-4}$$

可见，串级级数越多，容量利用率越低。且随着串级数的增加，整套串级试验变压器的总漏抗值会急剧增加，所以一般不采用超过 3 级的方案。

3. 调压装置

在进行工频耐压试验时，为获得需要的耐压试验波形，需要使用合适的调压装置来调整输入到试验变压器一次绕组的电压。以下为几种常用的调压装置。

（1）自耦式调压器。这是一种自耦变压器，通过改变电刷（滑动触头）在绕组上的位置就可调节二次侧的输出电压。这种调压器结构简单，具有漏抗小、波形畸变小、功率损耗低等特点，而且可以获得比电源电压稍高的输出电压，因此在小容量试验中大量采用。由于滑动触头与绕组的接触可能不良，容易引起发热、绕组线匝短路等问题，故自耦式调压器的容量不能做得很大，一般不超过 20kVA。

（2）移圈式调压器。如图 5-3 所示，移圈式调压器一般有三个线圈，其中 Y_C、Y_D 为匝数相等、绕向相反的串联线圈，线圈 Y_K 为与 Y_C、Y_D 匝数相同的短路线圈。由于绕向相反，Y_C、Y_D 所产生的主磁通 Φ_C、Φ_D 的方向也相反，只能分别穿过非导磁材料自成闭合磁路。当短路线圈 Y_K 偏于一边时，主磁通 Φ_C 和 Φ_D 将分别在 Y_K 中产生方向和大小不等的电动势，并且在 Y_K 中流过某一短路电流，此电流在铁心中产生闭合的磁通 Φ_K，Φ_K 也会在 Y_C 和 Y_D 中产生感应电动势，此感应电动势的方向和大小随 Y_K 的位置而改变。通过改变短路线圈与前两个线圈之间的相互位置，便可改变耦合强度和磁通量，从而达到调压的目的。如图中 Y_K 移至最下端时，可认为只有线圈 Y_C 的磁通 Φ_C 与 Y_K 交链，而线圈 Y_D 的磁通 Φ_D 与 Y_K 几乎不交链。因此，Y_K 所产生的磁通 Φ_K 几乎与 Φ_C 大小相等、方向相反，线圈 Y_C 上几乎没有电压降落和输出。

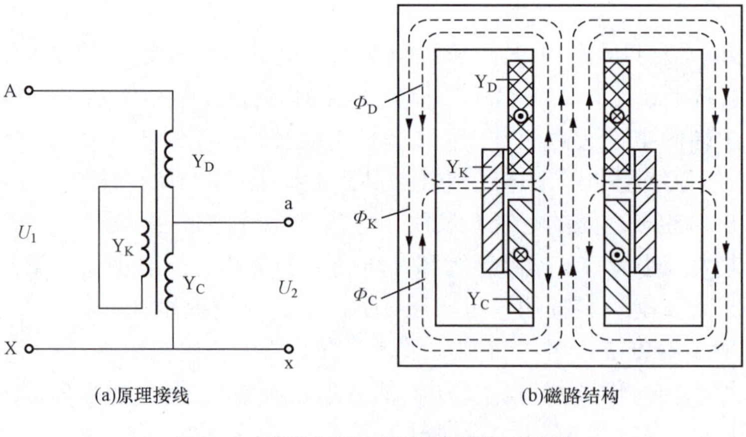

图 5-3　移圈式调压器原理接线及结构

由于这种调压器不存在滑动触头，故容量可做得很大。但由于这种调压器的主磁通不能完全通过导磁材料形成闭合回路，所以漏抗较大，且随短路线圈位置的改变而改变，从而使输出波形产生不同程度的畸变。对于波形要求不十分严格和容量较大的场合，移圈式调压器应用比较广泛。

（3）电动发电机组。这种设备通过调节发电机的励磁电流来调节发电机的输出电压，由于不受电网电压影响，能得到谐波分量很小的正弦波形并实现均匀的电压调节。但这种调压设备价格昂贵，只有在对试验要求很高或有特殊要求的实验室中才采用这种调压装置。

5.1.2 工频耐压试验的基本接线

工频耐压试验通过将高压试验变压器产生的高压施加在被试绝缘（被试品）上，考核被试品的绝缘性能。如图5-4所示，图中电压表PV1用于监测试验变压器T的低压侧电压，变压器保护电阻R_1用于在被试品或球间隙F突然放电时限制变压器的二次侧电流，起到保护变压器的作用；球间隙F用于被试品上试验电压的测量，另一作用是保护被试品，在被试品上出现过高电压时（操作失误、电压监视设备故障或谐振导致）球间隙击穿，避免被试品上出现过高电压；R_2为球间隙保护电阻，在球间隙击穿时，可以限制放电电流，防止灼伤铜球表面。

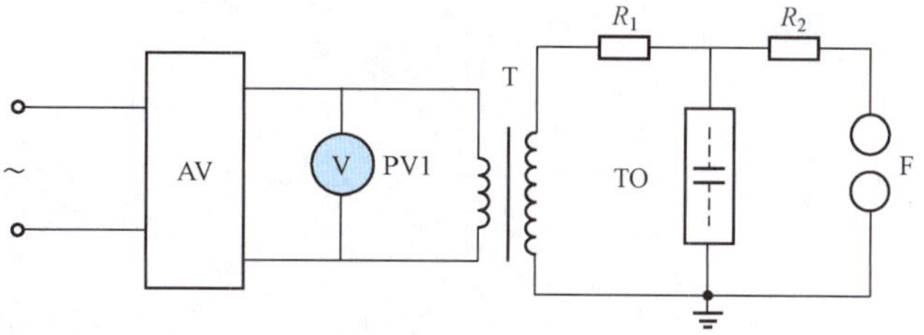

图5-4　工频耐压试验的原理接线

AV—调压器；PV1—电压表；T—试验变压器；TO—被试品；F—球间隙；R_1—变压器保护电阻；R_2—球间隙保护电阻

在试验中，需要注意“容升”现象。图5-5所示为工频耐压试验等效电路及相量图，其中r_K、L_K分别为试验回路的电阻和电感，包括变压器保护电阻及试验变压器和调压器的漏电感，C_x为被试品的电容。在通常的试验条件下，回路呈容性状态，电流超前电压某一角度，被试品上的电压U将高于电源电压U_1，这就是“容升效应”，其差值随被试品电容的大小而变动。

由于“容升效应”，不能通过变压器的变比从低压侧的电压准确地求出被试品上的电压大小。另外，如果感抗和容抗的数值接近，则可能出现串联谐振，那么回路电流只能由回路电阻r_K限制，被试品两端会出现很高的谐振过电压。如果电压波形因畸变而具有较多的高次谐波，则发生谐振的可能性更大。

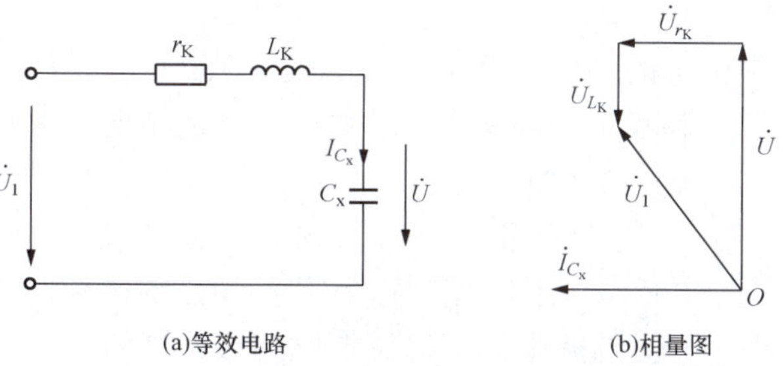

图5-5　工频耐压试验等效电路及相量图

在工频耐压试验过程中，由于试验变压器的绝缘裕度很小，对各类过电压应严格防止和限制。可能出现危险的过电压或电位梯度的情况有：非零值电压突然合闸、用灭弧能力强的开关切除空载试验变压器、被试品放电，以及被试品放电后电弧熄灭等。上述情况都导致变压器绕组上电压突变，或产生很高的过电压，由于绕组特性（见7.7），会在绕组高压端形成很高的电位梯度，威胁变压器的纵绝缘，因此需要采取措施防止这类情况的发生。

5.1.3 谐振耐压试验

当被试品电容量较大时，例如电缆、电容器、GIS（气体绝缘变电站）管道等，对其进行工频高压试验所需的试验变压器和调压器的容量就要很大，设备就会很笨重，现场试验十分困难。解决这个问题的方法之一就是应用谐振回路减小试验电源设备的体积。

串联谐振试验设备利用$L-C$串联谐振的原理，对被试品进行工频高压试验，如图5-6所示。图中T是试验变压器，L'是调谐用可变电感，C_x代表被试品。在等效电路中，R是整个试验回路中的电阻，L是可变电感和变压器漏感之和，U_s是变压器T空载时高压绕组输出电压。试验回路中，感抗 $X_L = \omega L$，容抗 $X_C = 1/\omega C_x$。

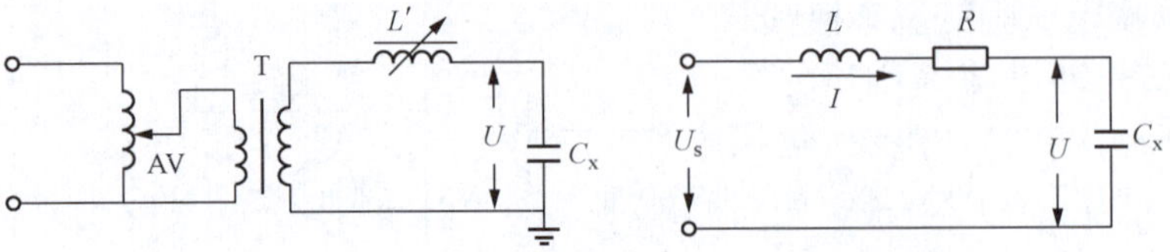

(a)原理图　　(b)等效电路

图 5-6　串联谐振试验线路原理图及等效电路

由图 5-6（b）可得

$$U = IX_C = \frac{U_s}{\sqrt{R^2 + (X_L - X_C)^2}} X_C \tag{5-5}$$

当调节电感使 $X_L = X_C$ 时，回路发生谐振，有 $U = U_s X_C / R$。

令 $Q = \frac{\omega L}{R} = \frac{1}{\omega C_x R}$（谐振回路品质因数），则有 $U = U_L = QU_s$，其中 U_L 为电感 L 上的电压。当发生谐振时，有 $\omega L \gg R$，即 Q 值较大，可见用较低的电源电压 U_s 即可在电容性被试品两端得到很高的试验电压 U。试验设备的 Q 值都很大，一般不小于 20，其值可高达 40～80。

当回路处于谐振状态时，回路中电流 $\dot{I} = \dot{U}_s / R$，与 $\dot{U}_s$ 同相位。此时变压器功率为 $P_s = U_s I = I^2 R$，被试品的无功功率为 $Q_C = UI = QU_s I$，故

$$\frac{Q_C}{P_s} = \frac{QU_s I}{U_s I} = Q \tag{5-6}$$

因此，谐振试验时，所消耗的功率仅为电阻上的功率，电源包括变压器、调压器、接触器等设备的容量可以减小到被试品所需试验容量的 $1/Q$。

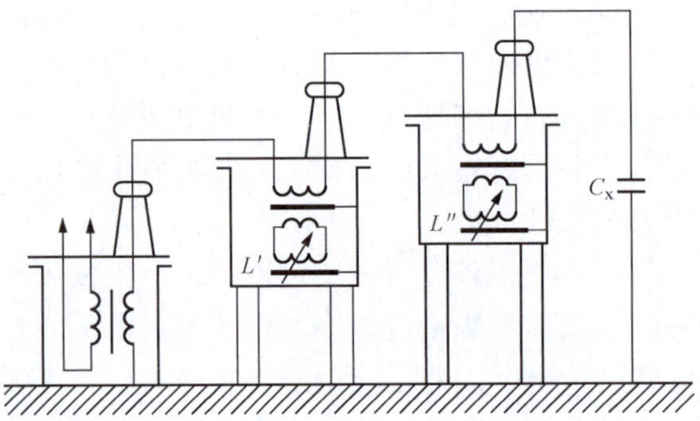

图 5-7　串联谐振试验装置

发生谐振时，被试品上电压 U 较高，则电感电压 U_L 也较高。因为高电压的电感调谐不便于操作，可将调谐电感接在试验变压器的低压侧，组成调谐电感－调谐变压器组合，后者相当于一台高压调谐电感。为产生高电压，可以将数台这样的组合串联使用，如图 5-7 所示。

串联谐振耐压试验不仅可以减小电源容量，还有其他一些优点。例如当被试品在试验过程中绝缘被击穿时，与通常的工频耐压试验相比，故障电流受高值 L 限制将大大减小，因而可以避免被试品烧坏。另外，由于回路处于工频谐振状态，电压波形中的谐波分量将大大减小，故被试品两端的电压波形较好。

当试验变压器的输出电压达不到试验要求的电压时，可以采用前述串联谐振回路。如果试验变压器的容量不够，而输出电压能满足要求，也可以采用并联谐振的办法，即在被试品两端并联可调电感来补偿被试品的无功功率，发生谐振时调谐电感中的电流与被试品的容性电流相抵消，可以降低对变压器的高压绕组电流的要求。

对某些被试品（如 GIS）进行交流耐压试验时，施加电压的频率允许变化范围为 45～

300Hz，所以可利用变频谐振电源。由于这种串联谐振设备是在较高的频率下进行调谐，所以 Q 值可较大，例如可达 100 或更高，有利于实现设备的小型化。

5.2 直流高压发生器

利用直流高压可以对直流输电和用电设备进行耐压试验，如对±1100kV 的换流阀需进行最高约±1800kV 的直流耐压试验。对一些电容量较大的交流设备，如发电机、电动机、电缆和电容器等，有时受交流耐压试验电源容量限制而无法进行工频耐压试验，也常用直流耐压试验来代替交流耐压试验，因此直流耐压试验在绝缘预防性试验中应用比较广泛。在进行直流耐压试验时，可同时测量泄漏电流，因此可以更有效地反映绝缘内部的集中性缺陷。

直流耐压试验一般采用直流高压发生器，试验基本接线如图 5-8 所示。图中微安表可以用于泄漏电流的测量，TO 为被试品，V 为直流高压测量装置。

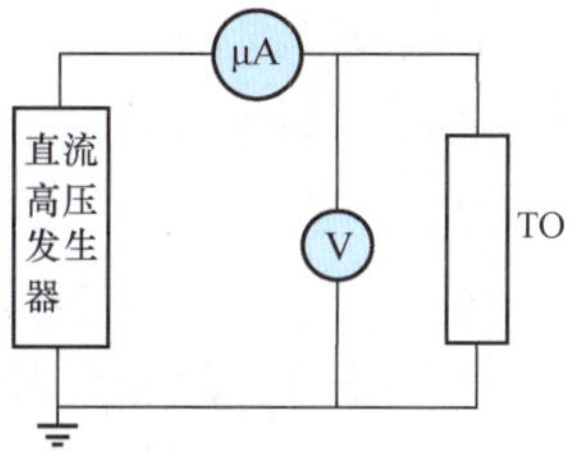

图 5-8　直流耐压试验基本接线

5.2.1 高压整流回路

在高压实验室中，通常采用将交流电压经高压整流器变换成直流高电压的方法，以获得直流高压。

1. *半波整流回路*

如图 5-9 所示是半波整流回路，其中保护电阻 R 用于限制短路电流和电容器的起始充电电流，以保护变压器和高压硅堆。如果没有被试品（即 $R_L \to \infty$），并忽略电容器 C 的泄漏电流，则充电完毕后，电容器 C 两端维持一恒定电压，其值等于变压器高压侧交流电压的最大值 U_m。当变压器输出电压达到负幅值时，高压硅堆上承受最高的反向阻断电压 $2U_m$。图 5-10 所示为半波整流回路输出到被试品电阻 R_L 上的直流电压，由于电容器对被试品的放电和电容器自身的泄漏，这个电压存在一定的波动。

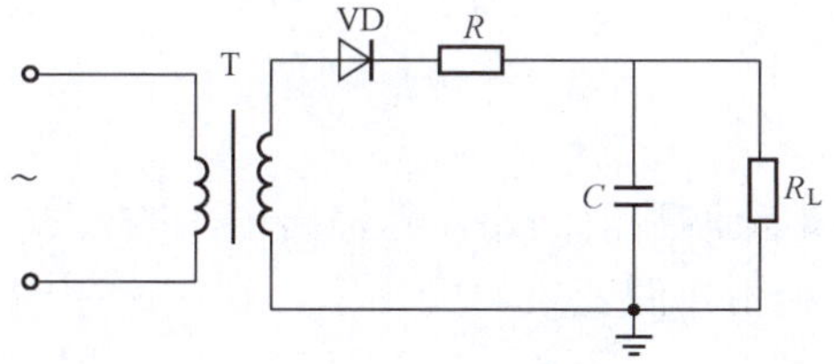

图 5-9　半波整流回路

T—高压试验变压器；VD—高压硅堆；R—限流（保护）电阻；C—滤波电容；R_L—被试品电阻

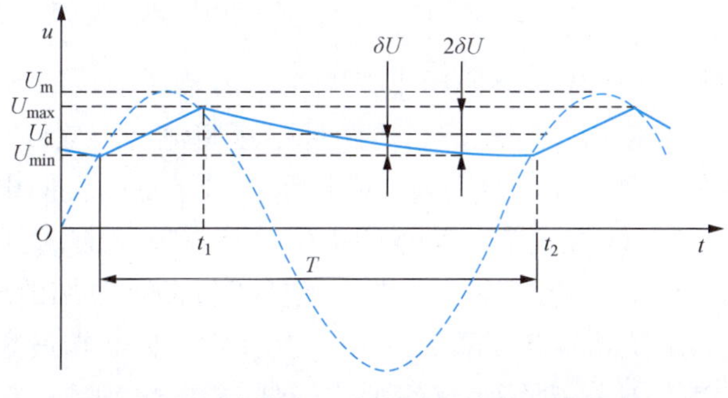

图 5-10　半波整流回路输出的被试品两端电压

根据实际直流电压的特性，可以得到表征直流高压试验设备或整流回路的基本技术参数。

（1）输出的额定直流电压（为算术平均值，以下简称平均值）U_d为

$$U_d = \frac{U_{max} + U_{min}}{2} \tag{5-7}$$

（2）相应的额定直流电流（平均值）I_d为

$$I_d = \frac{U_d}{R_L} \tag{5-8}$$

（3）电压纹波因数 S 为

$$S = \frac{\delta U}{U_d} = \frac{U_{max} - U_{min}}{2U_d} \tag{5-9}$$

式中：$\delta U = (U_{max} - U_{min})/2$ 是电压纹波分量的幅值。

电压纹波是由于高压硅堆阻断时电容器 C 向被试品放电引起的。对于半波整流回路，在这段时间内电容器 C 向 R_L 释放的电荷为

$$q = I_d(t_2 - t_1) \approx I_d T = \frac{U_d}{R_L f}$$

可以得到纹波幅值近似为

$$\delta U = \frac{q}{2C} \approx \frac{U_d}{2fR_L C} = \frac{I_d}{2fC} \tag{5-10}$$

由式（5-10）可知，被试品 R_L 的阻值越小，输出电压的纹波幅值和纹波因数越大；而增大滤波电容 C 或提高电源频率 f，均可减小电压纹波。根据纹波因数和试验时流过被试品的电流，可以推算所需要的滤波电容器的电容量。我国标准规定，直流耐压试验的电压纹波因数不大于 3%，某些特殊用途对直流高压的要求则更高。

直流高压也可用全波整流回路产生。由上述分析可知，全波整流回路较半波整流回路的纹波因数有所降低。

2. 倍压整流回路

无论是半波整流回路还是全波整流回路，其输出电压的最大值为交流电压的幅值 U_m。为了获得更高的电压，并充分利用电源变压器的功率，在实际中一般采用倍压整流回路。如图 5-11 所示是两种倍压整流回路，其中图 5-11（a）可获得 $2U_m$ 的直流高压，而图 5-11（b）可获得 $3U_m$ 的直流高压。

在图 5-11（a）中，电源变压器 T 在正半波期间经整流硅堆 VD1 向电容 C_1 充电，在负半波时则经 VD2 向 C_2 充电，最后 C_1 和 C_2 上的电压均可达 U_m，它们叠加起来即可在输出端形成 $2U_m$ 的直流电压。这种倍压整流回路实质上是两个半波整流回路的叠加。同样可分析图 5-11（b）所示的三倍电压原理。值得注意的是，这两种倍压整流回路对高压试验变压器的最大输出电压和硅堆的耐压要求并没有进一步提高，硅堆阻断时承受的反向电压最大值均为 $2U_m$。

在图 5-11（a）所示的接线方式中，A 点的电位波动在 0～$2U_m$ 之间，高压绕组对低压绕组的最高电位差也达到 $2U_m$，因此对变压器的绝缘要求较高。常用的倍压整流回路采用如图 5-12 所示的接线方式，其中变压器 T 的高压绕组一端接地，另一端最高电位为 U_m，高压绕组对低压绕组的最高电位差为 U_m，对绕组绝缘要求较低。

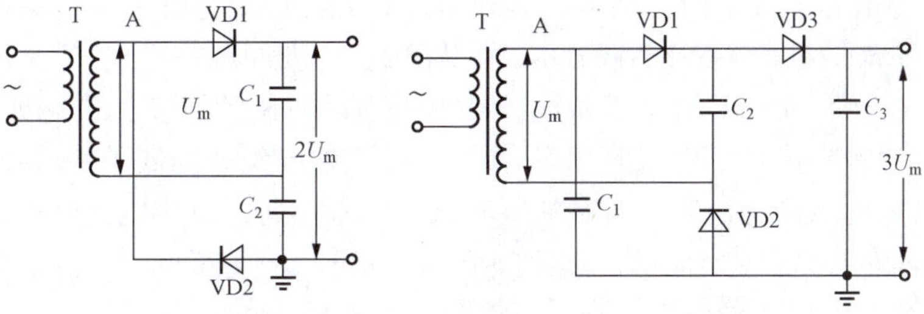

(a)两倍电压　　(b)三倍电压

图 5-11　倍压整流回路

5.2.2 串级直流高压发生器

1. 工作原理

为了产生更高的直流高压，可以采用串级倍压整流回路。串级直流高压发生器普遍由图 5-12 所示的倍压整流回路串联叠加而成，如图 5-13 所示为 2 级串级直流高压发生器原理图。

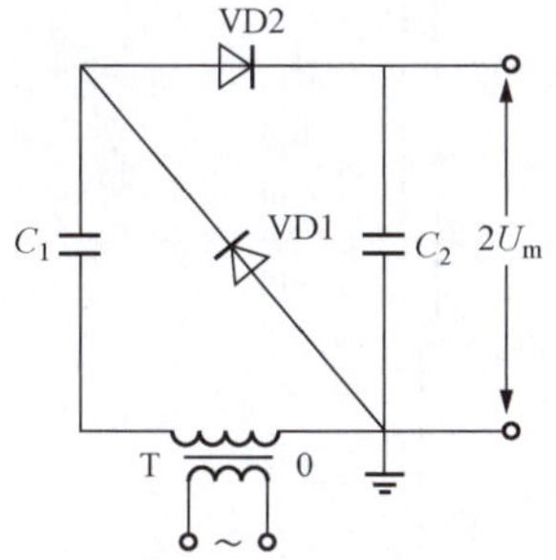

图 5-12　高压变压器一端接地的倍压整流电路

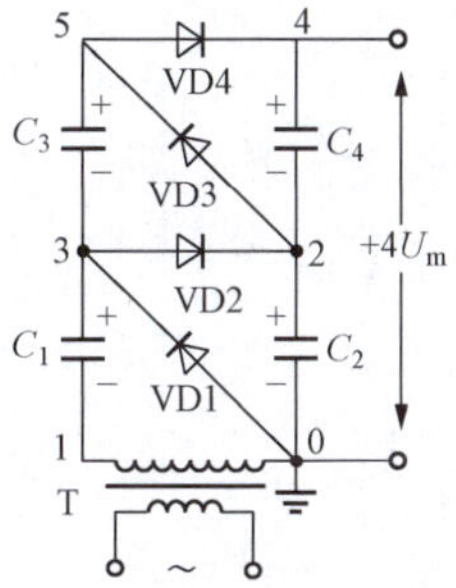

图 5-13　2 级串级直流高压发生器原理图

当变压器 T 输出端点 1 的电位为负时，倍压整流电路中整流硅堆 VD1 和 VD3 导通，VD2 和 VD4 反向截止，T 经过 VD1 向电容 C_1 充电，同时 T 和 C_2 串联后经过 VD3 向 C_1 和 C_3 充电。当点 1 电位为正，且点 3 电位高于点 2 电位时，T 和 C_1 串联后经过 VD2 向 C_2 充电，同时 T 和 C_1、C_3 串联后向 C_2 和 C_4 充电。在空载情况下，各点的稳态电位为

$$\begin{cases} u_1 = U_m \sin \omega t \\ u_2 = 2U_m \\ u_3 = U_m + U_m \sin \omega t \\ u_4 = 4U_m \\ u_5 = 3U_m + U_m \sin \omega t \end{cases}$$

可见通过两个倍压整流电路的叠加，可以得到 $4U_m$ 的直流高压输出，却没有对试验变压器的最大输出电压和硅堆反向承受电压提出更高的要求。要想得到更高的直流高压，可以在此基础上再继续增加串级级数，如图 5-14 所示，发生器空载输出电压为 $2nU_m$，其中 n 为串级级数。

当 n 级串级直流装置接上被试品后，将有电流流过被试品电阻 R_L。从正半波某一瞬间 $t=t_0$（见图 5-15）开始，随着电源电压的上升，左柱上各电容 $C_1' \sim C_n'$ 上的电压与电源电压相叠加，使得左柱各点 $1' \sim n'$ 的电位高于右柱 $1 \sim n$ 对应点的电位，整流元件 VD1～VDn 导通。此时，

交流电源和左柱各电容一方面向右柱各电容充电，补充右柱电容在前一周期内放掉的电荷；另一方面对被试品提供电荷，直到 t_1 瞬间。所以在 t_0～t_1 期间左柱 C_1'～C_n' 上的电压以较快的速度下降，而右柱 C_1～C_n 上的电压和被试品电压则以较快的速度上升，如图 5-15 所示。

当 $t>t_1$ 时，随着交流电源电压的下降，1′～n'各点的电位分别低于 1～n 对应点的电位，但高于 2～（n+1）各点的电位时，所有的整流元件皆不导通，左柱电容器停止向右柱电容充电，只有右柱电容对被试品供给电荷，直到 t_2 瞬间。故在 t_1～t_2 期间，左柱上的电容电压维持不变，而右柱电容的电压和输出电压则以较慢的速度下降。

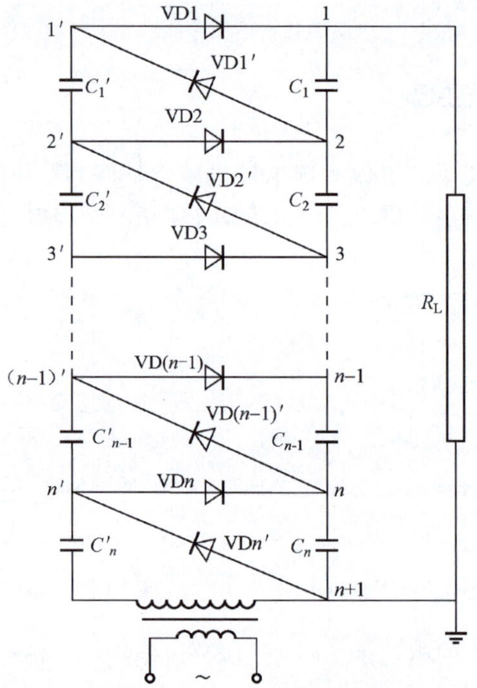

图 5-14　多级串级直流高压发生器原理接线

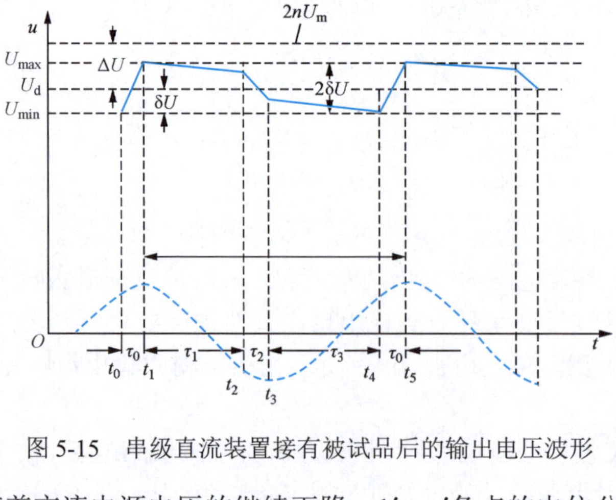

图 5-15　串级直流装置接有被试品后的输出电压波形

在 $t=t_2$ 以后，随着交流电源电压的继续下降，1′～n'各点的电位分别低于 2～（n+1）各点的电位。VD1′～VDn'各整流元件导通，右柱各电容 C_1～C_n 一方面继续对被试品供给电荷，另一方面充电电源和 C_2～C_n 的电压叠加后向左柱各电容 C_1' ～ C_n' 充电，补充它们在 t_0～t_1 期间放掉的电荷，直到 t_3 瞬间。在 t_2～t_3 期间，C_1' ～ C_n' 上的电压以较快的速度上升，而 C_1～C_n 上的电压和输出电压则以较快的速度下降。

在 $t>t_3$ 时，交流电源电压又重新上升，$1'$～n'各点的电位分别高于 2～（n+1）各点的电位，但低于 1～n 各点的电位，所有的整流元件皆不导通，右柱电容 C_2～C_n 停止向左柱电容 C_1' ～ C_n' 充电，但 C_1～C_n 继续对被试品供给电荷，直到 t_4 瞬间。在 t_3～t_4 期间，左柱电容的电压维持不变，而右柱电容的电压和输出电压则以较慢的速度下降。

在 t_4 以后的过程与 t_0 以后的过程相同，如此不断地循环下去。由此可见，在一个周期内，可分为四个阶段。当 n 级串级线路带有被试品电阻后，输出电压也是含纹波的。

2. 技术参数

当 n 级串级直流高压发生器接上被试品后，对某个电容而言，在每个周期内其充放电电荷相等，但各级电容在每个周期内的充放电电荷又是不相同的。在一个周期内，右柱电容供给被试品的电荷为 $q = I_{\mathrm{d}}T$ 。上一级电容放掉的电荷，需要在充电时由下一级电容补充，越是下面的电容，电容充放电电荷越多，与级数成正比，当各级电容容量都为相同的 C 时，第 k 级电容的放电量为 kq，电压降落为

$$2\delta U_k = \frac{kq}{C} \approx \frac{kI_{\mathrm{d}}}{fC}$$

越是下面的电容，电压纹波也越大。可以得到 n 级串级直流高压发生器总的纹波电压为

$$\delta U = \sum_{k=1}^{n} \delta U_k \approx \frac{n(n+1)I_{\mathrm{d}}}{4fC} \tag{5-11}$$

可见，输出电压纹波随级数的平方迅速地增加，与输出的直流电流成正比，并与交流电源的频率和电容器容量成反比。所以采用较高频率的电源和大容量的电容器是有利的。

串级直流高压装置的空载输出电压为 $2nU_{\mathrm{m}}$。带上被试品后，其输出电压会由于内部的电压降落而有所降低，各电容不可能被充电到 $2U_{\mathrm{m}}$，可推导得到输出的直流电压平均值为

$$U_{\mathrm{d}} = 2nU_{\mathrm{m}} - \frac{I_{\mathrm{d}}}{6fC}(4n^3 + 3n^2 + 2n) \tag{5-12}$$

从式（5-12）可以看出，增大级数 n 固然可以提高空载电压，但带被试品时的电压降落却急剧增加，输出的直流电压未必能随级数的增加而增加。因此最高直流电压在某一级数时存在最大值，可利用式（5-12）求导得到对应的级数 $n_{\max}$，即

$$n_{\max} = \sqrt{\frac{U_{\mathrm{m}} fC}{I_{\mathrm{d}}}} \tag{5-13}$$

目前直流高压发生器都采用串级结构，单级电压为几千伏，随着技术的进步，现已可达 20kV；电源频率一般为几千赫兹至几十千赫兹。

5.3 冲击电压发生器

冲击耐压试验用来检验各种高压电气设备在雷电过电压、操作过电压等冲击电压作用下的绝缘性能和保护性能，试验电压要比设备绝缘正常运行时承受的电压高出很多。许多高压

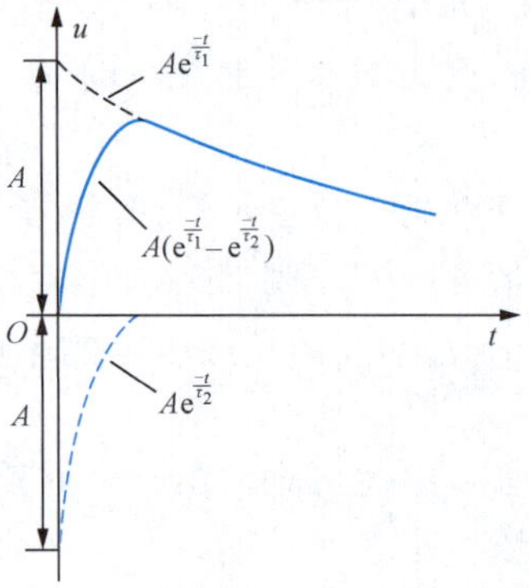

图 5-16　双指数波及其合成的冲击波形

电气设备在出厂试验、型式试验时或大修后都必须进行冲击耐压试验。

冲击电压发生器也是高压实验室的基本设备之一，随着输电电压等级的不断提高和电缆等大电容量电气设备的广泛应用，冲击电压发生器的输出电压和能量也不断提高。

5.3.1　单级冲击电压发生器

1. 单级冲击电压发生器的原理

标准的雷电冲击电压是非周期性的衰减波，可由两个指数波形叠加形成，如图 5-16 所示，其电压 u 可表示为

$$u(t)=A\left(e^{\frac{-t}{\tau_1}}-e^{\frac{-t}{\tau_2}}\right) \tag{5-14}$$

式中：τ_1 为波尾时间常数；τ_2 为波前时间常数，通常 τ_1 远大于 τ_2；A 为单指数波峰值。

由于波尾时间常数 τ_1 远大于波前时间常数 τ_2，在波前时间范围内，$e^{-t/\tau_1}\approx 1$，可将式（5-14）写成

$$u(t)\approx A\left(1-e^{\frac{-t}{\tau_2}}\right) \tag{5-15}$$

这个波前电压可以利用直流电压源经电阻向电容充电来实现，将一个已经充电的电容 C_1（电压为 U_0）向另一个电容 C_2（$C_1\gg C_2$）充电时也可以得到这个电压波形，如图 5-17 所示。图中 $U_{2m}=U_0\dfrac{C_1}{C_1+C_2}$，$\tau_2=R_1\dfrac{C_1C_2}{C_1+C_2}$。

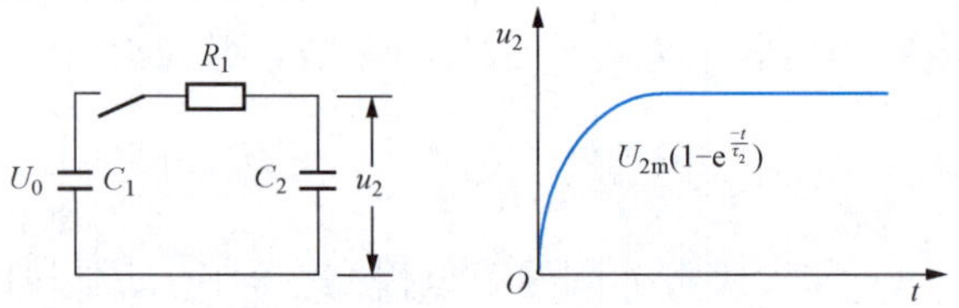

图 5-17　一台电容向另一台电容充电电路及电压波形

根据雷电冲击电压波形的定义，如图 5-18 所示，$u_2(t_1)=0.3U_{2m}$，$u_2(t_2)=0.9U_{2m}$，即

$$\begin{cases}0.3U_{2m}=U_{2m}\left(1-e^{\frac{-t_1}{\tau_2}}\right)\\0.9U_{2m}=U_{2m}\left(1-e^{\frac{-t_2}{\tau_2}}\right)\end{cases}$$

解方程得 $t_2-t_1=\tau_2\ln 7$。

根据三角形的相似性，有

$$\frac{T_1}{t_2-t_1}=\frac{U_{2m}}{0.9U_{2m}-0.3U_{2m}}=\frac{1}{0.6}$$

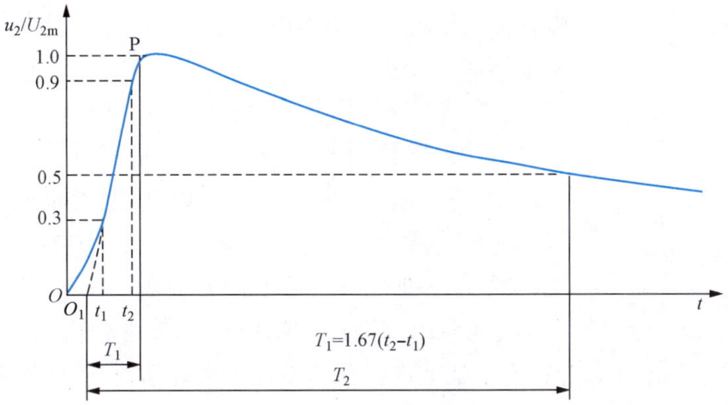

图 5-18 雷电冲击电压波形

得到

$$T_1=\frac{t_2-t_1}{0.6}=\frac{\tau_2\ln 7}{0.6}\approx 3.24\tau_2=3.24\frac{R_1C_1C_2}{C_1+C_2} \tag{5-16}$$

因为 $C_1 \gg C_2$，则

$$T_1\approx 3.24R_1C_2 \tag{5-17}$$

在波尾时间范围内，$e^{\frac{-t}{\tau_2}}\approx 0$，式（5-14）可近似表示为

$$u_2(t)=Ae^{\frac{-t}{\tau_1}} \tag{5-18}$$

式（5-18）对应的波形与已充电电容经电阻放电的电压波形是相同的，如图 5-19 所示，电容 C 预先具有电压 U_{2m}。

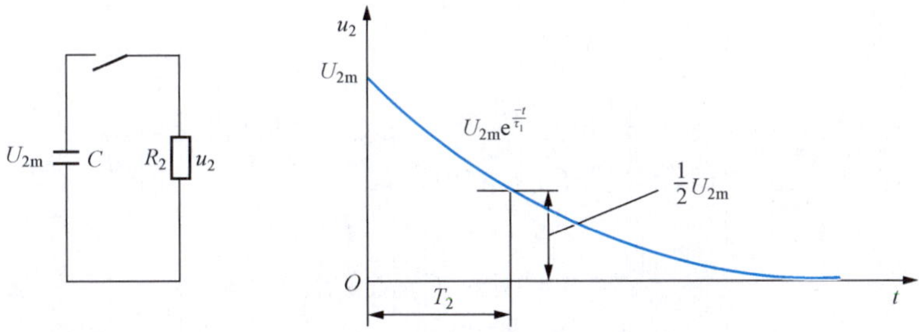

图 5-19 冲击电压波尾形成原理及波形

可以计算出电压下降到一半的时间，即半峰值时间 T_2 关系式为

$$U_{2m}e^{\frac{-T_2}{\tau_1}}=\frac{U_{2m}}{2}$$

式中：τ_1 为波尾时间常数，$\tau_1=R_2C$。

求解得

$$T_2=\tau_1\ln 2=0.7R_2C \tag{5-19}$$

如电容 C 为两个电容 C_1、C_2 并联而成，则

$$T_2=\tau_1\ln 2=0.7R_2(C_1+C_2)\approx 0.7R_2C_1 \tag{5-20}$$

根据上述分析，将图 5-17 和图 5-19 两个电路组合起来，形成如图 5-20 所示电路，就可

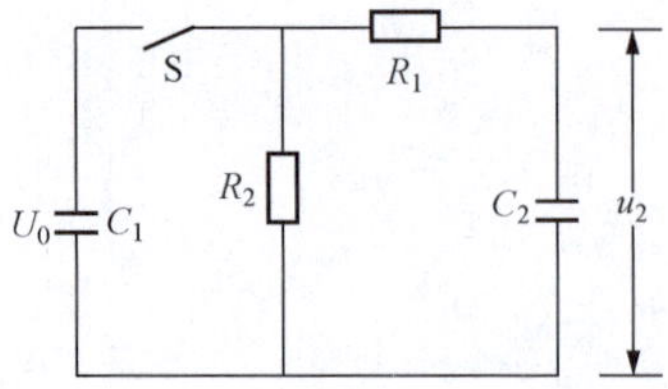

图 5-20　冲击电压产生电路

以在 C_2 两端产生冲击电压全波。首先在开关 S 打开的状态下对主电容 C_1 充电至 U_0，充电完毕后合上开关 S，由于 R_1 远小于 R_2，首先电容 C_1 经电阻 R_1 对 C_2 充电，形成冲击电压波的波前；同时 C_1 和 C_2 经过电阻 R_2 放电，形成冲击电压波的波尾。一般情况下，C_1 比 C_2 大很多，所以波前时间主要由 R_1、C_2 决定，波尾时间主要由 C_1、R_2 决定，称 R_1 和 R_2 分别为波前电阻和波尾电阻。在进行发生器回路设计时，该电路输出电压的波前和波尾时间可大致按照式（5-17）和式（5-20）进行初步估算，再进行校核确定电路参数。

例如，对一个电容量为 400pF 的被试品进行冲击电压试验，设计的电路参数为 C_1=0.056μF，R_1=1020Ω，R_2=1260Ω。计算得到冲击电压波形时间参数为 1.195/51.8μs。

根据实际的需要，可以将图 5-20 所示的电路改为图 5-21 所示的两种形式。

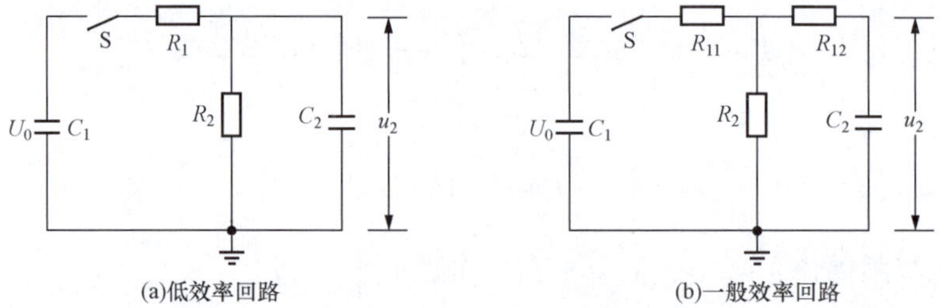

图 5-21　单级冲击电压发生器的另两种电路形式

在图 5-20 中，C_2 上能充到的最高电压 U_{2m} 等于 C_1 上的电压，充电完毕后，C_2 上的电压峰值为

$$U_{2m} \approx U_0 \frac{C_1}{C_1 + C_2} \tag{5-21}$$

而在图 5-21（a）中，由于电阻 R_1 和 R_2 的分压，C_2 上能充到的最大电压 U_{2m} 小于 C_1 上的电压。如果忽略 C_1 经 R_2 放掉的电荷，则 C_2 上的电压峰值为

$$U_{2m} \approx U_0 \frac{C_1}{C_1 + C_2} \frac{R_2}{R_1 + R_2} \tag{5-22}$$

定义放电回路的电压利用系数为

$$\eta = U_{2m}/U_0 \tag{5-23}$$

可以看出，图 5-20 所示回路的利用系数比图 5-21（a）所示回路要高一些，称为高效率回路，利用系数可达 0.9 以上；图 5-21（a）所示回路称为低效率回路，利用系数为 0.7～0.8；图 5-21（b）所示回路的利用系数介于上述两者之间。

2. 单级冲击电压发生器

实际的单级冲击电压发生器电路如图 5-22 所示。调整调压器 AV 的输出可以改变主电容 C_1 的充电电压 U_0；根据试验要求，可以调整电阻 R_1 和 R_2 以改变发生器输出电压波形；放电球间隙 F 作为冲击电压发生器的开关，其间隙距离可以根据放电电压进行调整。受高压硅堆和电容器额定电压的限制，同时也考虑放电球的直径不宜过大，一般单级冲击电压发生器的最高电压不超过 300kV。

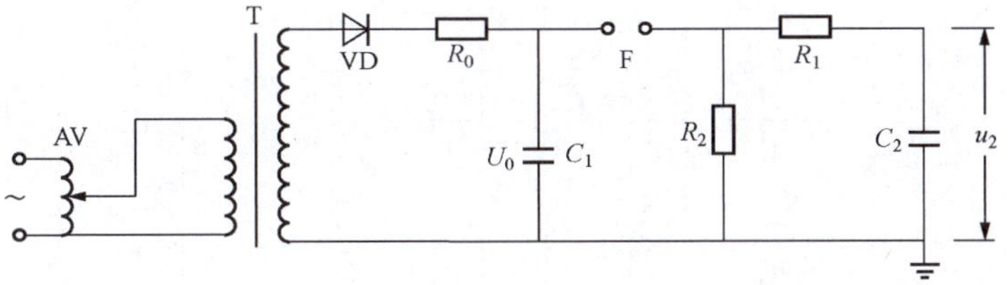

图 5-22 实际单级冲击电压发生器电路

冲击电压发生器的被试品一般是容性被试品，在进行冲击电压试验时，实际上利用被试品、测量球间隙、电容分压器以及高压引线对地的电容的总和作为波前电容 C_2。

在实际装置中，由于回路电感的存在，波形存在一定的畸变，特别是在波前部分，不再是光滑的指数波形。

5.3.2 多级冲击电压发生器

1. 多级冲击电压发生器的原理

要获得更高的冲击电压，往往采用多级串联的冲击电压发生回路，如目前国内的 7500kV 冲击电压发生器采用每级 300kV、共 25 级的结构形式。

多级冲击电压发生器的基本原理可以概括为并联充电、串联放电。即先对多个主电容器并联充电，然后这些电容器通过球间隙串联起来放电，在被试品上产生峰值很高的冲击电压。图 5-23（a）所示是 4 级冲击电压发生器的原理电路。由于充电电阻 R 的阻值很大，因此可以得到如图 5-23（b）所示的近似放电等效电路。

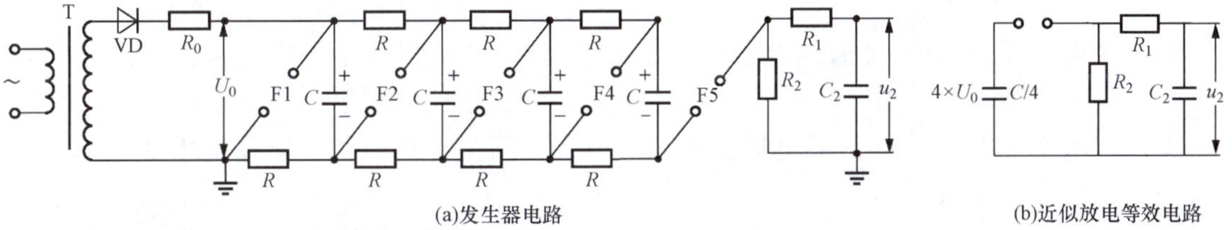

图 5-23 4 级冲击电压发生器的原理电路

冲击电压的产生过程为：首先调整各级球间隙的距离，使间隙 F1 能在电压为 U_0 时被触发放电，F2～F4 的放电电压在 U_0～$2U_0$ 范围内，然后开始对各个主电容器 C 同时充电到电压 U_0。放电时首先使 F1 击穿，然后导致 F2～F4 依次击穿，各个电容器串联起来对 C_2 和 R_2 放电，在输出被试品 C_2 上形成峰值很高的冲击电压。

各级球间隙起着将电容器从并联充电自动转换成串联放电的作用。如图 5-24 所示，C_{10}～C_{80} 是各级对地的杂散电容。在充电过程结束后，点 1、3、5、7 的对地电位均为 U_0，上面一排杂散电容 C_{10}、C_{30}、C_{50}、C_{70} 两端被充电到电压 U_0，下面一排杂散电容未被充电，点 2、4、6、8 仍为地电位（零电位）。

在放电时，第一级球间隙 F1 首先被触发放电，点 1 的电位瞬时从 $+U_0$ 降为零，由于电容 C 两端电压不能突变，点 2 电位瞬时从零下降到 $-U_0$。由于充电电阻 R 的存在，杂散电容 C_{30} 来不及放电，在 F1 击穿瞬间仍使点 3 电位维持在原来的 $+U_0$。于是在 F1 击穿的瞬间，球间隙 F2 承受的电压由原来的 U_0 瞬间上升到 $2U_0$，从而导致 F2 自行击穿。

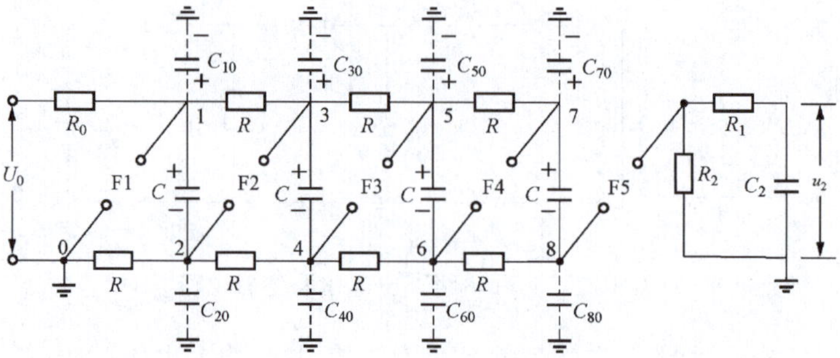

图 5-24 各级对地杂散电容

F2 击穿后，点 3 电位在瞬间从$+U_0$下降到$-U_0$，点 4 电位则变为$-2U_0$，而点 5 仍维持在原来的电位$+U_0$。于是，在 F1 和 F2 击穿瞬间，球间隙 F3 承受的电压由原来的 U_0 上升到 $3U_0$，从而导致 F3 击穿。以此类推，对 4 级冲击电压发生器而言，第 1～4 级球间隙依次在 U_0～$4U_0$ 电压作用下击穿，将所有的电容器串联起来放电，最后一级间隙 F5 在 $4U_0$ 的电压作用下也会在瞬间击穿，从而使放电回路导通，在 C_2 上形成高峰值冲击电压波。n 级冲击电压发生器的原理同上，球间隙击穿后可形成 nU_0 的电压。

从上述过程可以看出，电容器由并联充电转变为串联放电的关键是对地杂散电容来不及放电，而杂散电容放电的快慢取决于其放电的时间常数，包括杂散电容容量及充电电阻 R 的大小。在实际工程中，为了确保各级球间隙能顺利自动放电，有时还需要采取措施增大杂散电容。

2. 触发球间隙

在冲击电压发生器中，通过控制第一级球间隙放电就可以产生冲击高压。冲击电压发生器的第一级球间隙通常采用三电极球间隙，典型结构如图 5-25 所示。冲击电压发生器的充电电压加在球电极 1 和 2 之间，球电极 2 的端部有孔，且处于地电位，触发电极 3 与球电极 1 和 2 之间分别形成间隙 F 和 f。

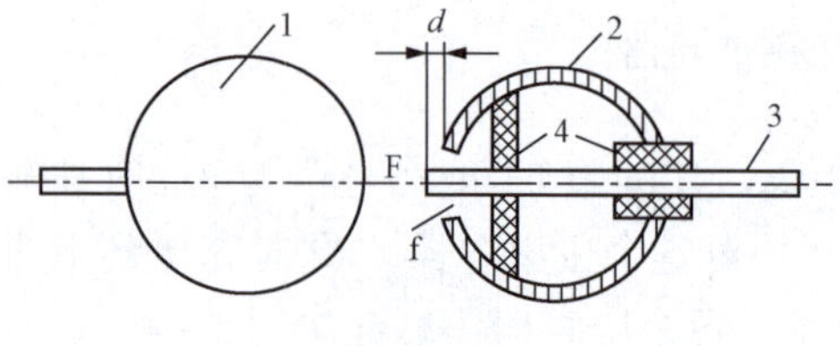

图 5-25 三电极球间隙的典型结构

1—铜球；2—端部有孔的铜球；3—触发电极；4—瓷、胶木等绝缘材料

三电极球间隙工作的原理是，当冲击电压发生器中电容器充电完毕后，利用另外一个回路产生一个高压触发脉冲，施加到触发电极 3 与球电极 2 之间，引起三电极球间隙击穿，使冲击电压发生器放电。三电极球间隙的击穿过程可分为两种：

（1）高压触发脉冲的极性与充电电压的极性相反。主间隙 F 首先击穿，引发间隙 f 击穿，产生火花，从而使电极 1 和 2 之间放电。

（2）高压触发脉冲的极性与充电电压的极性相同。间隙 f 首先击穿，产生很强的电火花，造成气体电离，引发主间隙 F 击穿，电极 1 和 2 之间放电。

3. 操作冲击电压的产生

产生操作冲击电压的方法有多种，主要有利用冲击电压发生器的方法和利用变压器的方法两类。

（1）双指数操作冲击波。从原理上讲，利用冲击电压发生器可以产生双指数操作冲击波。

通过调节冲击电压发生器的波前、波尾电阻，可改变波前和波尾时间，加大波前、波尾电阻到合适的值，就可以得到符合标准的操作波。在进行操作波回路参数的计算时，由于波前和波尾电阻值已经大幅增加，在主电容 C_1 对电容 C_2 充电的过程中，电容对波尾电阻的放电已经不能忽略，C_2 上的输出电压峰值与 C_1 的充电电压值相差较大，冲击发生器的效率已经大为下降，不能用计算标准雷电波的近似估计的方法来计算操作波的回路参数，否则将带来很大的误差。

（2）衰减振荡波。这种操作冲击电压可以利用电容器对变压器一次绕组放电产生。如图 5-26 所示，电容 C 预先充电至一定的电压，然后通过球间隙 F 的触发放电，使电容器向试验变压器的一次绕组（低压侧）放电，在变压器的二次绕组（高压侧）便会因电磁感应基本上按变压器变比产生出操作冲击电压。图中虚线内的元件 R_1 和 C_1 是用来调节波形的。

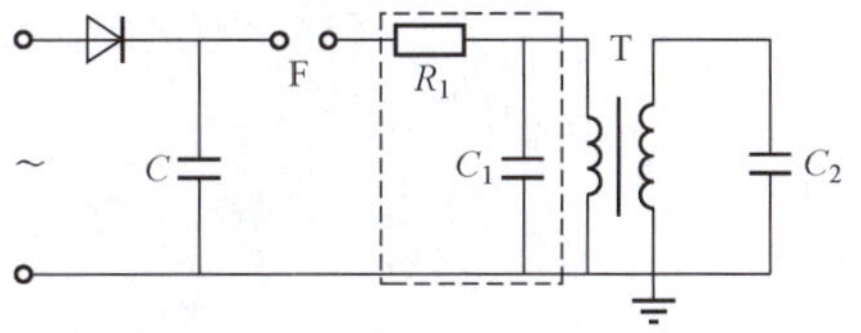

图 5-26　利用变压器产生操作波的原理接线

C—主电容；R_1、C_1—调波电阻及电容；C_2—被试品电容

这种操作波及其产生方法特别适用于电力变压器的现场试验，因为它允许省去高压试验变压器，而电力变压器既是被试品，又起试验变压器的作用。

5.4 冲击电流发生器

当电气设备中流过冲击大电流时，会产生瞬时高电压、强电动力、高温升等后果，导致绝缘击穿或结构损坏，因此需要对一些设备进行冲击大电流的试验。典型的试验对象是避雷器，对其需要进行雷电或操作冲击电流作用下的保护性能试验、长持续时间冲击电流作用下的热量耐受能力试验等试验。电力设备的冲击电流试验需要最高达百千安培量级的电流。此外，冲击大电流在激光、加速器、加工成形等工业领域和科学研究中，已有诸多应用，最大电流达几十兆安培。根据应用领域的不同，冲击电流的峰值、波形等也不相同。产生这些大电流的设备是冲击电流发生器，以下介绍电力工程中常用的几种冲击电流波形和产生方法。

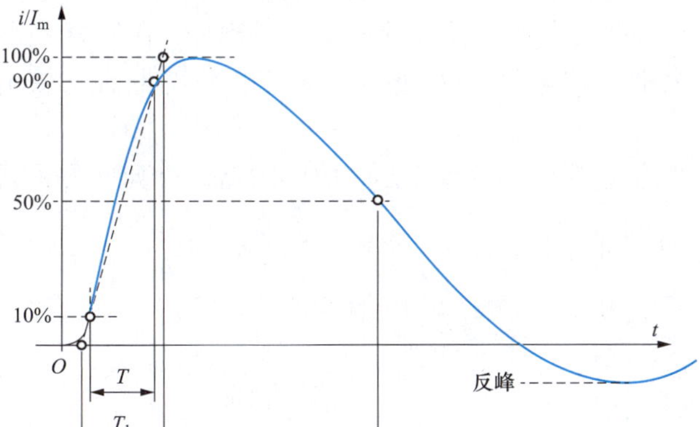

图 5-27　指数型冲击电流波形

T_1—波前时间；T_2—半峰值时间；I_m—电流峰值

5.4.1　冲击电流波形

根据 GB/T 16927.4—2014，用于电力设备的标准冲击电流分为两大类，即指数型冲击电流和矩形冲击电流。指数型冲击电流在较短时间内电流上升至峰值，之后近似按指数形式或者以强阻尼的正弦曲线下降至零。波形如图 5-27 所示，T_1、T_2 分别为波前时间和半峰值时间，一般表示成 T_1/T_2 型冲击电流。常用的冲击电流波形有 1/20μs、4/10μs、8/20μs、30/80μs、10/350μs 等多种。GB/T 16927.4—2014 对不同波形冲击电流的波前、半峰值时间的

允许偏差也做了相应规定。

矩形冲击电流是一种持续时间较长的冲击电流，其波形由持续时间 T_d 和总持续时间 T_t 定义，如图 5-28 所示，一般表示为 T_d/T_t 型冲击电流。典型的持续时间 T_d 有 500、1000、2000μs 及 2000～3200μs 等几种。

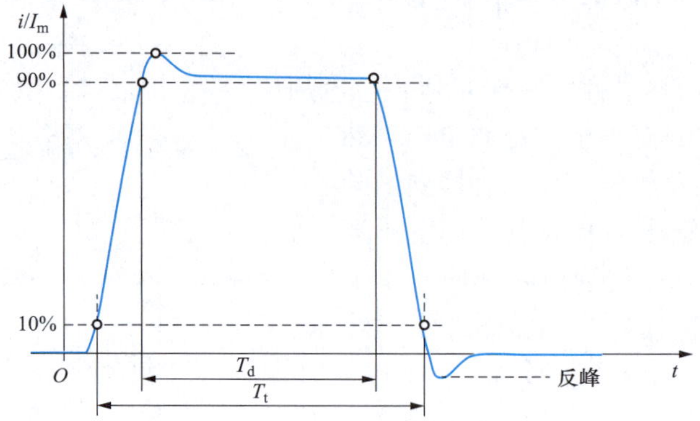

图 5-28 矩形冲击电流波形

5.4.2 指数波冲击电流发生器

1. 常用的冲击电流发生器

冲击电流发生器的基本原理如图 5-29 所示，包括整流充电电源和冲击放电回路两部分。图中 L 和 R 分别是包括被试品在内的放电回路的总电感和电阻，也包括有时为了调整电流波形而加入的电感和电阻；分流器 S 用于测量流过被试品的电流，测量信号送入示波器。在实际的冲击电流发生器中，为了输出大电流，往往采用多台电容器并联成电容器组的形式。

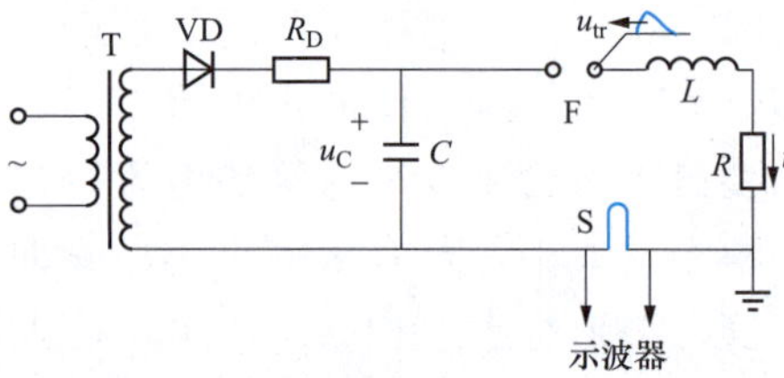

图 5-29 指数波冲击电流发生器原理电路

冲击电流发生器的工作原理是：首先对电容器 C 充电至电压 U_0，然后发送触发脉冲 u_{tr} 使球间隙 F 击穿，在短时间内把电容器 C 储存的能量释放出来，在回路中产生很大的冲击电流。为获得高峰值的冲击电流，放电回路的电感和电阻应尽可能小。

设电容器组 C 充电电压为 U_0，球间隙 F 击穿后，回路为 R-L-C 放电回路，可列出方程式

$$\begin{cases} u_C = L\dfrac{di}{dt} + Ri \\ i = -C\dfrac{du_C}{dt} \end{cases} \tag{5-24}$$

初始条件为：$u_C(0)=U_0$；$i(0)=0$。

该方程的解分三种情况。

（1）欠阻尼情况，即 $R<2\sqrt{L/C}$。

$$i(t) = \frac{U_0}{\sqrt{1-\alpha^2}}\sqrt{\frac{C}{L}}e^{-\alpha(t/\sqrt{LC})}\sin\left(\sqrt{1-\alpha^2}\frac{t}{\sqrt{LC}}\right) \tag{5-25}$$

式中：$\alpha=\frac{R}{2}\sqrt{\frac{C}{L}}$。

冲击电流波形是一个周期性的衰减振荡波。用式（5-25）不难求出电流的峰值和到达峰值的时间。

（2）临界阻尼情况，即 $R=2\sqrt{L/C}$。

$$i(t)=\frac{U_0}{L}t\mathrm{e}^{-t/\sqrt{LC}} \tag{5-26}$$

（3）过阻尼情况，即 $R>2\sqrt{L/C}$。

$$i(t)=\frac{U_0}{\sqrt{\alpha^2-1}}\sqrt{\frac{C}{L}}\mathrm{e}^{-\alpha(t/\sqrt{LC})}\mathrm{sh}\left(\sqrt{\alpha^2-1}\frac{t}{\sqrt{LC}}\right) \tag{5-27}$$

临界阻尼与过阻尼情况下的冲击电流波是非周期性波。

分析三种阻尼条件下的冲击电流发生器回路，可以得到下列结论：

（1）冲击电流的峰值与电容器 C 储存能量和回路电感有关。通过增大电容器储存能量（增大电容量或提高电压）、减小回路电感或减小回路电阻可以提高冲击电流的峰值。

（2）冲击电流的最大陡度出现在 t=0 时，均为 $\left.\frac{\mathrm{d}i}{\mathrm{d}t}\right|_{\max}=\frac{U_0}{L}$，仅取决于电容器组的充电电压 U_0 和放电回路的电感 L，与回路电阻 R 无关。如需提高电流陡度，应提高充电电压并尽量减小放电回路的电感。

以一个 8/20μs 的冲击电流发生器为例，设计的电路参数为 C=24μF，L=3μH，R=0.38Ω 时，计算得到的冲击电流波形时间为 7.62/21.4μs。当电容器充电电压为 80kV 时，输出电流峰值为 119.4kA。

可见，为了提高冲击电流的峰值和陡度，必须减小放电回路的电感。放电回路的电感由四部分组成，即电容器组的电感、开关的电感、连接导杆的电感和被试品的电感。为此，可以采用固有电感很小的低内感脉冲电容器，或者采用多个放电支路并联的方式。为了实现这个目的，其中一种方法是使电容器成环形排列，被试品放在圆心位置，如图 5-30 所示。

2. 长波尾冲击大电流发生器

对一些电子设备的防雷产品保护性能，要求进行 10/350μs 冲击电流试验，且电流峰值很高，最高可达 100kA 以上。采用传统的线性 R—L—C 放电回路，很难获得短波前、长波尾，且峰值很高的冲击大电流。

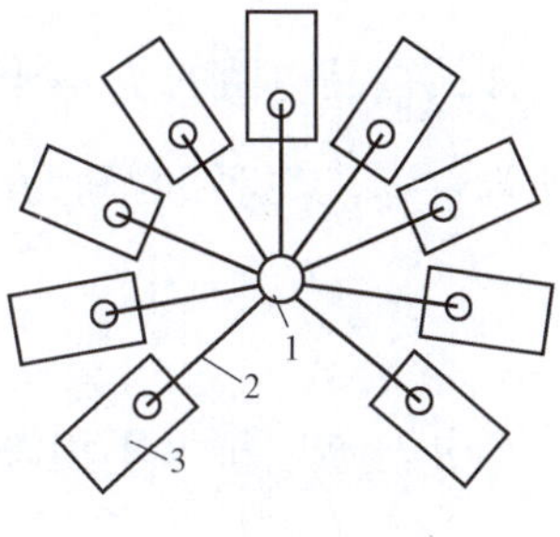

图 5-30 环形结构的冲击电流发生器

1—被试品；2—连接导杆；3—电容器

发生器原理如图 5-31 所示，图中 R_2 为被试品等效电阻。发生器中在采用一种称为 crowbar 支路的续流支路，如图中间隙 F2。当电容器 C 充到一定电压后，首先使间隙 F1 导通，由 C—R_1—L_1—R_2 形成欠阻尼放电回路，产生冲击电流的波前部分。当被试品中电流达到峰值 I_m 时，触发导通间隙 F2。由于电感 L_1 中电流不能突变，续流支路近似短路，因此构成 L_1—R_2 放电回路，被试品中电流由起始值 I_m 呈指数形式衰减，形成波尾，其时间常数为 L_1/R_2。由于 R_2 值很小（一般为几十毫欧），因此波尾时间可以远大于波前时间。调节回路中 R、L、C 参数，可以得到满足规定的波前和半峰值时间的冲击大电流波形。

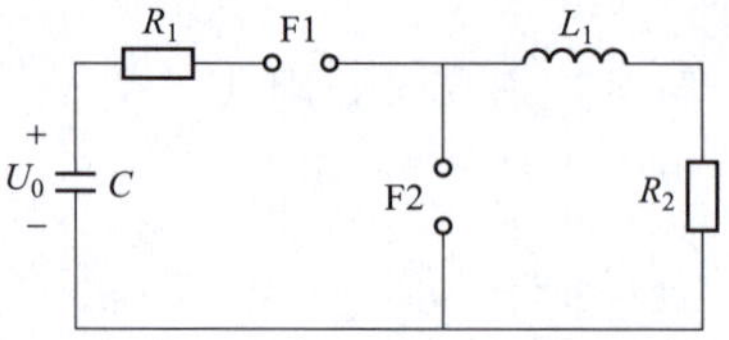

图 5-31　短波前、长波尾冲击大电流发生器原理电路

5.4.3　矩形冲击电流发生器原理

在矩形冲击电流发生器中，利用多个集中电感 L 和电容 C 组成的人工链型电路来模拟均匀传输线，如图 5-32 所示，共由 n 个 $L-C$ 元件组成。一般用 6～8 链节的人工线路所产生的矩形波已经接近均匀传输线产生的矩形波。若这根人工传输线代表长为 l 的电缆，则每单位长度的电感和电容分别为 $L'=nL/l$ 和 $C'=nC/l$ 。可以得到下述人工传输线的参数。

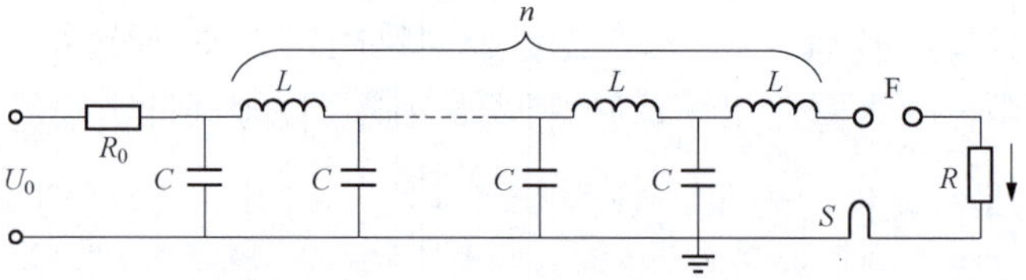

图 5-32　矩形冲击电流发生回路

（1）人工线的波阻抗为

$$Z=\sqrt{L'/C'}=\sqrt{L/C} \tag{5-28}$$

（2）人工线的波速为

$$v=\frac{1}{\sqrt{L'C'}}=\frac{l}{n\sqrt{LC}} \tag{5-29}$$

（3）矩形电流的峰值

$$I=\frac{U_0}{Z+R} \tag{5-30}$$

如被试品电阻的 R 等于波阻抗 Z，则在终端不发生反射，在 R 中流过一个矩形电流波，峰值为 $\frac{U_0}{2R}$ ，其持续时间为波在长度 l 的电缆上来回一次所需时间，即

$$T=\frac{2l}{v}=2n\sqrt{LC} \tag{5-31}$$

如 R 与波阻抗 Z 不相等，则在被试品上会发生多次折反射过程，电流波为振荡的矩形波。

习　题

1．如何确定串级试验变压器各级的容量？

2．调整试验变压器输出电压的大小是利用调压器来完成的，调压器有哪几种？各有什么特点？

3．进行工频耐压试验时，如果被试品突然击穿，此时回路电流一定增大吗？为什么？

4．为什么要进行直流耐压试验？在什么场合需要进行直流耐压试验？

5．在不改变输出电压和电流的情况下，应从哪些方面考虑减小串级倍压整流装置的体积和质量？

6．标准雷电冲击波和电子电路遇到的脉冲波有什么不同？

7．如果没有寄生电容的存在，多级冲击电压发生器能够工作吗？为什么？

8．如果需要产生波前时间和半峰值时间更小的冲击电压，波前电阻和波尾电阻应如何调整？

9．试设计一个标称电压为 1MV 的冲击电压发生器，要求产生电压波形为 1.2/50μs 的标准波。其主电容为 10 个 100kV、0.1μF 的电容器，被试品电容为 500pF。请画出电路图并选择各元件参数。

6　高电压和大电流的测量

在进行高电压和大电流试验时，需要对试验电压和电流进行测量。与一般的电气测量相比较，高电压、大电流的测量主要有以下特点：

（1）被测量数值大。如高电压峰值常为几千伏至几兆伏，一般的仪表受绝缘和发热限制，往往不能直接与高压端相连接。通常用能耐受高压的转换装置将高电压或大电流按一定比例转换成低电压或小电流信号，再用低压仪表进行测量。

（2）测量系统复杂。为了保证安全，转换装置输出端与低压仪表之间往往有较长距离，信号通过电缆传输，因此高电压、大电流的测量是通过一个由高压引线、转换装置、信号电缆、低压仪表四个部分组成的“测量系统”来实现的。这四个组成部分中的每一个都会对测量系统的特性产生影响，系统中各部分需相互协调以保证测量系统的准确度。

（3）要求测量系统有良好的瞬态响应特性。除稳态的交直流电压、电流外，被测量常为快速变化的单次过程，其经历的时间常以微秒或更短时间计，因此，要求测量系统能不畸变地重现被测量的波形，即具有良好的动态特性或瞬态响应特性。

GB/T 16927.2—2013 对高电压试验的测量系统要求做了规定，其中稳态和冲击高电压、冲击电流测量的不确定度应不大于 3%。

6.1　交流高压的测量

在电力系统中，利用电压互感器配合低压仪表监测交流高压。这种方法在高压实验室中很少采用，其原因是试验电压远比运行的电压高，电压互感器需要特制，体积大、造价高。

交流高压的测量装置大体上可分为两类：一类是直接跨接在被测高压两端并指示被测高压的装置，例如测量球间隙和静电电压表；另一类是高阻抗与低压仪表配合的装置，将被测高压按比例转换成低电压或小电流信号后再进行测量和指示。

6.1.1　球间隙

当电场均匀时，空气间隙的击穿电压和间隙距离有确定的关系，球间隙法就利用球间隙的这一特性来测量交流高压的幅值。球间隙易于加工安装，放电时电极烧蚀轻微，放电重复性好。此外，球间隙的伏秒特性较平，对测量雷电冲击电压有利。

在实际中当球形电极之间的距离不太大时，其间隙中的电场为稍不均匀电场，间隙击穿电压的分散性较小。多年的试验数据表明，用球间隙测量交流电压幅值时（放电发生在幅值到达时），不确定度不大于 3%。球的直径不同，电场均匀度有所不同，因此即使极间距离相同，放电电压也不同。通过多年的试验研究，已经制定了标准球间隙放电电压表格，对应于一定的直径和距离有一对应的放电电压值，详见 GB/T 311.6—2005，可测的电压幅值从几千伏到近 2000kV。为了减小测量结果的不确定度，间隙距离与球的直径之比应不大于 0.5。测量时，将被测电压加在间隙上，从大到小改变间隙距离，直到间隙发生放电；或者固定间隙距离，慢慢升高电压，直到间隙发生放电为止。可根据所用球的直径和放电时的间隙距离，在放电电压表上查询相应的放电电压值。

球间隙放电时，回路电流瞬间变大，电源便会跳闸，耐压试验中断，所以利用球间隙实际上无法在耐压试验过程中直接监视被测电压，一般只用来校正别的测量仪器。通常在被试品接入试验回路后，先在较低输出电压下用球间隙测出被试品上的电压，同时读出试验变压器的一次侧电压，记录用球间隙测出的电压和低压仪表读数的对应关系。在一定范围内逐级改变加于被试品上的电压，即可得到一系列高低压的对应值，并可把数据绘成校正曲线，被试品上的电压最高升到应有耐压试验值的 80%～85%。然后用外推法，定出与应有耐压试验值对应的低压仪表读数。再把球间隙加大到试验电压的 1.1～1.15 倍对应的距离，以便在耐压试验中球间隙不放电。此时球间隙成为保护间隙，可防止被试品上电压的异常升高。在进行耐压试验时，升高被试品上的电压，直到低压仪表指示达到正式试验对应的低压读数为止。

由于空气中的尘埃或球面附着的细小杂物的影响，球间隙最初几次的放电电压可能偏低且不稳定，故应先进行几次预放电。随后取至少连续 10 次放电电压的平均值作为测量值，且以 10 次放电电压值进行计算所得的标准偏差应在平均值的 1%以内。此外，为了保证两次放电之间间隙充分去游离，两次放电的时间间隔至少应为 30s 以上。

由于球间隙放电电压受温度、气压、湿度等因素的影响，因此需要根据大气条件进行大气环境的放电电压修正。

球间隙在使用中是一球接高压，一球接地的布置方式。球间隙可以垂直布置，也可以水平布置，图 6-1 所示是垂直型标准球间隙装置。

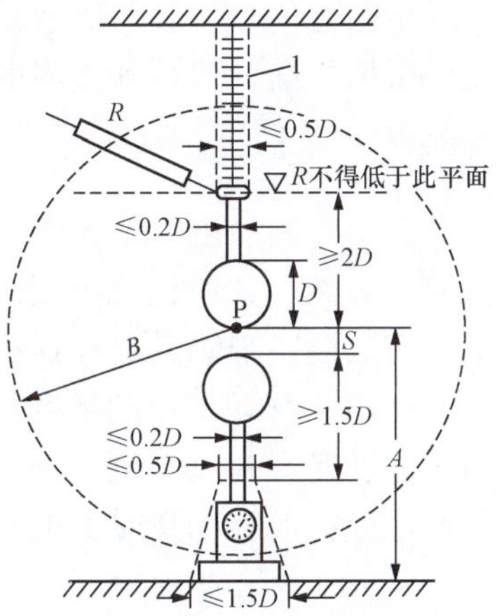

图 6-1 垂直型标准球间隙装置

1—绝缘支撑；P—放电点

在使用球间隙进行上述电压校正时，要注意以下几个问题：

（1）周围物体的影响。周围物体主要是指带电和接地的导体，它们的存在会影响球间隙中的电场分布，从而影响球间隙的放电电压。除了对图 6-1 中标注的各部分尺寸的要求，标准还规定了其放电点 P 与大地之间的距离 A 的范围以及无外物的自由空间半径 B 的最小值。如当球直径 $D\leqslant 6.25$cm 时，需满足 $7D\leqslant A\leqslant 9D$，$B\geqslant 14S$；当球直径 D=200cm 时，需满足 $3D\leqslant A\leqslant 4D$，$B\geqslant 6S$。

（2）照射。由于球面尘埃及间隙中空气电离不充分，球间隙放电电压具有一定的分散性，特别是对球间隙距离很小的情况，间隙中包含的自由电子较少，放电的分散性会明显增大。为了使测量结果稳定，我国标准规定，当被测电压低于 50kV 或者球直径小于 12.5cm 时，均须用 γ 射线或紫外线照射。在试验时，如果试验回路中出现电晕且能使产生电晕的部位对着间隙，在一般情况下便可满足照射的要求。

（3）保护电阻。为减轻球间隙放电时放电火花对球表面的烧蚀，需要使用球间隙保护电阻。球间隙保护电阻阻值可在较大范围内选取，常用值为 0.1～1MΩ。

6.1.2 静电电压表

相互绝缘的带异号电荷的两个电极间存在静电力的作用。设其中一个电极固定，另一个可动，则在静电力的作用下，可动的电极将发生运动。如果施加一个外力使之与静电力平衡，就可由所加外力推断静电力的大小。静电力的大小与电极上电荷的多少有关，即与电极间的电压有关。因此，测定了平衡力就能知道对应的电压值。根据这个原理做成的电压表，称为静电电压表，静电电压表可测量的电压范围为几十伏至1000kV。

用图6-2可以说明静电电压表的原理。设有一对平行平板电极，电极面积为A，电极间距离为l，极板之间的电容为C，极间电压为U。忽略边缘效应，设电极间为均匀电场。两极板间的能量为

$$W=\frac{1}{2}CU^2=\frac{\varepsilon A}{2l}U^2 \tag{6-1}$$

式中：ε为介电常数。

如此时电极间的吸引力为F，则极板由于吸引力而移动$\mathrm{d}l$时所做的功为$F\mathrm{d}l$，它在数值上等于电场能量的变化量$\mathrm{d}W$。在保持电压U不变的情况下，电极所受到的作用力F为

$$F=-\frac{\mathrm{d}W}{\mathrm{d}l}=\frac{\varepsilon A}{2l^2}U^2 \tag{6-2}$$

由式（6-2）可以看出，电极上的力与电压的平方成正比。由测量仪表的一般原理可知，此时平衡力（即仪表的指示）反映的是电压的有效值。

根据平衡力就得到被测电压为

$$U=l\sqrt{2F/(\varepsilon A)}=\sqrt{2Fl/C} \tag{6-3}$$

在实际的静电电压表中，消除边缘效应是非常重要的。图6-3所示为静电电压表的一种典型的原理结构，在接地电极的中央有一个可动的圆板电极，该圆板电极与高压电极之间形成了均匀电场。当测量端接到被测高压时，在静电力的作用下，可动圆板电极受到力F的作用而产生微小移动，移动量经放大后由指针的偏转反映出来。有些静电电压表可动圆板电极的微小移动是经过一系列的光线反射放大，并通过光标的移动反映出来的。

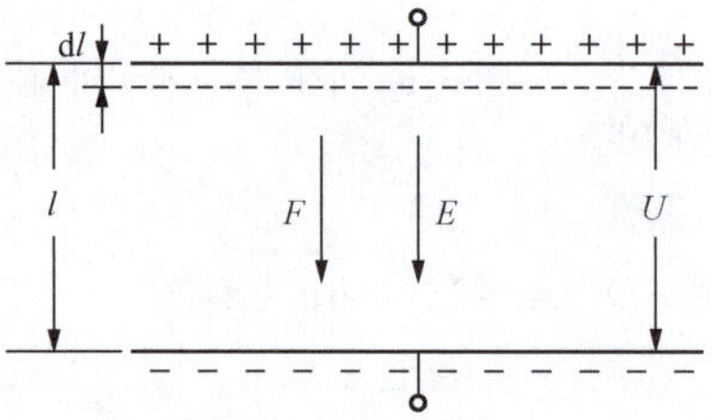

图6-2 平行电极间的电场力

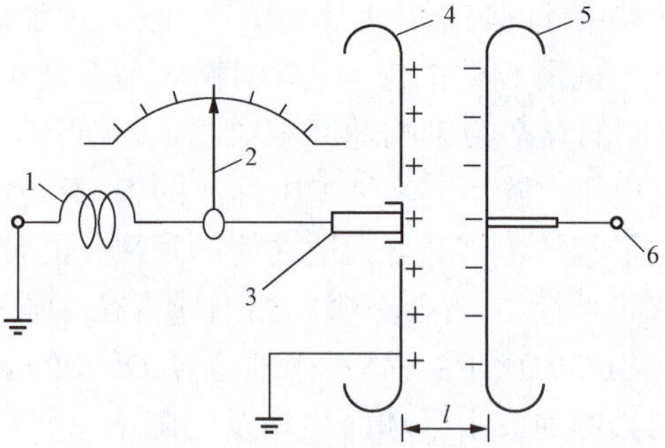

图6-3 静电电压表原理结构

1—弹簧；2—指针；3—可动圆板电极（面积为A）；4—圆盘形保护电极；5—高压电极；6—测量端

由于静电电压表电极之间静电力的大小与电压的平方成正比，所以可动电极的移动量与电压变化的关系也不是线性的，也就是说，静电电压表的指示刻度是不均匀的。

显然，使用静电电压表测量交流高压比使用球间隙要方便得多，它可以不间断、连续地监视被测电压。静电电压表高低压电极之间的电容量很小，一般为5～50pF，因此在测量交流高压时，吸收功率极小，一般不会引起被测电压的变化。电极之间靠空气绝缘，其绝缘电阻

很高。根据静电电压表的工作原理，它也可用于测量高频电压；但此时要考虑静电电压表的接入会影响被测电压，因为随着频率的升高，静电电压表的吸收功率也会增大。

6.1.3 电容分压器

高压测量系统中的转换装置是由不同类型的高阻抗构成的，为保证测量准确度，高阻抗应具有阻抗值稳定，从电源吸收的功率小及不过热等性质。高阻抗转换装置有两种基本的工作方式：其一是高阻抗与电流表串联，以测出的电流乘以高阻抗值即得到加在高阻抗上的电压，如图 6-4（a）所示；其二是将高阻抗与同类型的低阻抗串联组成分压器，用低压仪表测出低阻抗上的电压，将此电压与高低阻抗之比相乘，得到加在整个阻抗上的电压，如图 6-4（b）所示，这种方法称为分压器法。

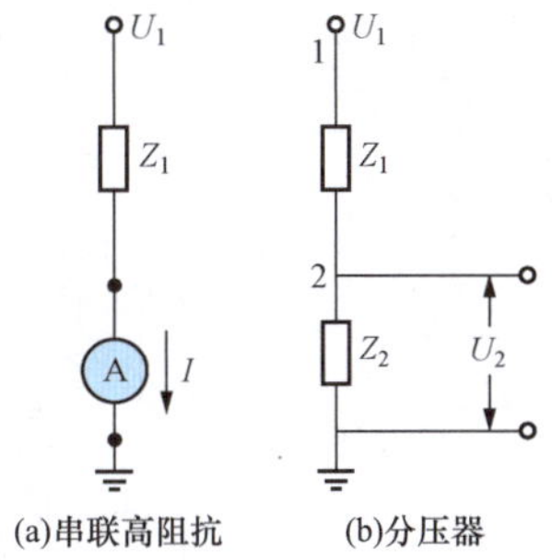

图 6-4　高阻抗配合低压仪表

测量交流高压，原则上可以用电容、电阻或电感作为分压器中的阻抗，但由于技术性能方面的原因，电阻用得较少且电压不高，电感用得更少。用高压电容配合低压仪表来测量交流高压，是目前交流高压测量中的一种主要方法。与测量球间隙和静电电压表相比，采用分压器不仅可以测量有效值、幅值等电压的特征量，还可以接入示波器读取波形。

电容分压器是一种高阻抗转换装置，应用电容分压器测量交流电压的测量回路如图 6-5 所示。在交流电压作用下，流过电容 C_1 和 C_2 的电流相同，所以

$$U_2 = \frac{C_1}{C_1 + C_2} U_1 = \frac{U_1}{N} \tag{6-4}$$

这里 $N = (C_1 + C_2) / C_1$ 称为分压比，为分压器上所加总电压与低压臂输出电压之比。显然只要 $C_1 \ll C_2$，那么 $U_2 \ll U_1$，仅有小部分电压降在 C_2 上，就可以实现用低压仪器测量高压的目的。对于分压器，要求它的分压比 N 是常数，即不应随被测波形、频率、电压大小、周围大气条件和安装地点而变化，或者变化很小以满足规定的测量准确度的要求。

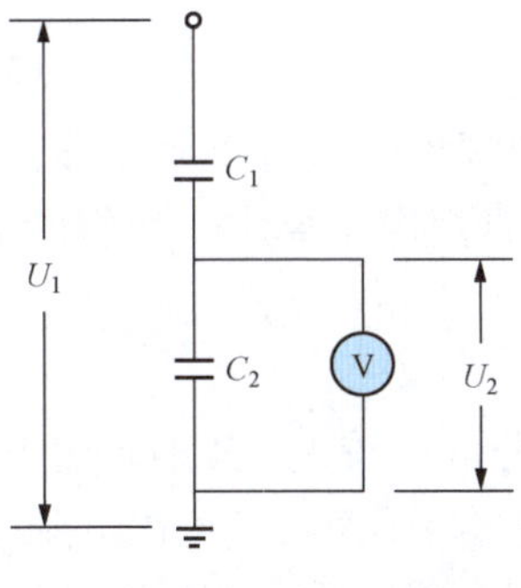

图 6-5　电容分压器的测量回路

在高压测量中，要求分压器本身对被测回路的影响应尽可能小，分压器应具有稳定的较大的阻抗，即较小的电容，一般 C_1 取 50～200 pF，并且具有尽可能小的介质损耗和电感。由于高压臂 C_1 需要承受绝大部分被测电压，因此 C_1 是电容分压器中的主要元件。实际的电容分压器高压臂主要有两种形式：一种是由多个电容器元件串联叠装而成的电容器；另一种采用具有两个电极的集中式高压电容器，介质一般为气体，称为高压标准电容器。

高压标准电容器具有良好的屏蔽，采用无电晕屏蔽罩，因此电容量既不受周围物体、高压引线和地平面的影响，也不受作用电压的影响，电容量稳定。电容器内的气体介质为压缩气体（如空气、SF_6、N_2 等），基本上无损耗，且有效地减小了电容器的体积。图 6-6 所示为高压标准电容器的一种典型结构。由于标准电容器采用了低介电常数的气体作绝缘介质，故其电容量较小，一般不超过 100pF，工作电压最高可达 1000kV 以上。

由于高压臂电容量很小，分压器高压臂对地杂散电容会引起较大的测量误差。为此，往

往采用在分压器顶部设置大尺寸屏蔽电极的方法以消除这种误差；此外，屏蔽电极还消除了分压器靠近高压端的电晕。在测量过程中，也要求分压器与周围物体之间保持足够的距离。

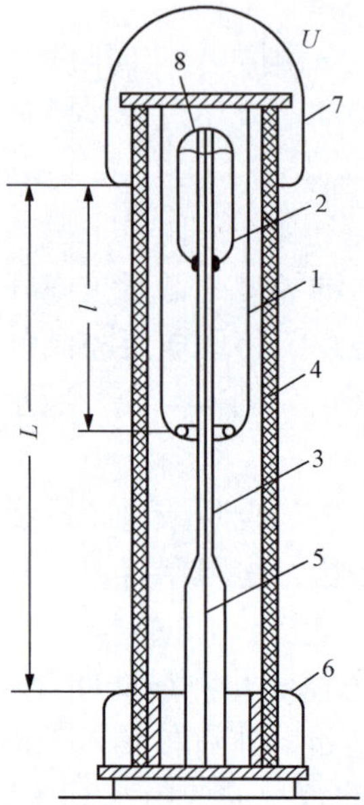

图 6-6 高压标准电容器的一种典型结构

1—高压电极；2—低压电极；3—保护电极；4—绝缘筒；5—低压引线；6—底座电极；7—高压屏蔽罩；8—绝缘垫

6.2 直流高压的测量

实际的直流高压往往会有纹波分量。我国标准规定，测量纹波幅值时其总不确定度应满足不大于实际纹波幅值的10%与直流电压算术平均值的1%两者中的最大值的要求。

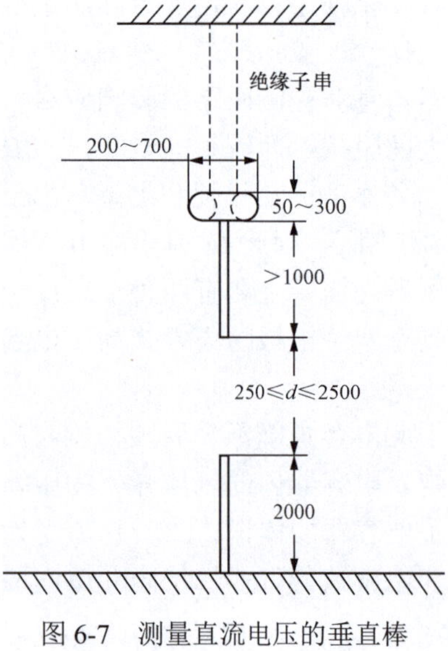

图 6-7 测量直流电压的垂直棒间隙布置方式（单位：mm）

6.2.1 棒间隙

用球间隙测量直流电压时，分散性较大，其不确定度超过3%。实验研究发现，棒间隙的测量不确定度可以达到3%以内，因此GB/T 311.6—2005规定棒间隙是测量直流高压的标准测量装置。图6-7所示为垂直布置的棒间隙结构，也可以水平布置。标准规定棒间隙的电极为钢或黄铜材料制作，截面积为15mm×25mm的长方形，电极端部应对轴垂直切成，并保留边缘的锐棱。高压端部与地面以外的接地物和墙的净空距离不小于5m。

用棒间隙测量直流电压的方法与球间隙测交流和冲击电压的方法一样，用于求取直流发生装置低压侧电压表的读数与高压侧直流电压的对应关系。在标准参考大气条件下，垂直和水平棒间隙的正负极性放电电压值均为

$$U_b = 2 + 0.534d \text{ (kV)} \tag{6-5}$$

式中：d 为间隙距离，mm。

使用时应先调好间隙距离，并在间隙上加压，在电压为 75%放电到 100%放电间缓慢升压。读取放电瞬间低压方仪表或分压器低压仪表上的电压读数，取 10 次的平均值，将此值与由式（6-5）得出的值对应。对非标准参考大气条件下的试验结果需进行校正。

6.2.2 静电电压表

使用静电电压表也可以测量直流高压。根据测量原理，静电电压表在测量交流电压时，显示的是其有效值。若被测电压是纯粹的直流，则仪表的示数就是直流电压的大小。测量带纹波的直流电压时，设电压平均值为 U_d，纹波分量的幅值为 δU。为简单计，仅考虑纹波的正弦分量，并设其幅值就是 δU，其纹波分量的有效值为 $\delta U/\sqrt{2}$，则仪表的指示为

$$U = \sqrt{U_d^2 + (\delta U / \sqrt{2})^2} = \sqrt{U_d^2 + \delta U^2 / 2} \tag{6-6}$$

因此，在被测直流高压纹波较大的情况下，静电电压表测到的不是直流电压的平均值；而当纹波较小时，二者的差别很小。根据式（6-6），当直流电压的纹波系数不大于 20%时（实际上符合规定的试验用高压的纹波因数应不大于 3%），可认为有效值和平均值相等，即认为静电电压表所测得的值即为直流电压的平均值。

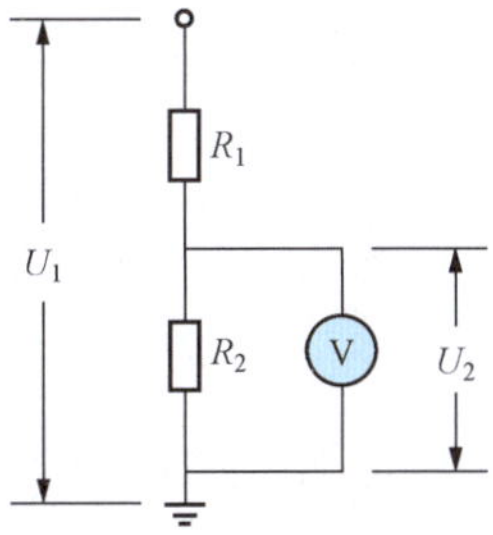

图 6-8 电阻分压器

6.2.3 高阻分压器

测量直流高压用的分压器一般为电阻分压器，如图 6-8 所示，高、低压臂均为电阻，按其阻值确定分压比。高压直流电源的容量一般都比较小，要求分压器吸收的功率也小、温升较低，通过分压器的电流一般要限制在毫安级（如 0.5～1mA），因此，电阻分压器的高压臂 R_1 实际上是高阻值的电阻，一般按 1～2MΩ/kV 配置。因为单个电阻的耐受电压能力和电阻值有限，这个高压臂电阻由许多阻值较小的电阻元件串联组成，然后固定在绝缘支架上。R_1 值也不能太大，以免电流过小使电晕放电和绝缘支架漏电流的影响增大，造成较大的测量误差。

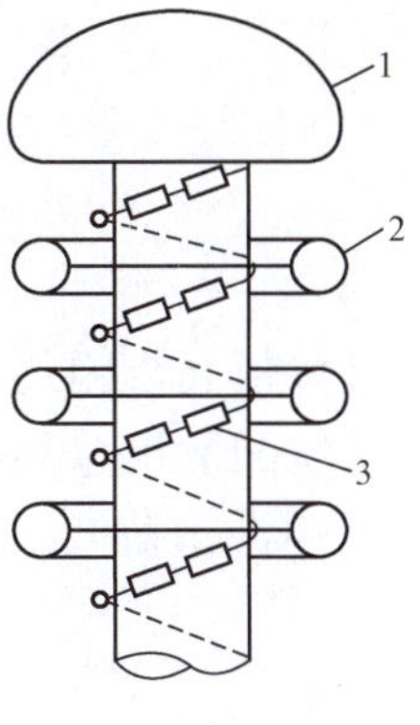

图 6-9 高压端屏蔽消除电晕

1—高压屏蔽罩；2—屏蔽圆盘；3—串联电阻

为保证分压比的稳定，应保证分压器电阻数值稳定，需要选用温度系数低的电阻器，如金属膜电阻。处于高电位的电阻元件和一些端子上容易产生电晕放电，电晕放电不仅会损坏电阻元件，而且电晕电流也会导致串联的电阻元件中流过的电流不相等而出现测量误差。一般选用下述方法消除电晕：

（1）高压端屏蔽。高压臂的高压端装上可使整个结构的电场比较均匀的金属屏蔽电极，有时还在绝缘支架上安装若干平行的具有圆环边的屏蔽盘，如图 6-9 所示。

（2）分段屏蔽。如图 6-10 所示，分压器的高压臂电阻元件分段包在金属屏蔽筒内，屏蔽筒与内部的电阻元件在电气上互相绝缘。各段的屏蔽筒由辅助的屏蔽用分压电阻上的各对应点取得电位。如图 6-10 所示，设每段电阻上的压降为 ΔU，则屏蔽筒所具有的电位应使它与这段电阻两端的电位差约为 $\Delta U/2$，只要 ΔU 足够小，筒内电阻元件和端子就不会产生电晕。

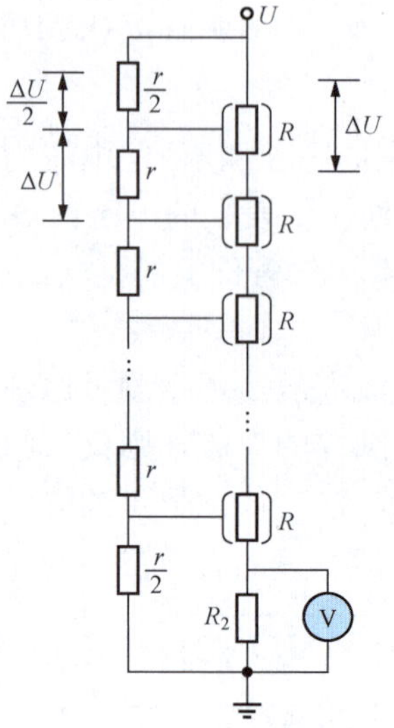

图 6-10　屏蔽电阻分压器

r—屏蔽用分压电阻元件；R—分压器高压臂电阻；R_2—分压器低压臂电阻

将电阻分压器做成阻容分压器，在稳态高压测量中得到普遍应用。其方法是在电阻元件上并联相应的电容元件，且电阻分压比与电容分压比相同，使之在同一分压比下既可以测直流高压，也可以测交流高压。

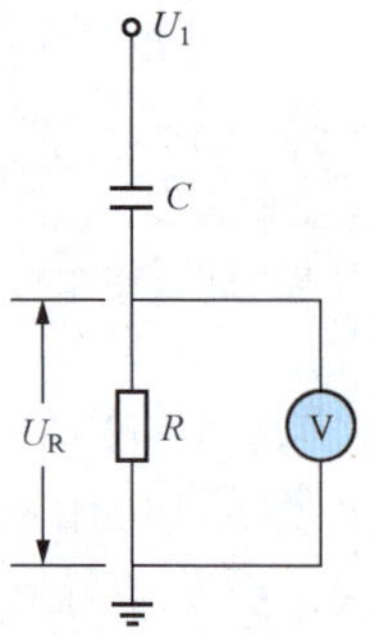

图 6-11　测量直流高压纹波分量的接线图

6.2.4　直流高压纹波的测量

实际的直流高压一般都存在一定的纹波。测量纹波的方法如图 6-11 所示，用高压电容作为隔直元件，当在电容与电阻的串联回路上施加含有频率为 f 的纹波电压分量 δU 的直流高压时，电阻 R 两端的电压为

$$\dot{U}_{\mathrm{R}} = \mathrm{j}2\pi fCR\delta\dot{U} / (1+\mathrm{j}2\pi fCR) \tag{6-7}$$

若 $2\pi fCR \gg 1$，则 $U_{\mathrm{R}} \approx \delta U$，可得到纹波电压。

6.3　冲击高压的测量

雷电冲击电压和操作冲击电压的特点是持续时间短，波形变化快，且峰值高，因此要求冲击电压测量系统具有很好的瞬态响应特性。我国标准对冲击电压测量系统的测量总不确定度规定为：冲击峰值在 3%以内，波形时间在 10%以内。对于波前截断的雷电冲击截波，允许的峰值测量不确定度在 5%以内。

6.3.1　球间隙

用测量交流稳态电压的标准球间隙可以测量冲击电压的峰值。试验结果表明，在冲击电压波头时间不小于 1μs、半峰值时间不小于 5μs 时，球间隙放电电压的不确定度可以满足 3%以内的要求。当冲击电压的波头时间和波尾较短时，受间隙放电发展时延影响，放电电压将会提高。

由于在冲击电压作用下球间隙放电有分散性，我国标准中球间隙放电电压表所列的是球间隙的 50%放电电压 U_{50}。所谓 50%的放电概率，在工程中一般是指施加 10 次相同电压时，有 4～6 次发生间隙放电。此时根据球间隙距离查表并对大气条件进行换算后所得到的电压值就是 U_{50}。

通常用多级法确定 U_{50}，可以获得较准确的结果。采用多级法测量时，固定球间隙距离，逐级调整加在球间隙上的冲击电压。通常由小往大调整，每级的调整量为预计的 U_{50} 的 1%。每级电压加压次数不少于 10 次，记录放电次数和击穿概率。总共改变 5 个电压级，得到 5 个对应的放电百分比。将各级电压和放电百分比标在正态概率纸上，可以根据这 5 个点找出的回归直线求得 U_{50}。我国标准同样也规定可以用升降法获取 U_{50}。

用球间隙测量冲击电压时，需遵守稳态电压测量的各项规定，球间隙装置的构造、离周围物体的距离以及大气状态修正、照射等都和交流电压测量时一样。为避免流过球间隙电容的电流在保护电阻上产生较大的电压降，保证球间隙上电压等于被试品两端的电压，在测量冲击电压时，球间隙的串联保护电阻一般不大于 500Ω，电阻本身的电感不大于 30μH。

6.3.2 冲击分压器测量系统

1. 冲击分压器测量系统的构成

冲击高压试验中测量电压最主要的装置是分压器—示波器（或峰值电压表）测量系统，图 6-12 所示为分压器测量系统的典型接线，包括高压引线、分压器、同轴电缆、示波器（低压仪表）等，图中阻尼电阻和匹配元件可视需要安装。

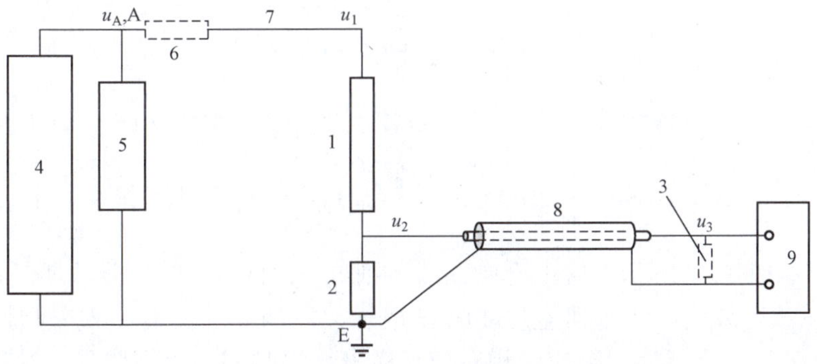

图 6-12 分压器测量系统的典型接线

1—高压臂 Z_1；2—低压臂 Z_2；3—匹配电阻 Z_3；4—冲击电压发生器；5—被试品；6—阻尼电阻；7—高压引线；8—同轴电缆；9—低压仪器

在试验中，希望被试品上的电压 u_A 能通过分压器系统的转换，在低压测量仪器上产生一个波形不变、仅仅峰值降低了的波形 u_3。即在理想情况下，有

$$u_A(t) = Nu_3(t)\,,\quad u_A(t)/u_3(t) = N \tag{6-8}$$

式中：N 为常数，即分压比。

实际上，组成系统的每一个部件都会使通过它的电压产生一定的畸变，另外在试验过程中还存在电磁干扰，这些影响均会造成相应的测量误差。在这种情况下，分压器的分压比实际上是一个随时间变化的量 $N(t)$。

2. 测量系统的方波响应和测量误差

任何输入电压波形均可分解为一系列方波的叠加。对于线性四端网络，如果知道它在输入方波时的输出波形，即系统的“方波响应”，就可由丢阿莫尔（Duhamel）积分求出任意输入波形时的输出，并确定在该输入波形时的测量误差。在高压测量中，传统上用方波响应作为衡量测量系统性能的依据。

如果输入的电压是方波，由于测量系统的误差，分压器测量系统实际输出的并非是方波，而是一个平缓上升或衰减振荡的波形。经过一段时间后，输出电压才达到稳定的数值并等于输入方波幅值的 $1/N$，N 称为稳态分压比。在实际测量中，总是把从输出端测得的电压乘以分压比 N 作为实际的输入电压。在分析方波响应时，也把方波响应乘以稳态分压比后归算到输入端，再与输入方波比较，便可清楚地看出其差别的大小。如果输入的是单位方波，则按此方法把输出的电压（即方波响应）乘以 N，便得到系统的“单位方波响应”，通常用 $g(t)$表示，其稳定值为 1。

为了事先估算测量系统的误差，通常以输入斜角波时的结果作为衡量测量系统的指标。设输入电压为$u_A(t)$，系统的方波响应为$u_b^*(t)$，由丢阿莫尔积分，在$u_A(t)$的起始值为 0 时，可求得输出电压$u_b(t)$为

$$u_b(t)=\int_0^t u_A'(t-\tau)u_b^*(\tau)\mathrm{d}\tau=\frac{1}{N}\int_0^t u_A'(t-\tau)g(\tau)\mathrm{d}\tau \tag{6-9}$$

当$u_A(t)$为以陡度 a 上升的斜角波 at 时，式（6-9）可写成

$$u_b(t)=\frac{1}{N}\int_0^t ag(\tau)\mathrm{d}\tau \tag{6-10}$$

将$u_b(t)$按分压比 N 归算到输入端，便得到测得的输入电压 $Nu_b(t)$，因此测量的误差为

$$\Delta u(t)=at-Nu_b(t)=at-a\int_0^t g(\tau)\mathrm{d}\tau=a\int_0^t[1-g(\tau)]\mathrm{d}\tau \tag{6-11}$$

设 $g(t)$是图 6-13（a）所示平缓上升的曲线，则式（6-11）中的积分项就是单位方波与 $g(t)$之间所夹的面积。这表明，实时误差与陡度 a 成正比，当 a 一定时，误差与积分值代表的面积成正比。因 $g(t)$的纵坐标为无因次的相对值，横坐标为时间，故面积具有时间的量纲。随着时间的增长，$g(t)$达到稳定值“1”，积分面积不再增加。称单位方波与 $g(t)$之间所夹的全部面积对应的时间为测量系统的“响应时间”，以 T 表示。当 $g(t)$达到稳定之后，测量斜角波时的误差为

$$\Delta u=a\int_0^\infty[1-g(\tau)]\mathrm{d}\tau=aT\text{，}\quad T=\int_0^\infty[1-g(\tau)]\mathrm{d}\tau \tag{6-12}$$

此后误差不再变化。此时，输出电压波形变为与输入斜角波平行的直线，如图 6-13（b）所示。当 $g(t)$小于 1 时，T 为正。如果要测量时刻 t_c 的电压，且 t_c 大于 $g(t)$达到稳定所需要的时间，由图 6-13（b）可以看出，相对误差为

$$\delta u=\Delta u/at_c=aT/at_c=T/t_c \tag{6-13}$$

由此可见，当 t_c 一定时，响应时间 T 越大，相对误差越大；如要求相对误差一定，则 t_c 越小，T 也应越小。如 t_c=1μs，如要求$\delta u \leqslant 5\%$，则应满足 $T \leqslant 0.05$μs。

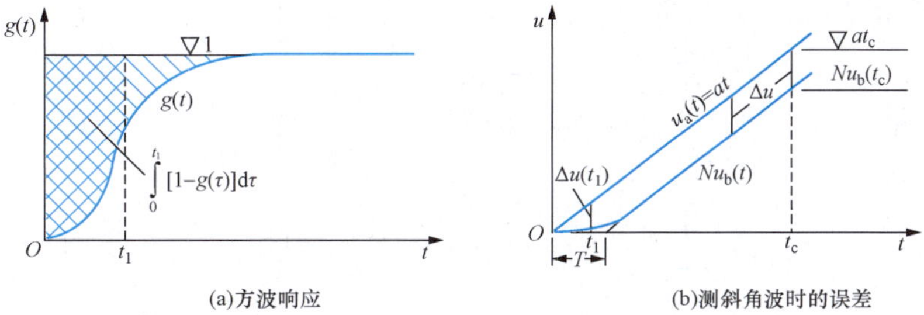

图 6-13　测量系统的方波响应及测量斜角波时的误差

系统的单位方波响应曲线如果是振荡的，则$[1-g(t)]$有时为正，有时为负，总的响应时间为图 6-14（a）所示的各正负时间之和，即

$$T=T_1+T_2+T_3+T_4+T_5 \tag{6-14}$$

对具有振荡型响应的测量系统，在测量斜角波时，输出部分的起始部分也叠加有振荡。但在时间大于 $g(t)$达到稳态所需的时间之后，输出电压波形也是平行于斜角波的斜线，如图 6-14（b）所示。

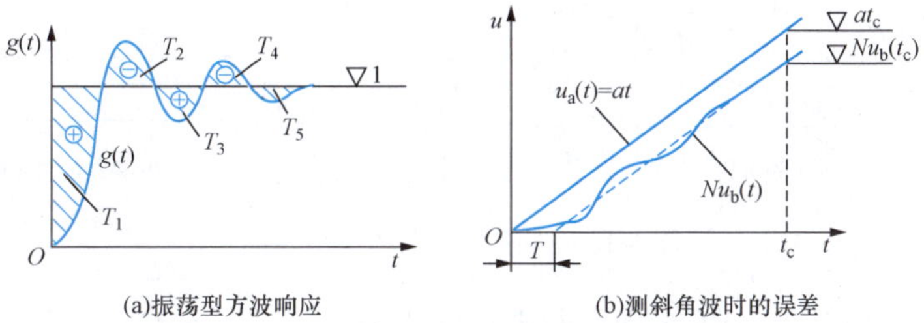

图 6-14　振荡型 $g(t)$及输入为斜角波时的输出波形

根据标准规定，可以用标准方法或替代方法测定冲击电压测量系统的动态特性。方波响应测量方法即为替代方法。所谓标准方法，是指采用比对法评估分压器系统的性能，即与“标准分压器”在同一种冲击电压下进行测量比对。“标准分压器”是已经经过校准的、其响应时间和不确定度等特性均满足要求的分压器系统，如要求用于雷电冲击电压测量的标准分压器方波响应时间不大于 15 ns，响应稳定时间不大于 200ns 等。

3. 冲击分压器

根据分压器本体所用阻抗的不同，测量冲击电压的分压器有电阻分压器、电容分压器、阻容分压器等多种形式，如图 6-15 所示。

（1）电阻分压器。电阻分压器的高、低压臂均为电阻。与稳态测量用电阻分压器相比，其电阻值小得多。电阻分压器一般由若干电阻元件串联而成。这些元件均有一定的固有电感，各元件之间还存在着纵向电容，各元件对地也有杂散电容。设分压器的总电阻为 R，总纵向电容为 C_K，总电感为 L，总对地电容为 C_e，可以得到如图 6-16（a）所示的等效电路，图中 R'、L'、C'_K、C'_e 分别为单位长度电阻、电感、纵向电容和对地电容值。在等效电路中，设分压器的总高为 H，输出电压由距地为 X 的点引出，并设所有阻容及电感均沿 H 段内均匀分布。实际的电阻分压器中纵向电容很小，电感的影响也因其数值不大而可以忽略，故可以得到简化的等效电路，如图 6-16（b）所示。

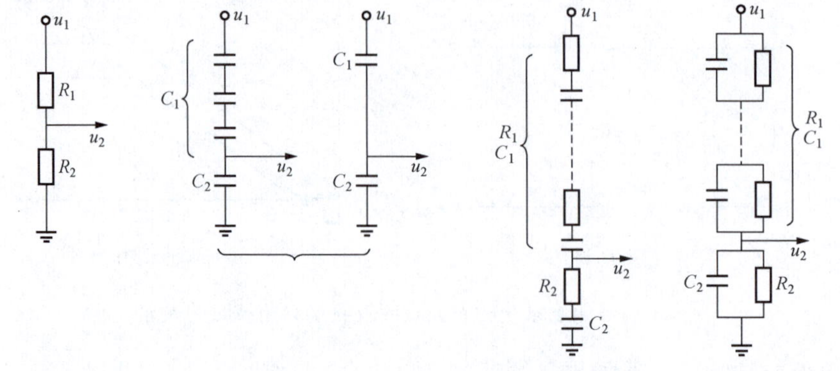

图 6-15 测量冲击电压的分压器类型

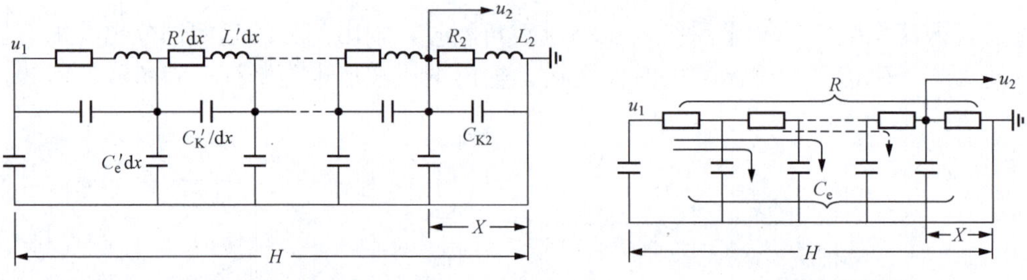

图 6-16 电阻分压器的等效电路

从图 6-16 中可以看出，由于对地杂散电容的影响，分压器各部分电阻中流过的电流不同。作用电压的等值频率越高，杂散电容的影响越明显，起始电位分布与稳态电位分布不同，暂态分压比大于稳态分压比。当满足 $X<<H$ 时，可以推导得到分压器的单位方波响应为

$$g_t(t)=1+2\sum_{k=1}^{\infty}(-1)^k e^{-\frac{k^2\pi^2}{RC_e}t} \tag{6-15}$$

式（6-15）是多项指数积分之和，第一部分为不计对地电容 C_e 时由电阻分压比决定的稳态分量，第二部分为 C_e 经电阻充电形成的过渡过程分量，即误差项。可以想象方波响应为缓慢上升的曲线，由式（6-15）可得其响应时间为

$$T_t=\int_0^{\infty}2\sum_{k=1}^{\infty}(-1)^{k+1}e^{-\frac{k^2\pi^2}{RC_e}t}dt=RC_e/6 \tag{6-16}$$

它反映了 C_e 沿分压器高度均匀分布的影响。如果用一个集中的等效对地电容 C_{de} 接在分压器 R 的中点，如图 6-17（a）所示，在保持总的响应时间不变的条件下，用以代替 $R-C_e$ 分布参数回路，这对分析对地电容的影响有不少方便。该回路的单位方波响应为

$$g_{td}(t)=1-e^{-t/(C_{de}R/4)} \tag{6-17}$$

响应时间为

$$T_{td}=\int_0^{\infty}[1-g_{td}(t)]dt=\frac{C_{de}R}{4} \tag{6-18}$$

比较式（6-16）和式（6-18），在 $T_{td}=T_t$ 时，有

$$\frac{C_{de}R}{4}=\frac{RC_e}{6},\quad C_{de}=\frac{2}{3}C_e \tag{6-19}$$

图 6-17（b）画出了 $g_{td}(t)$ 与 $g_t(t)$ 的比较，可见两者非常接近。

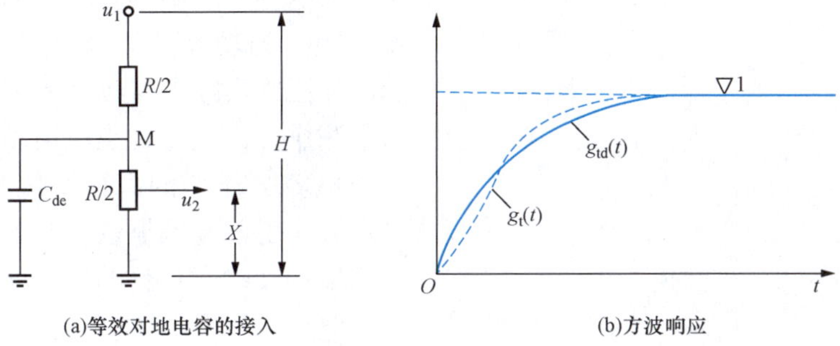

图 6-17　等效对地电容及分压器方波响应

为了减小测量误差，应减小 RC_e。C_e 与分压器高度有关，一般垂直圆柱体的对地杂散电容为 10～15pF/m。为了使总的对地杂散电容不太大，未采取任何屏蔽措施的电阻分压器一般只用于测量 1～1.5MV 以下的电压。此时，分压器的高度为 2～3m，C_e 为 20～45pF，高压臂阻值一般为 10～20kΩ。这样，对于一台 1MV 的电阻分压器，便有高度 2m，C_e=30pF，取电阻为 10kΩ，$T_t=RC_e/6=0.05\mu s$。如采用油浸式绝缘，则可以大大减小分压器高度，从而减小杂散电容及其影响。

为了减小测量误差，首先应使分压器的起始电位分布与稳态分布接近。从上述分析可以看出，应减小对地杂散电容 C_e 的影响，使电阻体各部分电流趋于相同。图 6-18 所示为常用的横补偿法，其原理是在高压端设置一个较大尺寸的屏蔽电极，增大高压端对分压器本体的电容，使原来流经分压器的对地电容电流由新加的高压电容 C_h 供给，使电阻体上下各段电流趋于一致，电位分布趋于均匀。屏蔽电极为一个圆环或锥形罩，图 6-19 所示为不同电极形状下沿分压器本体所在位置的电位起始分布曲线。

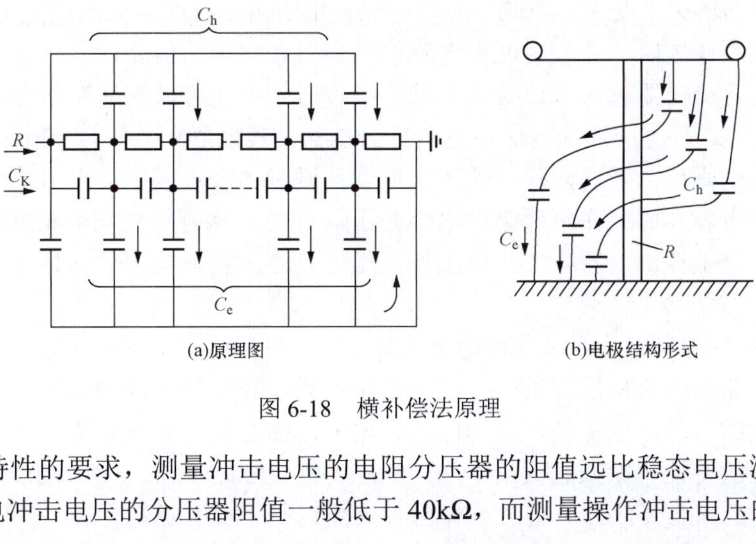

图 6-18　横补偿法原理

根据响应特性的要求，测量冲击电压的电阻分压器的阻值远比稳态电压测量所用的分压器小，测量雷电冲击电压的分压器阻值一般低于 40kΩ，而测量操作冲击电压的分压器阻值则

可略大。受热容量的限制，电阻式冲击分压器的最高测量电压不超过 2.5MV。

（2）电容分压器。电容分压器在冲击测量中也应用广泛。电容分压器的高压臂可以是标准电容器，也可以由多个电容器串联而成，为减小电感，串联的电容器一般采用叠加的方式布置。电容分压器的总电容不大，不会从电源吸收较大的功率。如果不考虑固有电感的影响，分压比实际上与频率无关，因此，它既可用于测量冲击电压，也可用于测量工频电压。由于电容分压器的高压引线和电容器内部的电感容易引起高频振荡，因此电容分压器适用于测量持续时间较长的操作冲击波。

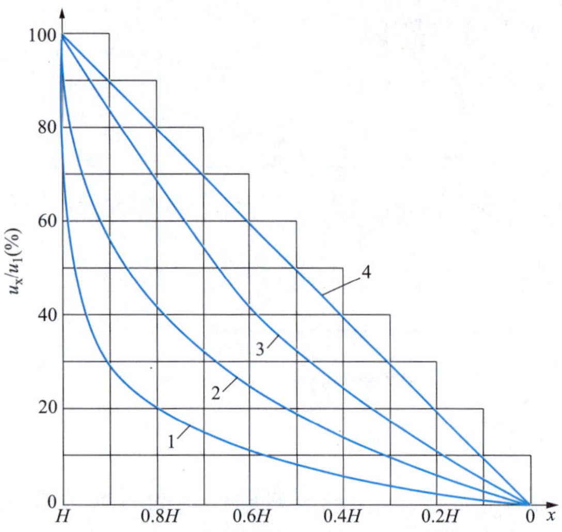

图 6-19　不同电极形状下的电位起始分布曲线

1—无屏蔽；2—圆环与顶部齐，直径为 $2H/3$；3—环下降到 $3H/4$ 处，直径 $2H/3$；4—理想分布

电容分压器同样受到对地杂散电容对测量准确度的影响。

（3）阻容分压器。阻容分压器有并联阻容分压器和串联阻容分压器两种类型。

并联阻容分压器并联了较高阻值的电阻，电阻的作用主要是测量直流高压，冲击和工频电压的测量由并联的电容支路起作用。这种分压器与纯电容分压器一样，在测量雷电冲击等短脉冲冲击电压时，分压器回路存在振荡。就测量雷电冲击电压而言，已经被串联阻容分压器取代，特别是在 2MV 以上雷电冲击电压的测量中。

串联阻容分压器又称阻尼式电容分压器，以抑制测量中产生的高频振荡。这种振荡包括高压发生器与分压器之间的高压引线上的冲击波的来回反射，以及分压器内部电容和固有电感造成的振荡。为了有效阻尼高频振荡，阻尼电阻应分散在各级电容器中。根据阻尼电阻大小，串联阻容分压器分为高阻尼电容分压器和低阻尼电容分压器两大类。

高阻尼电容分压器的阻尼电阻取值为 400～1200Ω，可较好地抑制振荡，但同时方波响应时间随阻尼电阻的增大而变大。因此，应尽可能使电阻值小一些，这需要减小电感才有可能。应采用无感绕法制作电阻，并采用低内电感的电容器，这样才能相应地减小电阻，提高响应速度。在串联阻容分压器设计中，常为了减小响应时间而让方波响应略带振荡，即采用较小阻值的阻尼电阻，这种分压器即为低阻尼电容分压器，其阻尼电阻值为 50～300Ω。低阻尼电容分压器的优点是既可以减弱回路中的多次反射；同时由于串联阻尼电阻值小，这种分压器还可以当作负载电容。如果在串联阻尼电容分压器每级电容旁并联一个高阻值电阻，那么整个分压器除了能测量冲击电压、工频电压外，还可以测量直流电压，这种分压器就是所谓的“通用分压器”。

4. 分压器的低压臂阻抗和信号的输出

在前述分压器的响应特性讨论中，假设低压臂为分布参数的高阻抗的一段。实际上，低压臂既非高阻抗的一段，也不是理想的电阻、电容，而是具有寄生参数（主要是寄生电感）的阻容元件。它的特性和原来的假定不同，响应特性也随之变化。为了减小低压臂的电感，除了采用低电感的阻容元件外，整个结构也要从减小电感的角度来设计。

在进行高压试验时，分压器往往放置于高压发生器的附近，而出于安全原因，低压测量仪器总是放在离分压器较远（通常有几十米）的地方。分压器低压臂输出电压经同轴电缆送到低压测量仪器中。为了减小电缆对信号衰减和畸变的影响，应采用高频同轴电缆，并尽量减小电缆的长度。

由于冲击电压持续时间短，波形变化快，在测量回路中要考虑行波的折反射对测量结果的影响。在冲击波投入分压器之初，相当于一个阻值等于电缆波阻抗 Z 的电阻与低压臂阻抗并联。为了防止波在电缆中多次发生反射，至少在电缆的一端接阻值等于电缆波阻抗 Z 的匹配电阻，具体匹配的原则是在方波响应中，使方波投入之初的初始分压比等于稳态分压比。图 6-20 所示为电阻分压器和电缆配合的一种典型接线。方波 u_1 刚加于分压器高压端时，由于点 2 对地的阻抗为 $R_2//Z=R_2Z/(R_2+Z)$，故点 2 的对地电压为 $u_2=(R_2//Z)u_1/(R_1+R_2//Z)$。$u_2$ 经电缆到达点 3，因为电缆接有匹配电阻 R_3=Z，故 u_2=u_3，因此分压器测量系统的初始分压比为

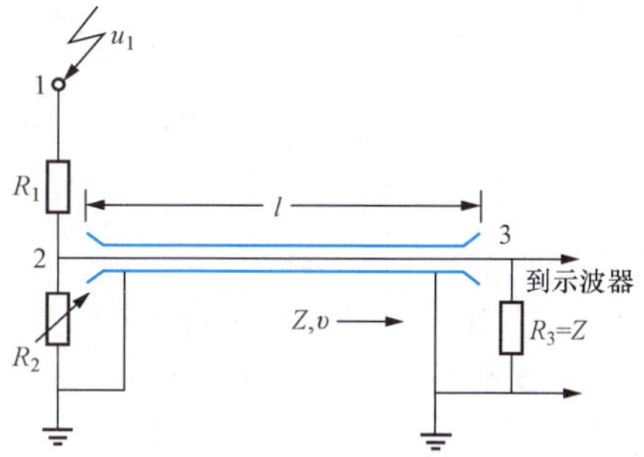

图 6-20　电阻分压器和电缆配合的典型接线

$$N_0=\frac{u_1}{u_{30}}=\frac{R_1+R_2//Z}{R_2//Z}=\frac{R_1R_2+Z(R_1+R_2)}{R_2Z} \tag{6-20}$$

该测量系统的稳态分压比为

$$N_\infty=\frac{u_1}{u_{3\infty}}=\frac{R_1+R_2//R_3}{R_2//R_3}=\frac{R_1R_2+R_3(R_1+R_2)}{R_2R_3} \tag{6-21}$$

由于 R_3=Z，故 N_0= N_∞。

在测量时，为了防止干扰，低压回路和测量仪器必须进行良好的屏蔽；同时，测量仪器的电源要通过滤波器以及带静电屏蔽的隔离变压器供给。另外，传输电缆要采用双层屏蔽，其中外屏蔽采用两端接地方式，而内屏蔽层仅与测量仪器的接地端一点连接。

6.4 冲击电流的测量

GB/T 16927.4—2014 规定，冲击电流峰值的测量总不确定度应不大于 3%，波头和波长时间的测量总不确定度应不大于 10%。也可以用响应时间来表征冲击电流测量系统的响应特性，方波响应是流经方波电流时测量系统输出的电压特性。根据测量不确定度要求，测量 8/20μs 电流的系统的响应时间应不大于 1.6μs，测量 4/10μs 电流的系统的响应时间应不大于 0.8μs。

目前常用的冲击电流测量系统有两种，即分流器测量系统和电流互感器测量系统。

6.4.1 分流器测量系统

分流器是将被测电流转换为适当大小电压的一种装置，如图 6-21 所示。为了不影响试验回路的冲击电流，图中分流器 R_f 是一个串联在试验回路（回路阻抗用 Z_T 表示）中的内电感值极小的低阻值电阻，其阻值一般为微欧姆到毫欧姆量级。分流器应能耐受大电流产生的电动力，并保持确定的转换比例。假定 R_f 是恒定的纯电阻，则电流的波形与 u_{ab} 的波形相同，即当电流 i 流过 R_f 时

$$i(t)=u_{ab}(t)/R_f \tag{6-22}$$

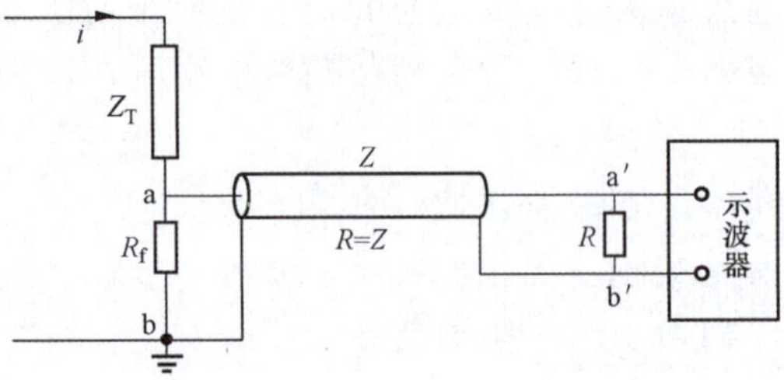

图 6-21　分流器测量系统及其在试验回路中的接入

u_{ab} 经电缆传输到示波器。分流器 R_f、电缆（波阻抗为 Z）及末端的匹配电阻 R 一起构成了分流器测量系统，一般 $Z \gg R_f$。如果电缆不使波形发生衰减和畸变，末端匹配良好，则 $u_{a'b'}=u_{ab}$，并由示波器测出。

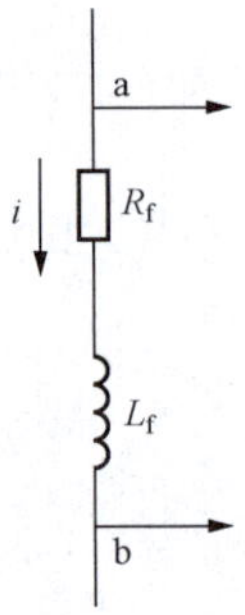

图 6-22　分流器等效电路

理想的分流器应是电阻值为常数的纯电阻。但当冲击电流流过分流器时，由于趋肤效应会使电阻值变化，同时发热也会使电阻值发生变化。另外，分流器中不可避免地存在着固有电感，因此可以用 $L-R$ 串联组成的元件代表分流器，如图 6-22 所示。当电流流过分流器时，a、b 两点之间的电压为

$$u_{ab}=R_f i+L_f\frac{di}{dt} \tag{6-23}$$

式中：L_f 为分流器的固有电感。

可见，由于分流器中电阻值的变化，以及固有电感的存在，会对电流转换比例造成误差；尤其是当电流频率很高时，电感的影响更大。因此，在分流器材料和结构选择中，应尽可能采用低温度系数材料，减小分流器固有电感，并减小趋肤效应和发热。

分流器电阻体由电阻丝或电阻带构成。减小电感的最基本的办法是将电阻丝或电阻带对折，使正反电流产生的磁通相互抵消。图 6-23 所示为折叠式分流器的结构。对折后靠得越近，即往返电阻片之间的 δ 越小，剩余磁通越少，固有电感 L_f 也越小。

分流器中电压信号的引出方式也对测量准确度有很大影响。为了避免分流器和试验回路连接点 c_1、c_2 处的接触电阻压降和分流器本体电阻混在一起，应在图 6-23 中的 p_1、p_2 点引出电压以避免接触电阻压降。p_1、p_2 点间的压降和 p_1mp_2 段的电阻相对应。c_1、c_2 称为分流器的电流端，p_1、p_2 称为电压端，整个分流器是一个四端电阻。

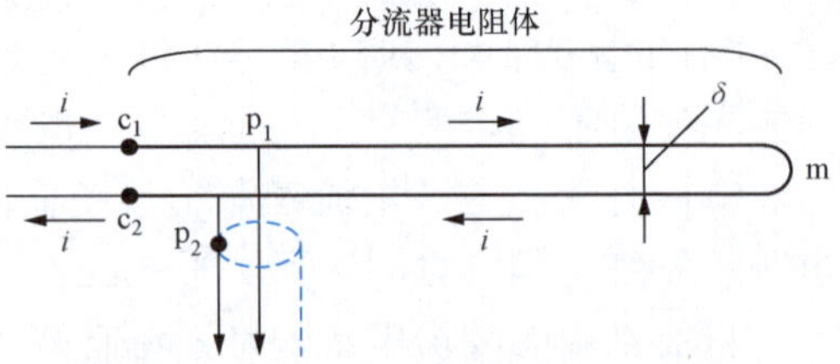

图 6-23　折叠式分流器的结构

与 p_1、p_2 点相连的电压信号引线是分流器的组成部分。分流器电阻体中电流产生的磁通，可能在电压信号线上感应出附加电动势，导致测量误差。因此，应有合理的电压引线布置方式，以减小感应电动势。以图 6-23 所示折叠式分流器为例，p_1、p_2 引出线应与电阻体垂直，且用同轴电缆的芯皮作为电压引出的两根引线，尽可能不使电缆的芯皮在 p_1、p_2 处形成分叉口，以免在开口部分感应附加电动势。

为减小电感及其影响，分流器有多种形式的结构。图 6-24 所示是常用的同轴圆管式分流器结构。被测电流经过用薄电阻材料做成的内圆柱（电阻管）后，从用一般导电材料做成的外同轴圆柱返回。内圆柱上的压降通过 p_1、p_2 引出。流经内外圆柱的电流大小相等、方向相反，仅在内外圆柱之间的极小的间隙中存在磁场，因此分流器固有电感很小。

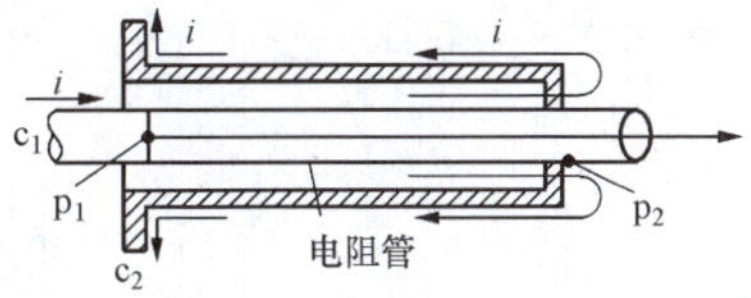

图 6-24　同轴圆管式分流器结构示意图

6.4.2　电流互感器测量系统

电流互感器的典型代表是罗戈夫斯基线圈（Rogowski Coil），其原理构成如图 6-25 所示，载流导体穿过线圈，导体电流 i_1 产生的变化的磁场在线圈中感应出电动势 u_2。由于线圈中的感应电动势与从线圈截面穿过的磁通变化率成正比，因而将感应电动势进行积分，即可得到被测电流，这就是罗戈夫斯基线圈测量电流的基本原理。

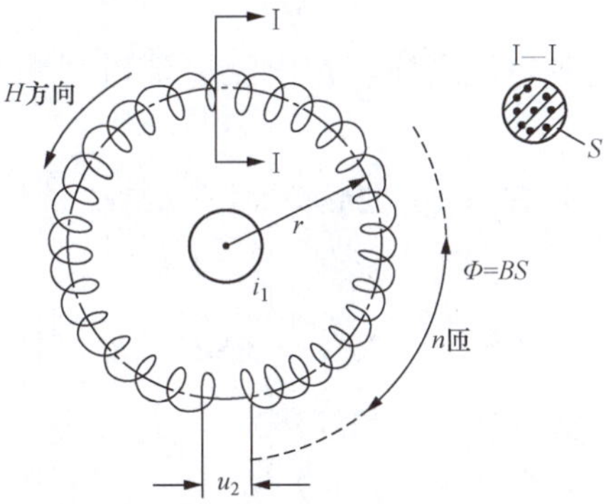

图 6-25　罗果夫斯基线圈结构示意图

设测量线圈和置于线圈中间的载流导体之间的互感为 M，则线圈的感应电动势为

$$u_2 = M\frac{\mathrm{d}i_1}{\mathrm{d}t} \tag{6-24}$$

如图 6-25 所示，设一次侧导体在测量线圈的中心，线圈中心线的半径为 r，横截面积为 S，在整个圆周上共有 n 匝。根据全电流定律，在距导体中心为 r 处的圆周上，磁场强度和磁感应强度分别为

$$H = i_1/2\pi r,\quad B = \mu H \tag{6-25}$$

式中：μ为线圈内材料的磁导率。

线圈的总感应电动势为

$$u_2 = \frac{n\mathrm{d}(BS)}{\mathrm{d}t} = \frac{nS\mu}{2\pi r}\frac{\mathrm{d}i_1}{\mathrm{d}t} \tag{6-26}$$

因此得到互感为

$$M = \frac{\mu nS}{2\pi r} \tag{6-27}$$

可见线圈的感应电动势与电流的变化率成比例。要得到被测电流，将式（6-26）积分即可转换得到。常用的积分法有自积分法和外积分法两种。

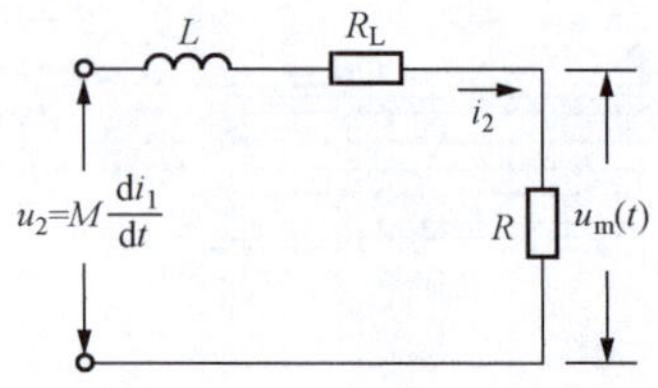

图 6-26 自积分回路

1. 自积分法

自积分法通过读取线圈出口处所接小电阻上的电压得到电流。自积分回路如图 6-26 所示，图中 R 为接入的小电阻，R_L 为线圈的固有电阻，L 为线圈的固有电感（自感）。在感应电动势 u_2 的作用下，线圈中有电流 i_2 流过，输出电压 $u_m = i_2R$。

对图 6-26 中回路可列出方程

$$u_2 = M\frac{di_1}{dt} = i_2(R_L + R) + L\frac{di_2}{dt} \tag{6-28}$$

如果（R_L+R）很小，且 $i_2(R_L + R) << L\frac{di_2}{dt}$，则式（6-28）可近似地写成 $M\frac{di_1}{dt} \approx L\frac{di_2}{dt}$。如 t=0 时 i_1=0，便有

$$i_1 \approx \frac{L}{M}i_2 \tag{6-29}$$

线圈的自感 L 等于其磁链与电流之比，在电流 i_2 流过线圈时，线圈中的磁场强度和磁通量为

$$H_2 = i_2n/2\pi r, \quad \Phi_2 = \mu SH_2 \tag{6-30}$$

故

$$L = n\mu SH_2/i_2 = \mu Sn^2/2\pi r \tag{6-31}$$

将式（6-27）、式（6-31）代入式（6-29），得

$$i_2 \approx i_1/n \tag{6-32}$$

故 R 上的压降为

$$u_m = i_2R \approx i_1 R/n \tag{6-33}$$

从而

$$i_1 \approx u_m n/R \tag{6-34}$$

用自积分法的前提条件是线圈电感大、电阻小，同时电流变化率越大，式（6-34）的误差越小。

2. 外积分法

这种方法把感应电动势加在外部的积分回路上，如图 6-27 所示，感应电动势 u_2 加在 L、R_L 和 R、C（外积分回路）串联的回路上，通过测量电容 C 上的电压转换得到被测电流 i_1。这种方法成立的前提是：i_2 在回路中电阻 R_L、电感 L 和电容 C 上的压降远小于在电阻 R 上的压降，此时可近似认为

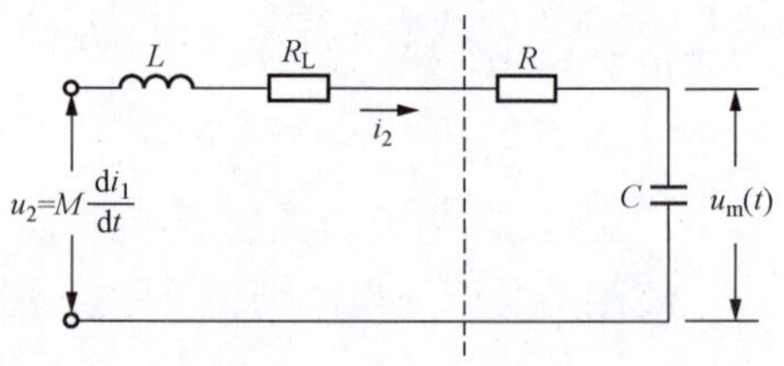

图 6-27 外积分回路

$$i_2 \approx M(di_1/dt)/R \tag{6-35}$$

电容 C 上的电压可用 i_2 的积分表示为

$$u_m = \frac{1}{C}\int_0^t i_2 d\tau \approx \frac{M}{CR}\int_0^t \frac{di_1}{d\tau}d\tau = \frac{M}{CR}i_1 \tag{6-36}$$

得

$$i_1 \approx \frac{CR}{M} u_{\mathrm{m}} \tag{6-37}$$

由式（6-27），得

$$i_1 \approx \frac{u_{\mathrm{m}} CR \times 2\pi r}{nS\mu} \tag{6-38}$$

习　题

1．球间隙和静电电压表分别可以测量交流高压的幅值还是有效值？

2．在实际中，能够利用电压分布与电容量成反比的原理采用电容分压器测量直流高压吗？为什么？

3．分压器高压端设置屏蔽罩的目的和原理是什么？

4．影响电阻分压器和电容分压器瞬态响应特性的主要因素是什么？怎样改善分压器的瞬态响应特性？

5．进行工频耐压试验时，如何用球间隙测量试验电压？

第3篇

电力系统过电压与绝缘配合

电力系统中除了正常运行的电压以外，还存在由于雷击、开关操作、故障或参数配合不当等原因导致的部分线路或设备的电压升高，这种超过额定值的电压升高称为过电压。电力系统中的过电压可能远高于正常的额定电压，对电气设备（如发电机、变压器、开关、输电线等）的绝缘产生威胁。

按照产生原因，可将电力系统中的过电压分为雷电过电压和内部过电压两大类。其中，雷电过电压的持续时间一般只有数十微秒，其大小取决于雷电参数和防雷措施，与电网的运行电压没有直接关系。内部过电压按照持续时间长短可分为操作过电压和暂时过电压两类，其中操作过电压的持续时间一般以毫秒计，而暂时过电压的持续时间更长。内部过电压的大小与电网运行电压有直接关系。

无论哪种过电压，它们作用时间虽短（暂时过电压有时较长），但其数值较高，威胁到设备的正常运行。为了保证系统安全运行，有必要研究过电压的产生机理及其发展的物理过程，从而提出限制过电压的措施，并确定各种电气设备应有的绝缘水平和相互之间的配合关系。

7 线路与绕组中的波过程

电力系统中的架空输电线路、母线、电缆、发电机和变压器的绕组等尺寸较大，在等效频率很高的雷电过电压等冲击电压的作用下，需要用分布参数分析其内部的过渡过程。分布参数系统中的过渡过程本质上是电磁波的传播过程，简称波过程。

7.1 波沿均匀无损单导线的传播

实际的输电线路采用三相交流或双极直流输电，因而均属于多导线系统；导线和绝缘中分别存在电阻和电导，因而在电磁波传播过程中会产生能量损耗；同时，线路各点的电气参数也不可能完全一样。由于这些原因，所谓的均匀无损单导线线路实际上是不存在的。为了更清晰地分析波过程的物理本质和基本规律，暂时忽略线路的电阻和电导损耗，假设线路各处参数均匀，从均匀无损单导线入手进行研究，是比较合适的。

7.1.1 波传播的物理概念

如图 7-1 所示的一根架空长导线，其单位长度的电感和对地电容分别为 L_0 和 C_0。在时间 $t=0$ 时把斜角波电流 $i=at$ 加载于长导线的左端 A 点。设波的传播速度为 v，经过 t 时刻到达距

A 点 x 远处的 B 点，电流沿导线的分布如图 7-1 所示。此时在波传播的前沿 B 点的电位仍然为 0。从 A 到 B 的电感 $L_0x=L_0\upsilon t$ 上的压降就是 A 点的电位 u_A，即

$$u_A=L_0\upsilon t\frac{di}{dt}=L_0\upsilon ta \tag{7-1}$$

另外，A 点的电位又与 A 点处的 dx 微段对地部分电容 C_0dx 上储存的电荷有关。设 A 点处导线单位长度上的电荷为 q，则在 dx 段上的电荷为 qdx，于是可得到 A 点电位 u_A 为

$$u_A=\frac{q\mathrm{d}x}{C_0\mathrm{d}x}=\frac{q}{C_0} \tag{7-2}$$

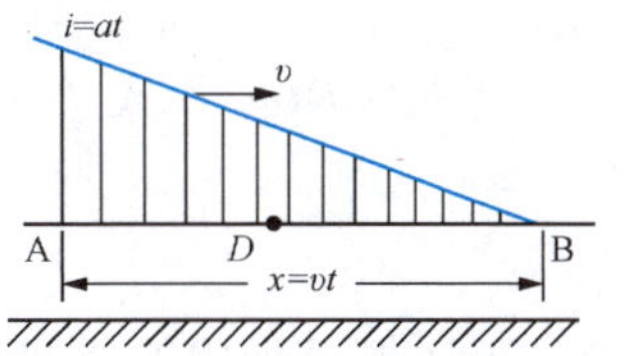

图 7-1 斜角波电流作用于导线

电荷的流动形成电流。在 dt 时间内流过 A 点的电荷为 qdx，故 A 点的电流 i 为

$$i=\frac{q\mathrm{d}x}{\mathrm{d}t}=q\upsilon \tag{7-3}$$

将式（7-3）代入式（7-2），且计及 $i=at$，得

$$u_A=\frac{i}{\upsilon C_0}=\frac{at}{\upsilon C_0} \tag{7-4}$$

将式（7-4）代入式（7-1），有

$$L_0\upsilon ta=\frac{at}{\upsilon C_0}$$

由此可得波的传播速度 υ 的表达式（υ 取正值）为

$$\upsilon=\frac{1}{\sqrt{L_0C_0}} \tag{7-5}$$

对于架空线路，当忽略大地的电阻时，单位长度的电感 L_0 和对地电容 C_0 为

$$L_0=\frac{\mu_0}{2\pi}\ln\frac{2h}{r} \tag{7-6}$$

$$C_0=\frac{2\pi\varepsilon_0}{\ln\frac{2h}{r}} \tag{7-7}$$

式中：$\mu_0=4\pi\times10^{-7}$ H/m，为空气的磁导率；$\varepsilon_0=10^{-9}/36\pi$ F/m，为空气的介电常数；h 为导线的对地高度，m；r 为导线半径，m。

因此

$$\upsilon=\frac{1}{\sqrt{L_0C_0}}=\frac{1}{\sqrt{\mu_0\varepsilon_0}}=3\times10^8\ (\mathrm{m/s})$$

它等于光速，通常用 c 来表示。也就是说电流波或电压波是以光速沿架空导线传播的，它与导线的几何尺寸及悬挂高度无关。

将 $i=at$ 和式（7-5）代入式（7-1），得到

$$\frac{u_A}{i}=\sqrt{\frac{L_0}{C_0}} \tag{7-8}$$

可以证明，式（7-8）对于均匀无损导线上的任一点都适用。$\sqrt{L_0/C_0}$ 的值是一个实数，具

有电阻的量纲，故称为波阻抗，用 Z 来表示，即

$$Z=\sqrt{\frac{L_0}{C_0}} \tag{7-9}$$

将式（7-6）和式（7-7）代入式（7-9），得

$$Z=\frac{1}{2\pi}\sqrt{\frac{\mu_0}{\varepsilon_0}}\ln\frac{2h}{r}=60\ln\frac{2h}{r}(\Omega) \tag{7-10}$$

对一般单导线架空线路，Z 接近 500Ω；发生冲击电晕时，C_0 增大，Z 减小到约 400Ω。对于分裂导线的架空线路，L_0 减小，C_0 增大，Z 约为 300Ω。

用同样的方法可以证明，在电缆中的波速为 $v=\frac{1}{\sqrt{L_0'C_0'}}=\frac{1}{\sqrt{\mu\varepsilon}}$，$Z=\sqrt{\frac{L_0'}{C_0'}}$，其中 L_0'、C_0' 分别为电缆单位长度的电感和电容，μ、ε 分别为电缆介质的磁导率和介电常数。在电缆中，相对磁导率为 1，磁通主要分布在电缆芯线和屏蔽层之间，故 L_0' 较架空线路小；又因为芯线和屏蔽层之间距离很近，且它们之间的绝缘材料的介电常数较高（相对介电常数约为 2），故 C_0' 比架空线路大。因此，电缆中波的传播速度较低，约为光速的 2/3，且波阻抗远比架空线路小，一般不大于 100Ω。

波的传播也可以从电磁能量的角度进行分析，因为电压波使导线对地电压升高的过程也是在导线对地电容中储存电场能的过程，而电流波流过导线的过程也是导线电感中储存磁场能的过程。当电压波 u_A 和电流波 i 互相伴随着沿导线传播时，单位长度的导线获得的电场能和磁场能分别为 $\frac{1}{2}C_0u_A^2$ 和 $\frac{1}{2}L_0i^2$。由式（7-8）可得 $\frac{1}{2}C_0u_A^2=\frac{1}{2}L_0i^2$，即单位长度导线获得的电场能与磁场能相等，这正是电磁波传播的规律。也就是说，电压波和电流波沿导线传播的过程就是电磁能量传播的过程。电、磁场的 $\overline{E}$ 和 $\overline{H}$ 相互垂直且完全处于垂直于导线轴能量传播方向的平面内，是平面电磁波。因此，行波沿无损导线的传播过程就是平面电磁场的传播过程。对架空线而言，周围介质是空气，故电磁场的传播速度必然等于光速。

因为波的传播速度为 v，故在单位时间内导线获得的能量为 $vC_0u_A^2=vL_0i^2=u_A^2/Z=i^2Z$。因此，从功率的观点看，波阻抗 Z 与一数值相等的集中参数电阻相当，但在物理含义上是不同的，电阻要消耗能量，而波阻抗并不消耗能量，它反映了单位时间内导线获得电磁能量的大小。

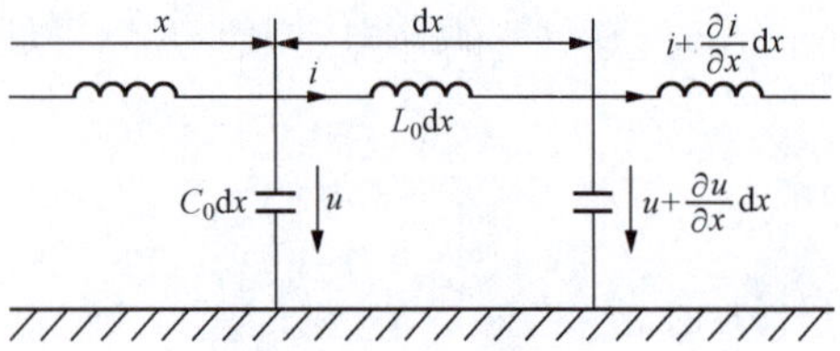

图 7-2 均匀无损单导线的单元等效电路

7.1.2 波动方程的解

令 x 为线路首端到线路上任意一点的距离，则每一长度为 dx 的线路单元的电感和对地电容分别为 L_0dx 和 C_0dx，如图 7-2 所示。

图 7-2 中单元回路的电压和电流存在如下关系

$$\begin{cases}-\dfrac{\partial u}{\partial x}=L_0\dfrac{\partial i}{\partial t}\\[2mm]-\dfrac{\partial i}{\partial x}=L_0\dfrac{\partial u}{\partial t}\end{cases} \tag{7-11}$$

将式（7-11）分别对 x 和 t 进行二阶求导，经联立变换后，可以得到如下二阶偏微分方程

$$\begin{cases}\dfrac{\partial^2 u}{\partial x^2}=L_0C_0\dfrac{\partial^2 u}{\partial t^2}\\[2ex]\dfrac{\partial^2 i}{\partial x^2}=L_0C_0\dfrac{\partial^2 i}{\partial t^2}\end{cases}\tag{7-12}$$

这就是单根均匀无损长线的波动方程。从式（7-12）可以看出，线路上的电压和电流不仅是时间 t 的函数，也是距离 x 的函数。两个方程具有完全相同的形式，可以预见 u 和 i 的解的形式也完全相同。

应用拉普拉斯变换和延迟定律，可以求得波动方程的通解为

$$\begin{cases}u(x,t)=u_q\left(t-\dfrac{x}{v}\right)+u_{\mathrm{f}}\left(t+\dfrac{x}{v}\right)\\[2ex]i(x,t)=i_q\left(t-\dfrac{x}{v}\right)+i_{\mathrm{f}}\left(t+\dfrac{x}{v}\right)\end{cases}\tag{7-13}$$

式中，$v=\dfrac{1}{\sqrt{L_0C_0}}$。

从式（7-13）可以看出，电压和电流的解都包括两部分，其中一部分是$\left(t-\dfrac{x}{v}\right)$的函数，另一部分是$\left(t+\dfrac{x}{v}\right)$的函数。为了理解这两部分的物理意义，首先来研究$u_{\mathrm{q}}\left(t-\dfrac{x}{v}\right)$。

函数$u_{\mathrm{q}}\left(t-\dfrac{x}{v}\right)$说明，导线各点的电压是随时间而变的。设在 t_1 时刻、线路上的 x_1 点处的电压为 u_1，则在 $t_1+\mathrm{d}t$ 时刻，在 $x_1+v\mathrm{d}t$ 点处的电压也为 u_1，因为

$$u_{\mathrm{q}}\left[(t_1+\mathrm{d}t)-\frac{x_1+v\mathrm{d}t}{v}\right]\doteq u_{\mathrm{q}}\left(t_1-\frac{x_1}{v}\right)=u_1$$

由此可见，$u_{\mathrm{q}}\left(t-\dfrac{x}{v}\right)$是随着时间 t 的增加、以速度 v 向 x 正方向运动的，是前行波电压，如图 7-3 所示。同样可以说明，$u_{\mathrm{f}}\left(t+\dfrac{x}{v}\right)$代表一个以速度 v 向 x 负方向行进的波，是反行波电压。为了方便，式（7-13）可以简洁地表示为

$$\begin{cases}u=u_{\mathrm{q}}+u_{\mathrm{f}}\\ i=i_{\mathrm{q}}+i_{\mathrm{f}}\end{cases}\tag{7-14}$$

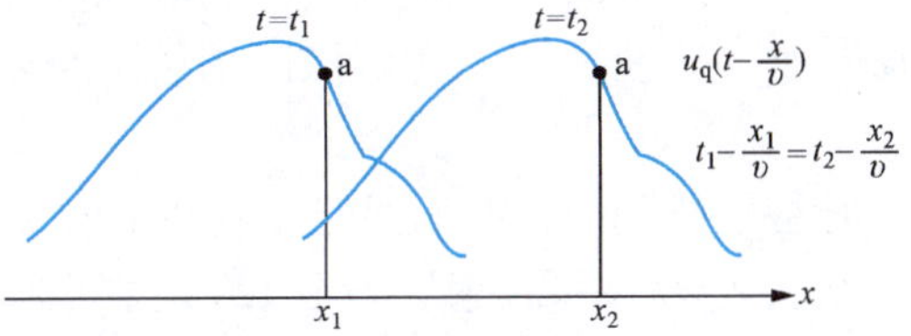

图 7-3　前行电压波

由式（7-8）和式（7-9）可知，电压波和电流波之间的关系可以通过波阻抗 Z 表示。但不

同极性的行波沿不同的方向传播，需要规定一个正方向。应该注意，电压波的符号只取决于它的极性（导线上所充电荷的符号），而与电荷的运动方向无关；而电流波的符号不但与相应的电荷符号有关，而且也与电荷的运动方向有关，一般取正电荷沿着 x 正方向运动所形成的波为正电流波。对反行波而言，正的电压反行波表示一批正电荷向 x 负方向运动，按照相反的顺序给线路各点的对地电容也充上正电荷。此时电压虽然仍是正的，但因正电荷的运动方向已变为负方向，所以形成了负的电流波。也就是说，在规定行波正方向的前提下，前行波电压和前行波电流总是同号，而反行波电压和反行波电流总是异号，如图 7-4 所示。

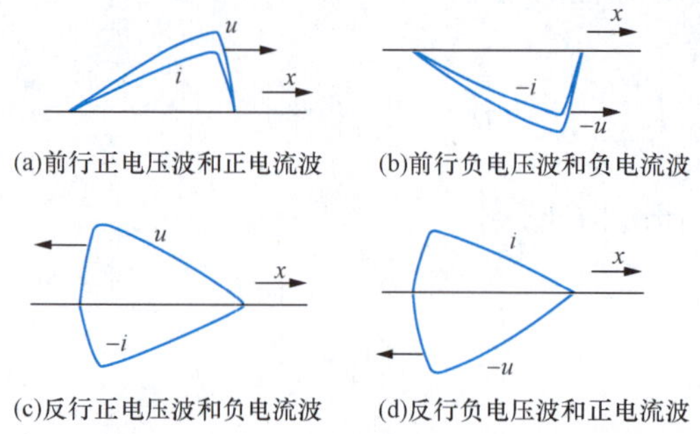

图 7-4 电压波和电流波的关系

上述关系可以用公式表示，即

$$\begin{cases}\dfrac{u_q}{i_q}=Z\\[2ex]\dfrac{u_f}{i_f}=-Z\end{cases} \tag{7-15}$$

因而式（7-14）中的电流又可以写成

$$i=\frac{1}{Z}(u_q-u_f) \tag{7-16}$$

式（7-14）和式（7-15）组成了行波计算的四个基本方程。从这四个基本方程出发，加上起始条件和边界条件，就可以算出导线上任意点的电压和电流。

必须注意的是，当线路上某点的前行波和反行波同时存在时，则该点电压和电流的比值并不等于波阻抗 Z，即

$$\frac{u}{i}=\frac{u_q+u_f}{i_q+i_f}=Z\frac{u_q+u_f}{u_q-u_f}\neq Z \tag{7-17}$$

7.2 波的折射和反射

波沿无损均匀线路传播时，电压和电流波形保持不变，它们的比值等于线路的波阻抗。当行波到达线路的某一点时，若线路参数发生变化，例如从波阻抗较大的架空线到达波阻抗较小的电缆线路，或相反；由于节点两侧线路的波阻抗不同，而节点处的电压和电流值均具有唯一性，这就意味着波在节点处必然要发生折、反射。

7.2.1 折射波和反射波的计算

以无穷长直角波作为入射波来分析波的折反射。因为方波响应是计算任意电压波形作用下解的基础，掌握了直角波作用下的波过程，就可以应用丢阿莫尔积分计算任意波作用下的波过程。

图 7-5 表示一无穷长直角波从波阻抗为 Z_1 的线路 1 传输到波阻抗为 Z_2 的线路 2，在节点 A 处发生折反射。设 u_{1q} 为入射的电压波，相应的电流波为 i_{1q}；u_{2q}、i_{2q} 分别为折射到线路 2 的电压波和电流波；u_{1f}、i_{1f} 分别为在 A 点处反射回来的电压波和电流波。

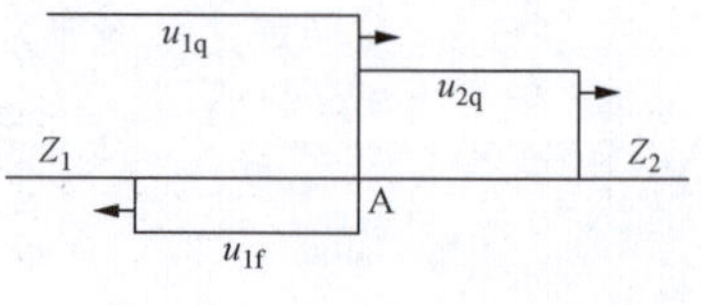

图 7-5 行波的折射和反射

由于在连接点 A 处只能有一个电压值和电流值，即 A 点左侧及右侧的电压和电流在 A 点必须连续，因此必然有

$$u_{2q}=u_{1q}+u_{1f} \tag{7-18}$$

$$i_{2q}=i_{1q}+i_{1f} \tag{7-19}$$

因为$i_{1q}=\frac{u_{1q}}{Z_1}$、$i_{2q}=\frac{u_{2q}}{Z_2}$、$i_{1f}=-\frac{u_{1f}}{Z_1}$，将它们代入式（7-19），可得

$$\frac{u_{1q}}{Z_1}-\frac{u_{1f}}{Z_1}=\frac{u_{2q}}{Z_2} \tag{7-20}$$

联立式（7-18）和式（7-20），可以解得

$$\begin{cases} u_{2q}=\dfrac{2Z_2}{Z_1+Z_2}u_{1q}=\alpha u_{1q} \\ u_{1f}=\dfrac{Z_2-Z_1}{Z_1+Z_2}u_{1q}=\beta u_{1q} \end{cases} \tag{7-21}$$

α、β分别称为电压波的折射系数和反射系数，根据式（7-21）有

$$\begin{cases} \alpha=\dfrac{2Z_2}{Z_1+Z_2} \\ \beta=\dfrac{Z_2-Z_1}{Z_1+Z_2} \end{cases} \tag{7-22}$$

α与β之间满足

$$1+\beta=\alpha \tag{7-23}$$

以上波的折反射系数虽然是根据两段不同波阻抗的线路推导出来的，但也适用于线路末端接有不同负载电阻的情况。

随 Z_1 与 Z_2 的数值而异，α和β的值在下面的范围内变化

$$0\leqslant\alpha\leqslant 2$$

$$-1\leqslant\beta\leqslant 1$$

当$Z_2=Z_1$时，α=1，β=0，这表明电压折射波等于入射波，而电压反射波为零，即不发生反射现象，实际上这是均匀导线的情况。当$Z_2<Z_1$时（例如行波从架空线进入电缆），$\alpha<1$，$\beta<0$，这表明电压折射波将小于入射波，而电压反射波的极性与入射波相反，叠加后使线路 1 上的总电压小于电压入射波。当$Z_2>Z_1$时（例如行波从电缆进入架空线），$\alpha>1$，$\beta>0$，此时电压折射波将大于入射波，而电压反射波与入射波同号，叠加后使线路 1 上的总电压升高。

7.2.2 几种特殊条件下的折反射波

1. 线路末端开路（$Z_2=\infty$）

此时，α=2，β=1。线路末端对地电压为$u_{2q}=2u_{1q}$，反射波电压为$u_{1f}=u_{1q}$；线路末端电流为 i_{2q}=0，反射波电流为$i_{1f}=-\frac{u_{1f}}{Z_1}=-\frac{u_{1q}}{Z_1}=-i_{1q}$，如图 7-6 所示。这一结果表明，由于线路末端发生电压波正的全反射和电流波负的全反射，线路末端的电压上升到入射电压的两倍；随着反射波的逆向传播，所到之处线路电压也加倍，而由于电流波负的全反射，线路的电流下降到零。

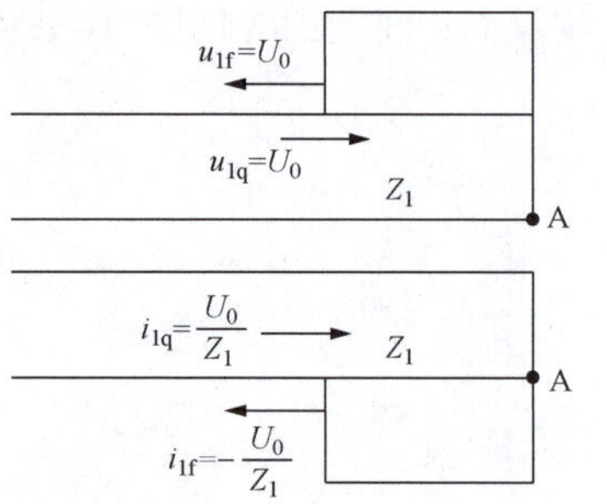

图 7-6 线路末端开路时的折反射

线路末端处开路时电压加倍、电流变零的现象也可以从能量关系来解释。因为 $Z_2=\infty$，末端功率为 $P=u_{2q}^2/Z_2=0$，全部能量均反射回去，反射波返回后单位长度的总能量为入射波能量的两倍。又由于入射波的电场能量与磁场能量相等，因此反射波返回后单位长度线路储存的总能量为 $W=2\times\left(\frac{1}{2}C_0u_{1q}^2+\frac{1}{2}L_0i_{1q}^2\right)=2\times2\times\frac{1}{2}C_0u_{1q}^2$。因为反射波到达后线路电流为零，故磁场能量为零，全部磁场能量转化为电场能量，因此电场能量增大到原来的 4 倍，即电压升高到原来的 2 倍。

过电压波在开路末端的加倍升高对绝缘是很危险的，在考虑过电压防护措施时对此应给予充分的注意。

2. 末端短路（$Z_2=0$）

此时，$\alpha=0$，$\beta=-1$。线路末端电压为 $u_{2q}=0$，反射波电压为 $u_{1f}=-u_{1q}$；线路末端反射波电流为 $i_{1f}=-\frac{u_{1f}}{Z_1}=\frac{u_{1q}}{Z_1}=i_{1q}$，如图 7-7 所示。这一结果表明，入射电压波 u_{1q} 到达末端后，发生了负的全反射，负反射的结果使线路末端电压下降为零，并逐步向首端发展；而电流波 i_{1q} 发生了正的全反射，线路末端的电流 $i_{2q}=i_{1q}+i_{1f}=2i_{1q}$，即电流上升到原来的 2 倍，且逐步向首端发展。

线路末端短路时电流的增大也可以从能量的角度加以解释，这是电磁能从末端返回而且全部转化为磁能的结果。

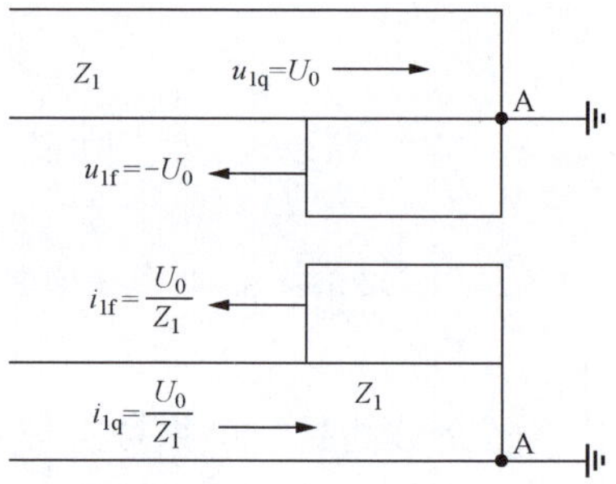

图 7-7 线路末端短路时的折反射

3. 末端接有匹配电阻（$R=Z_1$）

此时，$\alpha=1$，$\beta=0$。线路末端电压 $u_{2q}=u_{1q}$，反射波电压 $u_{1f}=0$；线路末端反射波电流为零，如图 7-8 所示。这一结果表明，入射波到达与线路波阻抗相同的负载时，没有发生反射现象，相当于线路末端与另一波阻抗相同的线路（$Z_2=Z_1$）相连接，也就是均匀线路的延伸。在高压测量中，常在电缆末端接上和电缆波阻抗相等的匹配电阻以消除在电缆末端折、反射所引起的测量误差。但从能量的角度看，两者是不同的。当末端接有电阻 $R=Z_1$ 时，传播到末端的电磁能全部消耗在电阻 R 中；而当末端接相同波阻抗的线路时，该线路上并不消耗能量。

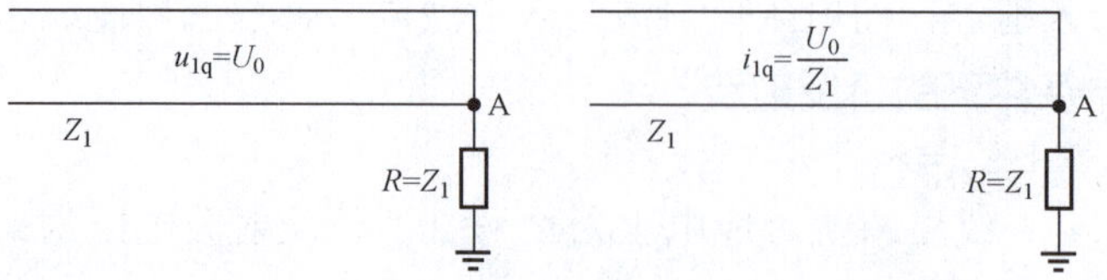

图 7-8 末端接有电阻 $R=Z_1$ 时的折反射

【例 7-1】 直流电源合闸于空载线路时的波过程如图 7-9 所示，长度为 l 的线路在 $t=0$ 时合闸于电压为 U_0 的直流电源，求线路末端 B 点和线路中点 C 点对地电压随时间的变化。

解 合闸后，从 $t=0$ 开始，电源电压 U_0 自线路首端 A 点向线路末端 B 点传播，传播速

度为 $v=1/\sqrt{L_0C_0}$，自 A 点传播到 B 点的时间设为τ，则 $\tau=l/v$，设线路波阻抗为 Z。

当 $0\leqslant t<\tau$时，只有在距首端 A 点为 $x\leqslant vt$ 的线路上存在前行的电压波 $u_{1q}=U_0$ 和前行的电流波 $i_{1q}=U_0/Z$，如图 7-9（a）所示。

当 $t=\tau$时，波到达开路的末端 B 点，电压波和电流波分别发生正全反射和负全反射，形成反行的电压波 $u_{1f}=U_0$ 和电流波 $i_{1f}=-U_0/Z$。此反射波将于 $t=2\tau$时到达 A 点。当$\tau\leqslant t<2\tau$时，在距首端 A 点为 $x\geqslant l-v(t-\tau)$的线路上各点电压由 u_{1q} 和 u_{1f} 叠加而成，电流由 i_{1q} 和 i_{1f} 叠加而成，电压和电流分别为 $2U_0$ 和 0，如图 7-9（b）所示。

当 $t=2\tau$时，反行波 u_{1f} 到达线路的首端 A 点，迫使 A 点的电压上升为 $2U_0$。但由电源边界条件所决定的 A 点电压又必须为 U_0。因此反行波 u_{1f} 到达 A 点的结果是行波在电源点发生负的全反射，发出一个幅值为$-U_0$ 的前行波电压使 A 点的电压保持为 U_0，即在 $t=2\tau$ 之后，有一新的前行电压波 $u_{2q}=-U_0$ 自 A 点向 B 点行进，同时产生新的前行电流波 $i_{2q}=-U_0/Z$。在 $2\tau\leqslant t<3\tau$时，在距首端 A 点为 $x\leqslant v(t-2\tau)$的线路上各点的电压由 u_{1q}、u_{1f} 和 u_{2q} 叠加而成，线路上各点的电流由 i_{1q}、i_{1f} 和 i_{2q} 叠加而成，电压和电流分别为 U_0 和$-U_0/Z$，如图 7-9（c）所示。

当 $t=3\tau$时，新的前行波到达 B 点，电压波和电流波分别发生正全反射和负全反射，形成新的反行电压波 $u_{2f}=-U_0$ 和电流波 $i_{2f}=U_0/Z$。此反射波将于 $t=4\tau$时到达 A 点。当 $3\tau\leqslant t<4\tau$时，在距首端 A 点为 $x\geqslant l-v(t-3\tau)$的线路上各点电压由 u_{1q}、u_{1f}、u_{2q} 和 u_{2f} 叠加而成，电流由 i_{1q}、i_{1f}、i_{2q} 和 i_{2f} 叠加而成，电压和电流均为 0，如图 7-9（d）所示。

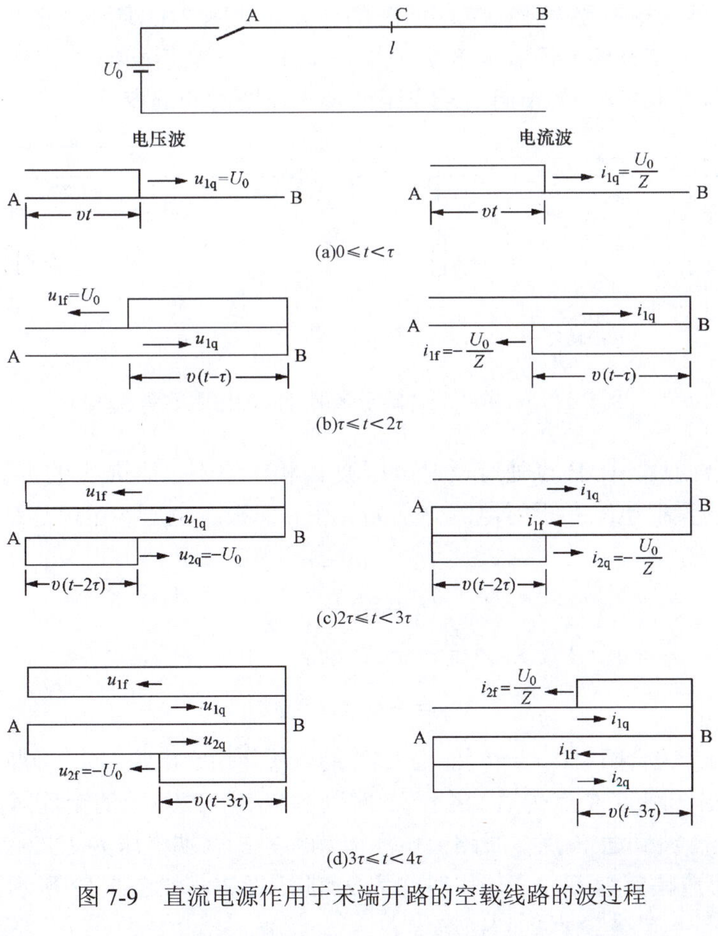

图 7-9　直流电源作用于末端开路的空载线路的波过程

当 $t=4\tau$ 时，反行波 u_{2f} 到达线路的首端 A 点，迫使 A 点的电压下降为 0。但由电源边界条件所决定的 A 点电压又必须为 U_0。因此反行波 u_{2f} 到达 A 点的结果是发生负的全反射，发出另一个幅值为 U_0 的前行波电压来保持 A 点的电压为 U_0，从而开始重复图 7-9（a）所示的新的波过程。

如此反复往返传播，根据所有前行波和反行波叠加的结果，可以得到如图 7-10 所示线路末端 B 点电压和中点 C 点的电压随时间变化的曲线。

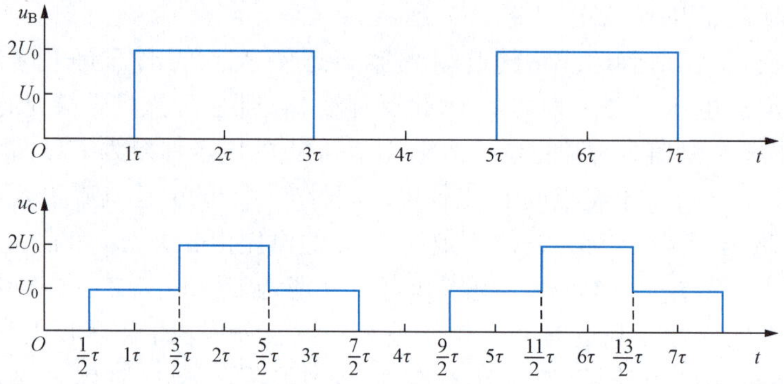

图 7-10　空载线路末端和中点电压波形

【例 7-2】 空载带电线路合闸于末端匹配的电阻。如图 7-11 所示，长度为 l、波阻抗为 Z 的空载线路（一端 B 点开路）经 A 点预先充电到电压 U_0，然后端部 A 点断开，$t=0$ 时另一端 B 点合闸于阻值为 R（$R=Z$）的电阻，求电阻两端电压随时间的变化。

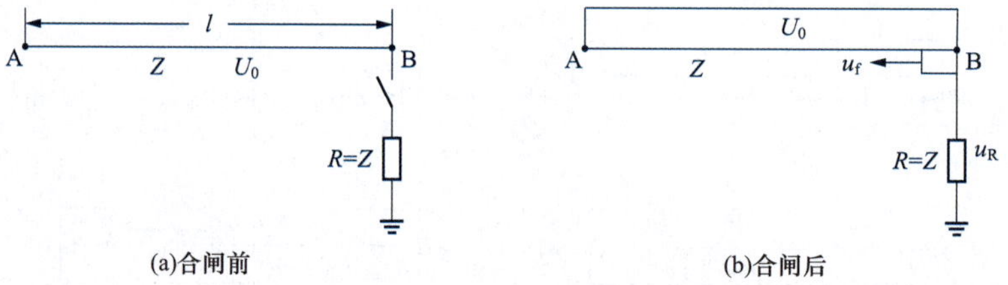

图 7-11　带电线路合闸于末端接匹配电阻的示意图

解　当开关合闸后，在 B 点处有反射电压波 u_f 和作用于电阻 R 上的折射电压波 u_R，如图 7-11 所示，对应的反射电流和折射电流分别为 i_f 和 i_R，根据电压、电流连续性条件，可得

$$\begin{cases} U_0 + u_f = u_R \\ i_f = i_R \end{cases}$$

将 $i_f = -u_f/Z$，$i_R = u_R/R$ 及 $R=Z$ 代入上式，得

$$u_R = -u_f = U_0/2$$

由此可见，当开关合闸后，有一幅值为 $U_0/2$ 的电压作用于电阻 R 上。同时，一幅值为 $-U_0/2$ 的电压波自 B 点沿线路向 A 点传播。经 $\tau=l/v$ 时到达 A 点，发生正的全反射。又经过时间 τ 后，幅值为 $-U_0/2$ 的电压波到达 B 点。线路上电压降为零，R 两端电压为 $U_0/2-U_0/2=0$，波过程结束。因此，R 上形成幅值为 $U_0/2$、作用时间为 2τ 的矩形波，如图 7-12 所示。

根据这一原理，可以用电缆作为传输线产生具有设定脉宽和纳秒级上升沿的方波电压，用途广泛。

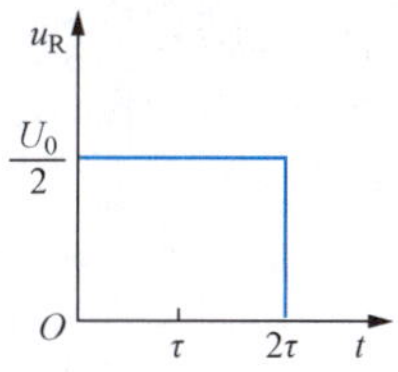

图 7-12　空载带电线路合闸于匹配电阻时的电压波形

7.2.3　等效集中参数定理（彼得逊法则）

前面的内容从分布参数线路上波传播的角度，分析了波的折射和反射的计算问题。对图 7-13（a）所示波从波阻抗为 Z_1 的线路到达节点 A 的情况，其中 Z_2 可以是任意的集中参数阻抗，也可以是一条无穷长线路的波阻抗，将 $i_{2q}=U_{2q}/Z_2$ 代入式（7-20），得

$$\frac{u_{1q}}{Z_1}-\frac{u_{1f}}{Z_1}=i_{2q} \tag{7-24}$$

联立求解式（7-18）和式（7-24），消去 u_{1f}，得到另一个表示入射电压和电流间的关系式为

$$2u_{1q}=u_{2q}+i_{2q}Z_1 \tag{7-25}$$

不难看出，式（7-25）正好是图 7-13（b）所示集中参数电路的电路方程。由此可以得到一条重要的法则，要计算分布参数线路上节点的电压，可以应用图 7-13（b）所示的等效电路：①线路波阻抗 Z_1、Z_2 分别用数值相等的集中参数电阻代替；②把线路入射电压波的两倍电压 $2u_{1q}$ 作为等效电压源。这就是计算折射波 u_{2q} 的等效电路法则，称为彼得逊（Peterson）法则。

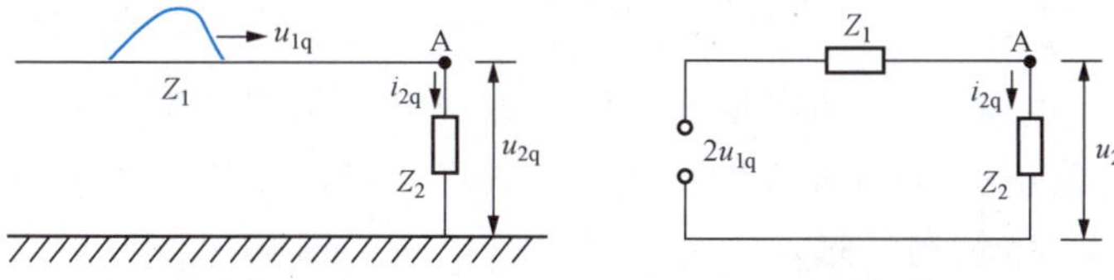

(a)波沿线路入射　　(b)戴维南等效电路

图 7-13　电压源的集中参数等效电路

利用这一法则，可以把分布参数电路中的波过程的许多问题，简化成集中参数电路的计算。值得注意的是，彼得逊法则的使用是有一定的条件的。首先它要求波沿分布参数的线路射入；其次，与节点相连的线路必须是无穷长的。如果节点 A 两边的线路为有限长的话，则以上等效电路只适用于线路末端的反射波尚未到达节点 A 的时间内。

在实际计算中，常常遇到电流源的情况（如雷电流）。此时采用电流源形式的等效电路较为方便，等效电流源的电流为入射电流波的两倍，如图 7-14 所示。

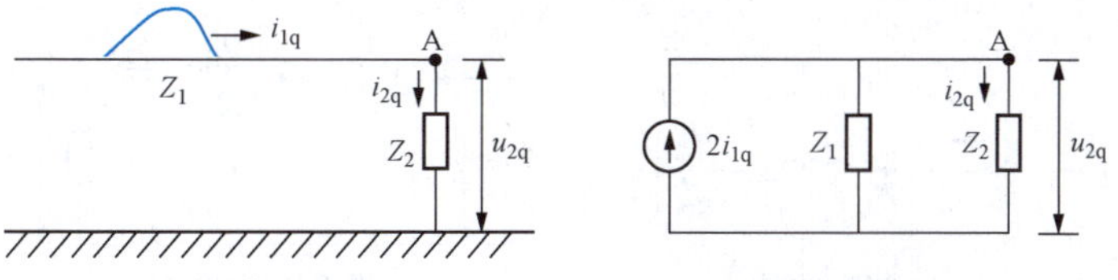

(a)波沿线路入射　　(b)诺顿等效电路

图 7-14　电流源的集中参数等效电路

【例 7-3】 如图 7-15（a）所示，变电站母线上接有 n 条线路，每条线路的波阻抗均为 Z。当一条线路上落雷，电压 $u(t)$ 入侵变电站，求母线上的电压。

解　根据彼得逊法则，可得图 7-15（a）的等效计算电路如图 7-15（b）所示。母线上的

电压 $u_2(t)$ 计算如下，即

$$u_2(t)=2u(t)\frac{\dfrac{Z}{n-1}}{Z+\dfrac{Z}{n-1}}=\frac{2u(t)}{n}$$

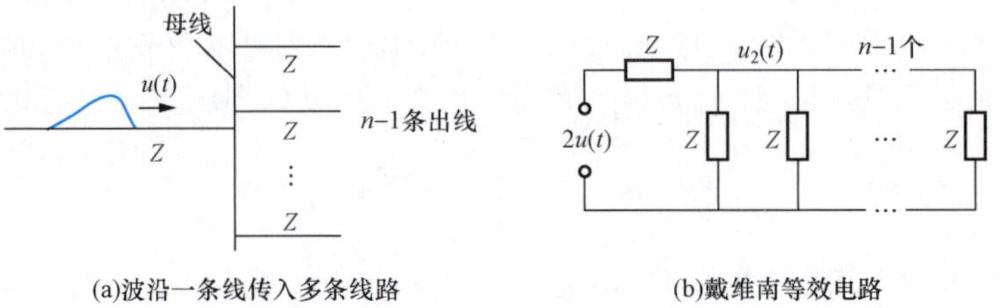

图 7-15 有多条出线时母线过电压的计算

可见，连接在母线上的线路越多，母线上的过电压越低，对变电站降低雷电过电压越为有利。

7.3 波通过串联电感和并联电容

在电力系统中，电感和电容是常见的元件，如载波通信用的高频扼流线圈和限制短路电流用的电抗器、电容式电压互感器和载波通信用的耦合电容器等。由于电感中的电流和电容上的电压均不能突变，这就对经过这些元件的行波产生了影响，使波形发生变化。可应用彼得逊法则来分析线路中的串联电感和并联电容对线路上波过程的影响。为了便于说明基本概念，起始的入射波仍采用无限长直角波。

如图 7-16（a）所示，无穷长直角波 U_0 入射到接有电感 L 的线路，L 前后线路的波阻抗分别为 Z_1 和 Z_2。其等效电路如图 7-16（b）所示，可以写出回路方程

$$2U_0=i_2(Z_1+Z_2)+L\frac{\mathrm{d}i_2}{\mathrm{d}t} \tag{7-26}$$

解该方程，得

$$i_2=\frac{2U_0}{Z_1+Z_2}\left(1-\mathrm{e}^{-\frac{t}{T_\mathrm{L}}}\right) \tag{7-27}$$

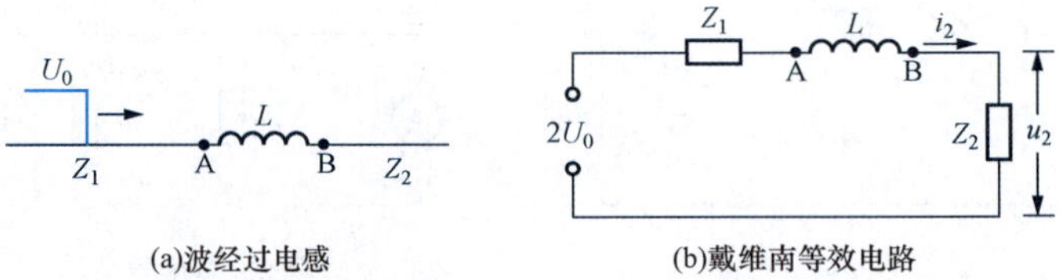

图 7-16 行波经过串联电感

节点 B 的对地电压为

$$u_2=i_2Z_2=\frac{2Z_2U_0}{Z_1+Z_2}\left(1-\mathrm{e}^{-\frac{t}{T_\mathrm{L}}}\right)=\alpha U_0\left(1-\mathrm{e}^{-\frac{t}{T_\mathrm{L}}}\right) \tag{7-28}$$

$$T_L=\frac{L}{Z_1+Z_2},\quad \alpha=\frac{2Z_2}{Z_1+Z_2}$$

式中：T_L为电路的时间常数；α为没有电感时两线路节点处电压的折射系数。

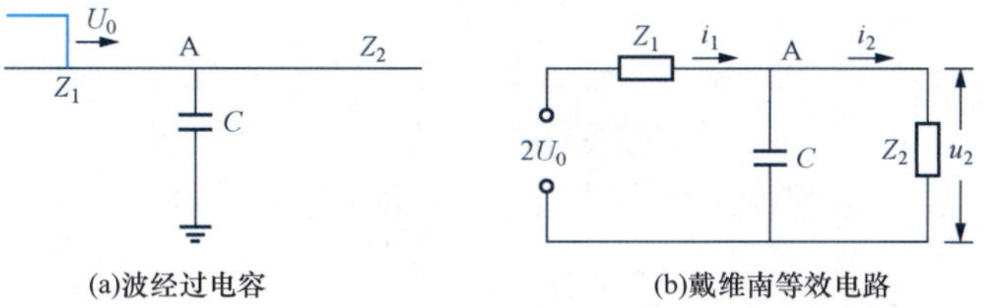

图 7-17 行波经过并联电容

再考虑波经过并联电容的情况。如图 7-17（a）所示，无穷长直角波入射到具有并联电容的线路，其等效电路如图 7-17（b）所示。由此可得

$$2U_0=i_1Z_1+i_2Z_2 \tag{7-29}$$

$$i_1=i_2+C\frac{\mathrm{d}u_2}{\mathrm{d}t}=i_2+CZ_2\frac{\mathrm{d}i_2}{\mathrm{d}t} \tag{7-30}$$

联立上述两个方程，消去 i_1，得

$$2U_0=i_2(Z_1+Z_2)+CZ_1Z_2\frac{\mathrm{d}i_2}{\mathrm{d}t} \tag{7-31}$$

解该方程，得

$$i_2=\frac{2U_0}{Z_1+Z_2}\left(1-\mathrm{e}^{-\frac{t}{T_C}}\right) \tag{7-32}$$

节点 A 的对地电压为

$$u_2=i_2Z_2=\frac{2Z_2U_0}{Z_1+Z_2}\left(1-\mathrm{e}^{-\frac{t}{T_C}}\right)=\alpha U_0\left(1-\mathrm{e}^{-\frac{t}{T_C}}\right) \tag{7-33}$$

$$T_C=\frac{CZ_1Z_2}{Z_1+Z_2}$$

式中：T_C为电路的时间常数；α为没有电容时两线路节点处电压的折射系数。

从式（7-28）和式（7-33）可以看出，波通过串联电感和并联电容时，折射电压的解的形式完全相同。分析解的形式，可以得到以下结论。

（1）波经过串联电感或并联电容后，电流或电压不能突变。在 $t=0$ 时，折射电压为零。以后随着时间的增加，折射电压按指数规律增大，从直角波变为按指数曲线缓慢上升的指数波，最后到达由 Z_1 导线和 Z_2 导线之间的折射系数所决定的稳定状态αU_0。指数波的最大陡度发生在 $t=0$ 时，由式（7-28）可知，在串联了电感的情况下，折射电压波的最大陡度为

$$\left.\frac{\mathrm{d}u_2}{\mathrm{d}t}\right|_{\max}=\left.\frac{\mathrm{d}u_2}{\mathrm{d}t}\right|_{t=0}=\frac{2U_0Z_2}{L} \tag{7-34}$$

由式（7-33）可知，在并联了电容的情况下，折射电压波的最大陡度为

$$\left.\frac{\mathrm{d}u_2}{\mathrm{d}t}\right|_{\max}=\left.\frac{\mathrm{d}u_2}{\mathrm{d}t}\right|_{t=0}=\frac{2U_0}{Z_1C} \tag{7-35}$$

因此，只要增大 L 或 C 的值，就能把来波陡度限制在一定的范围。在防雷保护中常用这一原理来减小雷电波的陡度，以保护电机的匝间绝缘。

（2）串联电感和并联电容不会影响折射波的稳态值。当 $t=\infty$时，$u_2=\alpha U_0$，这是因为在直流电压作用下，电感相当于短路，电容相当于开路。

电感使折射波波前陡度降低的物理概念是：由于电感不允许电流突然变化，所以当波作用到电感时的第一个瞬间，电感就像电路开路一样将波完全反射回去，此时电流 i_2 将为零，因而 u_2 将为零，以后 u_2 再随着流过电感电流的逐渐增大而增大。波经过电感时的折反射如图 7-18（a）所示。

电容使折射波波前陡度降低的物理概念是：由于电容上的电压不能突然变化，波作用到电容上的第一个瞬间，电容就像电路短路一样，这同样将使 u_2 和 i_2 为零，u_2 将随着电容的充电而逐渐增大。波经过电容时的折反射如图 7-18（b）所示。

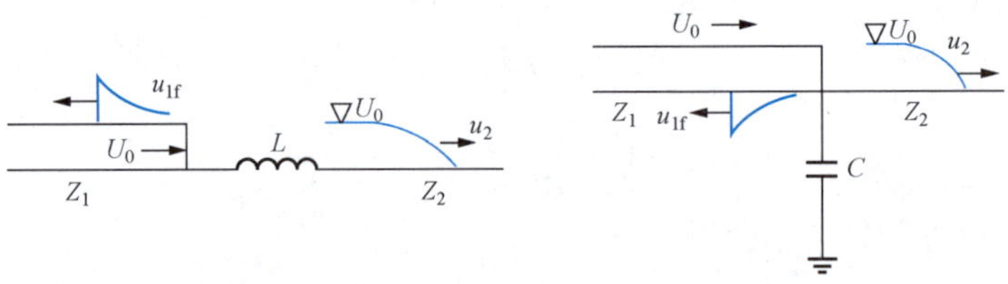

(a)波经过电感时的折反射　　(b)波经过电容时的折反射

图 7-18　波经过电感和电容时的折反射

串联电感和并联电容都可以用作过电压保护措施，它们能减小过电压波的波前陡度和降低极短时过电压波（例如冲击截波）的峰值。但就入射线路上的电压 u_1 来说，采用 L 会使 u_1 加倍，而采用 C 不会使 u_1 增大，所以从过电压保护的角度出发，采用并联电容更为有利。在实际工作中也常利用电感线圈能抬高来波电压的这种性能来改善接在它前面的避雷器放电特性（使带间隙避雷器在冲击电压作用下容易放电）。

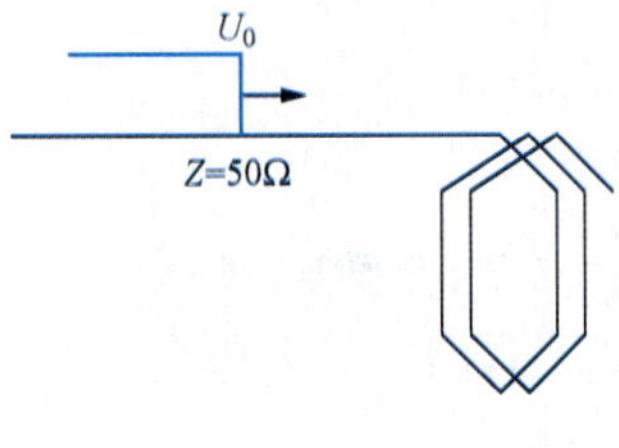

图 7-19　波沿电缆侵入发电机绕组

【例 7-4】 一幅值为 $U_0=100\text{kV}$ 的直角波沿波阻抗 $Z_1=50\Omega$的电缆侵入发电机绕组，如图 7-19 所示。绕组每匝长度为 3m，波阻抗为 800Ω，匝间绝缘耐压为 600V，绕组中波的传播速度为 $6\times10^7\text{m/s}$。求为保护发电机绕组匝间绝缘所需串联的电感或并联的电容的数值。

解　发电机允许承受的来波的最大陡度为

$$\left.\frac{\mathrm{d}u_2}{\mathrm{d}t}\right|_{\max}=\left.\frac{\mathrm{d}u_2}{\mathrm{d}l}\right|_{\max}\times\frac{\mathrm{d}l}{\mathrm{d}t}=\frac{600}{3}\times6\times10^7=12\times10^9\ (\text{V/s})$$

由式（7-34），得出需要的电感值为

$$L=\frac{2U_0Z_2}{\left.\frac{\mathrm{d}u_2}{\mathrm{d}t}\right|_{\max}}=\frac{2\times10^5\times800}{12\times10^9}=13.3\ (\text{mH})$$

若用电容来保护，由式（7-35），得出需要的电容值为

$$C=\frac{2U_0}{Z_1\left.\dfrac{\mathrm{d}u_2}{\mathrm{d}t}\right|_{\max}}=\frac{2\times10^5}{50\times12\times10^9}=0.33\,(\mu\mathrm{F})$$

在工程实践中，0.33μF（耐压不低于 100kV）的电容器比 13.3mH（耐压不低于 200kV）的电感线圈成本要低得多。

7.4 波的多次折、反射，网格法

在前面几节中所介绍的波的折、反射的计算还只局限于线路为无穷长的情况，而实际的线路都是有限长的，还常会出现波阻抗各不相同的三段导线相串联的情况，例如两段架空线中间加一段电缆，或用一段电缆将发电机连到架空线上，此时夹在中间的这一段线路就必然是有限长的。在这些情况下，行波在第一个节点所生成的折、反射波在到达另一个节点（即某一有限长线路的末端）时就会再次发生折、反射，接着是第三次、第四次以及更多次的折、反射。常用的计算行波多次折、反射的方法有网格法和特性线法（贝杰龙法）两种。本节介绍网格法。

用网格法计算波的多次折、反射的特点，是用网格图把波在节点上的各次折、反射的情况，按照时间的先后逐一表示出来，这样就可以比较容易地求出节点在不同时刻的电压值。下面以计算波阻抗不相同的三种导线互相串联时节点上的电压为例，讨论网格法的具体应用。

设在两条波阻抗各为 Z_1 和 Z_2 的长线之间插接一段长度为 l_0、波阻抗为 Z_0 的短线，线路两端两个节点分别为 A、B，如图 7-20（a）所示。为了使计算不致过于繁复，假设两侧的两条线路均为无限长线，即不考虑从线路 1 的始端和线路 2 的末端反射回来的行波。图 7-20 中，α_1 为波自波阻抗为 Z_1 的线路 1 传输到波阻抗为 Z_0 的短线时的折射系数，β_1 为波自短线传输到线路 1 时的反射系数，α_2 为波自短线传输到线路 2 时的折射系数，β_2 为波自短线传输到线路 2 时的反射系数。根据相邻两线路的波阻抗，得到各折、反射系数为

$$\begin{cases}\alpha_1=\dfrac{2Z_0}{Z_0+Z_1},\quad \alpha_2=\dfrac{2Z_2}{Z_0+Z_2}\\[2ex]\beta_1=\dfrac{Z_1-Z_0}{Z_0+Z_1},\quad \beta_2=\dfrac{Z_2-Z_0}{Z_0+Z_2}\end{cases}\tag{7-36}$$

设一无限长直角波 U_0 从线路 1 传输到节点 A，如图 7-20（b）所示。在 $t=0$ 时波到达 A 点后，折射波 α_1U_0 在短线上继续向右前行，在 $t=\tau$ 时到达 B 点，这里 $\tau=l_0/v_0$，其中 v_0 为波在短线上传输的速度。在 B 点产生的第一个折射波 $\alpha_1\alpha_2U_0$ 沿着线路 2 继续向右传播，而在 B 点产生的第一个反射波 $\alpha_1\beta_2U_0$ 又向 A 点前进，于 $t=2\tau$ 时到达 A 点；在 A 点产生的反射波 $\alpha_1\beta_2\beta_1U_0$ 又沿着短线向 B 点传播，于 $t=3\tau$ 时到达 B 点；在 B 点产生的第二个折射波 $\alpha_1\beta_2\beta_1\alpha_2U_0$ 沿着线路 2 继续向右传播，而在 B 点产生的第二个反射波 $\alpha_1\beta_2^2\beta_1U_0$ 则向 A 点传去，于 $t=4\tau$ 时到达 A 点，等等。

节点 B 的对地电压 $u_B(t)$ 是进入线路 2 的这些折射波的叠加，但要注意它们到达时间的先后。根据网格图，可以很容易地写出节点 B 在不同时刻的对地电压为：

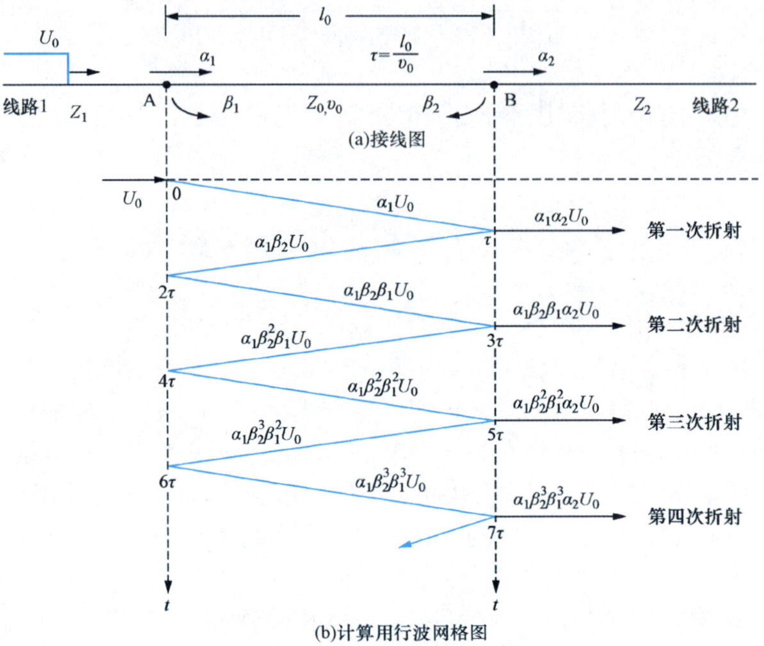

图 7-20 行波的多次折、反射

当$0\leqslant t<\tau$时，$u_B=0$；

当$\tau\leqslant t<3\tau$时，$u_B=\alpha_1\alpha_2U_0$；

当$3\tau\leqslant t<5\tau$时，$u_B=\alpha_1\alpha_2(1+\beta_1\beta_2)U_0$；

当$5\tau\leqslant t<7\tau$时，$u_B=\alpha_1\alpha_2(1+\beta_1\beta_2+\beta_1^2\beta_2{}^2)U_0$；

⋮

经过 n ($n\geqslant1$) 次折射后，当$(2n-1)\tau\leqslant t<(2n+1)\tau$时，节点 B 的对地电压的数学表达式为

$$u_B(t)=\alpha_1\alpha_2[1+\beta_1\beta_2+(\beta_1\beta_2)^2+\cdots+(\beta_1\beta_2)^{n-1}]U_0=U_0\alpha_1\alpha_2\frac{1-(\beta_1\beta_2)^n}{1-\beta_1\beta_2} \tag{7-37}$$

当 $t\rightarrow\infty$ 时，$(\beta_1\beta_2)^n\rightarrow0$，则式（7-37）变为

$$u_B(t\rightarrow\infty)=\alpha_1\alpha_2U_0\frac{1}{1-\beta_1\beta_2}=\frac{2Z_2}{Z_1+Z_2}U_0=\alpha_{12}U_0 \tag{7-38}$$

式中：α_{12}为波从波阻抗为 Z_1 的线路 1 直接向波阻抗为 Z_2 的线路 2 传播时的折射系数。

也就是说，中间线段的存在不会影响到它的最终值。但中间线段的存在及其波阻抗的大小决定了折射波的波形，特别是它的波前。从式（7-37）可以看出，若β_1与β_2同号，则$\beta_1\beta_2>0$，$u_B(t)$的值是逐步递增的；若β_1与β_2异号，则$\beta_1\beta_2<0$，$u_B(t)$的波形是振荡的。现分别讨论如下。

（1）$Z_1>Z_0$、$Z_2>Z_0$（例如在两架空线之间插接一段电缆）。由式（7-36）可知，$\beta_1>0$、$\beta_2>0$、$\alpha_1<1$、$\alpha_2>1$，β_1与β_2同号，电压值是逐渐增加的，如图 7-21（a）所示。若 Z_0 远小于 Z_1 及 Z_2，表示中间线段的电感较小、对地电容较大（电缆就是这种情况），忽略中间线段的电感，可以用一个并联电容来表示中间线段，因此波前陡度下降。

（2）$Z_1<Z_0$、$Z_2<Z_0$（例如在两电缆之间插接一段架空线）。由式（7-36）可知，$\beta_1<0$、$\beta_2<0$、$\alpha_1>1$、$\alpha_2<1$，β_1与β_2同号，电压值是逐渐增加的，如图 7-21（a）所示。若 Z_0 远大于 Z_1 及 Z_2，表示中间线段的对地电容较小、电感较大（例如架空线），就可以忽略电容而用一个串联电感来表示中间线段，因此波前陡度下降。

（3）$Z_1<Z_0<Z_2$。由式（7-36）可知，$\beta_1<0$、$\beta_2>0$、$\alpha_1>1$、$\alpha_2>1$，β_1与β_2异号，电压波是振荡的，如图 7-21（b）所示。

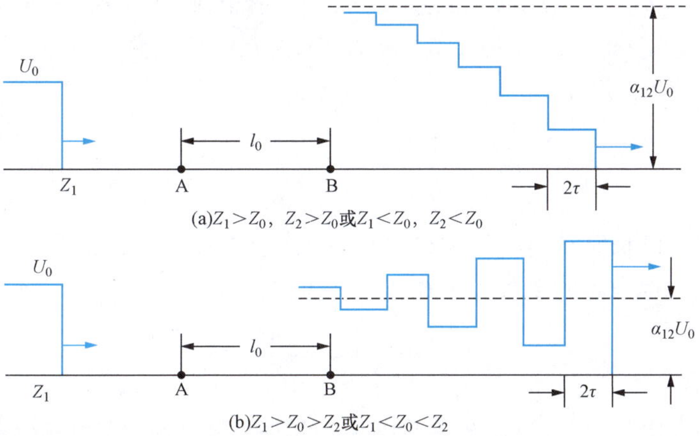

图 7-21　不同波阻抗组合下的 u_B 波形

（4）$Z_1>Z_0>Z_2$。由式（7-38）可知，$\beta_1>0$、$\beta_2<0$、$\alpha_1<1$、$\alpha_2<1$，β_1与β_2异号，电压波是振荡的，如图 7-21（b）所示，与情况（3）相比，波的幅值较小。

7.5　平行多导线系统中的波过程

前面分析的都是单导线中的波过程，实际上输电线路总是由多根平行导线组成的。例如三相交流线路的平行导线数至少为 3 根，多的有 10 多根，如同杆架设的双避雷线 4 回路线路有平行导线 14 根，这时每根导线都处于沿某根或若干根导线传播的行波所建立起来的电磁场中，因而都会感应出一定的电位。由于作用在任意两根导线之间的绝缘上的电压就等于这两根导线之间的电位差，所以求出每根导线的对地电压是必要的前提。

7.5.1　波在平行多导线系统中的传播

为了便于对基本原理的理解，这里仍忽略导线和大地的损耗，因而多导线系统中的波过程仍可近似地看成是平面电磁波的沿线传播，各导线中的波具有同一传播速度 v（在架空线中等于光速）。这样，导线上波过程的形成，可以看成是导线上电荷运动的结果，设 q 为线电荷密度。而各导线上的电荷是相对静止的，所以可以从 $i=qv$ 的方程出发，直接把麦克斯韦（Maxwell）静电方程运用到波过程的计算中。

根据麦克斯韦静电方程，在与地面平行的 n 根导线中，导线 k 的对地电压 u_k，除了与导线本身所带的电荷有关外，还与其他 $n-1$ 根导线上的电荷有关。因此，可以利用叠加原理，把这 n 根导线上的电荷在第 k 根导线上产生的对地电压相加，得到 u_k。根据叠加原理，n 根导线的对地电压 u_1，u_2，…，u_k ，…，u_n 满足下列方程式

$$\begin{cases} u_1 = \alpha_{11}Q_1 + \alpha_{12}Q_2 + \cdots + \alpha_{1k}Q_k + \cdots + \alpha_{1n}Q_n \\ u_2 = \alpha_{21}Q_1 + \alpha_{22}Q_2 + \cdots + \alpha_{2k}Q_k + \cdots + \alpha_{2n}Q_n \\ \vdots \\ u_k = \alpha_{k1}Q_1 + \alpha_{k2}Q_2 + \cdots + \alpha_{kk}Q_k + \cdots + \alpha_{kn}Q_n \\ \vdots \\ u_n = \alpha_{n1}Q_1 + \alpha_{n2}Q_2 + \cdots + \alpha_{nk}Q_k + \cdots + \alpha_{nn}Q_n \end{cases} \tag{7-39}$$

式中：Q_1，Q_2，…，Q_k，…，Q_n 为各导线单位长度上的电荷，C；α_{kk} 为导线 k 的自电位系数；α_{km} 为导线 k 与导线 m（m=1，2，…，n；$m \neq k$）间的互电位系数。

自电位系数 α_{kk} 的定义为

$$\alpha_{kk} = \left.\frac{u_k}{Q_k}\right|_{Q_1=Q_2=\cdots=Q_{k-1}=Q_{k+1}=\cdots=Q_n=0} \tag{7-40}$$

因为导线 k 的单位长度对地电容为 $C_k = Q_k/u_k$，所以 $\alpha_{kk} = 1/C_k$，即自电位系数实际上就是该导线单位长度对地电容的倒数。由式（7-7）可以得到

$$\alpha_{kk} = \frac{1}{2\pi\varepsilon_0}\ln\frac{2h_k}{r_k} \tag{7-41}$$

式中：ε_0 为空气的介电常数，F/m；h_k 为导线 k 的对地高度，m；r_k 为导线 k 的半径，m。

互电位系数 α_{km} 的定义为

$$\alpha_{km} = \left.\frac{u_k}{Q_m}\right|_{Q_1=Q_2=\cdots=Q_{m-1}=Q_{m+1}\cdots=Q_n=0} \tag{7-42}$$

由电磁场理论，可以得到导线 m 上的电荷 Q_m 在导线 k 上产生的电位为

$$u_k = \frac{Q_m}{2\pi\varepsilon_0}\ln\frac{D_{km}}{d_{km}}$$

式中：D_{km} 和 d_{km} 的含义如图 7-22 所示。因此

$$\alpha_{km} = \frac{1}{2\pi\varepsilon_0}\ln\frac{D_{km}}{d_{km}} \tag{7-43}$$

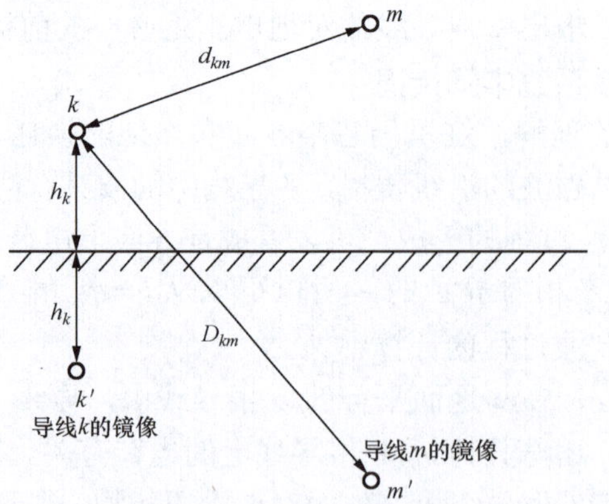

图 7-22　平行多导线线路

将式（7-39）分别乘以和除以 υ $\left(\upsilon\text{为波沿导线传播的速度，}\upsilon=\sqrt{\dfrac{1}{\varepsilon_0\mu_0}}\right)$，并以 $i_k=Q_k\upsilon$ 代入，可得

$$\begin{cases}u_1=Z_{11}i_1+Z_{12}i_2+\cdots+Z_{1k}i_k+\cdots+Z_{1n}i_n\\u_2=Z_{21}i_1+Z_{22}i_2+\cdots+Z_{2k}i_k+\cdots+Z_{2n}i_n\\\vdots\\u_k=Z_{k1}i_1+Z_{k2}i_2+\cdots+Z_{kk}i_k+\cdots+Z_{kn}i_n\\\vdots\\u_n=Z_{n1}i_1+Z_{n2}i_2+\cdots+Z_{nk}i_k+\cdots+Z_{nn}i_n\end{cases}\tag{7-44}$$

$$Z_{km}=\alpha_{km}/\upsilon=60\ln\frac{D_{km}}{d_{km}}$$

式中：Z_{kk} 为导线的自波阻抗，由式（7-10）可以得到 $Z_{kk}=\alpha_{kk}/\upsilon=\dfrac{1}{2\pi}\sqrt{\dfrac{\mu_0}{\varepsilon_0}}\ln\dfrac{2h_k}{r_k}=60\ln\dfrac{2h_k}{r_k}(\Omega)$；$Z_{km}$ 为导线 k 与导线 m（m=1，2，…，n；$m\neq k$）之间的互波阻抗，导线 k 与 m 靠得越近，则 Z_{km} 越大。

若导线上同时存在前行波和反行波，则对 n 根导线系统中的任一根导线（如导线 k），可以列出下列方程组

$$\begin{cases}u_k=u_{kq}+u_{kf},\ \ i_k=i_{kq}+i_{kf}\\u_{kq}=Z_{k1}i_{1q}+Z_{k2}i_{2q}+\cdots+Z_{kk}i_{kq}+\cdots+Z_{kn}i_{nq}\\u_{kf}=-(Z_{k1}i_{1f}+Z_{k2}i_{2f}+\cdots+Z_{kk}i_{kf}+\cdots+Z_{kn}i_{nf})\end{cases}\tag{7-45}$$

式中：u_{kq}、u_{kf} 分别为导线 k 上的前行电压波和反行电压波；i_{kq}、i_{kf} 分别为导线 k 上的前行电流波和反行电流波。

对 n 根导线的情况就可以列出 n 个方程组，加上边界条件就可以分析平行无损多导线系统中的波过程。

7.5.2 平行多导线系统的等效波阻抗

考虑电源同时作用于三相线路时（如雷电感应过电压的情况），如图 7-23 所示。

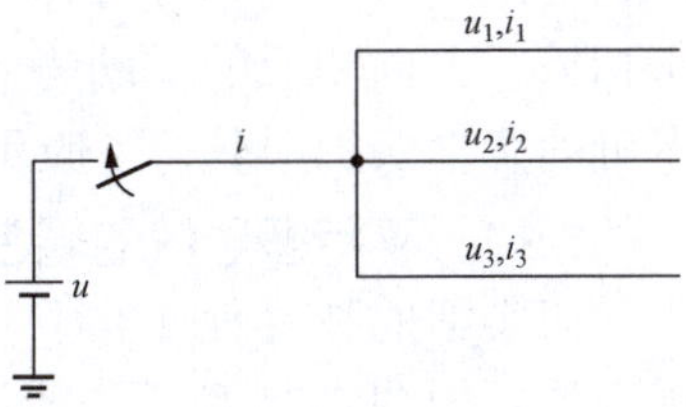

图 7-23 波沿三相导线同时传播

设三相导线对称分布，其自波阻抗 $Z_{11}=Z_{22}=Z_{33}$，互波阻抗 $Z_{12}=Z_{23}=Z_{13}$。因为 $u_1=u_2=u_3=u$，$i_1=i_2=i_3=i/3$，因此其电位方程组为

$$\begin{cases}u_1=Z_{11}i_1+Z_{12}i_2+Z_{13}i_3\\u_2=Z_{12}i_1+Z_{22}i_2+Z_{23}i_3\\u_3=Z_{13}i_1+Z_{23}i_2+Z_{33}i_3\end{cases}$$

可以简化为

$$u=(Z_{11}+2Z_{12})\frac{i}{3}$$

因此可以得到其三相等效波阻抗为

$$Z=\frac{u}{i}=\frac{1}{3}(Z_{11}+2Z_{12})>\frac{Z_{11}}{3} \tag{7-46}$$

单相等效波阻抗为

$$Z_1=\frac{u}{i_1}=Z_{11}+2Z_{12}>Z_{11} \tag{7-47}$$

由式（7-46）和式（7-47）可以看出，考虑导线之间的耦合作用后，其等效波阻抗变大。其物理意义为导线间的互感作用使电流减小，互电容作用使导线电压升高。

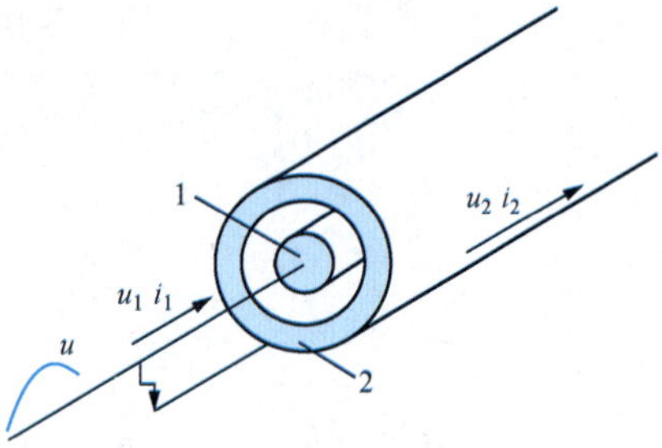

图 7-24　行波沿电缆芯线与屏蔽层的传播
1—芯线；2—屏蔽层

【例 7-5】分析电缆芯线与电缆屏蔽层的耦合关系。

解　当电压行波 u 到达电缆的始端时，可能引起接在此处的保护间隙或排气式避雷器的动作（放电），这就使芯线和屏蔽层在始端就连在一起，变成两条并联支路，如图 7-24 所示，故 $u_1=u_2$。

由于屏蔽层电流 i_2 所产生的磁通全部与电缆芯线相交链，屏蔽层上的电位将全部耦合到电缆芯线上，故电缆屏蔽层的自波阻抗 Z_{22} 等于屏蔽层与芯线之间的互波阻抗 Z_{12}，即 $Z_{12}=Z_{22}$。而芯线电流 i_1 产生的磁通仅部分与屏蔽层相交链，故芯线的自波阻抗 Z_{11} 大于互波阻抗 Z_{12}，即 $Z_{11}>Z_{12}$。

设 $u_1=u_2=u$，得到如下方程

$$u=Z_{11}i_1+Z_{12}i_2=Z_{12}i_1+Z_{22}i_2 \tag{7-48}$$

因为 $Z_{12}=Z_{22}$，则可简化为

$$Z_{11}i_1=Z_{12}i_1 \tag{7-49}$$

由于 $Z_{11}>Z_{12}$，因此要满足式（7-49），i_1 必然为零，即沿芯线无电流流过，全部电流均被挤到屏蔽层中。其物理解释为：当电流在电缆屏蔽层上流动时，芯线上会感应出与屏蔽层电压相等、方向相反的电动势，阻止电流流进芯线。此现象与导线中的集肤效应相似，在直配电机的防雷保护中获得了应用（详见 9.3）。

7.5.3　平行多导线的耦合系数

在实际的波过程计算中，经常要考虑波在一根导线上传播时，在其他平行导线上感应的耦合波。如图 7-25 所示，当开关合闸接通导线 1 后，导线 1 上出现 $u_1=U_0$ 的前行波，其实质是电荷在导线 1 上的运动。导线 2 受导线 1 上电荷的电力线作用，会产生正负电荷分离，如图 7-26 所示，这是一种静电感应现象。导线 2 对地之间仍然存在电力线，因此导线 2 对地也存在一个电压。

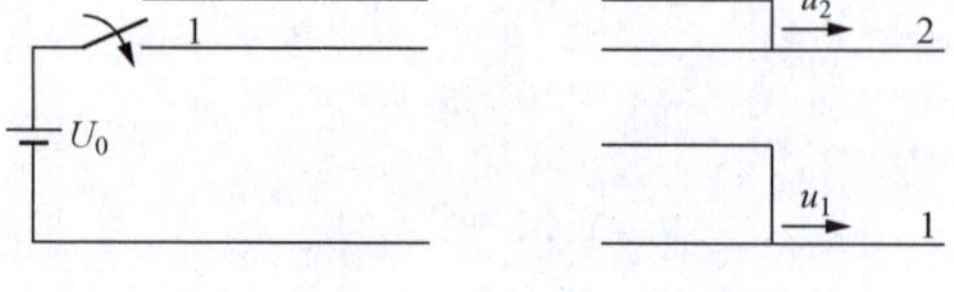

图 7-25　多导线系统中的耦合作用

随着导线 1 上行波的传播，导线 2 上这种电荷分离过程也同步地向前推进，这一状态的传播过程就是导线 2 上产生电压波 u_2 的原因。但是由于没有电荷沿导线 2 做纵向流动，所以导线 2 上没有电流（i_2=0）。从静电感应的特点可以得到如下几点：

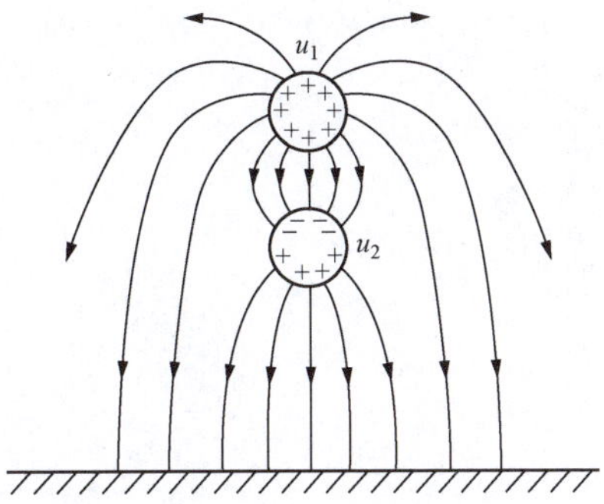

图 7-26 导线 2 受导线 1 静电感应及电荷沿导线截面的分布

（1）由于正、负电荷只是在导线 2 上做横向分离，所以 u_2 的建立是瞬时完成的；同样地，当 u_1 消失时，正、负电荷立即就地中和，所以 u_2 与 u_1 同步发展。

（2）u_2 的极性与 u_1 相同。

（3）u_2 与 u_1 的波形相似，但是 u_2 小于 u_1。

由式（7-44），可得两根平行导线的电压方程为

$$\begin{cases} u_1 = Z_{11}i_1 + Z_{12}i_2 \\ u_2 = Z_{12}i_1 + Z_{22}i_2 \end{cases} \tag{7-50}$$

由于导线 2 上仅有电压波，故式（7-50）变为

$$\begin{cases} u_1 = Z_{11}i_1 \\ u_2 = Z_{12}i_1 \end{cases} \tag{7-51}$$

消去 i_1，得到

$$u_2 = \frac{Z_{12}}{Z_{11}}u_1 = k_{12}u_1 = k_{12}U_0 \tag{7-52}$$

式中：k_{12} 为导线 1 对导线 2 的耦合系数。

因为 $Z_{12}<Z_{11}$，所以 $K_{12}<1$。

由此可以看出，当导线 1 上有电压行波 u_1 时，在平行导线 2 上将感应出与 u_1 波形相同的电压波 u_2。导线 1 与导线 2 间的电位差为

$$u_1 - u_2 = (1-k_{12})u_1 \tag{7-53}$$

两根导线间距离越近，耦合系数就越大，导线间的电位差就越小。耦合系数在多导线的波过程计算中有实际意义，例如在过电压保护中常用避雷线来保护输电线路。当雷击于避雷线（如图 7-25 中导线 1）时，避雷线的电位将升高，此时避雷线和导线间的绝缘是否会击穿与二者之间的耦合系数 k 有很大关系。所以在输电线路防雷设计中常常需计算 k 值。对于多导线架空输电线路，k 为 0.1～0.3。

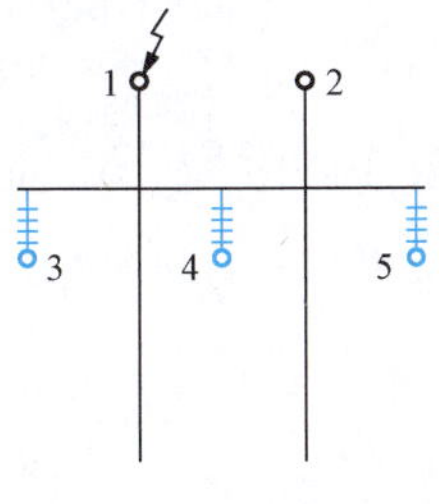

图 7-27 有两根避雷线的输电线路遭到雷击

下面再来讨论有两根避雷线时 k 值的计算。如图 7-27 所示，当雷击避雷线 1 或 2（它们通过金属杆塔彼此相连接）使避雷线电位抬高时，导线 3、4、5 上将感应一定的电位。

以导线 3 为例，由式（7-44），考虑到导线 3、4、5 上电流为零，避雷线 1、2 与导线 3 的电压方程为

$$\begin{cases} u_1 = Z_{11}i_1 + Z_{12}i_2 \\ u_2 = Z_{12}i_1 + Z_{22}i_2 \\ u_3 = Z_{13}i_1 + Z_{23}i_2 \end{cases} \tag{7-54}$$

由于 $Z_{11}=Z_{22}$，$i_1=i_2$，$u_1=u_2$，因此方程组可以简化为

$$\begin{cases}u_1=(Z_{11}+Z_{12})i_1\\ u_3=(Z_{13}+Z_{23})i_1\end{cases} \tag{7-55}$$

解此方程组，得到

$$u_3=\frac{Z_{13}+Z_{23}}{Z_{11}+Z_{12}}u_1=k_{1,2\text{-}3}u_1$$

$$k_{1,2\text{-}3}=\frac{Z_{13}+Z_{23}}{Z_{11}+Z_{12}}=\frac{Z_{13}/Z_{11}+Z_{23}/Z_{11}}{1+Z_{12}/Z_{11}}=\frac{k_{13}+k_{23}}{1+k_{12}} \tag{7-56}$$

式中：$k_{1,2\text{-}3}$ 为避雷线 1、2 对导线 3 的耦合系数；k_{13}、k_{23}、k_{12} 分别为导线（或避雷线）1 与 3、2 与 3、1 与 2 之间的耦合系数。

7.6　波的衰减与变形

前面各节讨论的前提条件是导线为无损线路。行波在理想的无损线路上传播时，能量不会散失。实际上，任何一条线路都是有损耗的，导致波在传播过程产生损耗的因素主要有：①导线电阻引起的损耗；②导线对地电导引起的损耗；③大地的损耗；④电晕引起的损耗。

7.6.1　波沿线路传播时的衰减和变形

考虑单位长度线路的电阻 R_0 和对地电导 G_0 后，输电线路的分布参数等效电路如图 7-28 所示。

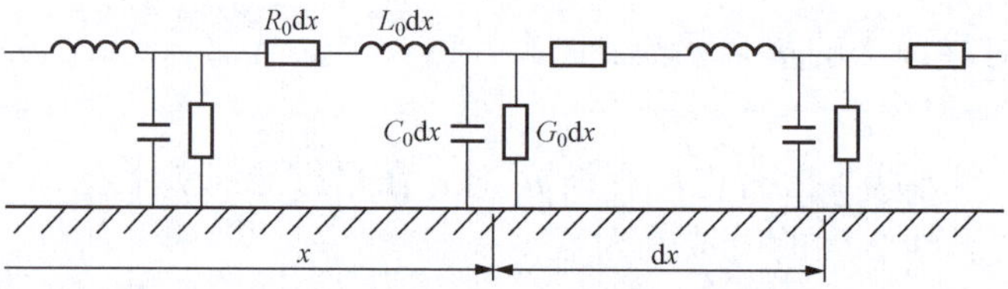

图 7-28　单根有损长线的单元等效电路

图 7-28 中 R_0 包括导线电阻和大地电阻，G_0 为绝缘电导。当行波在有损导线上传播时，由于 R_0 和 G_0 的存在，将有一部分波的能量转化为热能而耗散，导致波的衰减；当电能和磁能的消耗不相等时，就会引起波的变形。

为分析方便起见，讨论直角波的情况，并假定等效电路中的各参数均为常数。当幅值为 U_0 的电压波 u 沿线路传播时，单位长度导线的周围空间所获得的电能将为 $\frac{1}{2}C_0U_0^2$；如果线路存在对地电导 G_0，则电压波传播单位长度后所消耗的电场能量将为 $G_0U_0{}^2t_0$（t_0 为电压波行进单位长度所需的时间）。电能的消耗将引起电压波的衰减，其规律为

$$u=U_0\mathrm{e}^{-\frac{G_0}{C_0}t}=U_0\mathrm{e}^{-\frac{G_0}{C_0}\times\frac{x}{v}} \tag{7-57}$$

式中：U_0 为电压起始值，v 为传播速度。

同样，当幅值为 I_0 的电流波 i 沿线路传播时，单位长度导线周围空间所获得的磁能将为 $\frac{1}{2}L_0I_0{}^2$。如果线路存在电阻 R_0，则电流波流过单位长度距离所消耗的磁场能量将为 $R_0I_0^2t_0$。磁

能的消耗将引起电流波的衰减，其规律为

$$i = I_0 e^{-\frac{R_0}{L_0}t} = I_0 e^{-\frac{R_0}{L_0}\times\frac{x}{v}} \tag{7-58}$$

式中：I_0为电流起始值。

在电磁波的传播过程中，由于R_0及G_0不断消耗能量，可能某一种能量（例如磁能）的消耗比另一种能量（电能）的消耗快（实际无电晕的输电线路都满足这一情况），以致可能出现空间电能密度大于磁能密度的情况。这样，空间电磁场就发生了电能与磁能的交换，因而电压波在行进过程中不断发生负反射，使波前电压不断降低；而电流波在行进过程中将不断发生正反射以增大波前电流，从而使电磁波行进方向首端的电压波与电流波之比保持$\sqrt{L_0/C_0}$的关系。这样，电压波在传播过程中头部逐渐被削平，尾部逐渐被拉长。

如果线路满足无畸变的条件，即$\frac{R_0}{G_0}=\frac{L_0}{C_0}$，此时波在传播过程中单位长度线路上的磁能和电能之比，恰好等于电流波在线路电阻上的热损耗和电压波在线路电导上的热损耗之比，即

$$\frac{\frac{1}{2}L_0 i^2}{\frac{1}{2}C_0 u^2} = \frac{R_0 i^2 t}{G_0 u^2 t}$$

此时波在传播过程中将不会发生电能与磁能的互相交换以及由此产生的波的折、反射，所以行波只是逐渐衰减而不变形。

实际上，输电线路并不满足上述无畸变的条件，因此波在传播过程中会发生衰减和变形。由于一般架空线绝缘的泄漏电导很小，因此波的衰减主要由R_0引起。此外，由于集肤效应，导线电阻随着频率的增高而增大，因此波前较陡的波沿线传播时衰减较显著。

7.6.2 冲击电晕对波过程的影响

当线路遭受雷击或出现操作过电压时，导线电压升高。当导线表面的电位梯度增大，超过电晕起始场强时，导线周围空气中将会发生电晕。这时，波沿线路传播时的衰减和变形将主要因冲击电晕引起。

研究表明，形成冲击电晕所需的时间非常短。在正极性冲击时，大约需要不到0.05μs的时间，在负极性冲击时则需要不到0.01μs的时间。因此可以认为，冲击电晕的发展只与电压的瞬时值有关。不同的电压极性对冲击电晕的发展有很大的影响。在发生正极性冲击电晕时，形成电晕放电的电子崩是向着导线发展的，当电子崩头部的电子进入导线后，剩下来的正空间电荷（正离子）将起到加强外围空间电场的作用，使外围空间本来电场强度较小的地方也容易形成新的电子崩，有利于电晕的发展。正极性电晕的外观是从导线向外延伸较多较长的细丝。发生负极性冲击电晕时，电子崩向着外面电场强度弱的地方发展，电子容易与分子碰撞形成负离子，电子崩难以发展，而正电荷的移动缓慢，它的存在增强了导线表面附近的电场，从而削弱了离导线较远处的空间电场，使电晕不易发展。负极性电晕的外观是较为完整的光圈，发出少量较粗的“舌”。

上述分析表明，正极性冲击时的电晕比负极性冲击时强烈，因而正极性电晕对波的衰减和变形的影响也比负极性冲击时大。考虑到负极性电晕的发展较弱，对过电压保护不利；而雷电又大部分是负极性的，所以在过电压保护中一般仅考虑负极性冲击的影响。

1. 对导线耦合系数的影响

发生冲击电晕后，在导线周围形成导电性能较好的电晕套。在这个电晕区内，径向的电导增大、电位梯度减小，相当于扩大了导线的有效半径，因而与其他导线间的耦合系数也增大了。在不考虑电晕时，耦合系数的值仅取决于导线的几何尺寸及其相互位置，所以又称为几何耦合系数 k_0。出现冲击电晕后，导线间的耦合系数增大到 k，即

$$k = k_1 k_0 \tag{7-59}$$

式中：k_1 为电晕校正系数。

DL/T 620—1997 建议，雷击塔顶时，输电线路与避雷线的耦合系数的电晕校正系数见表 7-1。

表 7-1　输电线路与避雷线的耦合系数的电晕校正系数 k_1

线路电压等级（kV）	20～35	66～110	154～330	500
双避雷线	1.1	1.2	1.25	1.28
单避雷线	1.15	1.25	1.3	—

注　雷击避雷线档距中间时，可取 k_1=1.5。

2. 对波阻抗和波速的影响

一方面，电晕的出现相当于扩大了导线的有效半径，增大了单位长度导线的对地电容 C_0；另一方面，轴向电流仍全部集中在导线内，所以电晕的出现并不影响单位长度导线的电感 L_0。

根据波阻抗的表达式 $Z=\sqrt{L_0/C_0}$，有冲击电晕时波阻抗减小，一般可减小 20%～30%。

根据波速的表达式 $v=1/\sqrt{L_0C_0}$ 可以看出，有冲击电晕时波速减小。当冲击电晕强烈时，波速可减小到光速的 3/4。

3. 对波形的影响

由于电晕要消耗能量，消耗的能量又与电压的瞬时值有关，因此冲击电晕在使行波发生衰减的同时还伴有波形的畸变。

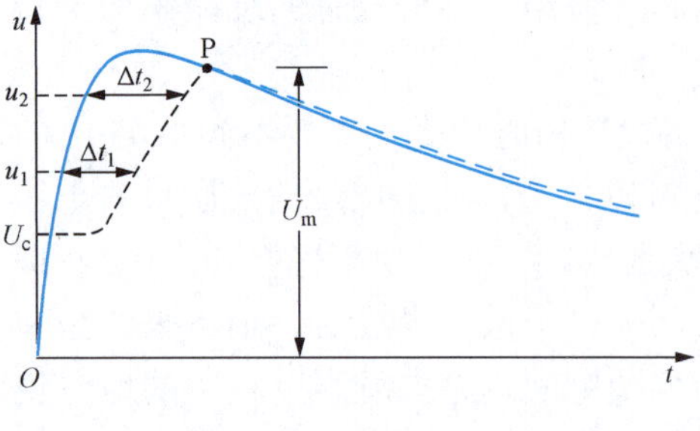

图 7-29　冲击电晕引起行波的衰减与变形

随着电压的上升，从电晕起始电压 U_c 开始，波的传播速度开始降低，此后随电压的升高而越来越低。由于波前各点电压所对应的波速不一样，电压越高则波速越低，因此波前变形严重。图 7-29 所示为由电晕引起的行波衰减与变形的典型波形示意图，图中实线表示原始波形，虚线为行波传播距离 l 后的波形。从图中可以看出，在 $u=U_c$（U_c 为电晕起始电压）处出现一明显的台阶，大于 U_c 的波的速度明显降低。当 $u=u_1$ 时，u_1 出现的时间延迟了 Δt_1；当 $u=u_2$ 时，u_2 出现的时间延迟了 Δt_2。若 $u_2>u_1$，则 $\Delta t_2>\Delta t_1$。电晕导致的时间延迟 Δt 的大小一方面取决于电压 u 瞬时值的高低，另一方面与行波所传播的距离 l 有关，可用下述经验公式表示为

$$\Delta t=\left(0.5+\frac{0.008u}{h_d}\right)l\ \ (\mu s) \tag{7-60}$$

式中：h_d 为导线对地的平均高度，m；u 为高于起晕电压的电压，kV；l 为行波传播距离，km。

试验表明，如果将原始波形和变形后的电压波画在一起，可以近似地认为两条曲线的交点 P 的纵坐标就是变形后电压波的峰值 U_m。

冲击电晕减小波的陡度、降低波的峰值的特性，可以用于变电站防雷。发、变电站中设置进线段保护的主要目的之一，就是利用冲击电晕所引起的波的变形来限制进入发、变电站的波的陡度。

7.7 变压器绕组中的波过程

电力系统中的变压器、电抗器、电机是带有绕组的设备。在冲击电压的作用下，由于绕组内部的电磁振荡过程和绕组之间的电磁感应等过程，在绕组的主绝缘（绕组对地和绕组之间的绝缘）和纵绝缘（绕组的匝间、层间、线饼间的绝缘）上会出现过电压。分析这些过电压的大小和波形是绕组绝缘结构设计的基础。

为能清晰地描述绕组内过电压产生的物理过程和规律，首先以单绕组变压器的波过程作为研究对象。单绕组变压器的波过程比较简单，具有典型特性，可以作为定性分析各种实际变压器波过程的基础。

7.7.1 单相变压器绕组中的波过程

1. 起始电位分布和入口电容

变压器绕组的基本单元是线匝，每一线匝都在电和磁两个方面与其他线匝相联系。绕组中匝与匝之间存在互感和匝间电容，匝与地之间也存在电容；此外，绕组中还存在代表铜损耗和铁损耗的电阻及代表绝缘损耗的漏电导。为分析方便，假定上述参数在绕组各处均相同（即绕组是均匀的），不计互感、电阻和电导，则可以得到如图 7-30 所示的变压器绕组的简化等效电路。图 7-30 中，K_0、C_0 和 L_0 分别表示单位长度绕组的匝间（纵向）电容、对地电容和自感，l 表示绕组的总长度。

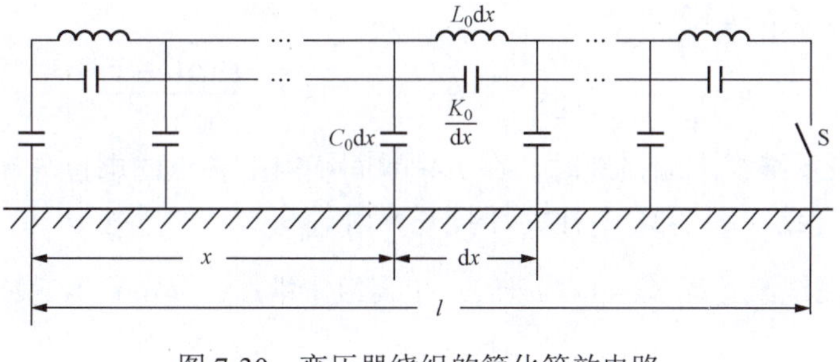

图 7-30 变压器绕组的简化等效电路

当幅值为 U_0 的直角波突然作用于变压器绕组的首端时，由于电感中电流不能突变，因此在 t=0 的合闸瞬间图 7-30 的 $L_0\mathrm{d}x$ 中不会有电流流过，该电路可进一步简化为图 7-31 所示的等效电路。

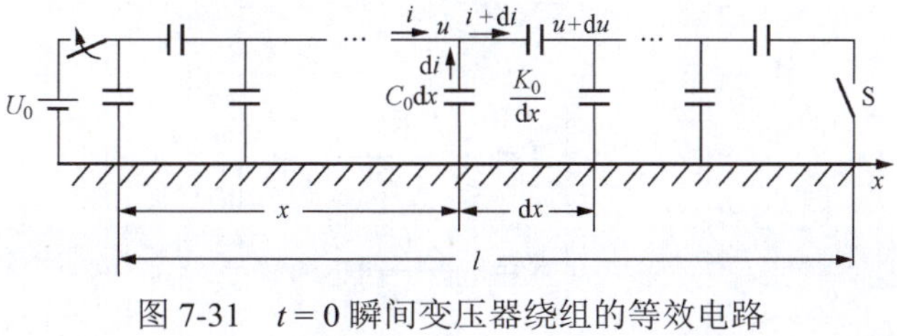

图 7-31 $t=0$ 瞬间变压器绕组的等效电路

设距绕组首端为 x 处的绕组对地电压为 u，可以写出电容 $\frac{K_0}{\mathrm{d}x}$ 上的电压和流过的电流满足关系

$$i=-\frac{K_0}{\mathrm{d}x}\frac{\partial(\mathrm{d}u)}{\partial t} \tag{7-61}$$

电容 $C_0\mathrm{d}x$ 上的电压和流过的电流满足下述关系

$$\mathrm{d}i=-C_0\mathrm{d}x\frac{\partial u}{\partial t} \tag{7-62}$$

联立式（7-61）和式（7-62），得

$$\frac{\mathrm{d}^2u}{\mathrm{d}x^2}-\frac{C_0}{K_0}u=0 \tag{7-63}$$

其解形式为

$$u=A\mathrm{e}^{\alpha x}+B\mathrm{e}^{-\alpha x} \tag{7-64}$$

式中，$\alpha=\sqrt{C_0/K_0}$，常数 A、B 由边界条件决定。

（1）绕组末端接地（图 7-31 中开关 S 闭合）时。

边界条件为：在绕组首端（x=0），u=U_0；在绕组末端（x=l），u=0，即

$$\begin{cases}A+B=U_0\\ A\mathrm{e}^{\alpha l}+B\mathrm{e}^{-\alpha l}=0\end{cases}$$

解得

$$\begin{cases}A=-\dfrac{U_0\mathrm{e}^{-\alpha l}}{\mathrm{e}^{\alpha l}-\mathrm{e}^{-\alpha l}}\\ B=\dfrac{U_0\mathrm{e}^{\alpha l}}{\mathrm{e}^{\alpha l}-\mathrm{e}^{-\alpha l}}\end{cases}$$

将 A、B 代入式（7-64），得

$$u=\frac{U_0}{\mathrm{e}^{\alpha l}-\mathrm{e}^{-\alpha l}}\left[\mathrm{e}^{\alpha(l-x)}-\mathrm{e}^{-\alpha(l-x)}\right]=U_0\frac{\mathrm{sh}\alpha(l-x)}{\mathrm{sh}\alpha l} \tag{7-65}$$

图 7-32（a）表示绕组末端接地时，在 t=0 瞬间绕组上各点的电位分布。

（2）绕组末端开路（图 7-31 中开关 S 打开）时。

边界条件为：在绕组首端（x=0），u=U_0；在绕组末端（$x=l$），i=0，最末一个纵向电容 $\frac{K_0}{\mathrm{d}x}$ 的极板上的电荷为零，即 $\frac{K_0}{\mathrm{d}x}\mathrm{d}u=0$，即

$$\begin{cases}A+B=U_0\\ A\mathrm{e}^{\alpha l}-B\mathrm{e}^{-\alpha l}=0\end{cases}$$

解得

$$\begin{cases}A=\dfrac{U_0\mathrm{e}^{-\alpha l}}{\mathrm{e}^{\alpha l}+\mathrm{e}^{-\alpha l}}\\ B=\dfrac{U_0\mathrm{e}^{\alpha l}}{\mathrm{e}^{\alpha l}+\mathrm{e}^{-\alpha l}}\end{cases}$$

将 A、B 代入式（7-64），得

$$u=\frac{U_0}{e^{\alpha l}+e^{-\alpha l}}\left[e^{\alpha(l-x)}+e^{-\alpha(l-x)}\right]=U_0\frac{\mathrm{ch}\alpha(l-x)}{\mathrm{ch}\alpha l} \tag{7-66}$$

图 7-32（b）表示绕组末端开路时，在 $t=0$ 瞬间绕组上各点的电位分布。

从式（7-65）、式（7-66）及图 7-32 可以看出，绕组的起始电位分布和绕组的αl 值密切相关。电位分布的不均匀程度随着αl 的增大而增大。变压器的αl 值通常为 5～10。由图 7-32 可以看出，当$\alpha l>5$ 时，绕组末端接地时的起始电位分布和绕组末端开路时的起始电位分布已非常接近，只是在绕组末端稍有差别而已。由于当 $\alpha l>5$ 时，$\mathrm{sh}\alpha l\approx\mathrm{ch}\alpha l\approx e^{\alpha l}/2$；而且当 $x/l<0.8$ 时，$\mathrm{sh}\alpha(l-x)$ 与 $\mathrm{ch}\alpha(l-x)$ 也很接近，可以认为 $\mathrm{sh}\alpha(l-x)\approx\mathrm{ch}\alpha(l-x)\approx e^{\alpha(l-x)}/2$；因此，式（7-65）和式（7-66）可以近似地用同一公式来表示，即

$$u\approx U_0e^{-\alpha x}=U_0e^{-\alpha l\frac{x}{l}} \tag{7-67}$$

把 αl 改写成 $\alpha l=\sqrt{\dfrac{C_0l}{K_0/l}}$，可见绕组中的起始电位分布取决于绕组全部对地电容（C_0l）与全部匝间电容（K_0/l）的比值。

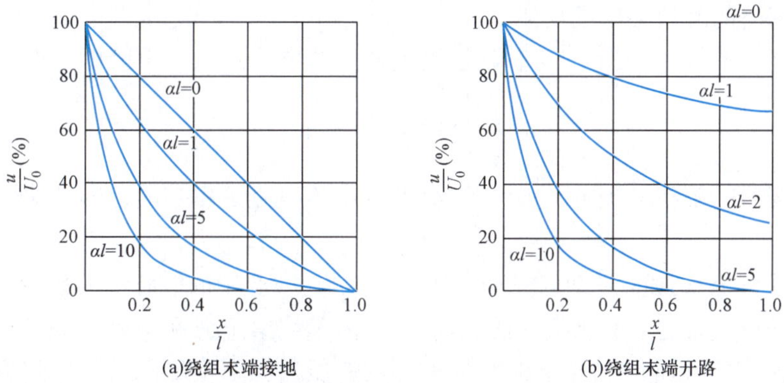

图 7-32 在不同的αl 时，绕组电压起始分布的变化

从图 7-32 可以看出，当 $t=0$ 时，最大电位梯度出现在绕组的首端。当αl 足够大时，由式（7-67）可知最大电位梯度为

$$\left.\frac{\mathrm{d}u}{\mathrm{d}x}\right|_{\max}=\left.\frac{\mathrm{d}u}{\mathrm{d}x}\right|_{x=0}=-\alpha U_0=-\alpha l\frac{U_0}{l} \tag{7-68}$$

即首端的电位梯度是平均电位梯度(U_0/l)的αl 倍。αl 越大，电位分布越不均匀，绕组的抗冲击电压能力就越差。

试验表明，变压器绕组中的电磁振荡过程在 10μs 以内尚未发展起来。在这期间，变压器绕组电感中的电流仍然很小，绕组中的电位分布仍与起始分布接近。例如，220kV 变压器的全波试验电压是额定电压（最大值）的 5.27 倍，若$\alpha l=10$，则试验时首端的起始电位梯度将达正常运行电压的 52.7 倍，将会危及变压器绕组首端的匝间绝缘。由于在这段时间内变压器绕组的特性由其纵向电容和对地电容组成的电容链决定，因此可以用一个等效的入口电容 C_T 来代替此电容链，变压器可以用这个入口电容来表示。

根据式（7-67），可以得到直角波刚投入时变压器绕组所带总电荷量为

$$Q \approx \int_0^l U_0 e^{-\alpha x} C_0 dx = U_0 \frac{C_0}{\alpha}(1-e^{\alpha l}) \approx U_0 \frac{C_0}{\alpha} \tag{7-69}$$

所以

$$C_T \approx \frac{C_0}{\alpha} = \frac{C_0}{\sqrt{C_0/K_0}} = \sqrt{C_0 K_0} = \sqrt{CK} \tag{7-70}$$

变压器的入口电容与其绕组结构、额定电压和容量有关，对于连续式绕组，其入口电容如表 7-2 所示；如果采用纠结式绕组，则其入口电容要比表 7-2 中所列数值大得多。

表 7-2　　变压器的等效入口电容 C_T

额定电压（kV）	35	110	220	330	500
入口电容（pF）	500～1000	1000～2000	1500～3000	2000～5000	4000～6000

2. 稳态电位分布和振荡过程

绕组在无限长直角波作用下的稳态电位分布发生在电磁振荡过程结束以后，从理论上说应在 $t\to\infty$时。这时 K_0、C_0 等都已相当于开路，L_0 相当于短路，因而电位分布只能取决于在前面的分析中被忽略的绕组导体的电阻。

对于末端接地的绕组，当 $t\to\infty$时，绕组上各点的电位是均匀下降的，即

$$u_\infty(x) = U_0\left(1-\frac{x}{l}\right) \tag{7-71}$$

对于末端开路的绕组，当 $t\to\infty$时，绕组上各点的电位是相等的，即

$$u_\infty(x) = U_0 \tag{7-72}$$

在由电感、电容构成的复杂回路中，如果电位的起始分布与最终的稳态分布不一致，那么必然要经过一个过渡过程才能达到稳定状态。由于绕组电感和电容之间的电磁能量转换，过渡过程具有振荡的性质。需要指出的是，各点的振荡频率不尽相同，所以各点到达其最大值的时刻不同。

将各点最高电位值（绝对值）用曲线连起来，即可得一条最高电位$|U_{max}|$的包络线。如图 7-33 所示，分别表示末端短路和开路时变压器绕组中的电位起始分布、稳态分布、各点的$|U_{max}|$包络线以及振荡过程中不同时刻的电位分布。包络线上各点并不是在同一时刻出现的。

从图 7-33 中可以看出，末端接地的绕组的最高电位比末端开路的要低。如绕组末端接地，则最大电位 U_{max} 将出现在离绕组首端约 $l/3$ 处，其值可达 $1.4U_0$ 左右；如末端开路，则 U_{max} 将发生在绕组末端，其值可高达 $2.0U_0$。由于绕组有损耗，实际的最大值低于上述数值。在上述两种情况下，最大电位梯度一定出现在绕组首端，其值等于αU_0；在此后的振荡发展过程中，绕组其他部分也有可能出现很高的电位梯度，在绕组纵绝缘及其保护设计时应引起注意。

绕组中的波过程除了与电压波的峰值有关外，还与作用在绕组上的冲击波形有关。过电压波的波前时间越长（陡度越小），由于电感分流的影响，绕组中起始电位分布与稳态电位分布就越接近，振荡过程的发展比较和缓，绕组各点的最大对地电压和纵向电位梯度都将下降；反之则振荡越激烈，最高电位和电位梯度均变大。此外波尾也有影响，在短波作用下，振荡过程尚未充分激发起来时，外加电压已经大为减小，导致绕组中各点的对地电压和电位梯度

也较低。

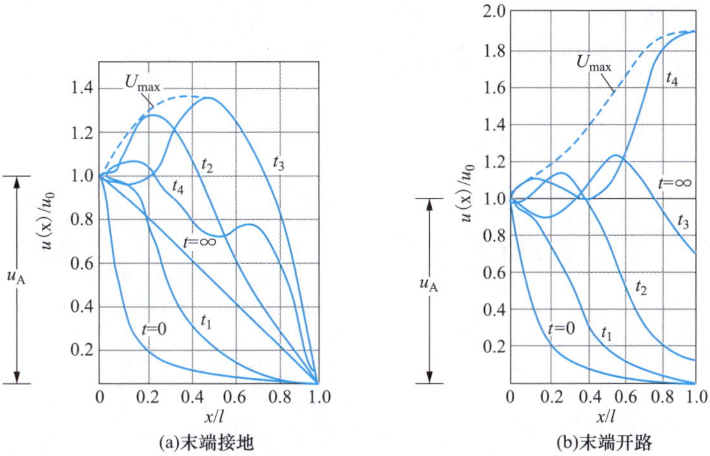

图 7-33 不同时刻变压器绕组电位分布曲线

当雷电波侵入变电站后，若保护间隙动作或其他电气设备的绝缘闪络，侵入波会突然截断，如图 7-34 所示。此时变压器的入口电容中储存的电能经线段 l 的电感放电形成了振荡，作用在变压器上的电压 u 也发生振荡，如图 7-34（b）所示。此截波可以看作是图中 u_1 和 u_2 两个波的叠加，其中 u_2 的峰值有时可能接近 u_1 截断值的两倍，而且陡度很大，因此会在变压器绕组中产生很高的电位梯度，从而危及变压器的纵绝缘。实测表明，截波作用下绕组内的最大电位梯度将比全波作用时大。例如，在雷电冲击全波作用下某 110kV 变压器绕组油道间的最高电压达侵入波峰值的 28%，而在截波作用下可以达到峰值的 70%。因此，截波对变压器的纵绝缘威胁很大，也说明了对电力变压器进行截波冲击试验的必要性。在电力系统运行中，有时会出现输电线路某相接地导致变压器该相绕组匝间击穿的情况，也是因为短路导致变压器输出电压急剧下降所致。

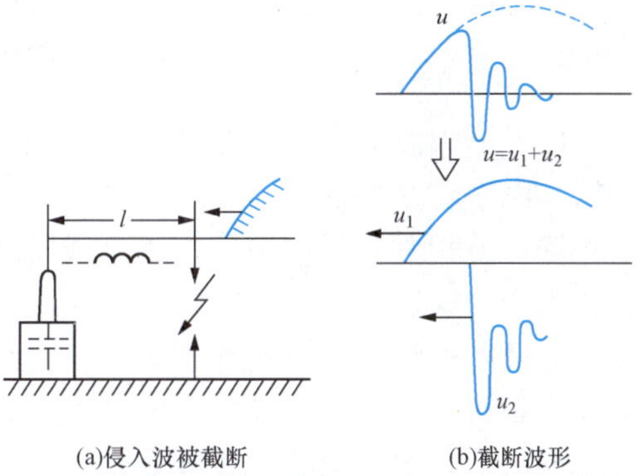

图 7-34 截断波的形成

3. 改善绕组中电位分布的方法

由前面的分析可知，起始电位分布与稳态电位分布的差异是绕组内产生振荡过电压的根本原因。在绕组绝缘设计中，除了采取措施减小侵入变压器的过电压的峰值和陡度外，还需要在变压器的内部结构上采取措施进行过电压的保护，关键是抑制振荡。

使绕组起始电位分布不均匀的主要原因是电容链中对地自电容 $C_0\mathrm{d}x$ 的分流作用，它使流经每个纵向电容 $K_0/\mathrm{d}x$ 的电流都不相同，从而造成绕组首端电位梯度的增大。改善起始电位分布，使之接近稳态电位分布的方法主要有两个：一是补偿对地电容 $C_0\mathrm{d}x$ 的影响；二是增大纵向电容 $K_0/\mathrm{d}x$。

（1）补偿对地电容的影响。通常采用静电环之类的措施。静电环是一个有一定厚度的开口金属环，连接在绕组的首端和中性点上，如图 7-35（a）所示。静电环的主要作用是改善端部电场，也能改善绕组第一个线饼的匝间电位分布。图 7-35（b）中，流经静电环与线饼 1 中线匝之间电容的电流部分地补偿了由绕组流经对地电容的电流，这样各纵向电容中流过的电流就相接近，其上电压也接近，从而起到了均压的作用。

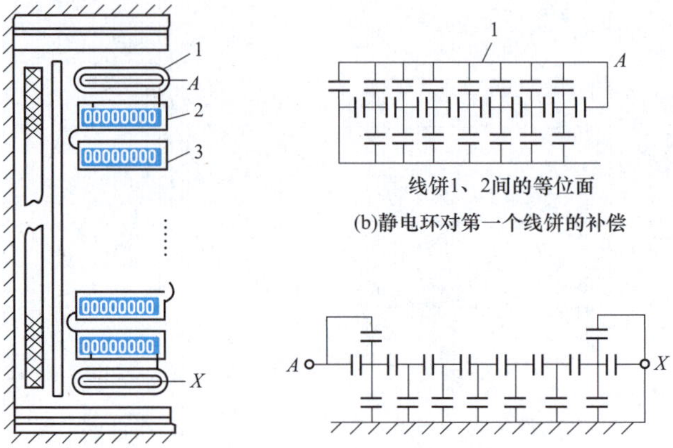

(b)静电环对第一个线饼的补偿

(a)静电环结构及布置

(c)静电环对整个绕组的补偿

图 7-35　静电环作用示意图

1—静电环；2—线饼 1；3—线饼 2

（2）增大纵向电容。在大容量高压变压器中，增大总纵向电容的有效办法是采用纠结式绕组或内屏蔽式绕组等。在纠结式绕组中每一个线饼中相邻线匝不是依次排列的，而是交叉纠结相连，使相邻线匝间电压是半个线匝或者多个线匝电压之和。这种纠结式绕组等效纵向电容远大于普通连续式绕组的纵向电容，从而使起始电位分布得到改善。

内屏蔽式绕组的作用原理与纠结式绕组相同。通过将屏蔽线匝分段插入绕组内部，增大纵向电容。这种方法已经在国内 110kV 以上电压等级变压器中广泛使用。

7.7.2　三相绕组中的波过程

电力变压器的三相绕组按星形或三角形等接线方式连接。在运行中，雷电冲击波可能从一相导线传入，也可能从两相甚至三相导线传入。三绕组变压器的绕组中波过程的规律与单相变压器绕组基本相同，只是随接线方式和进波方式的不同有所差异。

1. 星形接线中性点接地

当变压器采用这种接线时，三相之间相互的影响很小，可按三个末端接地的独立单相绕组的波过程来进行分析。

2. 星形接线中性点不接地

对这种变压器，绕组中的波过程与进波的相数有关。

当电压波 U_0 从 A 相绕组侵入变压器时，波到达不接地的中性点 N 后将经由其他两相绕组向输电线路传出，如图 7-36（a）所示。此时第一相绕组末端中性点处既不是接地电阻为零，也不是开路电阻为无穷大，而是串联有输电线路的另两相绕组（B、C 相）的并联。

因为变压器绕组的冲击波阻抗远大于线路的波阻抗，可以认为 B、C 两相绕组的线路侧端点是接地的。绕组的起始电位分布和稳态电位分布如图 7-36（b）所示。起始电位分布受 B、C 两相绕组并联的影响不大，中性点 N 的电位接近于零。而稳态电位则按绕组电阻分布，受

B、C 两相绕组并联的影响，成为一条折线。中性点的稳态电位为$\frac{1}{3}U_0$，与其起始电位之差约为$\frac{1}{3}U_0$，在振荡过程中，中性点的最高电位极限值将为$\frac{2}{3}U_0$。最大电位包络线 U_{max} 如图 7-36（b）中虚线所示。

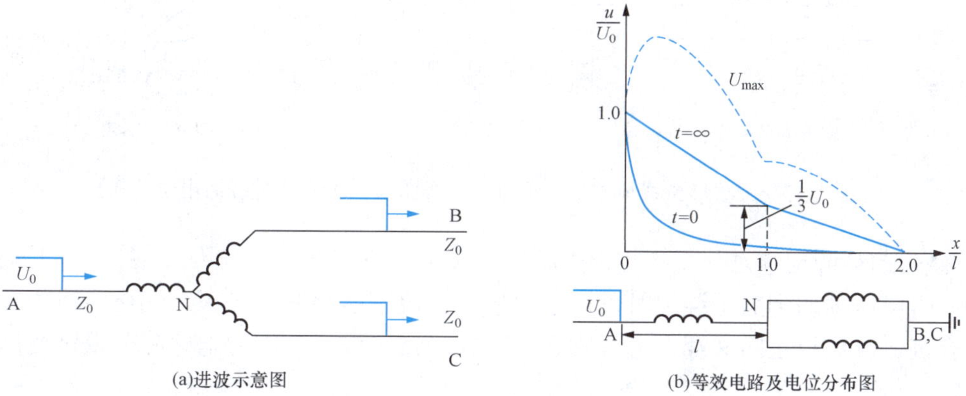

图 7-36 星形接线的变压器单相进波时

当波从两相绕组 A、B 侵入时，两相波到达不接地的中性点后将同时经由第三相绕组传到线路上去。在这种情况下，可用叠加法来估算绕组内各点的波过程。中性点的稳态电位将为$\frac{1}{3}U_0+\frac{1}{3}U_0=\frac{2}{3}U_0$，在过渡过程中其最大电位将为$\frac{4}{3}U_0$，超过了首端电位。

当三相绕组同时进波时，波过程规律与单相绕组末端不接地时基本相同，中性点最高电位将为首端电位的两倍（$2U_0$）。

3. 三角形接线

对于三角形接线的变压器，当冲击电压波沿一相线路入侵时，如图 7-37（a）所示，同样因为绕组的冲击波阻抗远大于线路波阻抗，所以 B、C 两端点相当于接地。因此在 AB、AC 绕组中的波过程与末端接地（B、C 处接地）情况的单相绕组相同。

两相或三相进波时可以用叠加法进行分析，图 7-37（b）所示为三相进波的情况。图 7-37（c）中实线 1 和 2 分别表示 AB 相绕组的一端进波时的起始电位分布和稳态电位分布，虚线 3 和实线 4 则分别表示绕组两端均进波时绕组起始电位分布和稳态电位分布，U_{max} 为绕组各点最大电位包络线。可见绕组中点 M 的起始电位与稳态电位相差最大，因此在振荡过程中的最高电位出现在绕组中部。

7.7.3 冲击电压在绕组间的传递

当冲击波侵入变压器的高压绕组时，会在低压绕组中感应出过电压。低压绕组中感应的过电压包括两部分，即静电感应分量和电磁感应分量。有时，变压器绕组间的感应过电压可能超过低压绕组和连接在低压绕组端的电气设备的绝缘水平，造成绝缘击穿事故。例如在对超高压变压器高压绕组进行冲击截波试验时，可能会发生低压绕组对地击穿，原因就是高压绕组对低压绕组的感应过电压。在估算感应过电压时，可以把两个感应分量分别算出，再进行叠加得到总的过电压。

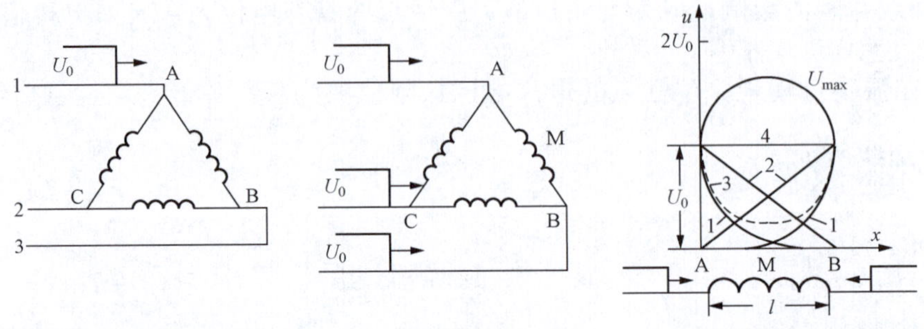

(a)单相进波 (b)三相进波 (c)电位分布

图 7-37 三角形接线单相、三相进波示意图及三相进波时绕组电位分布

1. 绕组间的静电感应

当冲击电压刚加到高压绕组时，由于电感中电流不能突变，高压、低压绕组的等效电路都是电容链，且绕组之间又存在电容耦合；因此，低压绕组中的静电感应分量是通过电容耦合产生的，与变比无关。

如图 7-38（a）所示，绕组 1、2 之间的总杂散电容为 C_{12}，绕组 2 的对地杂散总电容为 C_{20}。当冲击波 U_0 侵入绕组 1，而绕组 2 开路时，其简化的等效电路如图 7-38（b）所示。

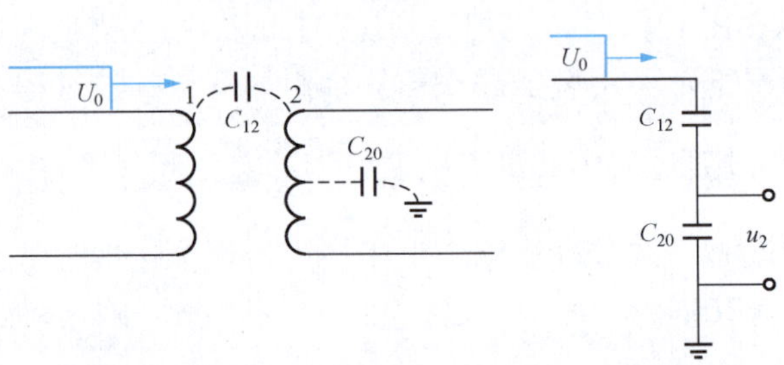

(a)绕组之间的静电耦合电容 (b)简化等效电路

图 7-38 变压器绕组间的静电耦合

由等效电路，可以得到绕组 2 上的对地静电感应电压为

$$u_2 = \frac{C_{12}}{C_{12}+C_{20}}U_0 \tag{7-73}$$

通常，低压绕组与很多电缆或线路相连，故图 7-38 中还有与 C_{20} 并联的电容，使得 u_2 的值很小，此时对低压绕组没有危险；只有当低压侧绕组 2 空载开路时，感应过电压才比较高，需要进行防护。

2. 绕组间的电磁感应

高压绕组在冲击电压作用下，绕组电感中会逐渐通过电流，所产生的磁通将在低压绕组中感应出电压，这种电压就是电磁感应分量。电磁感应分量与变压器的变比有关，但在冲击波作用下，铁心中的损耗很大，所以与变比不成正比关系。

由于低压绕组的相对冲击强度（冲击耐压与额定电压之比）要比高压绕组大得多，因此，凡是高压绕组能够耐受的过电压波按变比传递到低压侧时，对低压绕组是没有危险的。这种电磁感应只是在低压绕组进波时，才有可能在高压绕组中引起危险，例如它往往成为配电变压器在低压侧线路遭到雷电波侵入时发生高压侧绕组绝缘击穿的事故原因。通常利用紧贴每相高压绕组出线端安装的三相避雷器组对这种过电压进行防护。

7.8 旋转电机绕组中的波过程

这里所说的旋转电机是指经过电力变压器或直接与电网相连的发电机、同步调相机和大型电动机等，它们的绕组在运行中都有可能受到雷电过电压等冲击波的作用。

当冲击波作用于旋转电机绕组时，也可以像变压器一样用 *L-C-K* 回路（图 7-30）来分析波过程。因此当陡波（例如直角波）作用到电机绕组时也会像变压器一样出现电压沿绕组不均匀分布的问题，威胁电机绕组的首端匝间绝缘。由于电机的绝缘一般较弱，又不能像变压器那样容易采用各种内部保护措施来改善电位分布，为防止电机损坏，在运行中一般都要采用外部保护措施（例如在发电机前并联电容器）以降低来波陡度。这样，在实际运行中作用于电机绕组上的冲击波的波前都是较平缓的，其波前时间一般大于 10μs。考虑到电压变化率较小时，流过匝间（纵向）电容的电流较小，所以在电机的波过程分析中一般可以忽略纵向电容的作用而将它和输电线路的波过程一样看待，即在波过程计算中可以把电机绕组看作是具有一定波阻抗的导线，其等效电路如图 7-39 所示。

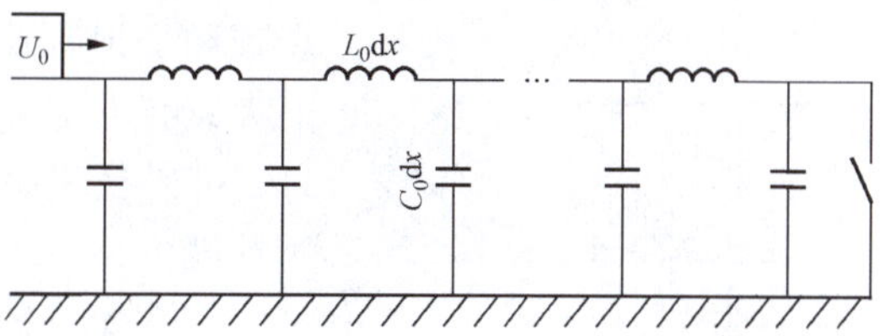

图 7-39 旋转电机绕组简化等效电路

1. 电机绕组中的波阻抗及波在绕组中的传播速度

电机绕组由槽内部分和端头部分交替组成，这两部分的 L_0 和 C_0 是不同的。因此绕组的波阻抗和波速也随着绕组进槽和出槽而有规则地重复变化，槽内部分波阻抗和波速均要小得多，电机绕组中的波过程将因大量折、反射而变得极其复杂。在一般工程分析中，不需要了解波过程的细节，即不必区分槽内、端部，而用一个平均波阻抗和平均波速来表示。

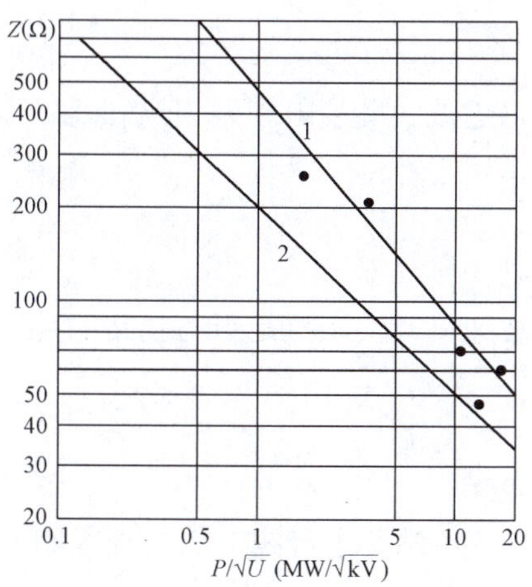

图 7-40 汽轮发电机绕组的平均波阻抗

1—单相进波；2—三相进波

电机绕组的波阻抗与电机的额定电压、容量和转速有关。电机的电压越高，电机中每槽的匝数也会越多，绕组绝缘层增厚，使 L_0 增大、C_0 减小，因此波阻抗一般随额定电压的升高而增大。当电机容量增大时，导线的半径将增大，每槽的匝数将减少，从而使 C_0 增大而 L_0 减小，因此波阻抗随容量的增大而减小。图 7-40 所示为实测的汽轮发电机绕组的平均波阻抗 Z 与额定电压 U 及容量 P 的关系。

电机定子槽外部分绕组的波速接近光速，而槽内部分的波速则低得多。当电机的容量增大时，定子的尺寸增大，槽内部分的波速在平均波速中占比提高，因此电机绕组中的波速也随容量的增大而降低。图 7-41 所示为实测的汽轮发电机绕组的平均波速 v 与容量 P 的关系。

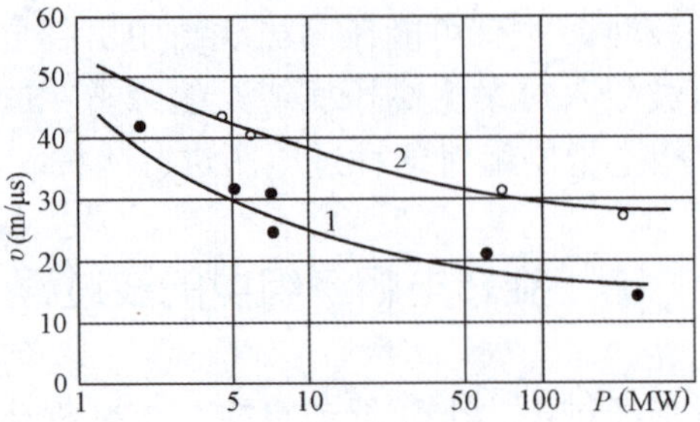

图 7-41 电机绕组中的平均波速

1—单相进波；2—三相进波

2. 波在电机绕组中的传播

波在电机绕组中的传播与波在输电线路上的传播存在一些不同之处，它具有较大的铁心损耗（铁损耗），同时还存在导体的电阻损耗（铜损耗）和绝缘的介质损耗，其中以铁损耗为最大。因此随着波在绕组中的传播，其衰减和变形都比较严重。波达到中性点并再返回时，其峰值已经有很大衰减，陡度也大为下降。因此，在估算绕组中最大纵向电位差时，可以认为是由侵入绕组的前行电压波造成的，并将出现在绕组的首端。

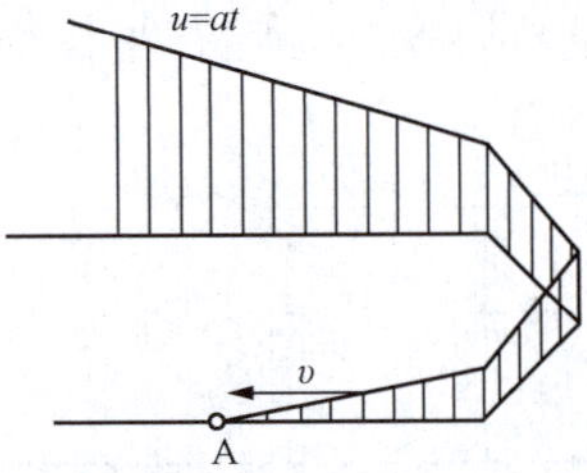

图 7-42 波在电机绕组中传播时的电位分布

图 7-42 给出了当陡度为 a 的斜角波浸入电机时，电机绕组中的电位分布。设绕组中的波速为 v，绕组每匝线圈的长度为 l_z，则可得到绕组匝间绝缘所承受的冲击电压为

$$u_z = \frac{al_z}{v} \tag{7-74}$$

若已知绕组匝间绝缘耐受电压为 U_j，则由式（7-74）可知电机所允许的侵入波的最大陡度为

$$a_{max} = \frac{vU_j}{l_z} \tag{7-75}$$

试验研究结果表明，为避免出现匝间绝缘故障，应设法将进波的陡度限制到 5kV/μs 以下。

习 题

1. 试分析波阻抗的物理意义及其与电阻的不同点。行波速度及波阻抗是否与线路的几何尺寸有关？是否与长度有关？

2. 试说明彼得逊等效电路的使用条件。

3. 某变电站母线上有 6 条架空出线，其波阻抗均为 400Ω。

（1）有一峰值为 800kV 的雷电波沿其中的一条线路侵入变电站，求母线上的电压峰值。

（2）设该雷电波沿其中的 3 条线侵入，求母线上的电压峰值。

4. 如图 7-43 所示，一条长架空线与一根末端开路、长 1km 的电缆相连，架空线的电容为 11.4pF/m、电感为 0.978μH/m；电缆的电容为 50pF/m、电感为 0.5μH/m。在 t=0 时，一幅值为 50kV 的无穷长直角波沿架空线传到电缆首端 A 处，试画出电缆首端 A 和末端 B 处的电压波形（$t \leqslant 15\mu s$）。

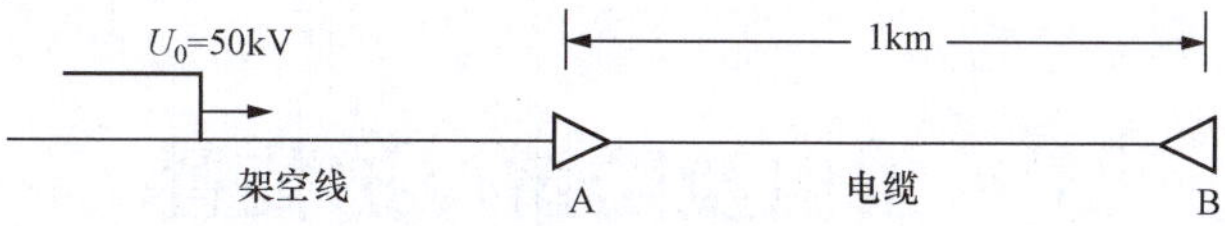

图 7-43　行波自架空线进入电缆

5. 在线路中串联电感 L 可以降低侵入波的陡度，如果改用串联电容的方法，试分析折射电压波和反射电压波的波形。

6. 如图 7-44 所示为一单架空地线输电线路杆塔。导线和地线的直径分别为 21.5mm 和 7.8mm，弧垂分别为 5.3m 和 2.8m。试求：

（1）导线 1 和地线的自波阻抗和它们之间的互波阻抗；

（2）当地线上由于雷击出现一峰值为 500kV 的行波时，地线上电压在导线 1 上感应的电压的峰值。

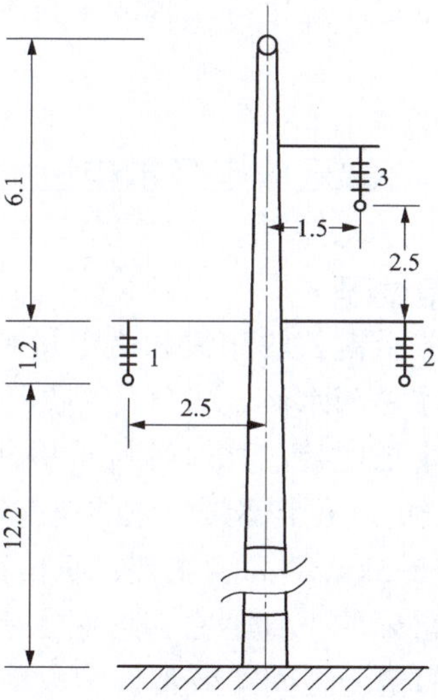

图 7-44　单架空地线的 110kV 线路杆塔（单位：m）

7. 冲击电晕对线路波阻抗有什么影响？试述冲击电晕对防雷保护的影响。

8. 试分析变压器绕组在冲击电压作用下产生振荡的根本原因。为什么冲击截波比全波对变压器绕组的影响更为严重？

9. 在测量冲击电压时，为什么要在电缆的两端考虑匹配？对于雷电冲击电压，信号电缆的长度为多少时才可以不考虑匹配？

8 雷电及防雷保护装置

电力系统在运行时，由于各种原因，系统中某些部分的电压可能升高，甚至大大超过正常工作电压，危及设备的绝缘。雷击引起的过电压是造成电力系统故障的主要原因之一。

雷电是大自然中宏伟而恐怖的气体放电现象。对雷电物理本质的了解始于 18 世纪，最著名的当属美国的 B·富兰克林和俄国的 M·B·罗蒙诺索夫。富兰克林在 18 世纪中期提出了雷电是大气中的火花放电，首次阐述了避雷针的原理并进行了试验；而罗蒙诺索夫则提出了关于乌云起电的学说。近几十年来，由于雷电放电对于现代航空、电力、通信、建筑等领域都有很大的影响，促使人们从 20 世纪 30 年代开始加强了对雷电及其防护技术的研究，特别是利用高速摄影、数字记录、雷电定向定位等现代测量技术所做的实测研究的成果，大大丰富了人们对雷电的认识。

8.1 雷云放电及雷电过电压

8.1.1 雷云的产生和雷电放电过程

雷电是由雷云放电引起的，关于雷云的聚集和带电机制存在多种解释。其中的一种重要机制是：热气流上升时冷凝产生冰晶和水滴，大气的剧烈运动使它们发生碰撞、破裂后产生电荷。上升气流会继续将较轻的带正电荷的冰晶等粒子抬升，而较重的带负电的粒子停留在云的中下层，造成云层上半部带正电，下半部带负电的电荷分离现象。实测表明，在 5～10km 的高度主要是正电荷的云层，在 1～5km 的高度主要是负电荷的云层。整块雷云可以有若干个电荷密集中心，负电荷中心位于雷云的下部，它在地面上感应出大量的正电荷。这样，在带有大量不同极性或不同数量电荷的雷云之间，或雷云和大地之间就形成了强大的电场。

随着雷云的发展和运动，一旦空间电场强度超过大气游离放电的临界电场强度（大气中约为 30kV/cm，有水滴存在时约为 10kV/cm）时，就会发生云间或对大地的火花放电。在防雷工程中，主要关心的是雷云对大地的放电。

雷云对大地放电通常分为先导放电和主放电两个阶段。云—地间的线状雷电在开始时往往从雷云边缘向地面发展，以逐级推进方式向下发展。每级长度为 10～200m，每级的伸展速度约 10^7m/s，各级之间有 10～100μs 的停歇，所以平均发展速度只有（1～8）$\times10^5$m/s，这种放电属于先导放电。当先导接近地面时，地面上一些高耸的物体（如塔尖或山顶）因周围电场强度达到了能使空气电离的程度，会发出向上的迎面先导。当上行先导与下行先导相遇时，就出现了强烈的电荷中和过程，产生极大的电流（几十到几百千安培），并伴随着雷鸣和闪光，这就是雷电的主放电阶段。雷电主放电的过程极短，往往只有 50～100μs，它沿着负的下行先导通道，由下而上逆向发展，故又称“回击”，其速度高达 2×10^7～1.5×10^8m/s。以上是负电荷雷云对地放电的基本过程，如图 8-1 所示，可称为下行负雷闪。对应于正电荷雷云对地放电的下行正雷闪所占的比例很小，其发展过程也基本相似。

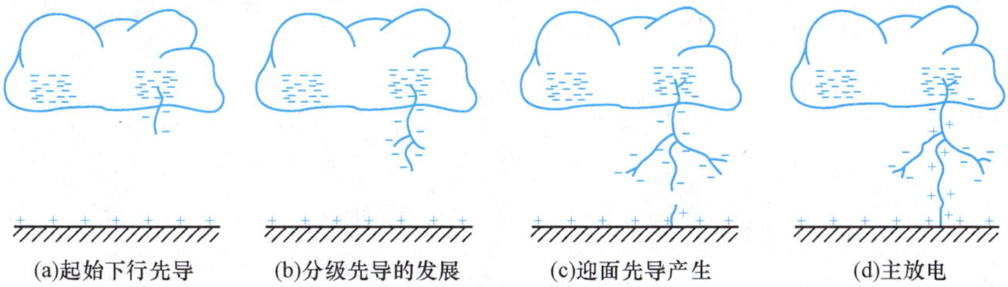

图 8-1　雷电放电的发展过程

观测结果显示，大多数云对地雷击是重复的，即在第一次雷击形成的放电通道中，会有多次放电尾随，放电之间的间隔为 0.5～500ms。主要原因是：第一次先导——主放电过程泄放的主要是第一个电荷中心的电荷，其后，由于主放电通道暂时还保持高于周围大气的电导率，别的电荷中心将沿已有的主放电通道对地放电，从而形成多重雷击。第二次及以后的放电，先导都是自上而下连续发展的，没有停顿现象。放电的数目平均为 2～3 次，最多观测到 40 多次。通常第一次冲击放电的电流最大，以后的电流峰值都较小。

8.1.2　雷击放电的等效电路

雷云与地面之间发生主放电前，如图 8-2（a）所示，相当于开关 S 处于断开状态，以负极性雷为例，下行先导通道中充满了负电荷。图中 Z 是被击物与大地（零电位）之间的阻抗或被击物体的波阻抗，先导放电通道中存在一定密度的负电荷。S 闭合相当于主放电开始，如图 8-2（b）所示。发生主放电时，将有大量的正电荷沿先导通道逆向运动，并中和雷云中的负电荷。由于电荷的运动形成电流，因此雷击点 A 的电位也突然发生变化（$u=iZ$）。电流 i 的大小显然与先导通道的电荷密度以及主放电的发展速度有关，而且还受阻抗 Z 的影响。

在防雷研究中，最关心的是雷击点 A 的电位升高，可以不考虑主放电速度、先导电荷密度及具体的雷击物理过程，因此可以把雷电放电过程简化为一个数学模型，如图 8-2（c）所示；进而得到其等效电路，如图 8-2（d）、（e）所示。图 8-2 中，Z_0 表示雷电通道的波阻抗。需要说明的是，尽管雷云有很高的初始电位才可能导致主放电，但地面被击物体的电位并不取决于这一初始电位，而是取决于雷电流与被击物体阻抗的乘积。所以，从电路的性质看，雷电具有电流波的性质。

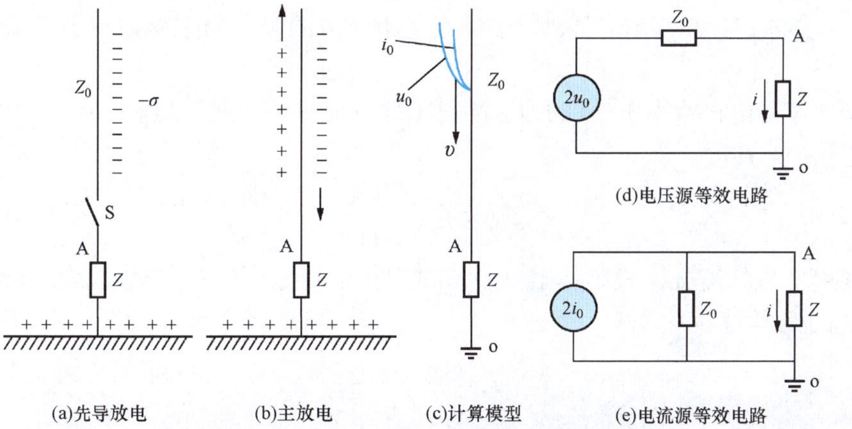

图 8-2　雷电放电模型和等效电路

研究表明，尽管先导放电是不规则的树枝状，但其通道还是具有分布参数的特征，作为粗略估计，一般假设它是一个具有均匀电感、电容等分布参数的导电通道，即可以假设其波阻抗是均匀的。

雷击物体可以看成是一个入射波为 i_0 的电流波沿一条波阻抗为 Z_0 的通道向被击物体传播的过程。从图 8-2（e）中可以看出，当 Z=0 时，i=2i_0；若 $Z \ll Z_0$（如 $Z \leqslant 30\Omega$），仍然可得 $i \approx 2i_0$，在工程实际中一般满足此条件。所以国际上习惯于把流经波阻抗为零（或接近于零）的被击物体的电流称为“雷电流”。从其定义可以看出，雷电流 i 的峰值等于沿通道 Z_0 传来的电流波 i_0 的峰值的两倍。

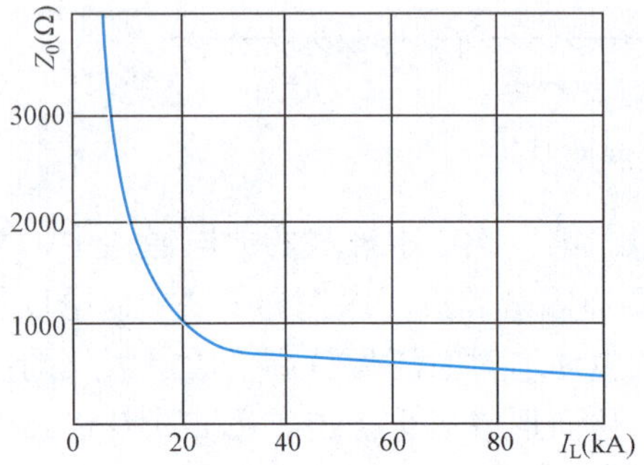

图 8-3　雷电主放电通道波阻抗与雷电流峰值的关系

研究表明，主放电通道波阻抗与雷电流大小有关。GB/T 50064—2014 对各类过电压的特点及抑制方法做了规定，其中推荐的雷电主放电通道波阻抗与雷电流峰值的关系如图 8-3 所示。

8.2　雷电参数及雷电活动特性

雷击放电涉及气象、地貌等自然条件，随机性很大，表征雷电特性的参数因此具有统计的性质，需要通过大量实测才能确定。防雷保护设计的依据即来源于这些实测数据，其中最关心的是雷电流的波形、峰值及落雷密度等参数。

8.2.1　雷电流的峰值和波形

1. 峰值分布的概率

雷电流是单极性的脉冲波。根据我国的观测结果，对于一般地区，我国标准推荐雷电流峰值分布的概率为

$$\lg P = -\frac{I_L}{88} \tag{8-1}$$

式中：I_L 为雷电流峰值，kA；P 为雷电流峰值大于或等于 I_L 的概率。

例如，当雷击时，出现峰值不小于 50kA 的雷电流的概率为 27%，不小于 88kA 的概率为 10%。

对于平均年雷电日数小于 20 的地区（我国除陕南以外的西北地区、内蒙古的部分地区），雷电流峰值较小，P 可计算为

$$\lg P = -\frac{I_L}{44} \tag{8-2}$$

对于多重雷击的情况，我国标准推荐，雷击杆塔或导线的第二次及后续雷击的雷电流峰值不小于 I_L 的概率为

$$P = \frac{1}{1+\left(\dfrac{I_L}{12}\right)^{2.7}} \tag{8-3}$$

根据式（8-3），在多重雷击中，后续雷击的雷电流峰值不小于 20kA 的概率为 20%，不小于 50kA 的概率仅为 2%。

2. 波形和极性

虽然雷电流的峰值随各国气象条件相差很大，但各国测得的雷电流波形却是基本一致的。根据实测统计，雷电流的波前时间大多为 1～5μs，平均约为 2.6μs，雷电流的半峰值时间大多为 20～100μs，平均约为 50μs，大于 50μs 的不到 30%。为简化计算，在线路防雷设计中，雷电流的波前时间取为 2.6μs，雷电流的波形可简化为波前时间为 2.6μs 的斜角平顶波或三角波，波前的陡度为

$$a=\frac{I_L}{2.6}\ \text{（kA/μs）} \tag{8-4}$$

式中：I_L 为雷电流峰值，kA。

根据国内外的实测统计，75%～90%的雷云带负电荷。因此电气设备的防雷保护和绝缘配合一般都按负极性雷进行设计。

8.2.2 雷电日和雷电小时

为了表征不同地区的雷电活动频繁程度，常用年平均雷电日作为计量单位。雷电日是一年中有雷电的天数，在一天内只要听到雷声就算一个雷电日。一个地区雷电日的多少与地形、气候等因素有关。根据 DL/T 1122—2009，雷电区域分级如表 8-1 所示。

雷电小时是一年中有雷电的小时数，在一小时内只要听到雷声就算一个雷电小时。据统计，我国大部分地区雷电小时与雷电日之比约为 3。

一般采用雷电日作为计算单位。

表 8-1　我国雷电区域分级

雷电分级	雷区名称	雷电日	常见地理特征
I	少雷区	0~15	西北地区的荒漠
II	中雷区	15~40	东北、华北、华中平原，长江中下游地区
III	多雷区	40~60	东南沿海地区
Ⅳ	多雷区	60~90	华北的山区，中南的山区，东南山区
V	强雷区	>90	南方热带地区，南岭以南，海南岛

8.2.3 地闪密度和输电线路落雷次数

在雷电日和雷电小时中，包含了雷云之间的放电，而工程实际中关心的是云—地之间的放电。通常用地闪密度表示每平方千米每年的云—地放电次数，用 N_g 表示，其大小具有统计性质。我国标准建议，对于雷电日为 $T=40$ 的地区，$N_g=2.78$ 次/（km^2 • a）。

输电线路的存在，改变了雷云—地之间的电场分布，有引雷作用。根据第 9 章中的电气几何模型，可以计算得到线路上每年的雷击次数。为方便估算，在综合击距与雷电流分布特性的基础上，我国标准建议线路遭雷击的次数可估算为

$$N_L=\frac{N_g(28h_T^{0.6}+b)}{10}\,[\text{次}/(100\text{km}\bullet \text{a})] \tag{8-5}$$

式中：h_T 为杆塔高度，m；b 为两根避雷线之间的距离，m。

以一条 500kV 线路为例，假设 h_T=39m，b=24m，以雷电日为 40 计，则 $N_L = 76.8$次/(100km•a)。

需要说明的是，上述关于雷电流峰值、雷电日、地闪密度等数据为某些地区长期人工观测的结果，代表某些地区某时段的平均水平，实际上不同地区在不同时间段这些参数有各自的特点。随着雷电定位技术的发展，对雷电参数和雷电活动特性的监测数据越来越丰富，未来有望获得某特定区域雷击地面的准确的统计数据，从而可以采取更有针对性的防雷保护措施。

8.3 避雷针和避雷线

雷击时过电压的峰值可高达几十万伏，甚至几百万伏，如不采取防护措施，电力设备的绝缘一般是难以耐受的，应避免被雷击中。防雷直击最常用的措施是装设避雷针（线）。

在雷云先导放电的起始阶段，由于与地面物体相距甚远（雷云高度达几千米），地面物体的影响很小，先导随机地向任意方向发展。当先导通道到达某一离地高度时，空间电场已受到地面上一些高耸的导电物体的影响而畸变，在这些物体的顶部聚集起许多异号电荷而形成局部强场区，甚至可能向上发展迎面先导。由于避雷针（线）一般均高于被保护对象，它们的迎面先导往往开始得最早、发展得最快，从而最先影响下行先导的发展方向，使之击中避雷针（线），并将雷云中的电荷顺利泄入地下，从而使处于它们周围的较低物体受到屏蔽保护、免遭雷击。

避雷针（线）的作用就是将雷吸引到自己身上并安全地导入地中。为了使雷云中电荷顺利下泄，必须有良好的与大地连接的导电通道。因此，避雷针（线）的基本组成部分是由导体组成的接闪器（引发雷击的部位）、引下线和接地体。

8.3.1 避雷针的保护范围

1. 折线法

我国标准规定，对避雷针的保护范围的计算方法采用的是折线法，其外侧保护范围边缘为折线。需要说明的是，这些方法是根据高压实验室中大量的试验结果，并经多年运行经验而确定的。保护范围按保护成功率为 99.9%确定，即不能认为处于保护范围内的物体完全不可能遭受雷击。

单支避雷针的保护范围如图 8-4 所示，它是一个旋转的圆锥体。设避雷针的高度为 h，被保护物体的高度为 h_x，在 h_x 高度上避雷针保护范围的半径 r_x 由式（8-6）决定，即

$$\begin{cases} r_x = (h - h_x)p & \left(当h_x \geqslant \dfrac{h}{2}时\right) \\ r_x = (1.5h - 2h_x)p & \left(当h_x < \dfrac{h}{2}时\right) \end{cases} \tag{8-6}$$

式中：p 是避雷针高度影响系数，当 $h \leqslant 30$m 时，p=1；当 30m$< h \leqslant$120m 时，$p = \dfrac{5.5}{\sqrt{h}}$；当 $h >$ 120m 时，按 h=120m 计算。

工程中多采用两支或多支避雷针以扩大保护范围。当两支等高避雷针相距不太远时，由于两针的联合屏蔽作用，使两针中间部分的保护范围比单针时要大，避雷针外侧的保护范围与单根避雷针时相同，如图 8-5 所示。两针间保护范围的上部边缘应按通过两针顶点及中间最

低点 O 的圆弧确定，圆弧的半径为 R_0'。O 点的高度 h_0 可计算为

$$h_0 = h - \frac{D}{7p} \tag{8-7}$$

式中：D 为两针间的距离，m；系数 p 取值与式（8-6）中相同。

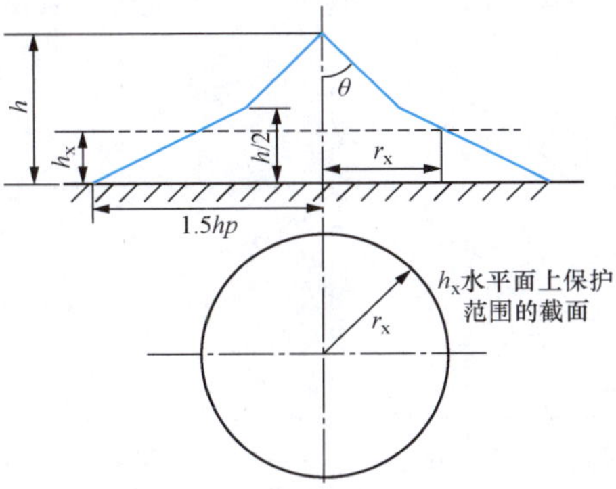

图 8-4 单支避雷针的保护范围（$h \leqslant 30$m 时，$\theta=45°$）

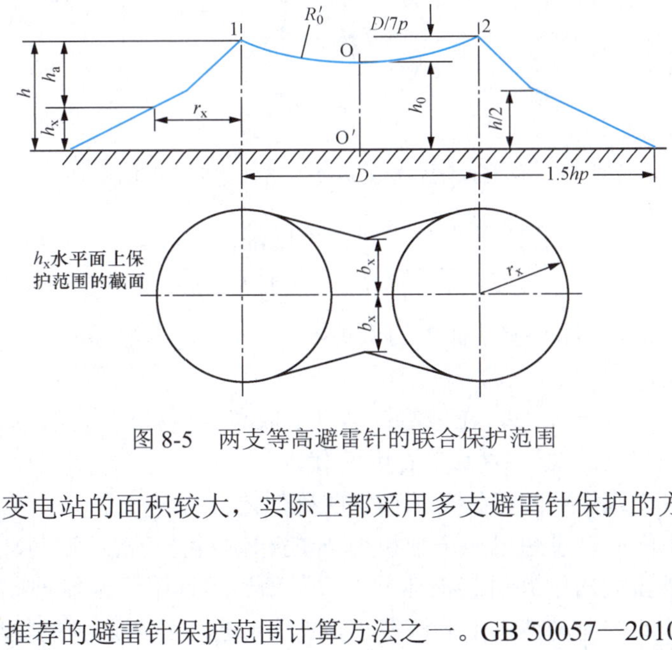

图 8-5 两支等高避雷针的联合保护范围

由于发电厂和变电站的面积较大，实际上都采用多支避雷针保护的方法，保护范围可参考相关标准。

2. 滚球法

滚球法是 IEC 推荐的避雷针保护范围计算方法之一。GB 50057—2010 把滚球法作为计算避雷针保护范围的方法。

滚球法的原理是电气几何模型，应用了击距的概念。击距 h_r 与雷电流数值相关，我国标准中取 $h_r = 10I_L^{0.65}$ (m)，其中 I_L 为雷电流峰值（kA）。当雷电先导与接地物的距离小于击距时，雷电会击中该接地物。根据防雷工作的重要性，建筑物分为三类，分别有不同的击距，为 30、45、60m，对应的雷电流大小分别为 5.4、10.1、15.8kA。击距越小，雷电流越小，对应的保护要求越高。

图 8-6 所示为用滚球法确定的单支避雷针的保护范围截面。当避雷针高度 h 小于或等于 h_r 时，在距地面 h_r 处作一平行于地面的平行线 DE；以针尖 H 为圆心，h_r 为半径，作弧线交于

平行线的A、B两点；以A、B为圆心，h_r为半径作弧线，该弧线与针尖相交并与地面相切。

由电气几何模型可知，平面AD、BE和球面ACB组成了一定位曲面。在峰值不大于击距所对应的雷电流的先导未到定位曲面之前，其发展不受地面物体的影响；仅当它下行至定位曲面时才受地面物体的影响而定位，它将击中由地平面、曲面FHG组成的曲面及以上的物体。因此，位于圆周FG内、高度不超过曲面FHG的物体将受到避雷针和大地的保护。

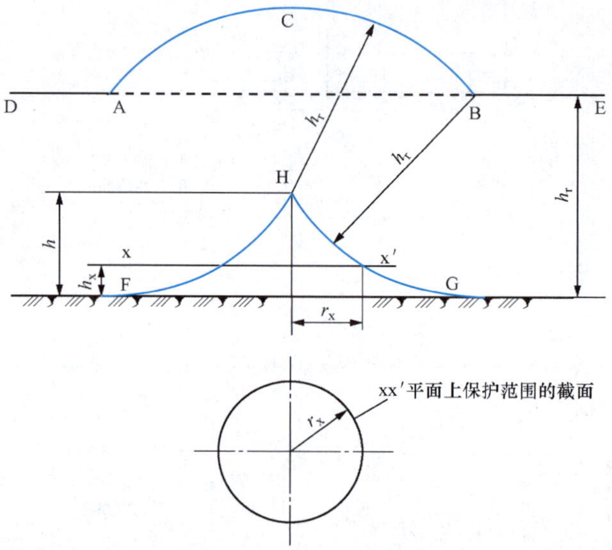

图8-6　用滚球法确定的单支避雷针的保护范围截面

避雷针在h_x高度的xx′平面上的保护半径，可以确定为

$$r_x = \sqrt{h(2h_r - h)} - \sqrt{h_x(2h_r - h_x)} \tag{8-8}$$

式中：r_x为避雷针在h_x高度的xx′平面上的保护半径，m；h_r为滚球半径（击距），m；h_x为被保护物的高度，m。

当避雷针的高度h大于h_r时，在避雷针高度上取高度h_r的一点代替单支避雷针的针尖作为圆心，其余的做法同上，式（8-8）中h用h_r代入。

我国标准还对多支避雷针的保护范围作了明确规定。

滚球法的保护范围可以设想成一个半径为h_r的球体围绕避雷针滚动，并认为可被此球接触到的地方均是可被雷电击中并引起损坏的地方，而避雷针附近未能被此球接触的空间即是有效的保护空间。即此空间内被击中的概率小，击中时也不致引起大的损坏。

折线法和滚球法作为避雷针保护范围的计算方法，分别在电力系统和建筑物的防雷保护中得到广泛应用。经过长时间安全运行的考验，两种方法均被证明是可靠的计算方法。对比两种计算方法，当避雷针高度h远小于$0.3h_r$时，折线法的保护范围较小；当h远大于$0.3h_r$时，滚球法的保护范围较小；当h接近于$0.3h_r$时，两者计算的保护范围基本一致。

8.3.2　避雷线的保护范围

避雷线是架空地线。因为避雷线对雷云与大地间电场畸变的影响比避雷针小，所以其引雷作用和保护宽度比避雷针要小。但因避雷线的保护长度是与线等长的，故特别适于保护架空输电线路及大型建筑物，目前世界上大多数国家已转而采用避雷线来保护发、变电站。

高度为 h 的单根避雷线的保护范围如图 8-7 所示，可计算为

$$\begin{cases} r_x = 0.47(h - h_x)p & 当h_x \geq \dfrac{h}{2}时 \\ r_x = (h - 1.53h_x)p & 当h_x < \dfrac{h}{2}时 \end{cases} \tag{8-9}$$

式中，系数 p 与式（8-6）中相同。

两根等高避雷线的保护范围如图 8-8 所示。其外侧的保护范围按单根线时确定，两线内侧的保护范围的横截面可通过 1、O、2 的圆弧确定。两避雷线之间保护范围上部边缘最低点 O 的高度为

$$h_0 = h - \frac{D}{4p} \tag{8-10}$$

式中：D 为两线间的距离；系数 p 与式（8-6）中相同。

用避雷线保护输电线路时，常用保护角表示避雷线对导线的保护程度。保护角是指避雷线与所保护的外侧导线之间的连线与经过避雷线的铅垂线之间的夹角，如图 8-9 中的α。显然，α越小，避雷线对导线的屏蔽保护作用越有效。

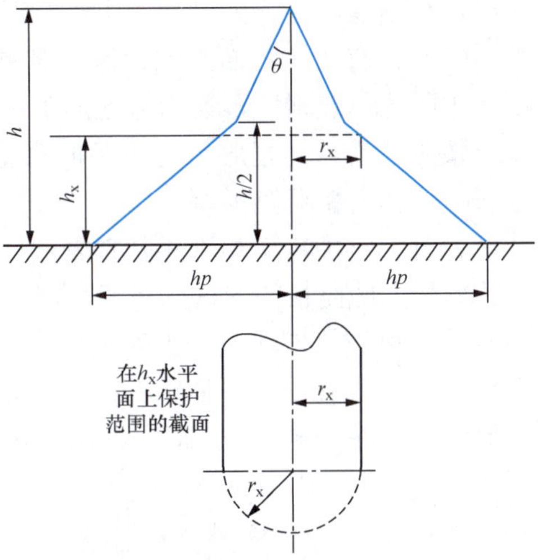

图 8-7 单根避雷线的保护范围（$h \leq 30\text{m}$，θ=25°）

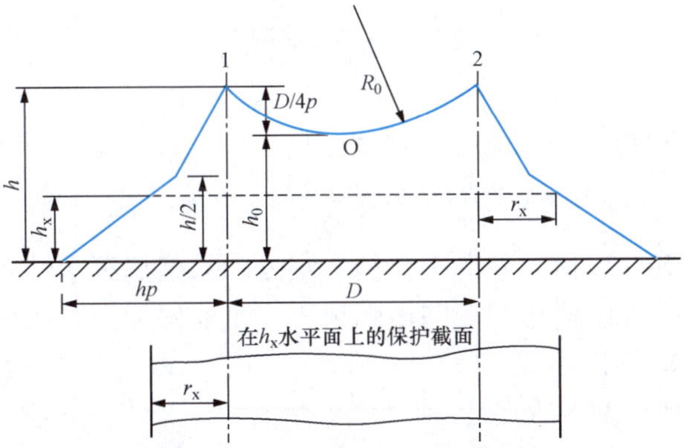

图 8-8 两根等高避雷线的保护范围

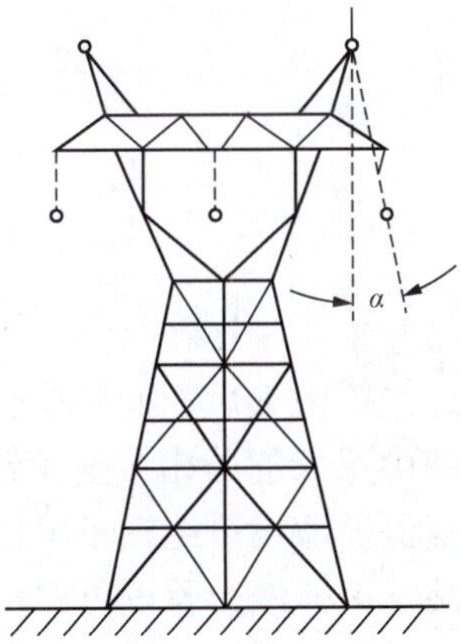

图 8-9 避雷线的保护角

8.4 避　雷　器

避雷针和避雷线虽然可大大降低雷击被保护物体的概率，但电气设备仍然有遭雷击的可能。当雷击线路或雷击线路附近的大地时，将在输电线路上产生过电压，这种过电压沿线路侵入，也会危及电气设备的绝缘。为了限制侵入波过电压的大小，基本的过电压保护装置就是避雷器。

避雷器实质上是一种具有非线性电阻特性的限压器，并联在被保护设备附近，防止雷击

过电压和多种操作过电压对设备的危害。当过电压没有达到避雷器的动作电压时，避雷器呈现高阻抗；当线路上传来的过电压超过避雷器的动作电压时，避雷器呈现低阻抗，把过电压波中的电荷引入大地中，将过电压限制在对设备无害的水平。

为了达到预想的保护效果，应使避雷器满足以下基本要求：

（1）具有良好的伏秒特性。要求避雷器的伏秒特性比较平直、分散性小，与被保护设备易于进行绝缘配合；流过冲击电流时避雷器上的残压应不高于被保护设备的绝缘耐受能力。

（2）具有快速切断工频续流，恢复绝缘强度的能力。要求避雷器在冲击电压的作用结束后，电阻能迅速增大，切断流过的工频电流，使电力系统能恢复正常运行。

按照避雷器的发展历史和保护性能的改进过程，避雷器可分为保护间隙、阀式避雷器和金属氧化物避雷器等类型。

8.4.1　保护间隙与排气式避雷器

保护间隙是最简单的一种避雷器。它由两个间隙串联组成，如图 8-10 所示为 3～10kV 电网常用的角型保护间隙。主间隙做成角形，可以使工频电流（称为工频续流）的电弧在自身电动力和热气流作用下易于上升拉长直至熄灭；辅助间隙是为了防止主间隙被外物短路动作而设的。当冲击电压侵入时，间隙先击穿，工作母线接地，避免了被保护设备上的电压升高。

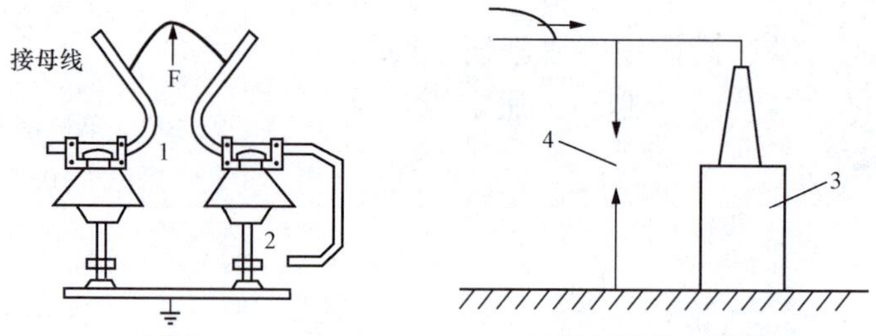

图 8-10　角型保护间隙及其与被保护设备的连接

1—主间隙；2—辅助间隙；3—被保护设备；4—保护间隙

过电压消失后，间隙中仍有工频续流。保护间隙的灭弧能力很差，只能熄灭中性点不接地系统中不大的单相接地短路电流，一般难以使相间短路电弧熄灭。目前保护间隙在变压器中性点保护和线路绝缘子串保护中有较多应用。

除了灭弧能力差以外，保护间隙还具有以下缺点：

（1）间隙间的电场为极不均匀电场，又裸露在大气环境中，伏秒特性很陡且分散性很大。

（2）保护间隙击穿后直接接地，将会有截波产生，不能用来保护有绕组的设备。

排气式避雷器实际上是一种具有较高熄弧能力的保护间隙，又称管式避雷器。如图 8-11 所示，它由两个串联间隙组成，其中外间隙 S2 暴露在大气中，其作用是隔离工作电压，避免产气管被流经管子的工频泄漏电流所烧坏；内间隙 S1 装在产气管内，其电极之一为棒电极 3，另一为圆环形电极 4。产气管由纤维、塑料或橡胶等产气材料制成，在工频续流电弧的作用下会分解出大量气体，高压气体由环形电极的开口孔喷出，形成强烈的纵吹效果，加速电弧熄灭。

与保护间隙相比，排气式避雷器仅在灭弧能力上有所改进，其他缺点与保护间隙相同；此外，运行维护也较麻烦，可靠性低。目前，排气式避雷器已不再生产和使用。

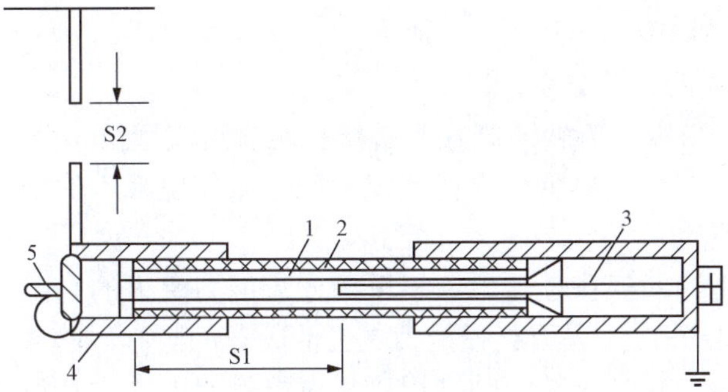

图 8-11 排气式避雷器

1—产气管；2—胶木管；3—棒电极；4—圆环形电极；5—动作指示器；S1—内间隙；S2—外间隙

8.4.2 阀式避雷器

20 世纪 40 年代，国外开始出现了以碳化硅（SiC 结晶）为主要原料的非线性电阻片。阀式避雷器的主要元件就具有这种非线性电阻片，因而这类避雷器又称为碳化硅避雷器。

1. 阀式避雷器的基本元件

（1）碳化硅阀片。阀式避雷器的电阻由多个盘状碳化硅非线性电阻串联组成，非线性电阻盘又称阀片。阀片是碳化硅（SiC，又名金刚砂）粉末加结合剂（如水、玻璃）模压、烧结而成的圆饼。普通阀式避雷器的阀片烧结温度为 300～500℃。

阀片的电阻随流过的电流大小呈非线性变化，其伏安特性如图 8-12 所示，也可表示为

$$u = Ci^{\alpha} \tag{8-11}$$

式中：C 为与阀片的材料和尺寸有关的常数；α 为非线性系数，与阀片材料有关，普通阀式避雷器的 α 约为 0.2。

从阀片的伏安特性可以看出，当大电流通过时，阀片呈低阻抗，在阀片上出现的电压（称为残压）受到限制。当工频续流流过时，由于电压相对较低，阀片呈高阻值，因而限制了工频续流，有利于灭弧。α 越小，说明避雷器的非线性程度越高，残压越低，保护性能越好。

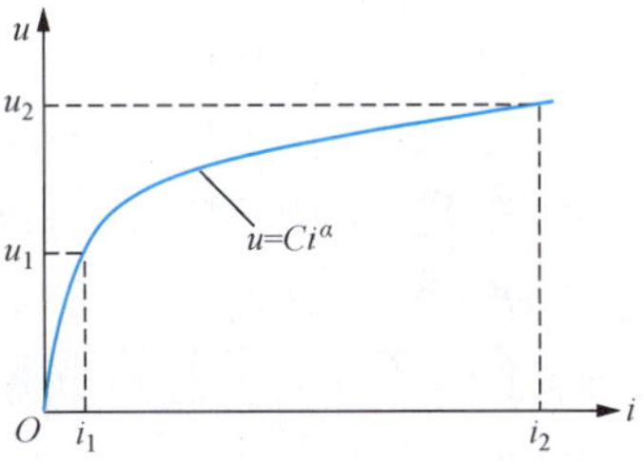

图 8-12 阀片的伏安特性

i_1—工频续流；i_2—雷电流；

u_1—工频电压；u_2—残压

（2）火花间隙。为了使正常运行时的碳化硅电阻阀片没有工频电流，以避免阀片温度过高，保证正常使用，阀片需要与火花间隙串联使用，组成阀式避雷器。阀式避雷器的火花间隙由许多呈小圆盘状的单个间隙串联而成。间隙电场近似均匀电场，因此火花间隙的放电分散性较小且伏秒特性较为平坦，与被保护设备的绝缘配合较易实现。

2. 工作原理

当母线上出现超过间隙放电电压的过电压时，间隙击穿，冲击电流通过阀片流入大地。由于阀片的非线性特性，阀片的残压将受到限制，使其低于被保护设备的冲击耐压，设备得到了保护。当过电压消失后，间隙中由于工作电压产生的工频续流仍将继续流过避雷器，但受电阻阀片的非线性特性作用，此电流远小于冲击电流，从而能在工频续流第一次过零时就将电弧切断。以后，依靠间隙的绝缘强度就能够承受电网恢复电压的作用而不会发生重燃，这样，避雷器从间隙击穿到工频续流的切断不超过半个工频周期，继电保护来不及动作系统

就已恢复正常。

3. 阀式避雷器的类型

阀式避雷器按结构特点分为普通阀式避雷器和磁吹阀式避雷器两大类。

普通阀式避雷器靠非线性电阻与火花间隙的配合来使电弧不能维持而自熄，所以灭弧能力和通流容量都是有限的。

为进一步提高避雷器的保护性能，除了采用通流能力更大的高温烧结的碳化硅阀片（烧结温度为 1300℃以上）外，还采用灭弧能力更强的火花间隙。磁吹阀式避雷器采用了灭弧能力较强的磁吹火花间隙。磁吹火花间隙利用磁场对电弧的电动力，迫使间隙中的电弧加快运动、旋转或拉长，使弧柱中去电离作用增强，从而大大提高其灭弧能力。

随着非线性电阻特性更为优良的金属氧化物避雷器的出现与推广使用，我国已不再生产阀式避雷器。

8.4.3 金属氧化物避雷器

金属氧化物避雷器（MOA）是 20 世纪 60 年代末开始出现的一种新型避雷器，具有优异的电气性能。MOA 的基本元件是氧化锌（ZnO）电阻片。由于 ZnO 电阻片的非线性伏安特性和通流能力均远超 SiC 电阻片，因此金属氧化物避雷器已取代基于 SiC 的避雷器。

1. ZnO 非线性电阻片

ZnO 非线性电阻片是在以 ZnO 为主要材料的基础上，附以微量的其他金属氧化物，在 1000℃以上高温下烧结而成的，所以也称金属氧化物电阻片。

ZnO 电阻片的微观结构如图 8-13 所示。其结晶相包括以下三部分：

（1）ZnO 晶粒，粒径为 10μm 左右，电阻率为 1～10Ω・cm；

（2）包围着 ZnO 晶粒的 Bi_2O_3 晶界层，厚度为 0.1μm 左右；

（3）零散分布于晶界层中的尖晶石（$Zn_7Sb_2O_{12}$）。

尖晶石在晶界层内部不是连续存在的，与电阻片的非线性特性无直接关系。ZnO 电阻片的非线性特性主要取决于晶界层，在低电场下其电阻率很高，大于 10^{10}Ω・cm；当晶界层中电位梯度达到 10^6V/cm 时，由于隧道效应，电子会通过势垒，其电阻率急剧下降到低阻状态。晶界层的相对介电常数与频率有关，为 500～1300，因此 ZnO 电阻片具有较大的固有电容。ZnO 电阻片可以视为 ZnO 晶粒与晶界层的串联结构，其等效电路如图 8-14 所示。

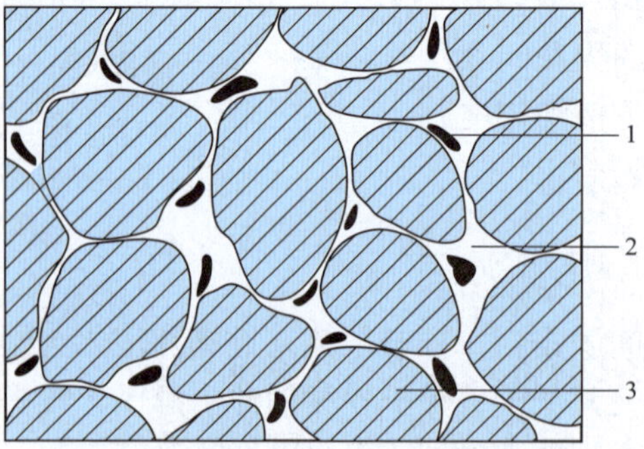

图 8-13 ZnO 电阻片的微观结构图

1—尖晶石；2—晶界层；3—ZnO 晶粒

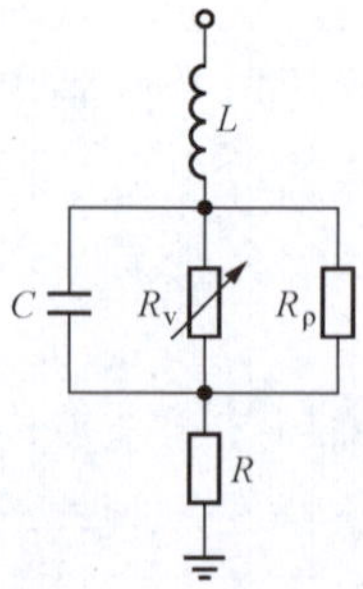

图 8-14 ZnO 电阻片的等效电路

L—固有电感；*C*—晶界层固有电容；R_v—晶界层电阻；R_ρ—泄漏电阻；*R*—ZnO 晶粒本体电阻

ZnO 电阻片的典型伏安特性如图 8-15 所示，可见它在 10^{-3}～10^{4}A 的范围内呈现出良好的非线性，也可以用式（8-11）表示，图中画出了 SiC 阀片的伏安特性曲线以进行比较。从图中可以看出，ZnO 电阻片的伏安特性可分为三个典型区域。在低电场区，电流密度与电场强度的开方成正比，非线性系数α为 0.1～0.2；在中电场区，晶界层电阻 R_v 减小，非线性系数α大为下降，α为 0.01～0.04；在高电场区，当电流密度大于 10A/cm^2 时，ZnO 本体电阻 R 起主要作用，电流与电压成正比，伏安特性曲线向上翘。

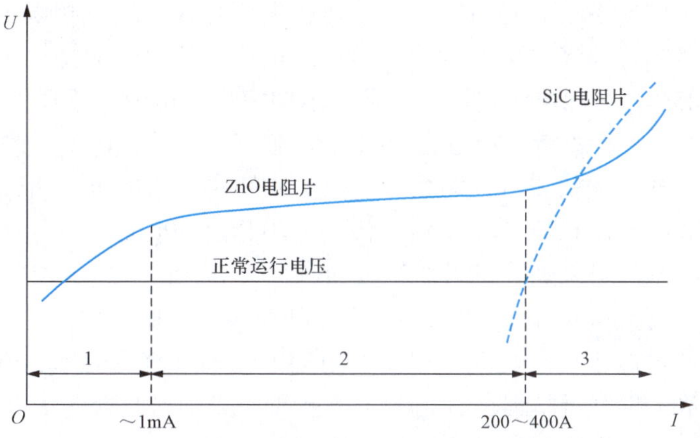

图 8-15　ZnO 电阻片的伏安特性

1—低电场区；2—中电场区；3—高电场区

2. 金属氧化物避雷器的主要性能参数

由 ZnO 电阻片组成的避雷器，在电力系统正常运行电压作用下，流经避雷器的电流不到毫安级。这种电流不会损坏电阻片，所以无须像 SiC 避雷器那样通过串联火花间隙限制工频电流，因此金属氧化物避雷器通常采用无间隙结构。如图 8-16 所示为一种复合外套 MOA 结构。

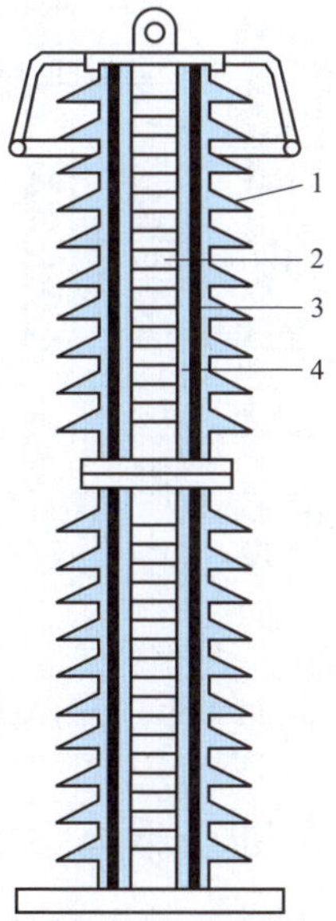

图 8-16　一种复合外套 MOA 结构

1—硅橡胶护套；2—ZnO 阀片；3—纤维增强材料；4—硅橡胶填充物

表征无间隙金属氧化物避雷器的主要性能参数如下：

（1）额定电压。施加在避雷器上的最高允许电压。按照此电压所设计的避雷器，能在负载试验中规定的暂时过电压下正确的工作。这个电压是避雷器安装处可能出现的最大工频电压（见10.1），它不等于系统的标称电压。国家标准规定，注入标准规定的能量，必须能够耐受相当于避雷器额定电压的暂时过电压至少10s。

（2）持续运行电压。允许持久地作用在避雷器上，而不致引起避雷器过热和热崩溃的电压。对于中性点有效接地系统，避雷器的持续运行电压为最高运行相电压；对于中性点非有效接地系统，避雷器的持续运行电压为最高运行线电压。避雷器的持续运行电压一般相当于额定电压的75%～85%，在此电压作用下，避雷器中流过的电流一般仅为几十微安。

（3）直流参考电压。在避雷器通过直流参考电流（通常为1mA）时的直流电压 U_{1mA}。参考电流一般取MOA非线性伏安特性的拐点值，又称动作起始电压。U_{1mA} 一般不小于避雷器额定电压的峰值。避雷器在 $0.75U_{1mA}$ 下漏电流一般不超过50μA。

（4）标称放电电流。用来划分避雷器等级的、具有8/20μs波形的雷电冲击电流峰值。根据电压等级的高低，我国标准规定了从1.5kA到20kA共5个标称放电电流值。根据不同电压等级系统可能出现的过电压大小，流经避雷器中的电流超过对应的标称电流的概率很低，因此电气设备的绝缘水平也以避雷器标称电流下的残压作为绝缘配合的依据。

（5）避雷器残压。分别在陡波冲击电流（波前时间1μs）、雷电冲击电流和操作冲击电流（波前时间为30～100μs）作用下的残压。避雷器在标称放电电流下的残压与 U_{1mA} 的比值称为电压比，简称压比，压比越低，保护性能越好。

此外，还有冲击电流耐受能力、重复转移电荷能力、吸收能量等指标表征避雷器额定耐受冲击电流能力。

图8-17所示为用于220kV系统（系统最高工频线电压为252kV，相电压为146kV）的一种额定电压为200kV（有效值）、标称放电电流为10kA的MOA的典型 $U—I$ 特性曲线。

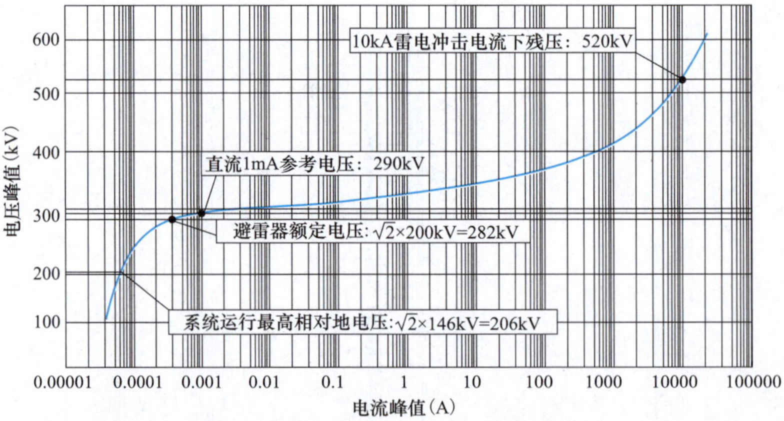

图8-17　额定电压为200kV、标称放电电流为10kA的MOA的典型 $U—I$ 特性曲线

8.5　接地技术与接地装置

8.5.1　接地和接地电阻的概念

电工中“地”的定义是不受入地电流的影响而保持着零电位的大地。所谓接地，就是将

地面上的金属物体或电气回路中的某一节点与大地进行低阻抗连接，使该设备与大地保持等电位。接地起着维持正常运行、保证人身安全、防雷、防干扰等作用。各种防雷保护装置都必须配备合适的接地装置才能有效地发挥其保护作用。

接地装置包括接地体和接地引线。接地体有人工和自然接地体两大类，前者专为接地的目的而设置，而后者主要用于别的目的，但也兼起接地体的作用，例如钢筋混凝土基础、电缆的金属屏蔽层、轨道、各种地下金属管道等都属于天然接地体。接地引线也有可能是天然的，例如建筑物墙壁中的钢筋等。

实际上大地并不是理想的导体，它具有一定的电阻率。当有电流流过时，大地就不再保持等电位。如图 8-18 所示，当通过接地装置的电流注入大地时，以电流场的形式向周围远处扩散。设土壤电阻率为 ρ，地中电流密度为 J，则大地中存在相应的电场强度为 $E=\rho J$。离注入点越远，地中电流的密度就越小，电场也越弱。因此可以认为在相当远（或称为无穷远）处，电流密度已近似为零，电场 E 也为零，即该处仍保持零电位。由此可见，当接地点有电流流入大地时，该点相对于无穷远处的零电位有确切的电位升高，图 8-18 中 $u=f(r)$ 表示了大地表面的电位分布情况。

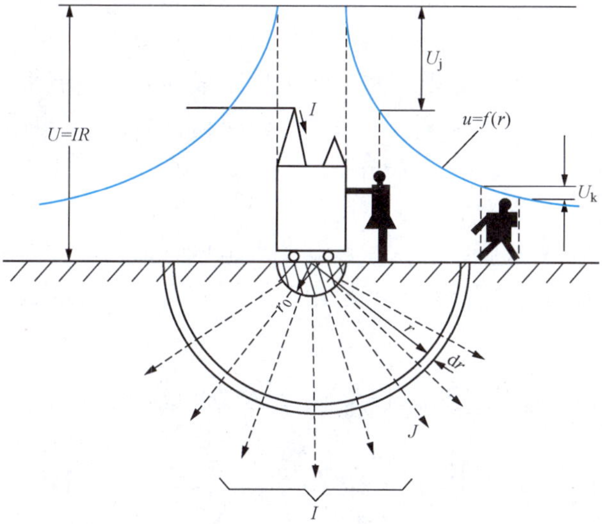

图 8-18 接地装置原理图

U—接地点电位；I—入地电流；U_j—接触电压；

U_k—跨步电压；J—地中电流密度；$u=f(r)$—大地表面的电位分布；r_0—半球形接地体半径

接地电阻 R 定义为接入点处的电位 U 与入地电流 I 的比值，即 $R=U/I$。当入地电流 I 一定时，接地电阻 R 越小，则接入点处电位 U 越低，反之则越高。此时地面上的接地体（例如变压器的外壳）也具有了电位 U。为保证电气设备的绝缘及人身的安全，需要减小接地电阻值。GB/T 50065—2011 对不同接地和运行方式系统的接地电阻有具体的规定。

8.5.2 接地的分类与要求

1. 接地的分类

电力系统中的接地可分为以下三类：

（1）工作接地。指根据电力系统正常运行的需要而设置的接地。例如三相交流系统的中性点接地，其作用是稳定电网的对地电压。对工作接地的接地电阻要求是能在系统最大接地故障电流入地时，使地电位升高控制在一定水平，阻值一般为 0.5～10Ω。

（2）保护接地。指为了人身安全而将电气设备的金属外壳加以接地。一旦设备绝缘损坏而使外壳带电时，不致有危险的电位升高对人身安全造成威胁。

（3）防雷接地。用来将雷电流泄入地中，减小雷电流通过接地装置时的地电位升高。防雷接地的电阻值一般小于 30Ω。

2. 接地的安全性要求

一般而言，接地安全包括人身安全以及电气设备正常运行与故障时电气设备的安全。

从图 8-18 可以看出，由于地电位随离电流入地点的距离增加而降低，存在接触电压和跨步电压，这两个电压对人身安全可能造成威胁。人所站立的地点与接地设备之间的电压称为接触电压 U_j（按我国标准规定，取人手摸设备的 2m 高处、人脚离设备的水平距离 1m 处两点之间的电压）；人的两脚着地点之间的电压称为跨步电压 U_k（取跨距为 1m）。研究表明，当通流时间为 $0.03s \leqslant t \leqslant 3s$ 时，如人体通过电流时吸收的能量（I^2t）小于某一值，不会导致心肌纤维性颤动，可以认为是安全的。如对于一个体重为 50kg 的人，该值为 0.0135Ws；因此，其临界电流值为 $0.116/\sqrt{t}\,(A)$。

在接地网设计中，应保证接触电压和跨步电压造成的人体电流小于临界值。将人脚用一个半径为 0.08m 的圆盘近似，可以计算得到每只脚与大地之间的电阻为 $R_f \approx 3\rho_s C_s$，其中 ρ_s 为人脚站立处地表层的土壤电阻率，Ω·m；C_s 为考虑到变电站内土壤电阻率不均匀而取的表层衰减系数，对均匀土壤取值为 1。

在计算接触电压时，两只脚并联；在计算跨步电压时，两只脚串联。因此对于一个体重为 50kg 的人，在中性点有效接地系统中发生接地故障时，允许最大接触电压 U_{jmax} 和跨步电压 U_{kmax} 分别为

$$\begin{cases} U_{\mathrm{jmax}} = \dfrac{0.116}{\sqrt{t}}(R_b + 0.5R_f) = \dfrac{174 + 0.17\rho_s C_s}{\sqrt{t}} \quad (V) \\ U_{\mathrm{kmax}} = \dfrac{0.116}{\sqrt{t}}(R_b + 2R_f) = \dfrac{174 + 0.7\rho_s C_s}{\sqrt{t}} \quad (V) \end{cases} \tag{8-12}$$

式中：R_b 为人体电阻，取为 1500Ω。

我国标准按上式对中性点有效接地系统的发电厂和变电站接地网作了规定。

对中性点非有效接地的系统，发生单相接地故障后，可以带故障运行，因此临界电流值更小。我国标准规定接触电压和跨步电压应分别不大于 $50+0.05\rho_s C_s$（V）和 $50+0.2\rho_s C_s$（V）。

8.5.3 工程实用的接地装置

工程实用的接地装置主要由扁钢、圆钢、角钢或钢管组成。水平接地体多用宽度为 20～40mm、厚度不小于 4mm 的扁钢，或者用直径不小于 6mm 的圆钢，埋于地表面下 0.5～1m 处。垂直接地体一般用角钢或钢管，长度为 2.5～3m。根据接地装置敷设地点的不同，可分为架空线路接地和发电厂与变电站接地。

1. 工频或直流接地电阻

根据电磁场理论，可以计算得到接地电阻为

$$R=\frac{U}{I}=\frac{U}{\oint j_{\mathrm{n}}\mathrm{d}S}=\frac{U}{\oint \frac{E_{\mathrm{n}}}{\rho}\mathrm{d}S}=\frac{U}{\frac{1}{\varepsilon\rho}\oint D_{\mathrm{n}}\mathrm{d}S}=\frac{\varepsilon\rho U}{Q}=\frac{\varepsilon\rho}{C} \tag{8-13}$$

式中：j_{n}为电流密度，A/m^2；E_{n}为电场强度，V/m；ρ为土壤电阻率，Ω·m；ε为土壤的介电常数，F/m；Q为接地体所带的电荷量，C；C为接地体对无穷远处的电容，F。

下面介绍一些典型接地体的接地电阻计算公式。

（1）垂直接地体。设垂直接地体的长度为l，直径为d。当$l \gg d$时，单根垂直接地体（如图 8-19 所示）的接地电阻为

$$R=\frac{\rho}{2\pi l}\left(\ln\frac{8l}{d}-1\right) \tag{8-14}$$

式中：d为垂直接地体的等效直径，m。

当有n根并联的垂直接地体时，总接地电阻R_{Σ}可按并联电阻计算，但需考虑各根接地极间的屏蔽效应，如图 8-20 所示。R_{Σ}为

$$R_{\Sigma}=\frac{R}{\eta n} \tag{8-15}$$

式中：R为单根垂直接地体时的接地电阻，Ω；η为接地体的利用系数。

由于屏蔽效应，一般$\eta=0.65\sim0.9$，η随接地体间距离的增大而增大。当相邻两根接地体之间的距离为接地体长度l的两倍时，η约为 0.9（两根并联时）或 0.7（6 根并联时）。

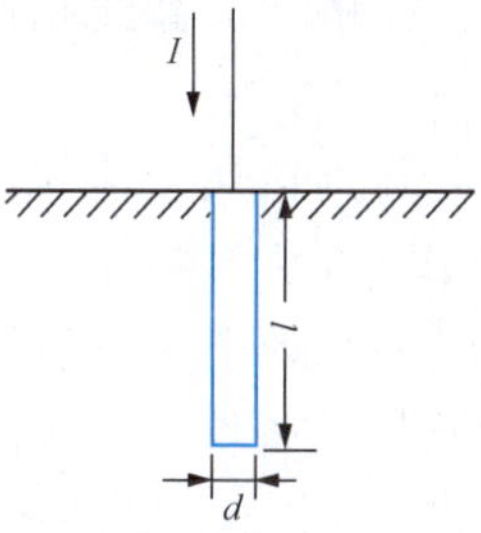

图 8-19　单根垂直接地体

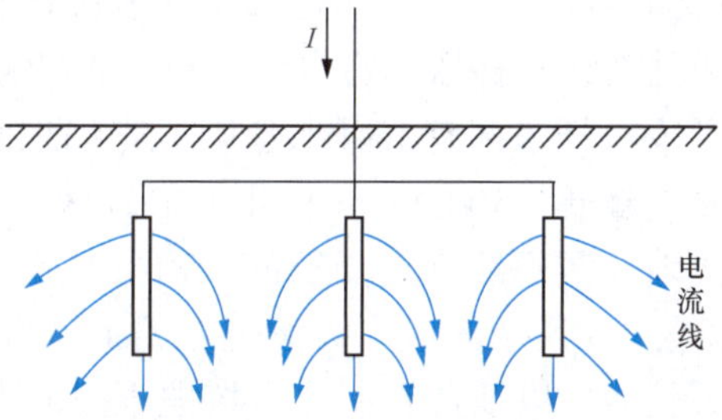

图 8-20　三根垂直接地体并联时的屏蔽效应

（2）水平接地体。接地电阻为

$$R=\frac{\rho}{2\pi L}\left(\ln\frac{L^2}{dh}+A\right) \tag{8-16}$$

式中：L为接地体的总长度，m；h为水平接地体的埋设深度，m；A为形状系数，表示电极间的屏蔽效应，其数值见表 8-2。

表 8-2　　水平接地体的形状系数 A

接地体形状	—	∟	人	○	＋	□	⋇	✱	✳	✳
形状系数 A	–0.6	–0.18	0	0.48	0.89	1	2.19	3.03	4.71	5.65

由表 8-2 可知，当总长L相同时，由于形状不同，形状系数值会有明显的不同。

2. 冲击接地电阻

雷电流作用下冲击接地电阻的计算，还需要利用冲击系数α，α的数值根据计算分析和试

验得到。

从物理过程看，防雷接地与工频和直流接地的区别主要有两点：一是雷电流的峰值大，二是雷电流的等值频率高。雷电流的峰值大，就会使地中电流密度增大，从而提高了土壤中的电场强度，在接地体附近尤为显著。若此电场强度超过土壤击穿场强（约 8kV/cm），在接地体周围的土壤中便会发生局部火花放电，其效果犹如增大了接地电极的尺寸，使接地电阻减小，这种效应称为火花效应。

另外，由于雷电流的等值频率较高，接地体自身电感的影响增大，阻碍电流向接地体的远端流通。对于很长的接地体，这种影响更加明显。其结果会使接地体得不到充分利用，使接地装置的电阻值大于工频接地电阻值。接地体越长，土壤电阻率越小及雷电流波前越陡，则冲击电阻值增大越多，这种效应称为电感效应。

考虑上述两方面效应，同一接地装置在冲击电流和工频电流作用下具有不同的电阻值，可以分别用 R_{ch} 和 R 表示。通常用冲击系数 α 表示两者的关系，即

$$\alpha = \frac{R_{ch}}{R} \tag{8-17}$$

根据上述分析，由于存在火花效应，α 一般小于 1；但当接地体很长时，出现电感效应，α 也可能大于 1。通常，伸长接地体只在小于 60m 的范围内有效，超过这一范围的冲击接地阻抗基本上不再变化。

3. 架空线路的防雷接地

高压输电线路在每一基杆塔下一般都设有接地装置，并通过杆塔与避雷线相连，其目的是使流经避雷线和杆塔的雷电流通过较低的接地电阻进入大地。

高压线路杆塔都有混凝土基础，它们也起着接地体的作用，称为自然接地体。但只有在土壤电阻率较低（300Ω·m 以下）的地区，自然接地体才有作用。在大多数情况下，单纯依靠自然接地体是不能满足要求的，需要装设人工接地装置，一般为在地下水平敷设的放射形接地极。表 8-3 所示为我国标准规定的工频接地电阻最大值，为满足该条件而增设的人工接地极的最大长度，以及估算的冲击接地电阻的上限值。

表 8-3　线路杆塔接地电阻、接地极方式及冲击特性

土壤电阻率 ρ（Ω·m）	允许最大工频接地电阻（Ω）	放射形接地极数目，每根最大长度（m）	冲击接地电阻上限（估算）（Ω）	
			60kA 下	100kA 下
0～100	10	可不加人工接地极	7.4	4.5
100～500	15	2 或 3，40	13.5	12.8
500～1000	20	3，60	17	15.6
1000～2000	25	4，80	20	19
大于 2000	30	4，100	22	20

注　大于 2000 一栏的冲击接地电阻对应 2000Ω·m $<\rho\leqslant$ 4000Ω·m。

4. 发电厂和变电站的接地

发电厂和变电站内需要有良好的接地装置以满足工作、安全和防雷保护的要求。一般的做法是根据安全和工作接地要求敷设一个统一的接地网，然后再在避雷针和避雷器下面增加

接地体以满足防雷接地的要求。

接地网由扁钢水平连接，呈长孔或方孔型，如图 8-21 所示，埋入地下 0.6～0.8m 处，有时再加些垂直接地极。接地网面积 S 大体与发电厂和变电站的面积相同，受屏蔽效应影响，这种接地网的工频接地电阻可估算为

$$R = \frac{0.44\rho}{\sqrt{S}} + \frac{\rho}{L} \approx 0.5\frac{\rho}{\sqrt{S}} \tag{8-18}$$

式中：L 是接地体（包抵水平的和垂直的）总长度，m；S 是接地网的总面积，m^2。

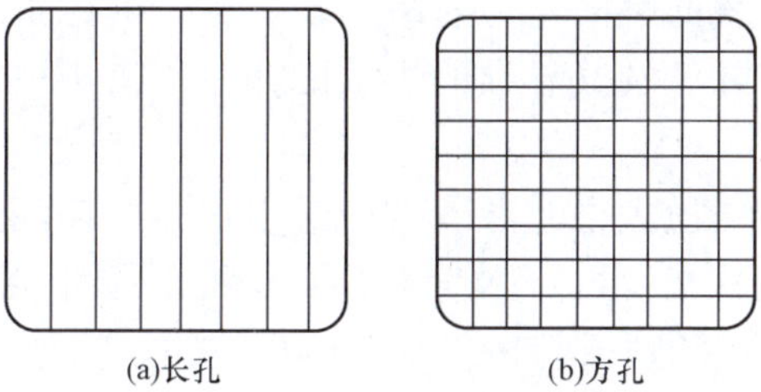

图 8-21　接地网示意图

可见，当 ρ 一定时，接地网的接地电阻基本上由变电站的面积决定，是很难改变的。

运行经验表明，在中性点有效接地系统中，当地电位升高 $IR \leqslant 2000\text{V}$ 时，地面电位较均衡，接触电压和跨步电压不足以造成人身事故，人身和设备是安全的。因此，我国标准规定，在这种系统中接地网的接地电阻应满足 $R \leqslant 2000/I$ 。当无法满足此要求时，可在保证人身和避雷器等设备安全的前提下适当增大接地电阻。对于中性点非有效接地系统，允许带接地故障运行，我国标准规定接地网的接地电阻应满足 $R \leqslant 120/I$ ，且应不大于 4Ω。

接地网构成网孔形的目的，主要在于均压，以保证接触电压和跨步电压不超过规定的值。接地网中两水平接地带之间的距离，一般可取为 3～10m，然后在校核接触电压 U_j 和跨步电压 U_k 后再予以调整。

习　题

1．雷电流的峰值为 100kA，被击点的接地电阻为 30Ω，试求被击点的地电位升高的峰值。

2．电力系统中的防雷保护有哪些基本措施？试简述其原理。

3．避雷针保护原油罐时，设原油罐的直径和高度均为 10m，要求避雷针距油罐壁至少 5m，试设计避雷针的高度。

4．如图 8-22 所示，一条波阻抗 Z=500Ω的架空线路出现一峰值等于 2kA 的冲击电流波。在线路上某点 A 处并联有一个伏安特性理想的氧化锌避雷器，当通过的电流为 5kA 时，避雷器两端的电压为 700kV。试求进入 A 点右侧线路的电压波形和流过避雷器的电流的峰值。

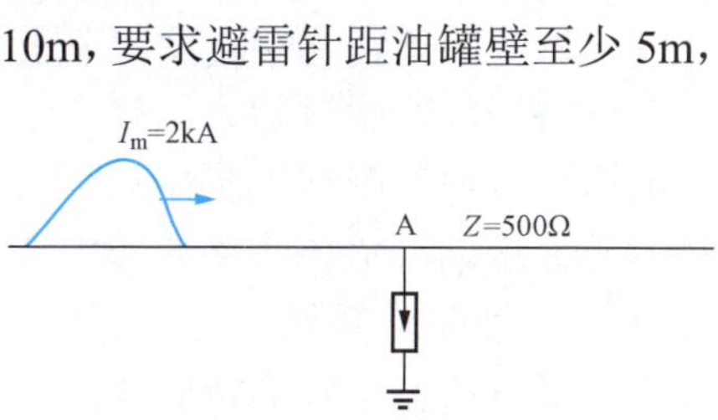

图 8-22　线路避雷器的使用

5．试全面比较阀式避雷器和氧化锌避雷器的性能。

9　电力系统防雷保护

雷害事故在现代电力系统的跳闸停电事故中占有很大的比重。特别是随着开关技术的发展，电力系统内部过电压的降低及其导致的事故的减少，雷击引起的跳闸事故日益占据主要的地位。

电力系统中的雷电过电压虽大多起源于架空输电线路，但因过电压波会沿着线路传播到变电站和发电厂，而且变电站和发电厂本身也有遭受雷击的可能性，且发生雷击事故后停电的影响面更大，因而电力系统的防雷保护包括了输电线路、变电站、发电厂等各个环节。

DL/T 620—1997 和 GB/T 50064—2014 对雷电过电压的分析和保护方法作了相关的规定和推荐。

9.1　输电线路的防雷保护

架空输电线路很长，分布面广，且往往翻山越岭，容易遭受雷击。一条 100km 长的架空输电线路在一年中往往要遭到数十次雷击，因而线路的雷击事故在电力系统总的雷电事故中占有很大的比重。据统计，因雷击线路造成的跳闸事故占电网总事故的 60%以上。输电线路防雷保护的目的就是尽可能减少线路雷害事故的次数和损失。

输电线路上出现的雷电过电压主要有两种，即直击雷过电压和感应雷过电压。前者由雷击线路引起，后者由雷击线路附近地面时的电磁感应引起。

线路雷害事故的形成通常要经历下述阶段：在雷电过电压作用下，线路绝缘发生闪络，然后从冲击闪络转化为稳定的工频电弧，引起线路跳闸，如果在跳闸后线路不能迅速恢复绝缘，则发生停电事故。因此，提高输电线路的防雷性能，首要措施是防止线路闪络。雷击线路但不致引起绝缘闪络的最大雷电流峰值称为线路的耐雷水平。从直击雷过电压和感应雷过电压的形成机理看，它们所对应的耐雷水平是不相同的。

9.1.1　输电线路感应雷过电压

当雷击线路附近的大地时，由于电磁感应，在导线上将产生感应雷过电压。感应雷过电压的形成机理如图 9-1 所示，设雷云带负电荷。在主放电开始之前，雷云中的负电荷沿先导通道向地面运动，输电线路处于雷云和先导通道形成的电场中。由于静电感应，导线表面电场强度 E 的轴向分量 E_x 将正电荷吸引到最靠近先导通道的一段导线上（图 9-1 中 A 点附近），成为束缚电荷。导线上的负电荷则受 E_x 的作用向导线两端运动，经线路的泄漏电导和系统的中性点而流入大地。由于先导发展的速度较慢，导致导线上束缚电荷的聚集过程也比较缓慢，因而在这个过程中导线上形成的电流很小，可以忽略不计，在不考虑运行电压的情况下，导线将通过系统的中性点或泄漏电阻保持零电位。主放电开始后，先导通道中的负电荷被迅速中和，电场大为减弱，使导线上的束缚电荷得到释放，沿导线向两侧运动形成过电压。这种由于先导通道中电荷所产生的静电场突然消失而引起的感应电压称为感应雷过电压的静电分量。同时，主放电通道中的雷电流在通道周围空间感应了强磁场，该磁场的变化也将使导线上感应出电压。这种由于主放电通道中雷电流所产生的磁场变化而引起的感应电压称为感应雷过电压的电磁分量。由于主放电通道与导线互相垂直，因此电磁分量不大。从图 9-1 可以看出，感应雷过电压的极性与雷云的极性相反。

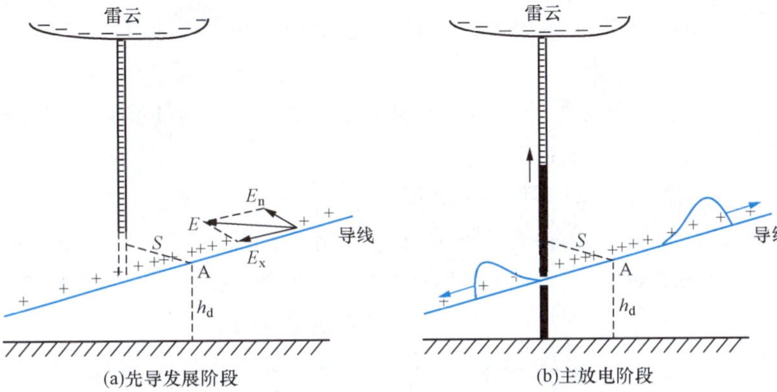

图 9-1　感应雷过电压形成示意图

h_d—导线高度；S—雷击点离导线距离；A—导线上距主放电通道最近点

根据理论分析和实测结果，我国标准建议，当雷击点离导线的距离超过 65m 时，导线上的感应雷过电压峰值 U_g 可计算为

$$U_g = 25\frac{I_L \times h_d}{S}(\mathrm{kV}) \tag{9-1}$$

式中：I_L 为雷电流峰值，kA；S 为雷击点离导线的距离，m；h_d 为导线平均高度，m。

根据导线的悬挂点高度 H 和导线的弧垂 f，导线平均高度可以取为 $h_d = H - 2f/3$。

由式（9-1）可知，感应雷过电压与雷电流峰值 I_L 成正比，与导线平均高度 h_d 成正比，因为 h_d 越大则导线与地之间电容越小，感应电荷产生的电压就越高；同时导线与大地之间的回路面积增大，也增大了感应雷过电压的电磁分量；感应雷过电压与雷击点到线路的距离 S 成反比，S 越大，感应雷过电压就越低。

由于雷击地面时雷击点的自然接地电阻较大，雷电流峰值一般不超过 100kA，因此在式（9-1）中可按 $I_L \leqslant 100$kA 进行估算。实测表明，感应过电压峰值最大可达 300～400kV。对 35kV 及以下钢筋混凝土杆线路，可能造成绝缘闪络；但对于 110kV 及以上电压等级线路，由于绝缘水平较高，一般不会引起闪络。感应雷过电压在三相导线中同时存在，相间不存在电位差，故只能引起对地闪络；如果两相或三相同时对地闪络，即造成相间短路。

如果导线上方挂有避雷线，其影响相当于增大了导线与地之间的电容，导线上的感应雷过电压将会下降。避雷线的屏蔽作用可根据叠加原理分析。设导线和避雷线的对地平均高度分别为 h_d 和 h_b，若避雷线不接地，则由式（9-1）可以求得导线上和避雷线上的感应雷过电压 U_{gd} 和 U_{gb} 分别为

$$U_{gd} = 25\frac{I_L \times h_d}{S},\quad U_{gb} = 25\frac{I_L \times h_b}{S} \Rightarrow U_{gb} = \frac{h_b}{h_d}U_{gd} \tag{9-2}$$

但实际上避雷线是通过杆塔接地的，其电位为零。为满足这一条件，可以设想在避雷线

上还存在一个电位 $-U_{gb}$，与 U_{gb} 相抵消。该电位将通过静电耦合在导线上产生耦合电位 $k_0(-U_{gb})$，其中 k_0 为避雷线与导线间的几何耦合系数（见 7.5）。

耦合电位与导线的雷电感应过电压相叠加后，导线上实际感应的对地电压为

$$U'_{gd}=U_{gd}-k_0U_{gb}=U_{gd}\left(1-k_0\frac{h_b}{h_d}\right)\approx U_{gd}(1-k_0) \tag{9-3}$$

可以看出，避雷线的存在使导线上的感应雷过电压下降了。耦合系数越大，感应雷过电压越低。

式（9-1）和式（9-3）只适用于 $S>65\text{m}$ 的情况，事实上更近的落雷将因线路的引雷作用而击中线路（避雷线或导线）或杆塔。

9.1.2 输电线路直击雷过电压和耐雷水平

雷直击于带避雷线的架空线路有三种情况，即雷击杆塔顶部、雷击避雷线档距中央和雷击导线（绕击），如图 9-2 所示。对于未架设避雷线的架空线路，则只存在雷击杆塔顶部和雷击导线两种情况。

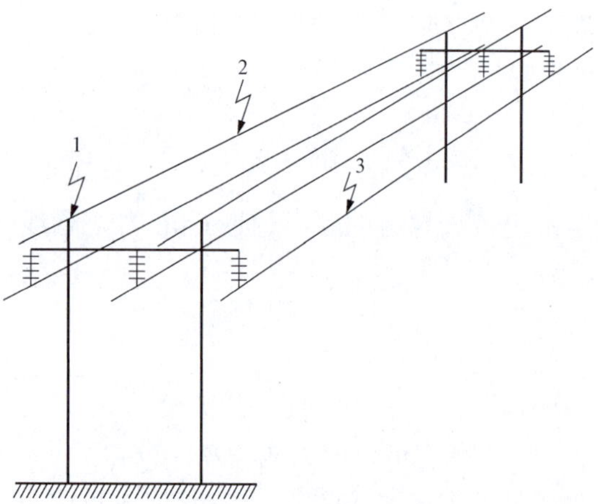

图 9-2 带避雷线的架空线路遭受雷直击的三种情况

1—雷击杆塔顶部；2—雷击避雷线档距中央；3—雷击导线

1. 雷击杆塔时的反击过电压

雷击线路杆塔顶部时，由于横担电位与导线电位相差很大，可能引起绝缘子串的闪络，即发生反击。运行经验表明，在线路落雷总次数中，雷击杆塔的次数与避雷线根数和经过地区的地形地貌有关。雷击杆塔次数与雷击线路总次数的比值称为击杆率。我国标准建议的击杆率 g 见表 9-1。

表 9-1 击杆率 g

避雷线根数	1	2
平原	1/4	1/6
山区	1/3	1/4

雷击杆塔顶部瞬间，电荷运动产生的雷电流一部分沿杆塔向下传播，还有一部分沿避雷线向两侧传播，此时雷电流的分布如图 9-3 所示。引起绝缘子串闪络的过电压除了主放电过程在导线上感应的过电压之外，更重要的原因是雷电流沿杆塔入地导致的塔顶和横担电位升高。

（1）杆塔的计算模型。雷击高度较低的杆塔时，雷电流从塔顶到大地的传播时间较短，此时杆塔可以用集中参数的电感表示，等效电路如图 9-4 所示。图中，L_{gt} 和 L_b 分别为杆塔和避雷线的等效电感，R_{ch} 为杆塔的冲击接地电阻。对于单根避雷线线路，L_b 约为 $0.67l\mu\text{H}$（l 为档距长度，m）；双避雷线线路的 L_b 约为 $0.42l\mu\text{H}$；L_{gt} 约为 $0.5\mu\text{H/m}$。可以用这个等效电路计算得到塔顶电位。

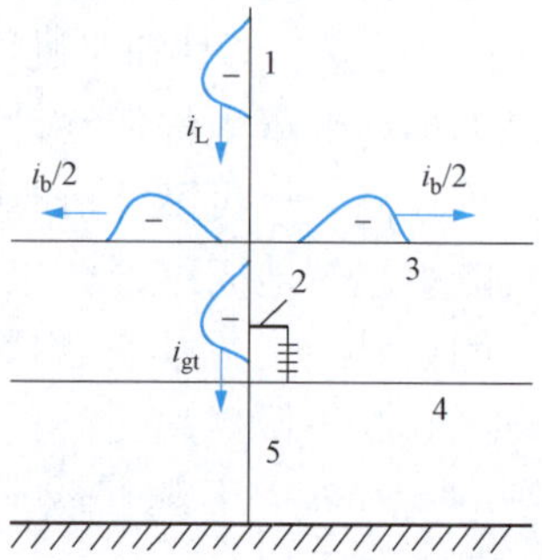

图 9-3 雷击塔顶时雷电流的分布

1—主放电通道；2—横担；3—避雷线；4—导线；5—杆塔

当杆塔较高时，由于雷电流从塔顶传播到大地需要一定的时间，此时将杆塔用集中参数的电感来表示会存在较大的误差。目前，对高压输电线路，国内外普遍采用波阻抗模型来模拟杆塔，即将杆塔视为具有分布参数的线路。这种计算方法反映了雷电波在杆塔上的传播过程，还考虑到了杆塔的自身结构、不同高度对地电容的变化，因此得到的结果应该更符合雷击杆塔的实际情况。

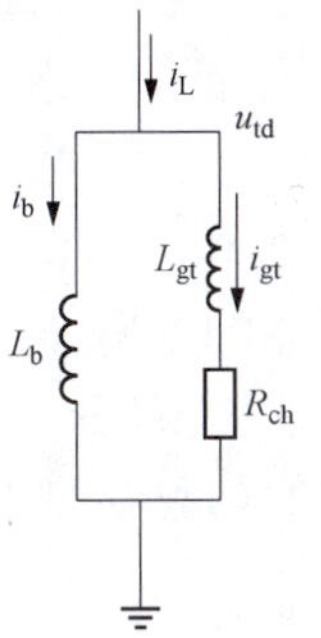

图 9-4　雷击塔顶的集中参数等效电路

由于波在垂直杆塔中的传播不具备平面波的特性，以及杆塔结构的复杂性，因此关于杆塔波阻抗的计算方法，目前尚存在争议。一般而言，对于高度较低的杆塔，杆塔可以用具有单一波阻抗的均匀传输线表示。我国电力行业标准建议铁塔的波阻抗取为150Ω，而对于高度较高的杆塔，常采用多波阻抗模型，即根据尺寸的不同将杆塔分成几段，每段用具有一定波阻抗的均匀分布参数线路表示。如图 9-5 所示为常用的同塔双回输电线路杆塔的多波阻抗模型。图中 Z_{ti}、Z_{zi}、Z_{hi}（i=1，2，3，4）分别表示杆塔各层主支柱、支撑架和横担的波阻抗，Ω；R_{ch} 为杆塔的冲击接地电阻，Ω。

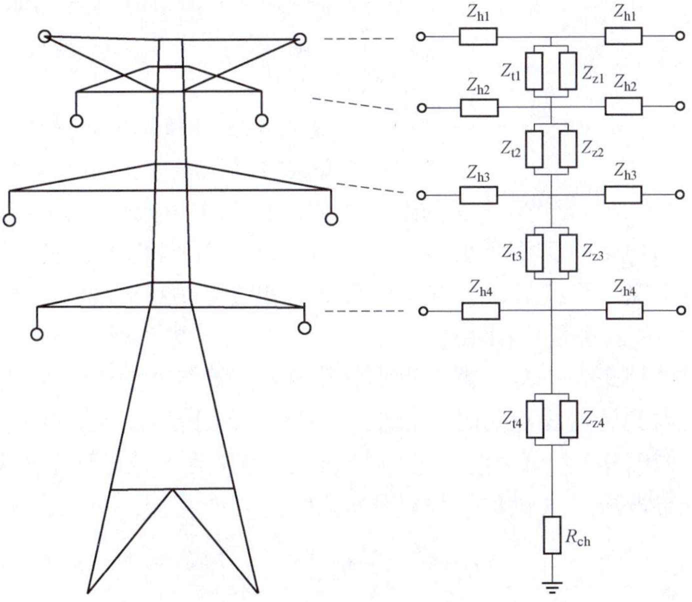

图 9-5　常用的同塔双回输电线路杆塔的多波阻抗模型

（2）线路上绝缘子串两端电压。根据上述杆塔模型，可以进行计算，求得雷击时塔顶或横担上各点的电位。雷击杆塔时，导线上除了正常运行电压外，还包括杆塔和避雷线对导线的耦合电位（感应电压）。

考虑导线上正常运行电压后，绝缘子串两端电压 u_j 为导线悬挂处横担的电位 u_h 与导线电位 u_d 之差，即

$$u_j(t)=u_h(t)-u_d(t)=u_h(t)-[u_{gd}(t)+u_{ph}(t)] \tag{9-4}$$

式中：$u_{gd}(t)$为导线的感应耦合电位；$u_{ph}(t)$为导线的正常运行对地电压。

（3）绝缘子串的闪络判据。当绝缘子串两端的电压较高时，可能会发生绝缘子串的闪络，即发生反击。定义线路所能耐受的不致引起绝缘子串反击的最大雷电流峰值为反击耐雷水平。

判断绝缘子串是否发生冲击闪络有多种方法，目前还在发展完善之中。其中有代表性的方法是比较法、相交法和先导发展法。所谓比较法，就是当绝缘子串两端的过电压超过绝缘子串 50%放电电压时判断为闪络，如小于则判断为不闪络。由于受大地负反射波的影响，绝缘子串两端的过电压波并非是标准雷电波，而是一个短尾波，因此采用这种方法常导致线路耐雷水平估值偏低。

相交法判断绝缘子串闪络的原理如图 9-6 所示，当绝缘子串上的过电压波形与伏秒特性曲线相交时即判断为闪络，与伏秒特性曲线不相交则不闪络。相交法考虑了电压作用时间对绝缘子串冲击闪络的影响，因此与比较法相比更为准确，在输电线路防雷设计中得到了普遍的应用。

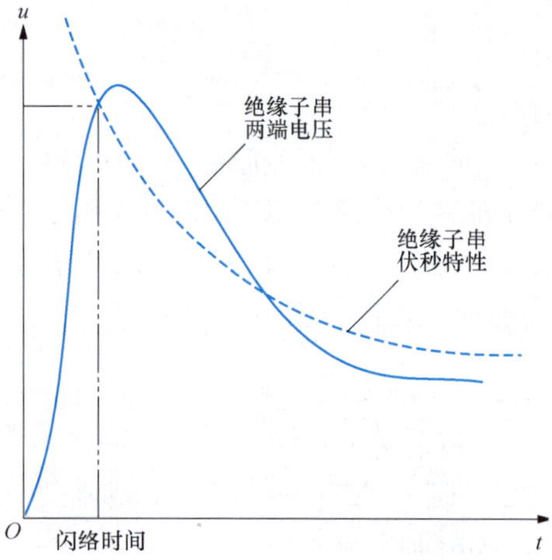

图 9-6 相交法判断绝缘子串闪络原理

还有一种是先导发展法，其原理是当线路绝缘上出现超过某一数值的电压的时间达到一定值时，先导开始发展，其发展速度与电压和间隙剩余长度有关。当先导贯穿整间隙时，则认为绝缘子发生闪络。

我国标准推荐用相交法或先导发展法作为闪络判据的计算方法。

2. 雷击避雷线档距中央时的过电压

雷击避雷线档距中央时，虽然也会在雷击点产生很高的过电压，但由于避雷线的半径较小，会在避雷线上产生强烈的冲击电晕；又由于雷击点离杆塔较远，当衰减的过电压波传播到杆塔时，已不足以使绝缘子串击穿，因此通常只需考虑雷击点处避雷线对导线的反击问题。

如图 9-7 所示为雷击避雷线档距中央的情况。当雷电先导离杆塔不远时，容易被杆塔吸引，因此发生雷击避雷线档距中央时，雷击点离杆塔往往有一定的距离。雷击后，过电压波经两侧杆塔入地，再反射到达雷击点的时间较长，在反射波到达前，避雷线可以用波阻抗模型表示。计算等效电路如图 9-7（b）所示，图中 Z_0 和 Z_b 分别为主放电通道和避雷线的波阻抗，i_L 为雷电流。由图可得雷击点 A 处的对地电压 u_A 为

$$u_A = i_L \frac{Z_0}{Z_0 + \frac{Z_b}{2}} \cdot \frac{Z_b}{2} = i_L \frac{Z_0 Z_b}{2Z_0 + Z_b} \tag{9-5}$$

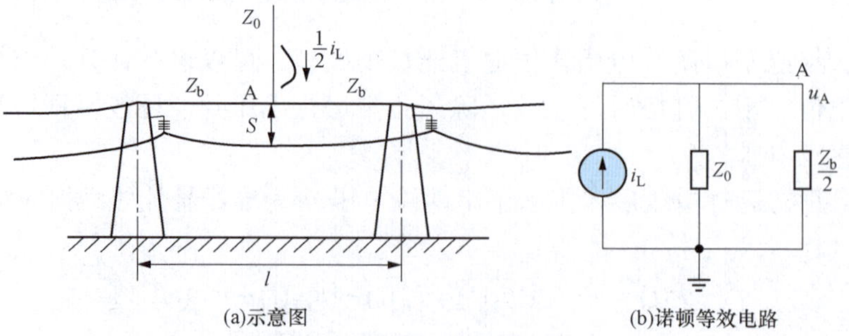

图 9-7 雷击避雷线档距中央

导线上除了运行电压外，还存在由于避雷线与导线间的耦合而感应的电位。在这些电压的综合作用下，当避雷线与导线间的电压超过空气间隙的击穿电压时，就会发生闪络。

我国标准规定，无风时档距中央导线与避雷线之间的距离 S 应满足

$$\begin{cases}220\text{kV及以下电压等级线路：} S \geqslant 0.012l+1 \quad (\text{m}) \\ 330\text{kV及以上电压等级线路：} S \geqslant 0.015l+1 \quad (\text{m})\end{cases} \tag{9-6}$$

式中：l 为档距长度，m。

在输电线路防雷工程设计中，只要避雷线和导线间的空气距离满足式（9-6）的要求，雷击避雷线档距中央引起线路的闪络跳闸就可以忽略不计。

3. 绕击时的过电压

装设避雷线的线路，仍然有雷绕过避雷线而击于导线即发生绕击的可能性。虽然绕击的概率很小，但其危害较大，一旦发生绕击，往往就会引起线路绝缘子串的闪络。绕击跳闸是超高压和特高压线路发生雷击故障的主要原因。

（1）电气几何模型。绕击机理可借助于 20 世纪 60 年代建立的电气几何模型（EGM）进行分析。电气几何模型是以“闪击距离”（击距）r 的概念为基础的。所谓击距，就是雷电先导头部与地面目标的临界击穿距离。击距的大小与先导头部的电位有关，因而与先导通道中的电荷有关，后者又决定了雷电流的大小。因此，击距 r 与雷电流峰值 I_L 有直接关系，电流峰值越高，击距越大。根据理论研究和实验，其关系可以表示为

$$r = kI_L^p \tag{9-7}$$

式中：k、p 为计算系数，不同的研究者给出的数值相差较大。部分研究人员认为同一雷电流先导对导线和地线的击距可以视为相等，如美国的 E. R. Whitehead 给出的对导线和地线的数值均为 $k=6.72$、$p=0.8$；我国标准则对导线、地线、地面的击距分别给出了不同的计算系数，如对地线的数值为 $k=10$、$p=0.65$。

已知击距后，就可以用几何分析法来求雷电先导对导线的绕击情况。

如图 9-8 所示，设雷电流峰值为 I，分别以避雷线 b_1、b_2 和边相导线 d_a、d_c 为中心，以对应的避雷线击距 r_b 和导线击距 r_d 为半径作两个圆弧，两避雷线击距圆弧交于 A 点，避雷线与导线击距圆弧交于 B 点。再在离地面距离为大地击距的 r_g 处作一水平线 CG，与半径为 r_d 的弧交于 C 点。对于单回线路，圆弧段 ABC 呈对称关系。

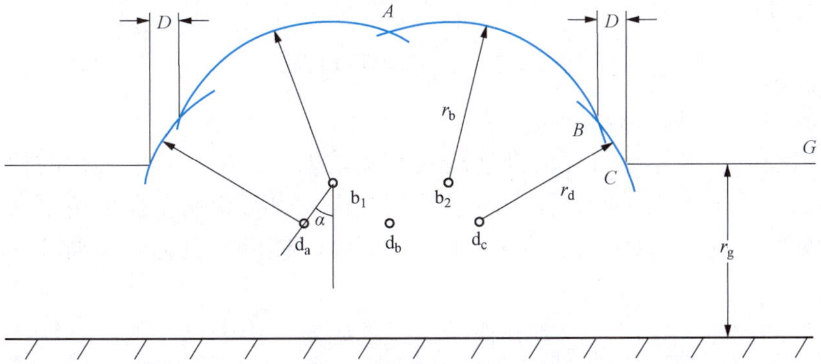

图 9-8　电气几何模型与击距原理

圆弧 AB、BC 和直线 CG 沿线路方向组成了一个曲面，称为定位曲面。在峰值为 I 的雷电流的先导未到定位曲面之前，其发展不受避雷线、导线、大地等地面雷击对象的影响，仅当它下行至定位曲面时才受地面物体的影响而定位。若下行先导落在弧面 AB 上，则由于达到避雷线的击距，雷击中避雷线；同理，若落在弧面 BC 上，则击中导线（发生绕击）；若落在水平面 CG 上，则击中大地。因此，BC 称为绕击暴露面，其水平宽度为 D。

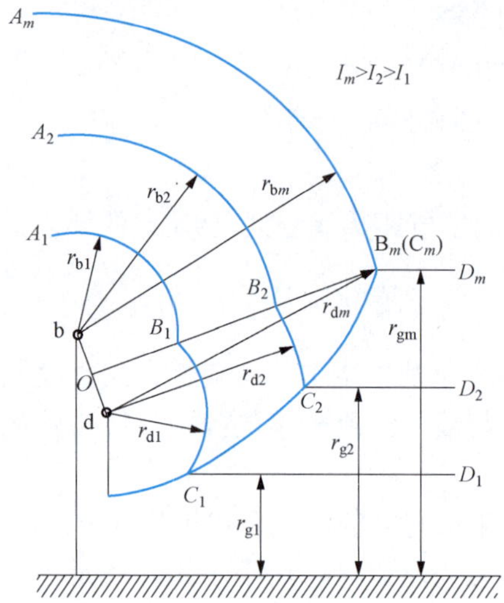

图 9-9　输电线路绕击暴露面随雷电流的变化

b—避雷线；d—导线

不同的雷电流峰值有不同的击距，所以可画出一系列的定位曲面，如图 9-9 所示。当导线与避雷线的击距相等时，弧面 A_iB_i 与弧面 B_iC_i（i=1，2，m）交点的轨迹为导线与避雷线的连线的中垂面（图中的直线 OB_m），弧面 B_iC_i 与水平面 C_iD_i 的交点的轨迹为一抛物面（图中曲线 $C_1C_2C_m$）。图中两个交界面 $B_1B_2B_m$ 与 $C_1C_2C_m$ 将整个空间分成三部分，其中 B_iC_i 弧段为击中导线区（即绕击区）。随着雷电流的增大，击距增大，绕击区弧段逐渐缩短；当雷电流峰值增大到 I_m 时，B_mC_m 弧段长度缩减到零，此时已不可能发生绕击。对应的 I_m 的击距为最大绕击电流。因此，根据电气几何模型，当雷电流超过最大绕击电流时，就不会发生绕击；而当雷电流小于该值时，绕击的可能性随雷电流的减小而增大。

在分析线路绕击概率时，假设雷电下行先导为垂直下行先导。根据图 9-8，可以得到某一峰值的雷电流对应导线引雷宽度 D 的值（引雷区域垂直投影到地平面上的宽度）。随着雷电流 I 的增大，D 逐渐减小到零。在长度为 L、两个宽度各为 D 的区域的落雷次数为

$$N_d = 2N_g LD(I) \tag{9-8}$$

式中：N_g 为地闪密度，次/（km^2·a）。

设 $f(I)$为峰值为 I 的雷电流出现的概率密度，则在 dI 的变化范围内雷电流出现的概率为 $f(I)$dI，这种雷电流击中导线的次数为

$$d(N_d) = 2N_g LD(I) f(I) dI \tag{9-9}$$

雷电击中导线的总次数为

$$N_d = 2N_g L\int_0^{I_m} D(I) f(I) dI \tag{9-10}$$

式中：I_m 为最大绕击雷电流，kA。

电气几何模型是在多年运行经验及现场实测基础上总结的一种工程化的估计方法，用它可以说明为什么当雷电流很大时，不大可能发生绕击，也可说明在保护角不大（但仍不能满足有效屏蔽的要求）时，线路会发生绕击事故；同时，该模型也证明了高杆塔时采用负保护角的必要性。

但这一模型尚存在一些问题。首先在于击距的确定，由于试验的困难性，基本数据只能靠理论推导和经验估算。其次，在击穿前的最后一次下行先导逐级发展时，实际上有停歇现象，它不一定就恰好停歇在其中一个击距面上，而可能穿过击距面停歇在比一个击距小的位

置上，因此大电流时也可能发生绕击。最后，当线路电压等级提高时，由于绝缘加强，因此能承受的雷击电流也增大，如果还是维持同样的可靠性要求，则允许提高最大绕击雷电流，即增大保护角；而运行经验表明，随着线路电压等级的升高，杆塔高度增加，只有减小保护角才能保证绕击率不变，另外电压等级越高，工程重要性越高，要求故障率越低，所以保护角减小。因此，电气几何模型尚在不断改进之中。

（2）绕击耐雷水平。忽略避雷线和导线间的耦合作用，以及杆塔接地的影响，发生绕击时可以认为是雷电流波 $i_L/2$ 沿波阻抗为 Z_0 的主放电通道传播到导线上的某点（A 点），如图 9-10（a）所示。图中 Z_d 为导线的等效波阻抗，其等效电路如图 9-10（b）所示。随着输电线路电压等级的提高，线路上运行电压的瞬时值对线路的耐雷水平有很大影响。考虑导线的运行电压后，由波过程理论，发生绕击时刻等效电路如图 9-11 所示，图中 u_{ph} 为被击中相导线的运行电压瞬时值。

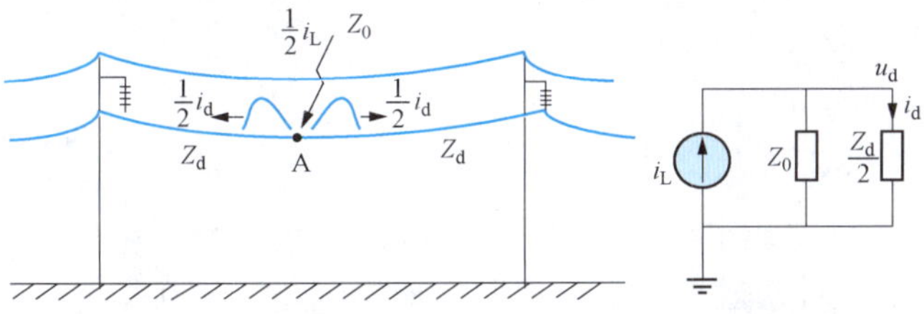

(a)示意图　(b)诺顿等效电路

图 9-10　绕击导线的等效电路

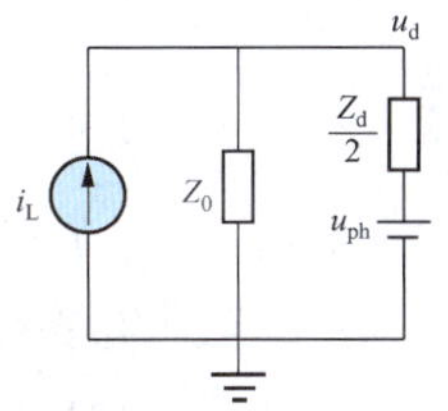

图 9-11　考虑运行电压的绕击导线等效电路

考虑导线的运行电压后，根据图 9-11 可知，发生绕击时导线上的对地电压 u_d 为

$$u_d = i_L \frac{Z_0 Z_d}{2Z_0 + Z_d} + u_{ph} \frac{2Z_0}{2Z_0 + Z_d} \tag{9-11}$$

可见，绕击时导线上的电压随雷电流的增大而升高，若超过绝缘子串的闪络电压，则绝缘子串将发生闪络。定义线路所能耐受的不致引起绝缘子串绕击闪络的最大雷电流的峰值为绕击耐雷水平。

考虑到大部分雷云带负电荷，绕击时导线上为负电压，可以认为绝缘子串闪络电压为负极性冲击 50%闪络电压，记为 U_{-50}。由式（9-11）推导可得，线路的绕击耐雷水平为

$$I_2 = \left(U_{-50} - u_{ph} \frac{2Z_0}{2Z_0 + Z_d}\right) \cdot \frac{2Z_0 + Z_d}{Z_0 Z_d} \tag{9-12}$$

最严重的情况出现在 u_{ph} 为负的峰值时，括号内两项之和最小，此时线路的耐雷水平最低。对于 220kV 及以下电压等级的线路，绝缘子串闪络电压远高于线路运行电压，运行电压的影响可以忽略。

根据该方法，结合不同电压等级输电线路的绝缘子串冲击耐压水平，500kV 及以下电压等级线路的绕击耐雷水平一般不大于 22kA，较雷击杆塔时的耐雷水平低很多。

9.1.3　输电线路的雷击跳闸率

输电线路遭受雷击后发生跳闸需要满足两个条件。首先是雷电流超过线路的耐雷水平，线路绝缘将发生冲击闪络。但是它的持续时间最短只有几十微秒，线路开关还来不及跳闸。因此必须满足第二个条件——冲击电弧转化为稳定的工频电弧，即保持线路接地，才能导致

线路跳闸。

1. 建弧率

冲击闪络转化为稳定的工频电弧的概率，称为建弧率。建弧率η与绝缘子串表面的平均电场强度有关，也与闪络瞬间工频电压的瞬时值和去游离条件有关。根据实验室试验和线路运行经验，可计算为

$$\eta = 4.5E^{0.75} - 14\ (\%) \tag{9-13}$$

式中：E 为绝缘子串的平均运行电位梯度（有效值），kV/m。

对中性点有效接地系统有

$$E = \frac{U_{\rm n}}{\sqrt{3}l_1} \tag{9-14}$$

对中性点绝缘或经消弧线圈接地的非有效接地系统，单相闪络不会引起跳闸，只有当第二相导线闪络后才会造成相间闪络而跳闸，因此

$$E = \frac{U_{\rm n}}{2l_1 + l_2} \tag{9-15}$$

以上式（9-14）、式（9-15）中，$U_{\rm n}$ 为额定线电压（有效值），kV；l_1 为绝缘子串的放电距离，m；l_2 为木横担线路的线间距离，m，对铁横担和钢筋混凝土横担线路，l_2=0。

实践证明，当 $E \leqslant 6$kV/m 时，建弧率很低，可以近似地认为 $\eta = 0$。

2. 雷击跳闸率计算

（1）反击跳闸率 n_1。由式（8-5）可以得到长度为 100km 的输电线路每年遭受雷击的次数 $N_{\rm L}$。设 n_1 为 $N_{\rm L}$ 次雷击中击塔顶引起的反击跳闸率，则

$$n_1 = N_{\rm L} g P_1 \eta \tag{9-16}$$

式中：g 为击杆率；P_1 为雷电流峰值大于反击耐雷水平 I_1 的概率；η 为建弧率。

（2）绕击跳闸率 n_2。根据电气几何模型，可以计算得到长度为 100km 的输电线路每年遭受绕击的次数 $N_{\rm d}$。因此，线路的绕击跳闸率为

$$n_2 = N_{\rm d} P_2 \eta \tag{9-17}$$

式中：P_2 为考虑线路运行电压瞬时值的绕击闪络概率，具有统计性。

（3）线路跳闸率 N。根据以上分析，当忽略雷击避雷线档距中央引起的跳闸率时，线路的总跳闸率为反击跳闸率 n_1 与绕击跳闸率 n_2 之和，即

$$N = n_1 + n_2 [次/(100{\rm km} \cdot {\rm a})] \tag{9-18}$$

表 9-2 所示为根据上述方法计算得到的 110～1000kV 典型单回架空输电线路的耐雷水平和雷击跳闸率（以雷电日为 40 计算）。

表 9-2　110～1000kV 典型单回架空输电线路的耐雷水平和雷击跳闸率

标称电压（kV）		1000	500	220	110
保护角		平原：6°；山地：-4°	14°	16.5°	25°
避雷线形式		双避雷线	双避雷线	双避雷线	单避雷线
杆塔绝缘	绝缘子形式	复合绝缘子（绝缘距离 9280～9380mm）	25×XP-160	13×X-4.5	7×X-4.5

续表

标称电压（kV）		1000	500	220	110
杆塔绝缘	50%冲击放电电压（正极性）（kV）	3200	2138	1200	700
档距长度（m）		500	400	400	300
反击耐雷水平（kA）		≥200	177～125	110～76	63～41
建弧率		100%	100%	91.8%	85%
平原线路	绕击率	0.0392%	0.112%	0.144%	0.238%
	击杆率	1/6	1/6	1/6	1/4
	跳闸率	0.005	0.081	0.25	0.83
山区线路	绕击率	0.139%	0.4%	0.5%	0.82%
	击杆率	1/4	1/4	1/4	1/3
	跳闸率	0.16～0.20	0.17～0.42	0.43～0.95	1.18～2.01

注　跳闸率栏，平原线路 110~500kV 分别对应 R_{ch} 为 7Ω，1000kV 对应 R_{ch} 为 10Ω；山区线路 110~500kV 分别对应 R_{ch} 为 7Ω和 15Ω，1000kV 对应 R_{ch} 为 10Ω 和 30Ω。

9.1.4　架空输电线路的防雷措施

输电线路防雷设计的目的是提高线路的耐雷性能，降低雷击跳闸率。在雷害发展过程的各个环节，采取相应的措施，如图 9-12 所示。

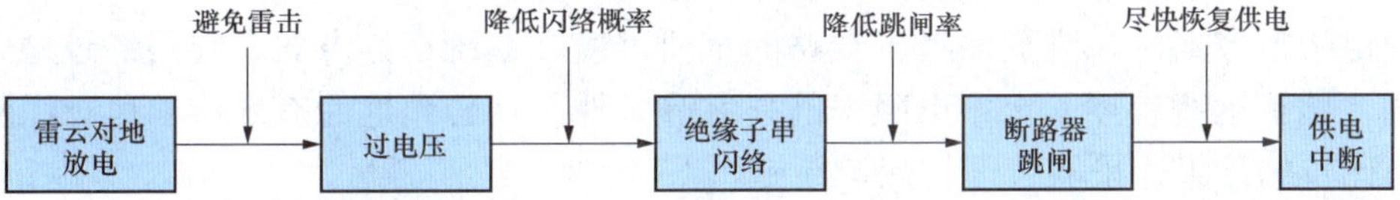

图 9-12　线路雷害事故的发展过程及防护措施

1. 保护导线免遭雷击

具体措施是架设避雷线，这是高电压等级输电线路最基本的防雷措施，其主要作用是防止雷直击导线。此外，避雷线对雷电流还有分流作用，可以减小流入杆塔的雷电流，使塔顶电位降低；与导线之间的耦合也可降低绝缘子串上的过电压。

当避雷线多点接地时，导线中的运行电流将在避雷线之间及避雷线与大地所形成的闭合回路中感应出电流并引起功率损耗。为减小这种损耗，可将避雷线分段，每段仅在一个塔顶接地，在其余塔顶经一个小间隙绝缘形成架空避雷线。正常运行时，避雷线一点接地，可以降低线路的能量损耗；雷击时，间隙击穿，使避雷线多点接地。

2. 降低闪络概率或防止绝缘子串损坏

（1）降低杆塔接地电阻。降低杆塔的接地电阻是提高线路耐雷水平、防止反击的有效措施。我国标准规定了杆塔的工频接地电阻，具体数值见表 8-3。

在土壤电阻率 $\rho<1000\Omega\cdot m$ 的地区，杆塔的混凝土基础也能在某种程度上起天然接地体的作用，但在大多数情况下土壤电阻率难以满足要求，故需另加人工接地装置。

（2）加强绝缘。例如增加绝缘子片数、增大塔头空气间距等。但这样做可能会导致绕击概率提高、变电站雷电侵入电压提高等问题，也增加了成本，仅在落雷概率较高的个别大跨越高杆塔上使用。

（3）安装线路避雷器或并联保护间隙。多雷区或雷击比较频繁的地段，可采取在绝缘子串上并联安装线路避雷器来避免绝缘子串闪络。并联保护间隙的放电电压略低于绝缘子串冲击闪络电压，并在冲击放电后有效地导引工频短路电流电弧离开绝缘子本体，以免使其灼伤。

（4）采用不平衡绝缘方式。对同塔架设双回或更多回线路的情况，为了避免线路落雷时多回路同时闪络跳闸，可采用不平衡绝缘的方案，如使其中一回路的绝缘子片数少于其他回线路，在一回线路上安装绝缘子并联间隙。

（5）架设耦合地线。可在某些建成投运后雷击故障频发的线段上，在导线的下方加装一条耦合避雷线。它虽然不能像避雷线那样拦截直击雷，但具有一定的分流作用，并能提高导线与避雷线之间的耦合系数，因而也能提高线路的耐雷水平，降低雷击跳闸率。

3. 快速熄弧，降低跳闸率

可以采用中性点经消弧线圈接地方式。该措施主要用于35kV及以下中性点不直接接地的配电线路。这种措施能减小故障接地点的工频电流，促进接地点电弧熄灭，大大降低建弧率和断路器的跳闸率。我国的消弧线圈接地方式运行效果良好，雷击跳闸率可以降低1/3左右。

4. 跳闸后迅速恢复正常

主要采用装设自动重合闸的方式。由于线路绝缘具有自恢复功能，大多数雷击造成的冲击闪络和工频电弧在线路跳闸后能迅速去电离，线路绝缘不会发生永久性的损坏或老化，因此装设自动重合闸的效果很好。我国110kV及以上线路的重合闸成功率高达75%～95%，自动重合闸是减少线路雷击停电事故最有效的措施。

在确定防雷方式时，应全面考虑线路的重要程度、系统运行方式、线路经过地区雷电活动的强弱、地形地貌特点、土壤电阻率的高低等条件，结合当地原有线路的运行经验，根据技术经济比较的结果，采取合理的保护措施。

9.2 发电厂和变电站的防雷保护

发电厂和变电站是电力系统的枢纽，一旦发生雷害事故，停电的影响面很大，且由于发电机、变压器等主要电气设备的内绝缘击穿后大多没有自恢复功能，使得停电时间比较长。因此，发电厂和变电站的防雷保护必须十分可靠。

发电厂、变电站遭受的雷害可能来自两个方面，即：雷直击发电厂、变电站；雷击线路时产生的过电压波沿线路侵入发电厂、变电站。由于线路落雷频繁，因此后者是发电厂、变电站遭受雷害的主要原因。

9.2.1 直击雷防护

对直击雷的防护一般采用避雷针和避雷线。我国的运行经验表明，凡按相关标准要求装设避雷针和避雷线的发电厂和变电站，绕击和反击的事故率都非常低，每年每100个变电站发生绕击或反击的次数约为0.3次，防雷效果比较好。

为了防止雷直击于发电厂和变电站，应该使所有被保护物体处于避雷针或避雷线的保护范围之内，这已在前面进行了介绍。此外，还要求雷击避雷针或避雷线时，不应对被保护物体发生反击，这里主要对此进行讨论。

避雷针的装设可分为独立避雷针和构架避雷针两种。

如图 9-13 所示，当独立避雷针遭受雷击时，雷电流流过避雷针和接地装置时，将会出现很高的电位。设避雷针在高度 h 处的电压为 u_k，接地装置上的电压为 u_d，则

$$u_k = L\frac{di_L}{dt} + i_L R_{ch} \tag{9-19}$$

$$u_d = i_L R_{ch} \tag{9-20}$$

式中：L 为 A 点到地这一段避雷针的电感，H；R_{ch} 为避雷针的冲击接地电阻，Ω；i_L 为流经避雷针的雷电流，kA。

为防止避雷针对被保护物体发生反击，避雷针与被保护物体之间的空气间隙 S_k 应有足够的距离。若取空气间隙的平均击穿场强为 E_k，则 S_k 应满足

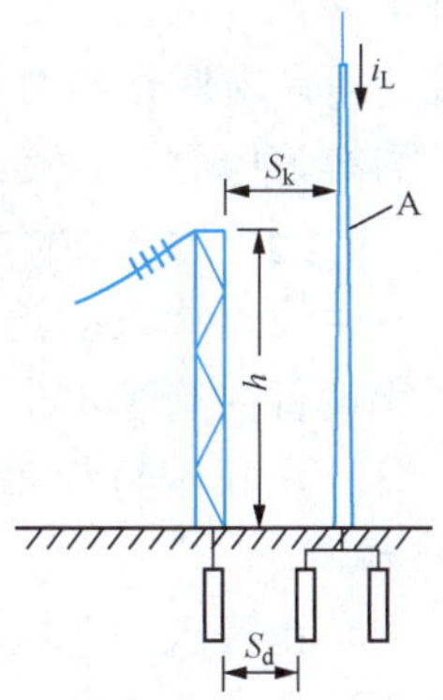

图 9-13　雷击独立避雷针

$$S_k > u_k / E_k \tag{9-21}$$

为防止避雷针接地装置与被保护物体接地装置之间发生反击，两者之间的地中距离 S_d 也应有足够的距离。若取土壤的平均击穿场强为 E_d，则 S_d 应满足

$$S_d > u_d / E_d \tag{9-22}$$

取雷电流的峰值为 100kA，波前为斜角波，雷电流的上升陡度为 100/2.6=38.5（kA/μs），避雷针的电感为 1.55μH/m，空气间隙和土壤的击穿强度分别为 E_k=500kV/m、E_d=300kV/m，则由式（9-21）和式（9-22）可得

$$S_k > \frac{100R_{ch} + 38.5\times 1.55h}{500} = 0.2R_{ch} + 0.12h\ \text{(m)}$$

$$S_d > \frac{100R_{ch}}{300} = 0.33R_{ch}\ \text{(m)}$$

按实际运行经验进行校验后，我国标准推荐用下面两个公式校核独立避雷针与被保护物体的空气间距 S_k 和地中距离 S_d，即

$$S_k \geqslant 0.2R_{ch} + 0.1h\ \text{(m)} \tag{9-23}$$

$$S_d \geqslant 0.3R_{ch}\ \text{(m)} \tag{9-24}$$

式中：h 的单位为 m；R_{ch} 的单位为Ω。

在一般情况下，S_k 不宜小于 5m，S_d 不宜小于 3m。

对于 110kV 及以上的配电装置，由于其绝缘水平较高，一般将避雷针装在配电装置的架构或房顶上。标准还规定，除水力发电厂外，装设在架构（不包括变压器门型架构）上的避雷针与主接地网的地下连接点，至变压器接地线与主接地网的地下连接点之间，沿接地体的长度不应小于 15m。上述规定的目的是使雷击时在避雷针接地装置上产生的高电压波，在沿地网向变压器接地点传播的过程中逐渐衰减，以避免对变压器造成反击。由于变压器是变电站中最重要的设备，且其绝缘较弱，因此在变压器门型架构上不宜装设避雷针。

对于 35kV 及以下的变电站，由于其绝缘水平较低，故不允许将避雷针装设在配电构架上，应架设独立避雷针，以免出现反击事故。

关于是否采用避雷线的问题，过去因为强调避雷线断线有造成母线短路的危险，所以在发电厂和变电站用得很少。但国内外多年的运行经验表明，用避雷线同样可以得到很高的防

雷可靠性，我国标准也规定了可采用避雷线保护。架设避雷线时同样要注意避免引起反击事故。当雷击避雷线时，雷击点处的电位可按式（9-19）进行计算，此时式中的电感除了考虑构架的等值电感外，还需考虑雷击点至构架处避雷线段的等值电感。

9.2.2 侵入波防护

由线路侵入的雷电电压波，虽受到线路绝缘的限制，但线路绝缘水平比发电厂、变电站电气设备的绝缘水平高，若不采取防护措施，势必造成发电厂、变电站电气设备的损坏事故。据统计，我国每年每 100 个 35～220kV 变电站由入侵雷电波引起的事故率分别为 0.67 次和 0.5 次。

防止侵入波危害的主要保护措施是在发电厂、变电站内装设避雷器以限制入侵雷电波的峰值，使设备上的过电压不超过其冲击耐压值，并在发电厂、变电站的进线上设置进线保护段以限制流经避雷器的雷电流和入侵雷电波的陡度。

1. 避雷器的保护作用分析

首先分析金属氧化物避雷器直接装设在变压器出线端的简单接线情况，如图 9-14（a）所示。为简化分析，不计变压器的对地入口电容，并假定避雷器伏安特性 $u_b=f(i_b)$已知。

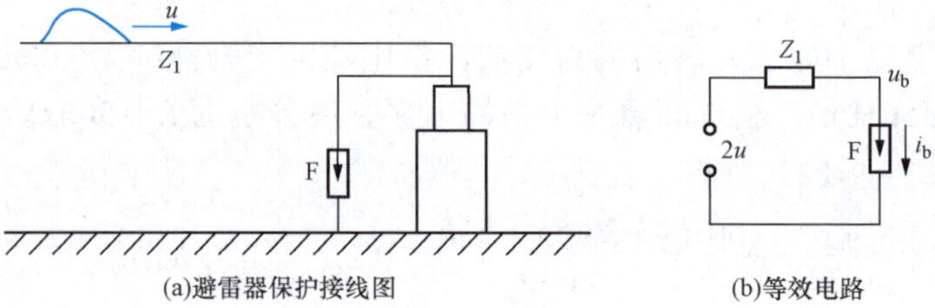

图 9-14 避雷器接在变压器端的接线和等效电路

F—避雷器

设侵入波 $u(t)$沿波阻抗为 Z_1 的线路入侵，根据彼得逊法则，侵入波 u 到达变压器时，相当于末端开路，避雷器上电压上升为 $2u(t)$，其电压源等效电路如图 9-14（b）所示。结合避雷器的伏安特性曲线，可得

$$\begin{cases} 2u = u_b + i_b Z_1 \\ u_b = f(i_b) \end{cases} \tag{9-25}$$

式（9-25）为包含非线性变量的方程，可用图解法求解。如图 9-15 所示，纵坐标取电压 u，横坐标分别取时间 t 和电流 i。在 $u-i$ 坐标平面内，画出曲线 $u_b+i_bZ_1$，然后自侵入波的幅值处作一水平线与曲线 $u_b+i_bZ_1$ 相交，交点的横坐标就是流过避雷器的最大雷电流 I_{bm}，由 I_{bm} 对应的 $u_b = f(i_b)$ 曲线上的电压 U_{bm} 就是避雷器的最高电压。其他时刻避雷器上的电压 u_b 可按此方法用图解法逐点求得。

避雷器的残压值与流过的电流大小有关，但因氧化锌阀片优良的非线性特性，在较大的雷电流变化范围内，其残压近乎不变。因此，在分析中可以将避雷器上的电压 u_b 视为一斜角平顶波，其峰值为残压 U_b，波前时间则取决于侵入波的陡度。若侵入波为斜角波 $u=at$，则避雷器的作用相当于在避雷器动作时刻 t_f 在装设避雷器处产生一个负电压波 $-a(t-t_f)$，其后电压值保持在残压 U_b，如图 9-16 所示。

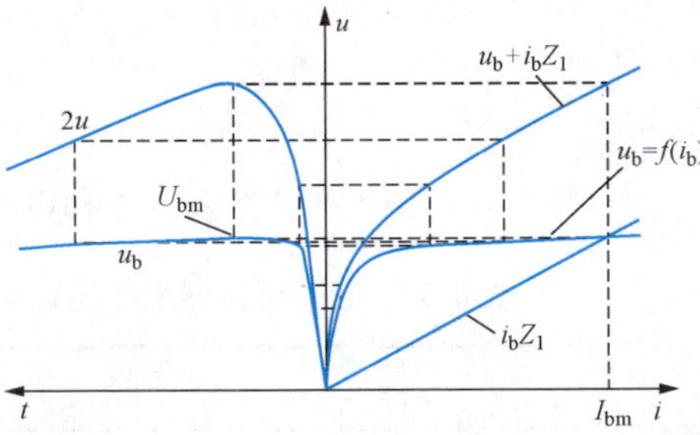

图 9-15　避雷器电压的图解法

u—侵入波；$u_b=f(i_b)$—避雷器伏安特性；u_b—避雷器上电压

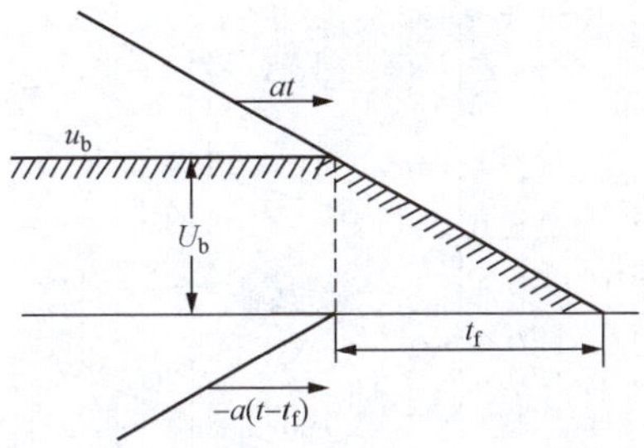

图 9-16　侵入的斜角波及避雷器上电压

由于避雷器直接接在变压器旁，故变压器上的过电压波形与避雷器上的电压完全相同，只要避雷器的残压低于变压器的冲击耐压，则变压器将得到可靠的保护。

对于阀式避雷器，由于存在间隙，故避雷器上的电压要在间隙击穿后才可以按残压考虑。

2. 距离效应

变电站中有很多电气设备，在工程实际中不可能在每个设备旁装设一组避雷器加以保护。由于变压器是最重要的设备，因此避雷器应尽量靠近变压器，装在变压器出口或其附近的母线上。这样，避雷器离变压器和各电气设备都有一段长度不等的距离。当雷电波入侵时，由于波的反射，被保护的电气设备上的电压将不同于避雷器上的残压。

以如图 9-17（a）所示的典型保护接线为例。由于一般电气设备的等效入口电容都不大，因此可以忽略其影响，被保护设备处可以认为是开路，故得到等效接线如图 9-17（b）所示。图中变压器 T 在避雷器 B 后面 l_2 距离处，开关 L 在避雷器 B 前 l_1 距离处。

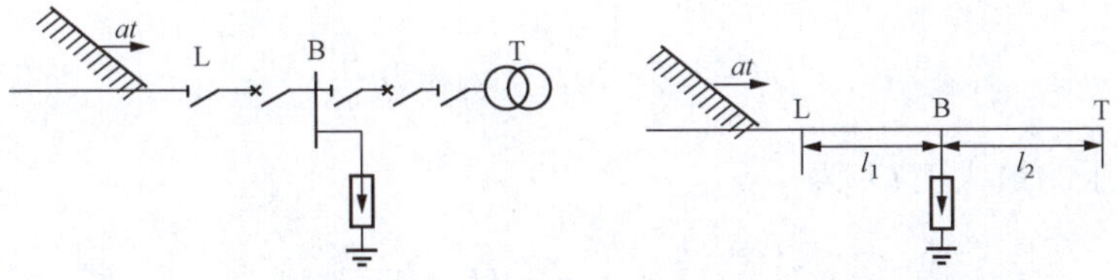

(a)典型接线　(b)等效接线

图 9-17　分析雷电波侵入变电站的典型接线

可以应用网格法进行分析，如图 9-18 所示，图中 $\tau_1=l_1/v$，$\tau_2=l_2/v$，其中 v 为波速。设侵入波为斜角波 $u(t)=at$，分析时分别以各点出现电压的时刻为各自的时间零点。

（1）避雷器上的电压 $u_B(t)$。T 点的反射波到达尚未到达 B 点时，该点对地电压为 $u_B(t)=at$。

T 点的反射波到达 B 点以后至避雷器动作前，$u_B(t)=at+a(t-2\tau_2)=2a(t-\tau_2)$（假设避雷器的动作时间 $t_f>2\tau_2$）。

设当 $t=t_f$ 时，避雷器动作，由于避雷器非线性特性良好，此后可以认为避雷器保持不变的残压 U_b。这样，可以认为在 $t=t_f$ 时在 B 点叠加了一个负的电压波 $-2a(t-t_f)$，即当 $t\geqslant t_f$ 时

$$u_B(t)=2a(t-\tau_2)-2a(t-t_f)=2a(t_f-\tau_2)=U_b \tag{9-26}$$

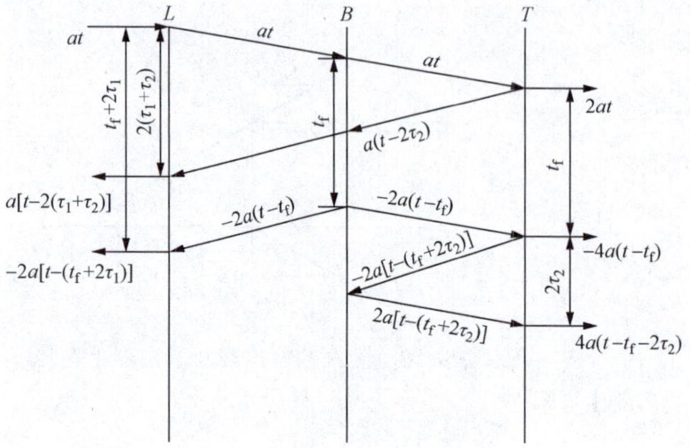

图 9-18　计算电压用的网格图

由式（9-26）可得

$$t_f=\frac{U_b}{2a}+\tau_2 \tag{9-27}$$

$u_B(t)$ 的波形见表 9-3 和图 9-19(a)。

表 9-3　避雷器上电压 $u_B(t)$

t	u_B
$t<2\tau_2$	at
$t_f>t>2\tau_2$	$at+a(t-2\tau_2)=2a(t-\tau_2)$
$t\geqslant t_f$	$2a(t-\tau_2)-2a(t-t_f)=2a(t_f-\tau_2)=U_b$

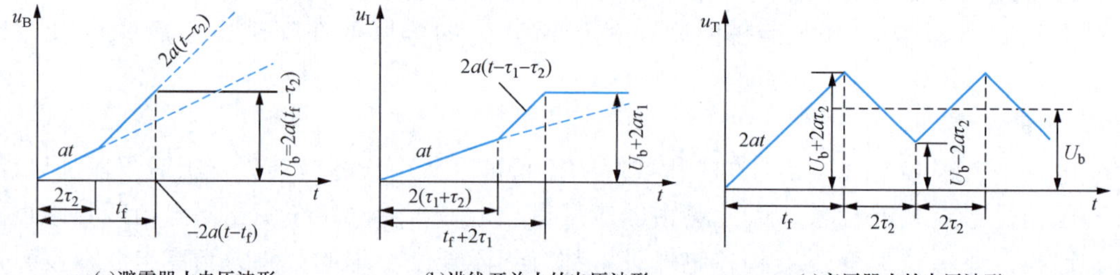

(a)避雷器上电压波形　(b)进线开关上的电压波形　(c)变压器上的电压波形

图 9-19　接线上各点的电压波形

（2）进线开关上的电压 $u_L(t)$ 和变压器上的电压 $u_T(t)$ 。同理，由图 9-18 可以求得 $u_L(t)$ 和 $u_T(t)$，见表 9-4、表 9-5 和图 9-19（b）、（c）。从图表中可以看出，进线开关处电压的最大值 U_L 为

$$U_L=U_b+2a\tau_1=U_b+2a\frac{l_1}{v} \tag{9-28}$$

变压器上电压的最大值 U_T 为

$$U_T=U_b+2a\tau_2=U_b+2a\frac{l_2}{v} \tag{9-29}$$

因此，不论被保护设备位于避雷器前或避雷器后，只要设备离避雷器有一段距离 l，则设备上所受冲击电压的最大值必然高于避雷器的残压，其差值为

$$\Delta U=2a\frac{l}{v} \tag{9-30}$$

位于避雷器后线路终端的变压器上的电压具有振荡性质，其振荡轴为 U_b，这是由于避雷器动作后产生的负电压波在 B 点与 T 点之间多次反射引起的。

以上分析是从最简单、最严重的情况出发的。实际上，由于变电站接线比较复杂，出线可能不止一路，设备本身又存在对地电容，这些都将对设备上的电压产生影响。一般可将式（9-30）修改为 $\Delta U=2a\frac{l}{v}k$，其中 k 为考虑设备电容而引入的修正系数。

表 9-4　　进线开关上电压 $u_L(t)$

t	u_L
$t<2(\tau_1+\tau_2)$	at
$t_f+2\tau_1>t>2(\tau_1+\tau_2)$	$at+a[t-2(\tau_1+\tau_2)]=2a[t-(\tau_1+\tau_2)]$
$t\geqslant t_f+2\tau_1$	$2a[t-(\tau_1+\tau_2)]-2a[t-(t_f+2\tau_1)]=2a(t_f+\tau_1-\tau_2)=U_b+2a\tau_1$

表 9-5　　变压器上电压 $u_T(t)$

t	u_T
$t<t_f$	$2at$
$t=t_f$	$2at_f=U_b+2a\tau_2$
$t=t_f+2\tau_2$	$2a(t_f+2\tau_2)-4a[t_f+(2\tau_2-t_f)]=2a(t_f-2\tau_2)=U_b-2a\tau_2$
$t=t_f+4\tau_2$	$2at_f=U_b+2a\tau_2$

此外，受侵入波波形、冲击电晕、避雷器非线性电阻的影响，过电压为具有余弦性质的振荡衰减波。变压器上典型的实际过电压波形如图 9-20 所示。可见实际设备上的过电压与上述分析有很大的差别，但上述定性分析还是具有较好的参考价值。这种波形和冲击全波有很大区别，它对变压器绝缘的作用与截波相近，因此常以变压器绝缘承受截波的能力来说明在运行中该变压器承受雷电波的能力。

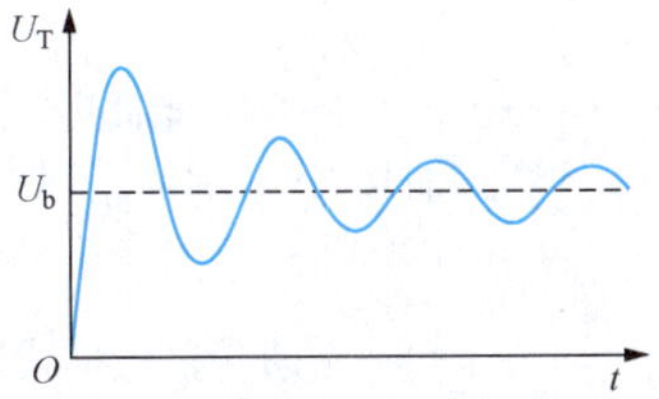

图 9-20　雷电波侵入变电站时变压器上典型的实际过电压波形

3. 最大电气距离

从前面的分析可以看出，当侵入波陡度一定时，避雷器与被保护设备之间的电气距离越大，设备上电压与避雷器残压的差值也就越大。因此，要使避雷器起到良好的保护作用，它与被保护设备之间的电气距离就不能超过一定的值，即存在一个最大电气距离。超过最大电气距离后，设备上所受的冲击电压 U_s 将超过其冲击耐压（多次截波耐压值）U_j，保护失效。在变电站设计中，应使所有设备到避雷器的电气距离都在保护范围内，满足

$$U_s\leqslant U_j \text{ 即 } U_b+2a\frac{l}{v}k\leqslant U_j \tag{9-31}$$

对于一定陡度的侵入波，最大允许电气距离为

$$l_{max}=\frac{U_j-U_b}{2\dfrac{a}{v}k} \tag{9-32}$$

变电站内其他电气设备的冲击耐压值比变压器高，它们与避雷器间的电气距离可相应增

大 35%。表 9-6 列出了我国标准规定的采用金属氧化物避雷器后的最大电气距离。

表 9-6　　金属氧化物避雷器至主变压器之间的最大电气距离　　单位：m

系统额定电压（kV）	进线段长度（km）	进线路数			
		1	2	3	≥4
110	1	55	85	105	115
	1.5	90	120	145	165
	2	125	170	205	230
220	2	125 （90）	195 （140）	235 （170）	265 （190）

注　1．本表也适用于电站磁吹避雷器的情况。

2．220kV 括号外数字对应变压器标准雷电冲击全波耐压为 950kV，括号内对应雷电冲击全波耐压为 850kV。

对于 220kV 及以下变电站，由于设备重要性不如更高电压等级设备，且设备造价相对较低，为便于设计给出了上述统一的规定。当母线避雷器不满足要求时，可以在变压器出口增设避雷器；而对于 330kV 及以上电压等级的变电站，普遍采用的办法是单独进行雷电侵入波过电压仿真计算，从而确定避雷器的安装数量和位置，其中在变压器出口装设一组避雷器是常用的方法。

9.2.3　变电站进线段保护

当雷电波侵入变电站时，要使变电站的电气设备得到可靠的保护，必须限制侵入波的峰值。如果在靠近变电站的线路上发生绕击或者反击，进入变电站的雷电过电压波的峰值和陡度都很大。

进线段保护是指在临近变电站 1～2km 以内的一段线路上加强防雷保护措施，并提高雷击杆塔时的反击耐雷水平，以减小进线段内由于绕击或反击所形成的雷电侵入波的概率和峰值，防止和减少近区雷击闪络。

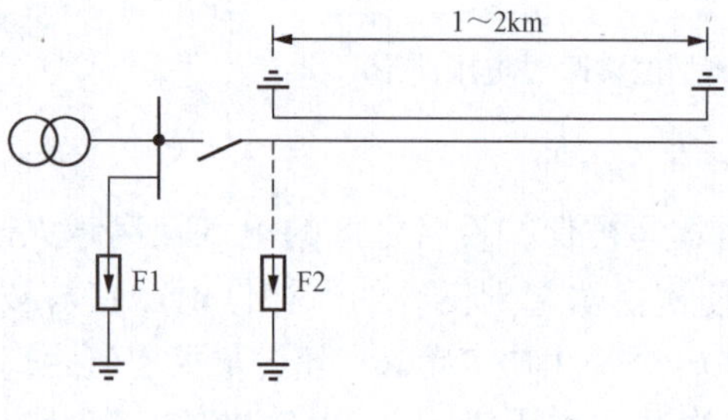

图 9-21　35～110kV 变电站进线段保护接线

为加强进线段的防雷保护，对 35～110kV 未沿全线架设避雷线的线路，在进线段须架设避雷线。对全线架设避雷线的线路，在进线段内可采用减小保护角的办法。运行经验表明，变电站线路断路器在断开情况下，由于雷电侵入波的全反射而发生绝缘击穿，是断路器损坏的主要原因之一。为此，常用的做法是在线路断路器的线路侧装设一组金属氧化物避雷器。如图 9-21 所示为我国标准规定的 35～110kV 变电站进线段保护接线。

进线段主要起两方面的作用：①进入变电站的雷电侵入波主要将来自进线段以外的线路，在流过进线段时将因冲击电晕而发生衰减和变形，降低了波前陡度和峰值；②利用进线段来限制流过避雷器的冲击电流峰值。

1．进线段首端落雷，流经避雷器的电流

进线段首端落雷是最严重的情况。受线路绝缘子串放电电压的限制，雷电侵入波的最大峰值为线路绝缘的冲击闪络电压。雷电波在 1～2km 的进线段内往返一次所需要的时间为 $t=2l/v=6.7\sim13.3\mu s$，而侵入波的波前很短，故避雷器动作后产生的负电压波从折回到雷击点到在雷击点产生的反射波到达避雷器前，流经避雷器的雷电流已过峰值。因此可以不计再次反射及以后过程的影响，只按原侵入波进行分析，假设冲击闪络电压为 U_{50}，可用图 9-22 所示的等效电路列出方程

$$2U_{50} = I_{bm}Z + U_{bm} \tag{9-33}$$

式中：I_{bm} 为流经避雷器的最大雷电流；Z 为进线段线路波阻抗；U_{bm} 为避雷器上的最大残压。

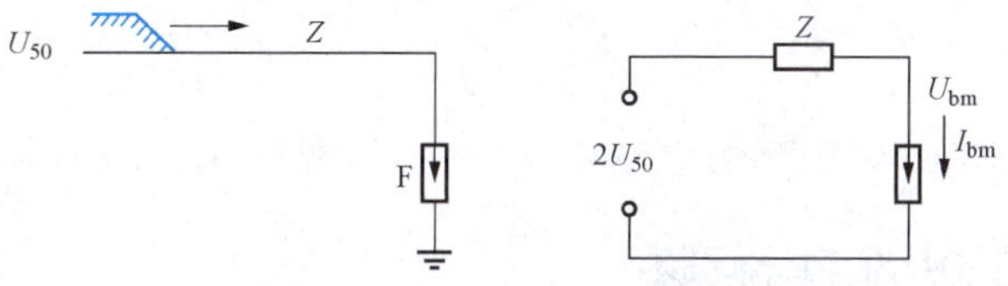

图 9-22 进线段限制避雷器电流的原理接线及等效电路

由于避雷器阀片的良好的非线性特性，可以假定残压不随 I_{bm} 的变化而为常数 U_b，则式（9-33）的解为

$$I_{bm} = \frac{2U_{50} - U_b}{Z} \tag{9-34}$$

例如：220kV 线路的冲击绝缘强度 U_{50}=1200kV，线路波阻抗 Z=400Ω，变电站中金属氧化物避雷器的 U_b=520kV，由式（9-34）可得单进线运行时 $I_{bm} = \frac{2\times1200-520}{400} = 4.7\,(\text{kA})$。

可见，1～2km 长的进线段已能够使避雷器中雷电流不超过 5kA，这也是避雷器电气特性中一般给出某个标称放电电流下（如在 220kV、330kV 系统中一般不超过 10kA）的残压值作为标准的理由。

2. 侵入变电站的雷电波的陡度

在分析进线段对侵入的雷电波陡度的影响时，可以从最严重的情况出发，即出现在进线段首端的入侵雷电波的最大峰值为线路的 U_{50} 且具有斜角波前。由于 U_{50} 已大大超过导线的电晕起始电压，因此在侵入波的作用下，线路上将出现冲击电晕，导致波形变形、波前变长。

以进线段首端出现直角波波前的过电压波为例，由式（7-60），此时进入变电站的侵入波的陡度变为

$$a = \frac{U}{\tau} = \frac{U}{\left(0.5 + \frac{0.008U}{h_d}\right)l} \ (\text{kV}/\mu\text{s}) \tag{9-35}$$

式中：τ 为进线段末端变形后的斜角波波前时间，μs；U 为侵入波峰值，kV；h_d 为导线平均高度，m；l 为进线段长度，km。

对 35kV 小容量的变电站，可根据变电站的重要性和雷电活动强度等情况采取简化的进线保护。由于 35kV 小容量变电站接线简单、尺寸小，避雷器与变压器的电气距离一般可在 10m 以内，故允许有较高的侵入波陡度，进线段长度可以缩短到 500～600m，如图 9-23 所示。在进线段首末端可以根据需要配置金属氧化物避雷器，同时减小避雷器的接地电阻。对容量更小的变电站，保护接线还可以进一步简化。

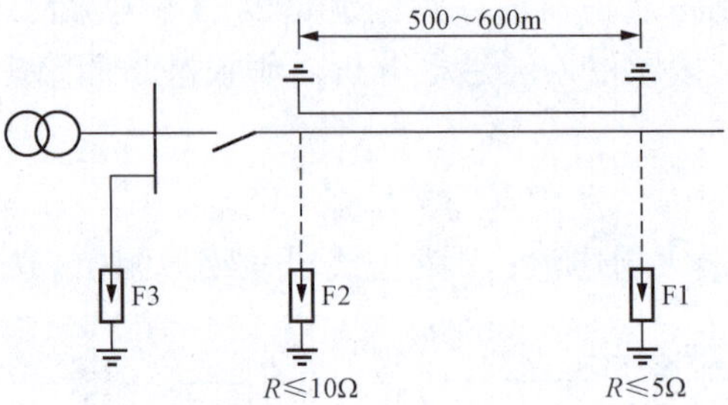

图 9-23 3150～5000kVA、35kV 变电站的简易保护接线

9.2.4 变电站防雷的几个具体问题

发电厂和变电站的防雷设计的目的是将雷击过电压限制在低于被保护电气设备的绝缘耐受电压之内，因此，防雷设计的原则是在可能出现雷电过电压的地方装设避雷器予以防护。

1. 变压器的防雷保护

（1）三绕组变压器的防雷保护。当三绕组变压器的高压侧或中压侧有雷电过电压波袭来时，通过绕组间的静电感应和电磁感应，在低压绕组上也会出现一定的过电压。最不利的情况是低压绕组处于开路状态，对地电容很小，这时静电感应分量可能很大而危及绝缘。考虑到静电分量将使低压绕组的三相导线电位同时升高，所以只要在任一相低压绕组出线端加装一只该电压等级的避雷器，就能保护好三相低压绕组。中压绕组虽也有开路运行的可能，但因其绝缘水平较高，一般不需加装避雷器来保护。

（2）自耦变压器的防雷保护。由于自耦变压器高、中压绕组的中性点均直接接地，因而在雷电波（峰值为 U_0）侵入高压侧时，自耦变压器绕组各点电位的起始分布、稳态分布和各点最高电位的包络线均与中性点接地的单绕组相同，如图 9-24（a）所示，图中曲线 1、2 分别为绕组初始和稳态电位分布，3 为最大电位包络线。可见，在开路的中压侧端子 A′上可能出现的最高电位约为高压侧电压 U_0 的 $2/k$（k 为变压器变比），这可能使处于开路状态的中压端的套管闪络，故在中压套管与断路器之间应装设一组避雷器保护。

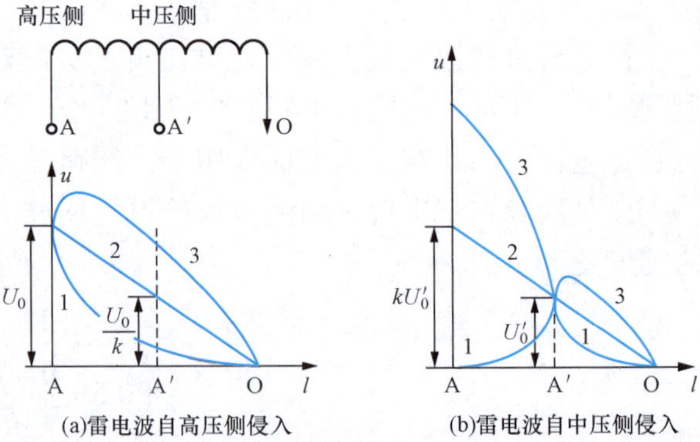

图 9-24 雷电波侵入自耦变压器时的过电压

当峰值为 U_0' 的雷电波从中压侧侵入而高压侧开路时，绕组中的初始和稳态电位分布分别如图 9-24（b）中的曲线 1、2 所示，曲线 3 为最大电位包络线。从图中可以看出，A′—O 段和 A′—A 段的稳态电位分布是不同的，其中前者与末端接地的变压器绕组相同，后者通过与 A—O 稳态分布产生的电磁感应形成。因此，高压端 A 的稳态电位上升到 kU_0'，且振荡电压的最大值约为 $2kU_0'$，这将危及处于开路状态的高压端，因此在绕组引出线处也应装设一组避雷器。

我国标准规定的自耦变压器的防雷保护接线如图 9-25 所示。

（3）变压器中性点的防雷保护。由前述绕组波过程理论（见 7.7），当三相来波时，变压器中性点的电位会达到绕组首端电位的两倍，因此需要考虑变压器中性点的保护问题。

对于 35kV 及以下中性点非有效接地的系统，变压器是全绝缘的，对变电站为单进线单台变压器运行的情况，需要在中性点装设避雷器。由于三相来波的概率较小，来波大多源自远处从而使波前较缓，对多路进线的情况，过电压峰值比较低，一般不用接避雷器保护。

对于 110kV 及以上的中性点有效接地系统，由于继电保护的需要，可能有一部分变压器的中性点不接地运行，也需要根据中性点绝缘水平加装避雷器或保护间隙。

（4）配电变压器的防雷保护。配电变压器的防雷保护接线如图 9-26 所示，应在变压器的高、低压侧装设避雷器。装在靠近高压侧线上的避雷器，其接地线应与变压器的金属外壳以及低压侧中性点（变压器中性点绝缘时则为中性点的击穿保险管的接地端）连在一起共同接地，并应尽量减小接地线的长度，以减小其上的压降。这样，当避雷器动作时，作用在变压器主绝缘上的就主要是避雷器残压，而不包括接地电阻上的压降。这种共同接地的缺点是避雷器动作时引起地电位升高，可能危害低压用户安全。

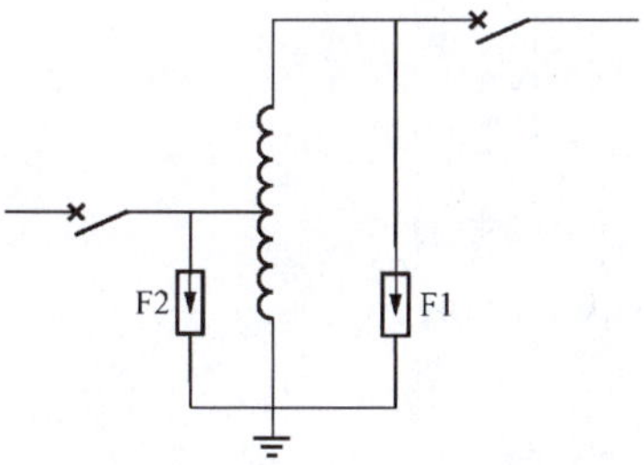

图 9-25　自耦变压器的典型防雷保护接线

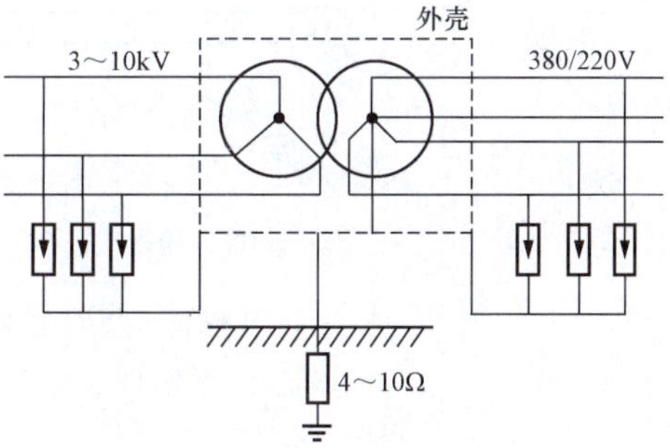

图 9-26　配电变压器的防雷保护接线

当高压侧线路受到直击或感应雷击使避雷器动作时，冲击大电流在接地电阻上产生较高的压降，该电压将同时作用在低压侧线路的中性点上；由于低压线路可视为经导线波阻抗接地，因此该电压的大部分将降落在低压绕组上。这部分电压将按变比关系在高压绕组上感应出过电压。由于高压绕组出线端的电压受避雷器固定，故在高压绕组上感应出的过电压将沿高压绕组分布，在中性点处达到最大值，可能危及中性点附近的绝缘及绕组的相间绝缘。为了防止出现这种“反变换”过电压，应该在配电变压器的低压侧也加装避雷器。

2. GIS 的防雷保护

（1）GIS 防雷保护的特点。采用 SF_6 绝缘的气体绝缘变电站（GIS）因具有一系列优点而日益获得广泛采用。一旦在 GIS 中出现电晕，电子崩就发展成绝缘击穿，甚至导致整个 GIS 系统的损坏，而 GIS 本身的价格远比敞开式变电站昂贵，因而要求它的防雷保护措施更加可靠、在绝缘配合中留有足够的裕度。它的防雷保护除了与常规变电所具有共同的原则外，也有自己的一些特点。

1）由于内部电场为稍不均匀电场，GIS 绝缘的伏秒特性很平坦，其冲击系数接近于 1（为 1.2～1.3），且负极性击穿电压比正极性低。由于其雷电冲击绝缘水平与操作冲击绝缘水平十分接近，因此其过电压防护主要在于降低雷电冲击电压，需要采用具有起始动作电压稳定、陡波响应特性好等优异保护性能的金属氧化物避雷器。

2）GIS 采用同轴母线结构，波阻抗一般只有 60～100Ω，约为架空线的 1/5。从架空线侵入的过电压波经过折射，其峰值和陡度都显著减小，这对变电站的侵入波防护是有利的。

3）GIS 结构紧凑，设备之间的电气距离很小，被保护设备与避雷器相距较近，比敞开式变电站有利。

根据以上分析和模拟计算结果，GIS 中的雷电过电压比敞开式变电站低，实现过电压保护比较容易。

（2）GIS 中的防雷保护接线方式。我国标准规定，对与架空线路直接连接的 GIS 变电站，在 GIS 管道与架空线路的连接处，应装设金属氧化物避雷器，如图 9-27 中 F1，其接地端应与管道金属外壳相连。对经电缆段进线的 GIS 变电站的情况，也应在电缆段与架空线路的连接处装设金属氧化物避雷器。此外，进线段的长度应不小于 2km，且应架设避雷线。如变压器或 GIS 一次回路的任何电气部分至 F1 间的距离不超过最大电气距离时，或经校核无雷电过电压侵入的可能时，不需要在变压器出口处安装避雷器 F2。

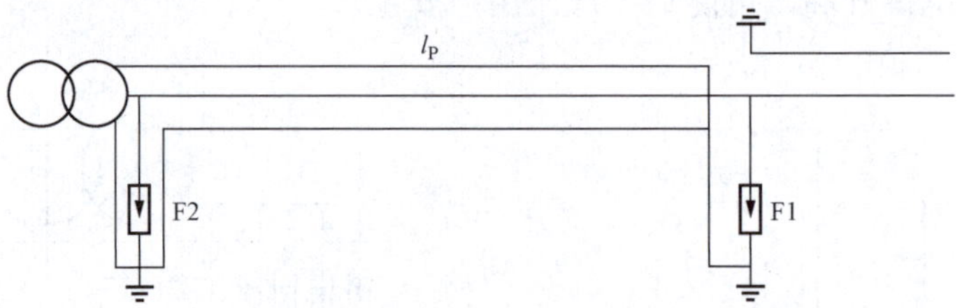

图 9-27　与架空线路直接相连的 GIS 保护接线

9.3 旋转电机的防雷保护

9.3.1 旋转电机防雷保护的特点

旋转电机（发电机、调相机、大型电动机等）防雷保护要比变压器困难得多，雷害事故率也往往高于变压器。对旋转电机的防雷要求可以归纳如下：

（1）电机绝缘结构中电场较均匀，其放电电压冲击系数接近于 1。保护旋转电机用的避雷器的残压与电机的冲击耐压值很接近，绝缘裕度很小。因此需要尽量降低过电压峰值，减小流经避雷器的电流以降低避雷器残压。

（2）如 7.8 所述，作用在相邻两匝间的过电压与侵入波的陡度 a 成正比。为了保护好电机的匝间绝缘，必须严格限制侵入波陡度。

要满足这些要求，仅靠避雷器保护是不够的，还必须与电容器、电抗器、电缆段等结合起来进行保护。

根据电机与线路的连接方式，旋转电机可分为两大类：一类是经过变压器再接到架空线上去的电机，简称非直配电机；另一类是直接与架空线相连（包括经过电缆段、电抗器等元件与架空线相连）的电机，简称直配电机。因线路上的雷电波可以直接侵入直配电机，故直配电机的防雷保护需要特别予以关注。

9.3.2 直配电机的防雷保护

直馈线的电压等级都在 10kV 及以下，绝缘水平较低。雷击线路或邻近线路的大地产生的直击雷或感应雷，都有可能沿线路侵入，危及直配电机的绝缘。直配电机的防雷应根据电机容量、雷电活动强弱和对供电的可靠性要求确定，采用多种保护措施，图 9-28 所示为 25～60MW 直配发电机防雷保护接线。直配电机防雷的主要措施有以下几方面：

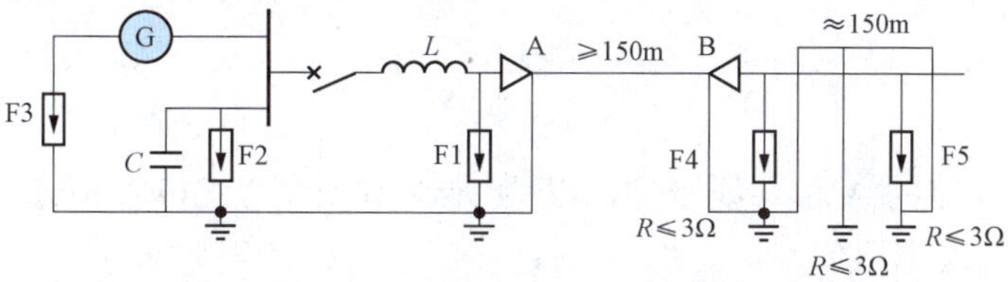

图 9-28　25～60MW 直配发电机的防雷保护接线

（1）在发电机出线母线上装设一组保护旋转电机专用避雷器（图 9-28 中 F2）。这是限制进入发电机绕组的侵入波峰值的最后一关。

（2）在发电机出线母线上装设一组并联电容器 C（图中 C=0.25～0.5μF/相）。可以限制侵入波陡度和降低感应雷击过电压。为了保护发电机的匝间绝缘，侵入波陡度必须限制到 5kV/μs 以下。

（3）插接一段电缆（图中 A、B 之间，长度 150m 以上）。一方面利用低波阻抗使进入电缆的过电压下降；另一方面，当电缆绝缘击穿时，通过电缆屏蔽层对缆芯的分流，限制流入避雷器 F1 的冲击电流，以降低避雷器的残压。进线电缆应直接埋设在土壤中，以充分利用其屏蔽层的分流作用。

（4）装设限制工频短路电流的电抗器（图 9-28 中 L）。它在防雷方面也能发挥降低侵入波陡度、减小流过 F2 的冲击电流进而降低 F2 上残压作用。图中 F1 避雷器用来保护电抗器和电缆头的绝缘。

（5）如发电机中性点有引出线时，在中性点加装一只旋转电机中性点避雷器进行中性点保护（图 9-28 中 F3）。

（6）在架空进线段加装避雷线，并在进线段两端设置避雷器（图 9-28 中 F4、F5），限制侵入波电压。

即使采用了上述严密的保护措施后，仍然不能确保直配电机绝缘的绝对安全，因此我国标准仍规定 60MW 以上的发电机不能与架空线路直接连接，即不能以直配电机的方式运行。

9.3.3　非直配电机的防雷保护

经变压器升压后与架空线路相连是大容量高压电机的主要连接方式。国内外运行经验表明，经变压器送电的电机，由于前方有变压器绕组，因此在防雷上比直配电机可靠，但也有一些被雷击坏的情况。

经变压器送电的发电机可能受到的雷电过电压是经由变压器绕组传递的过电压，包括静电感应和电磁感应两个分量。如变压器低压绕组与电机绕组之间的连线是电缆或封闭式母线，则由于它们对地的杂散电容较大，一般可使静电感应分量降低到对电机绝缘无害的程度。

如发电机与变压器间有较长（如大于 50m）的架空母线或软连接线时，除应有直击雷保护外，还应防止雷击附近避雷针时产生的感应过电压。为此，应在电机出线处装设电容器（每相不小于 0.15μF）或避雷器，它们同时可以用于限制静电感应过电压。

电磁感应分量的大小与变压器高压侧避雷器的特性、过电压侵入方式、变压器的变比及接线方式以及电路对振荡的阻尼条件等有关，一般对电机绝缘的危害较小。运行经验表明，在出现某些不利因素组合的情况下，仍有在电机绕组上出现较高电压的可能。因此，经变压器送电的特别重要的发电机，在其出线上宜装设一组避雷器，以保证安全。

习　题

1．一条35kV线路的A相导线平均高度为9m，试计算当30kA雷击100m外的地面时，在该相导线上的感应过电压值。

2．试述输电线路防雷的基本措施。

3．试述变电站进线保护段的作用及对它的要求。

4．当雷电波自线路侵入变电站后，试述变压器上出现振荡波的原因及为何要限制侵入波的陡度。

5．试述直配电机防雷保护的基本措施及其原理，以及电缆段对防雷保护的作用。

10 电力系统内部过电压

在电力系统中，除了雷电过电压以外，还经常出现另一类过电压——内部过电压。由于电力系统中的开关操作、故障或其他原因，使系统参数发生变化，在系统内部引起电磁能量转换和传递过程中产生的过电压就称为内部过电压。

内部过电压按其产生原因可分为操作过电压和暂时过电压两大类，前者因开关操作或故障引起，后者因系统的电感电容参数配合发生变化引起。它们也可以按持续时间的长短来划分，一般操作过电压的持续时间在 0.1s（5 个工频周期）以内，而暂时过电压的持续时间则要长得多。

内部过电压因其产生原因、发展过程、影响因素的多样性而具有种类繁多、机理各异的特点。图 10-1 列出的为出现频繁、对绝缘水平影响较大、发展机理也比较典型的内部过电压。

- 内部过电压
  - 暂时过电压
    - 工频过电压
      - 空载长线的电容效应
      - 不对称短路引起的工频电压升高
      - 甩负荷引起的工频电压升高
    - 谐振过电压
      - 线性谐振过电压
      - 铁磁谐振过电压
      - 参数谐振过电压
  - 操作过电压
    - 切除空载线路过电压
    - 空载线路合闸过电压
    - 切除空载变压器过电压
    - 间歇电弧接地过电压

图 10-1 内部过电压的分类

与雷电过电压不同，内部过电压的能量来自电力系统本身，是在电力系统运行电压的基础上产生的，故其大小与电力系统的运行电压等级大致上有一定的比例关系，随电力系统运行电压的升高而增加，因而往往用倍数（标幺值）来表示过电压的大小。内部过电压倍数是指内部过电压幅值与该处最高运行相电压的幅值之比。内部过电压倍数与电力系统结构、系统容量及参数、中性点接地方式、断路器性能、母线上出线回数及电力系统运行接线、操作方式等因素有关，最高可达 4（标幺值）左右。DL/T 620—1997 和 GB/T 50064—2014 对各类内部过电压的限制方法和过电压大小作了相应的规定和推荐。

10.1 工频过电压（工频电压升高）

工频过电压的幅值不高，对系统中具有正常绝缘的电气设备没有危险，但在超高压和特高压系统的绝缘配合中，工频过电压是重要的考虑因素。因为它和操作过电压常常同时发生，因此其大小直接影响操作过电压的峰值。工频过电压的大小决定了避雷器的额定电压。如果持续时间很长，那么工频过电压对设备绝缘及其运行性能也有重大影响。

10.1.1 空载长线的容升效应

当输电线路不太长时，可以用集中参数的T型或Π型等效电路来代替。图10-2（a）所示为单相线路的Π型等效电路，图中 R_0、L_0 分别为电源的等效串联内电阻和内电感，R_1、C_1、L_1 分别为线路的等效电阻、电容和电感，$e(t)$为电源相电动势。对于空载线路，可以简化成图10-2（b）所示 $R—L—C$ 串联电路。空载线路的工频容抗 X_C 大于感抗 X_L，且 R 一般要比 X_L 和 X_C 小得多，则在电源电压的作用下，回路中将流过电容性电流。由于电感上的压降 U_L 与电容上的压降 U_C 反相，且 $U_C>U_L$，因此电容上的压降高于电源电动势，这就是空载线路的容升效应引起的工频电压升高，相量图如图10-2（c）所示。可列出回路方程

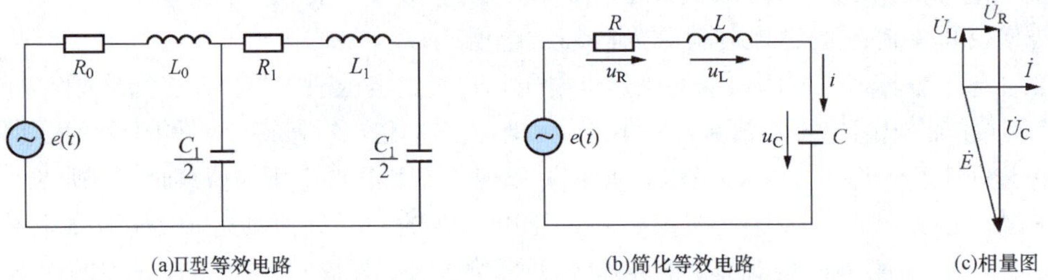

图10-2 单相输电线路的集中参数等效电路

$$\dot{E}=\dot{U}_R+\dot{U}_L+\dot{U}_C=R\dot{I}+jX_L\dot{I}-jX_C\dot{I} \tag{10-1}$$

若忽略 R 的作用，则

$$\dot{E}=\dot{U}_L+\dot{U}_C=j\dot{I}(X_L-X_C) \tag{10-2}$$

随着输电线路电压的提高和输送距离的增长，为准确分析空载长线的容升效应，需要采用分布参数链型等效电路，如图10-3所示，图中 L_0 和 C_0 分别为单位长度导线的电感和对地电容。忽略线路损耗，可以求得图中长度为 l 的空载线路上距开路的末端 x 处的对地电压为

$$\dot{U}_x=\frac{\dot{E}\cos\theta}{\cos(\alpha l+\theta)}\cos\alpha x \tag{10-3}$$

$$\theta=\arctan\frac{X_S}{Z},\quad Z=\sqrt{\frac{L_0}{C_0}},\quad \alpha=\frac{\omega}{\upsilon}$$

式中：$\dot{E}$ 为系统电源电动势，V；Z 为线路波阻抗，Ω；X_S 为系统电源的等效电抗，Ω；ω为电源角频率，rad/s；υ 为波速，m/s。

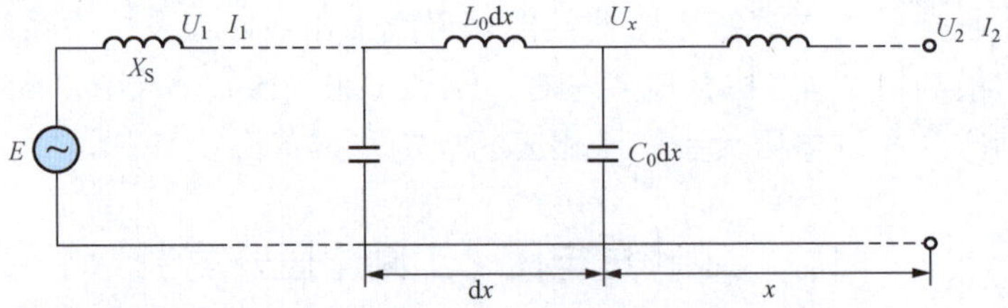

图10-3 无损线路分布参数链型等效电路

由式（10-3）可以得到以下结论：

（1）线路上的工频电压自首端起逐渐上升，沿线按余弦曲线分布，如图10-4所示，在线路末端电压最高。

线路末端对地电压为

$$\dot{U}_2=\frac{\dot{E}\cos\theta}{\cos(\alpha l+\theta)}\cos\alpha x\bigg|_{x=0}=\frac{\dot{E}\cos\theta}{\cos(\alpha l+\theta)}$$

代入式（10-3），得

$$\dot{U}_x=\dot{U}_2\cos\alpha x \tag{10-4}$$

这表明$\dot{U}_x$为αx的余弦函数，且在x=0（即线路末端）处达到最大。

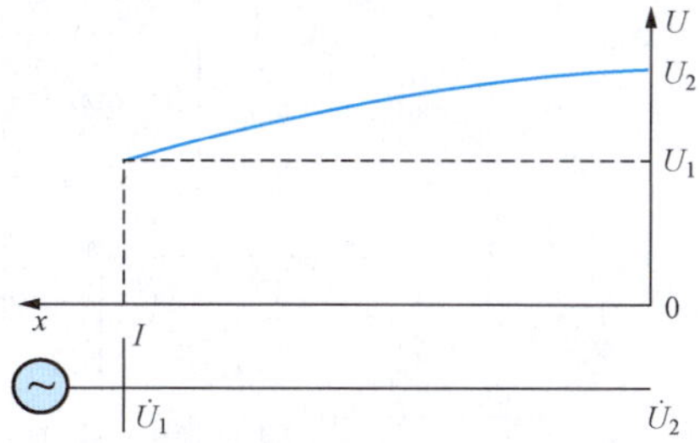

图 10-4　空载无损长线电压分布

（2）线路末端电压升高程度与线路长度有关。线路首端电压$\dot{U}_1$为

$$\dot{U}_1=\frac{\dot{E}\cos\theta}{\cos(\alpha l+\theta)}\cos\alpha x\bigg|_{x=l}=\frac{\dot{E}\cos\theta}{\cos(\alpha l+\theta)}\cos\alpha l=\dot{U}_2\cos\alpha l$$

$$\frac{\dot{U}_2}{\dot{U}_1}=\frac{1}{\cos\alpha l} \tag{10-5}$$

这表明线路长度越长，线路末端工频电压比首端工频电压升高得越严重。对于架空线路，α 约为 0.06°/km，当$l=\dfrac{90°}{0.06°/\mathrm{km}}=1500\mathrm{km}$，即线路长度为电源波长的 1/4 时，$\alpha l=90°$，$U_2\to\infty$，线路处于谐振状态。实际上，由于线路电阻和电晕损耗的限制，在任何情况下工频过电压标幺值都不会超过 2.9。

（3）工频电压升高受电源容量的影响。将式（10-3）展开，得

$$\begin{aligned}\dot{U}_x&=\frac{\dot{E}\cos\theta}{\cos(\alpha l+\theta)}\cos\alpha x=\frac{\dot{E}\cos\theta}{\cos\alpha l\cos\theta-\sin\alpha l\sin\theta}\cos\alpha x\\&=\frac{\dot{E}}{\cos\alpha l-\tan\theta\sin\alpha l}\cos\alpha x=\frac{\dot{E}}{\cos\alpha l-\dfrac{X_S}{Z}\sin\alpha l}\cos\alpha x\end{aligned} \tag{10-6}$$

由式（10-6）可知，电源感抗X_S的存在使线路首端的工频电压升高，从而加剧了线路末端工频电压的升高。电源容量越小（X_S越大），工频电压升高就越严重。当电源容量为无穷大时，工频电压升高为最小。因此为了估计最严重的工频电压升高，应以系统最小电源容量为依据。在单电源供电的线路中，应取最小运行方式时的X_S为依据。为此，在双端电源供电的线路中，线路两端的断路器需遵循一定的操作顺序，以减小工频电压升高。当线路合闸时，先合电源容量较大的一侧，后合电源容量较小的一侧；当线路切除时，先切容量较小的一侧，后切容量较大的一侧。

【例 10-1】 某 500kV 线路，长 250km，电源电抗X_S=263.2Ω，线路参数$L_0=0.9\mu\mathrm{H/m}$，$C_0=0.0127\mathrm{nF/m}$，求线路末端开路时末端相对于电源电动势的电压升高。

解

$$Z=\sqrt{\frac{L_0}{C_0}}=\sqrt{\frac{0.9\times10^{-6}}{0.0127\times10^{-9}}}=266.2\ (\Omega)$$

$$\begin{aligned}\alpha l&=\omega\sqrt{L_0C_0}l\\&=2\times180°\times50\times\sqrt{0.9\times10^{-6}\times0.0127\times10^{-9}}l\\&=0.06°\times250\times10^3=15°\end{aligned}$$

$$\left|\dot{U}_2\right| = \frac{\left|\dot{E}\right|}{\left|\cos\alpha l - \frac{X_S}{Z}\sin\alpha l\right|} = \frac{\left|\dot{E}\right|}{\left|\cos 15° - \frac{263.2}{266.2}\sin 15°\right|} = 1.41\left|\dot{E}\right|$$

10.1.2 不对称短路引起的工频电压升高与避雷器额定电压

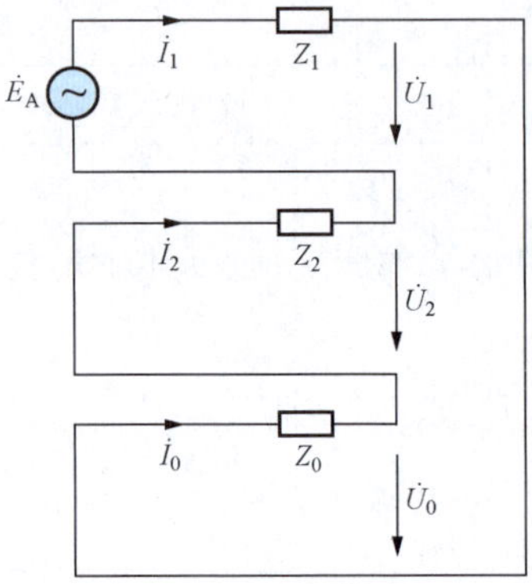

图 10-5 单相接地故障的复合序网络

不对称短路是输电线路最常见的故障形式，短路电流中的零序分量会使健全相出现工频电压升高。在系统中出现不对称短路时，以单相接地时健全相的电压较高，且这种故障最为常见。

设系统中 A 相发生单相接地故障，其边界条件为：故障点 A 相电压 $\dot{U}_A=0$，健全相的故障电流 $\dot{I}_B=\dot{I}_C=0$。应用对称分量法，将上述边界条件展开，可以得到 $\dot{U}_1+\dot{U}_2+\dot{U}_0=0$ 和 $\dot{I}_1=\dot{I}_2=\dot{I}_0$，其中 $\dot{U}_1$、$\dot{U}_2$、$\dot{U}_0$ 和 $\dot{I}_1$、$\dot{I}_2$、$\dot{I}_0$ 分别为故障点电压和电流的正、负、零序分量。

由此得到如图 10-5 所示的单相接地故障的复合序网络。由图可得

$$\begin{cases}\dot{I}_1=\dot{I}_2=\dot{I}_0=\dfrac{\dot{E}_A}{Z_1+Z_2+Z_0} \\ \dot{U}_1=\dot{E}_A-\dot{I}_1Z_1, \dot{U}_2=-\dot{I}_2Z_2, \quad \dot{U}_0=-\dot{I}_0Z_0\end{cases} \tag{10-7}$$

式中：$\dot{E}_A$ 为故障发生前故障点处的对地电压（正序）；Z_1、Z_2、Z_0 分别为从故障点看去的网络正序、负序、零序阻抗（相应的电抗分别为 X_1、X_2、X_0）。

健全相的电压为

$$\begin{cases}\dot{U}_B=a^2\dot{U}_1+a\dot{U}_2+\dot{U}_0 \\ \dot{U}_C=a\dot{U}_1+a^2\dot{U}_2+\dot{U}_0\end{cases} \tag{10-8}$$

式中，$a=e^{j120°}$。

将式（10-7）代入式（10-8），得

$$\begin{cases}\dot{U}_B=\dfrac{(a^2-1)Z_0+(a^2-a)Z_2}{Z_0+Z_1+Z_2}\dot{E}_A \\ \dot{U}_C=\dfrac{(a^2-1)Z_0-(a^2-a)Z_2}{Z_0+Z_1+Z_2}\dot{E}_A\end{cases} \tag{10-9}$$

对于电源容量较大的系统，$Z_1 \approx Z_2$；如再忽略阻抗中的电阻分量，则式（10-9）可改写成

$$\begin{cases}\dot{U}_B=\left(-\dfrac{1.5X_0/X_1}{2+X_0/X_1}-j\dfrac{\sqrt{3}}{2}\right)\dot{E}_A \\ \dot{U}_C=\left(-\dfrac{1.5X_0/X_1}{2+X_0/X_1}+j\dfrac{\sqrt{3}}{2}\right)\dot{E}_A\end{cases} \tag{10-10}$$

式中：X_0、X_1 分别为零序电抗和正序电抗。

$\dot{U}_B$、$\dot{U}_C$的模量为

$$\left|\dot{U}_B\right| = \left|\dot{U}_C\right| = K\left|\dot{E}_A\right| \tag{10-11}$$

式中，$K = \sqrt{\left(\dfrac{1.5X_0/X_1}{2+X_0/X_1}\right)^2 + \dfrac{3}{4}}$。

系数 K 表示单相接地故障时健全相的最高工频电压与无故障时电压之比。图 10-6 给出了 K 与 X_0/X_1 的关系曲线。系统中的零序电抗 X_0 的值与中性点接地方式有关。

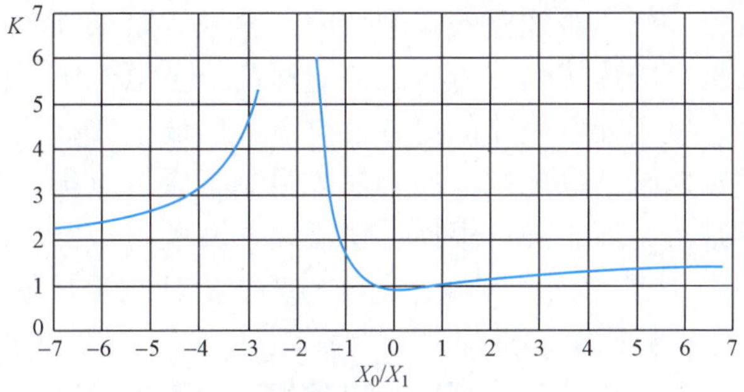

图 10-6　单相接地时健全相的电压升高

在常规结构电力系统中，系统的工频电压升高取决于单相接地过电压，因此单相接地时工频电压升高值是确定避雷器额定电压的依据。

（1）中性点不接地系统。X_0 取决于线路的容抗，故为负值。X_0/X_1 在（$-\infty$～-20）范围内变化，单相接地时健全相上的工频电压升高不超过最高运行线电压 U_n 的 1.1 倍，故避雷器的额定电压不小于 110%U_n。

（2）中性点经消弧线圈接地的系统。在正常的过补偿状态下运行时，X_0 为很大的正值，单相接地时健全相上的电压接近线电压，故避雷器的额定电压不小于 U_n。

（3）中性点有效接地的 110kV 及以上系统。零序电抗为感抗，X_0 为不大的正值，一般在 110kV 和 220kV 系统中 $X_0/X_1 \leqslant 3$，单相接地时健全相上的电压不大于 0.8U_n。对于 330kV 及以上系统，采用将全部变压器中性点接地的方式，X_0/X_1=1.5～2.5，健全相电压不大于 0.75U_n。在上述系统中避雷器的额定电压分别不小于 0.8U_n 和 0.75U_n。

10.1.3　甩负荷引起的工频电压升高

当输电线路重负荷运行时，由于某种原因（如发生短路故障）线路末端断路器跳闸，突然甩掉负荷，也是造成工频电压升高的一个重要原因，通常称为甩负荷效应。

甩负荷引起工频电压升高的主要原因如下：

（1）发电机电动势不能突变。当线路输送大功率时，发电机的电动势必然高于母线电压。甩负荷后，发电机的磁链不能突变，将在短时间内维持输送大功率时的暂态电动势，但电源电抗上的压降不变，导致母线电压上升。

（2）空载长线的容升效应。

（3）调速器和制动设备的惰性。由于这些设备的惰性，甩负荷后不能立即起到调速作用，造成发电机转速增加，在短时间内（一般持续几秒钟）电压和频率均上升，工频电压升高就更严重。

我国实测的甩负荷引起的母线电压升高标幺值不超过 1.37。

若系统发生单相接地，继电保护动作使线路突然甩负荷，考虑线路的容升效应，则工频过电压标幺值可达 2。但这种同时发生的概率很小，通常不予考虑。

10.1.4 工频电压升高的限制

一般情况下，220kV 及以下的电力系统中不需采取特殊措施限制工频电压升高。但在 330kV 及以上的系统中，工频电压升高对确定设备的绝缘水平起着重要作用，应采取适当措施加以限制。我国标准规定，对 330kV 及以上系统，应将工频过电压标幺值限制在 1.3（断路器的变电站侧）或 1.4（断路器的线路侧）以下。通常采取的措施有：

（1）利用并联电抗器补偿空载线路的容升效应。空载线路工频电压升高的根本原因在于线路中电容性电流在感抗上的压降使得电容上的电压高于电源电压，由于并联电抗器的电感能补偿线路的对地电容，减小流经线路的电容性电流，削弱了容升效应，因此在超高压和特高压线路上，常用在线路末端并联电抗器的办法来限制工频过电压。线路末端电压将随着电抗器容量的增大（电感减小）而下降。根据补偿需要，并联电抗器可以装设在线路的末端、首端或中部。[例 10-1] 中，若在线路末端接入电感为 5.85H 的电抗器，则可计算得到空载线路末端电压下降为电源电动势的 1.13 倍。

电力系统中并联电抗器可以分为具有固定电感量的电抗器和电感量可调节的可控电抗器两大类。

对甩负荷引起的过电压也可以用并联电抗器、串联电容器或静止补偿器进行限制。

（2）降低输电线路的零序电抗。单相接地故障时，健全相电位的升高主要取决于从故障点看进去的零序电抗 X_0 与正序电抗 X_1 的比值。若采用良导体接地，则可以降低零序电抗，达到限制工频过电压的目的。

10.2 谐振过电压

电力系统中存在许多电感和电容元件，如电力变压器、互感器、发电机、电抗器的电感，串、并联补偿电容器、过电压保护用电容器及线路和各种设备的杂散电容等。当系统进行开关操作或发生故障时，这些元件可能形成不同的振荡回路，在一定的条件下，在电容和电感上产生很高的电压，引起谐振过电压。

所谓谐振，是指振荡系统中的一种周期性的或准周期性的运行状态，其特征是某一个或几个谐波幅值的急剧上升。复杂的电感、电容电路可以有一系列的自振频率，而电源中也往往含有不同频率的谐波，因此只要某部分电路的自振频率与电源的谐波频率之一相等（或接近）时，这部分电路就会出现谐振现象。在通常情况下，串联谐振现象会在电力系统的某一部分造成过电压，危及电气设备的绝缘，还可能产生过电流而烧毁设备，而且还能影响过电压保护装置的工作条件，如影响阀式避雷器的灭弧条件等。

谐振是一种稳态现象，电力系统中的谐振过电压不仅会在操作或故障时的过渡过程中产生，还可能在过渡过程结束后的较长时间内稳定存在，直到发生新的操作、谐振条件受到破坏为止。所以谐振过电压的持续时间要比操作过电压长得多，一旦发生，将造成严重后果。运行经验表明，谐振过电压可在各种电压等级的电力系统中产生，尤其是在 35kV 及以下的电力系统中，因谐振造成的事故较多，已成为一个普遍注意的问题。在进行电力系统设计和操作时，应尽量防止谐振的发生或缩短谐振存在的时间。

10.2.1 谐振过电压的类型

电力系统中的电容和电阻元件，一般可认为是线性参数。而电感元件则不然，由于振荡回路中包含不同特性的电感元件，相应地谐振过电压有三种不同的类型。

（1）线性谐振过电压。电路中的电感是常数，这类线性电感元件主要有不带铁心的电感元件（如输电线路的电感、变压器的漏电感）及励磁特性接近线性的带铁心的电感元件（如消弧线圈，其铁心常带空气隙）等。它们与系统中的电容元件形成串联回路，当交流电源的频率接近回路的自振频率时，回路的感抗和容抗相等或相近而互相抵消，回路电流仅受回路电阻限制，回路中产生串联谐振。串联谐振将在回路的电感和电容上产生远高于电源电压的过电压。

（2）参数谐振过电压。系统中某些元件的电感会发生周期性变化，如发电机转动时其电感的大小随着转子位置的不同而周期性地变化。当发电机带有电容性负载（如一段空载线路），参数配合不当时，就有可能引发参数谐振现象。

由于回路中有损耗，所以只有当参数变化所吸收的能量（由原动机供给）足以补偿回路中的损耗时，才能保证谐振的持续发展。从理论上来说，这种谐振的发展将使振幅无限增大，而不像线性谐振那样受到回路电阻的限制；但实际上当电压增大到一定程度时，电感一定会出现饱和现象，从而使回路自动偏离谐振条件，使过电压不致无限增大。

（3）铁磁谐振过电压。当电感元件带有铁心（如变压器、电压互感器等）时，一般都会出现饱和现象。这时电感不再是常数，而是随着电流或磁通的变化而变化，在满足一定条件时，就会产生铁磁谐振现象。铁磁元件的饱和特性，使其电感值呈现非线性特性，所以铁磁谐振又称为非线性谐振。

铁磁谐振过电压具有一系列不同于其他谐振过电压的特点，可在电力系统中引发某些严重事故。

10.2.2 铁磁谐振过电压

1. 铁磁谐振的产生条件

为了探讨铁磁谐振过电压的基本特性，可利用图 10-7 所示的 L-C 串联铁磁谐振电路进行分析。假设在正常运行条件下，其初始感抗大于容抗（$\omega L_0 > 1/\omega C$），电路不具备线性谐振的条件。当电感线圈中出现涌流时就有可能使铁心饱和，感抗下降，使 $\omega L = 1/\omega C$，满足串联谐振条件，发生谐振，在电感和电容两端形成过电压，这就是铁磁谐振现象。

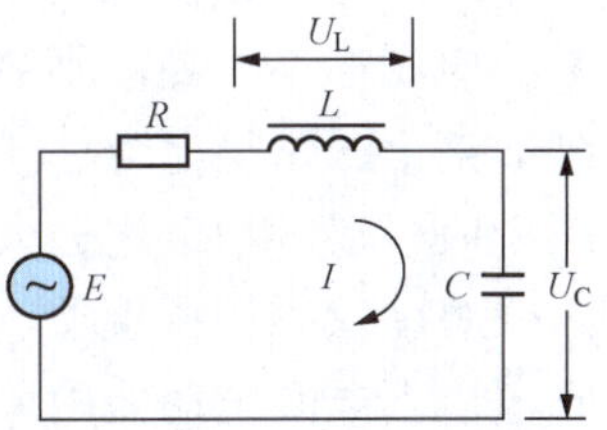

图 10-7 串联铁磁谐振电路

图 10-8 所示为回路中铁心电感 L 和电容 C 上的电压 U_L、U_C 随电流变化的曲线，电压和电流均用有效值表示。显然，U_C 为一斜率固定的直线；在铁心未饱和前，U_L 基本上是一条直线（见图中起始部分），回路呈感性；当电流增大，铁心饱和后，电感值减小，U_L 不再是直线，因此两条伏安特性曲线相交，这是产生铁磁谐振的前提。在 I 逐渐增大的过程中，回路由电感性经 P 点后呈电容性，电感电压和电容电压均很高。因此，产生铁磁谐振的必要条件是

$$\omega L_0 > \frac{1}{\omega C} \tag{10-12}$$

式中：L_0 为未饱和时的电感值。

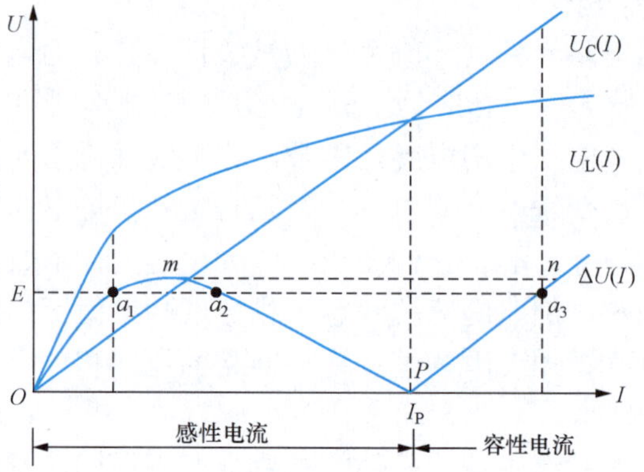

图 10-8 串联铁磁谐振电路的特性曲线

2. 铁磁谐振产生的物理过程

若忽略回路电阻，则图 10-7 所示回路中电感和电容上的压降之和应与电源电动势相平衡，即 $\dot{E}=\dot{U}_L+\dot{U}_C$。由于 $\dot{U}_L$ 与 $\dot{U}_C$ 相位相反，故此平衡方程变为 $E=\Delta U=|U_L-U_C|$。从图 10-8 中可以看出，ΔU 曲线与 E 线（虚线）在 a_1、a_2、a_3 三点相交，这三点都满足电动势平衡条件 $E=\Delta U$，称为平衡点，即电路可能的工作点。

平衡点满足平衡条件，但不一定满足稳定条件。研究某一点是否稳定，在物理上可以用"小扰动"来进行判断，即假定回路中有一微小的扰动，分析此扰动是否能使回路脱离此工作点。若能回到平衡点，说明平衡点是稳定的；反之是不稳定的。以 a_1 点为例，若回路中的电流由于某种扰动而有微小的增加，则 $\Delta U>E$，即回路总电压降大于回路电动势，使回路电流减小，回到 a_1 点。若电路中电流略有减小，则 $\Delta U<E$，即电压降小于电动势，使回路电流增大，同样回到 a_1 点。因此，a_1 点是稳定的。用同样的方法分析可以得到，a_3 点也是稳定的，而 a_2 点是不稳定的。

由此可见，在一定的电源电动势 E 的作用下，铁磁谐振回路稳定时有可能有两个稳定的工作状态。在 a_1 点工作状态时，$U_L>U_C$，整个回路呈感性，回路中电流很小，电感上与电容上的电压都不太高，不会产生过电压，回路处于非谐振工作状态。在 a_3 点工作状态时，$U_L<U_C$，整个回路呈电容性，此时不但回路电流大，而且在电感电容上都会产生较高的过电压（见图 10-8，U_L 和 U_C 均远大于 E），回路处于谐振工作状态。

串联铁磁谐振现象，也可从电源电动势增大时回路工作点的变化中看出。由图 10-8 可以看出，当电源电动势由零逐渐增大时，回路中的工作点将由 O 逐渐上升到 m 点，然后跃变到 n 点，同时回路电流将由电感性突变成电容性。这种回路电流相位发生 180°的突然变化的现象，称为相位反倾现象。在跃变过程中，回路电流激增，电感和电容上的电压也将大幅度提高，这就是铁磁谐振的基本现象。为了建立稳定的谐振点 a_3，回路必须经过强烈的扰动过程，如发生故障、断路器跳闸、切除故障等，称为铁磁谐振的"激发"。谐振一旦激发，则谐振状态可以自保持（因为 a_3 属于稳定工作点），维持很长时间而不衰减。

在 P 点（见图 10-8）处 $U_L=U_C$，这时回路发生串联谐振（回路的自振角频率等于电源的角频率）。但 P 点不是平衡点，故不能成为工作点。由于铁心的饱和，随着振荡的发展，在外界电动势作用下，回路将偏离 P 点，最终稳定在 a_3 点或 a_1 点。因此，a_3 点被称为谐振点。

当计及回路的电阻 R 时，同样可以用图解法进行分析。当回路中损耗电阻较小，$R \ll \frac{1}{\omega C}$ 时，回路损耗对谐振幅值影响不大。当 R 增大时，限制了过电压幅值。当 R 增大到一定数值时，回路只有一个稳定工作点（相应于 a_1 点），回路不能产生谐振。因此，增大回路中的损耗电阻是限制谐振过电压的有效措施之一。

3. 铁磁谐振的基本特点

（1）对串联谐振电路而言，产生铁磁谐振过电压的必要条件是 $\omega L_0 > \frac{1}{\omega C}$，电感和电容的伏安特性必须相交，因此铁磁谐振可以在很大的电容参数范围内产生。

由于电感不是常数，故回路没有固定的自振频率。当谐振频率为工频时，回路出现基波谐振。实际运行经验表明，在铁磁谐振回路中，如果满足一定的条件，就可能出现持续性的其他频率的谐振现象。当谐振频率为基波的整数倍（如 2、3、5 次等）时，为高次谐波谐振；当谐振频率是工频的分数倍（如 1/2、1/3、1/5 次等）时，为分次谐波谐振。因此，铁磁谐振的一个重要特点是具有各种谐波谐振的可能性。需要说明的是，即使在单个谐振频率的条件下，实际波形中也往往存在一系列谐波分量，只是它们所占的比重比谐振频率分量小很多。图 10-9 所示为若干典型的铁磁谐振过电压的波形。

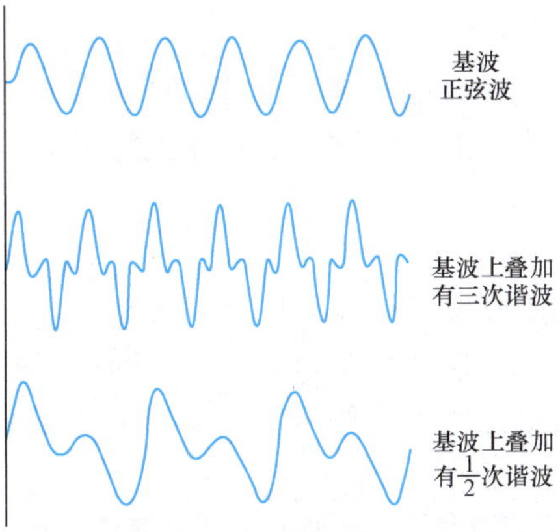

图 10-9 铁磁谐振过电压的典型波形

（2）对于铁磁谐振电路，在相同的电源电动势作用下回路可能有不止一种稳定的工作状态，有非谐振状态和谐振状态。电路稳定在何种状态要看外界冲击引起的过渡过程的情况。当回路处在谐振状态时，电路从电感性突然变成电容性，发生相位反倾现象，同时产生过电流和过电压。

（3）铁磁元件的非线性铁磁特性是产生铁磁谐振的根本原因，但铁磁元件饱和效应本身也限制了过电压的幅值。此外，回路损耗也使谐振过电压受到阻尼和限制，当回路电阻大于一定的数值时，就不会出现强烈的铁磁谐振过电压，这就说明电力系统中的铁磁谐振过电压往往发生在变压器处在空载或轻载时。

10.2.3 几种常见的谐振过电压

1. 传递谐振过电压

当电力系统中发生单相接地或非全相操作时，会出现零序电压或者零序电流分量。零序分量将通过平行线路或绕组间的互电容及互感传递至其他线路或绕组，形成传递过电压。

若传递回路中含有电感元件，如空载变压器、消弧线圈、电磁式电压互感器，则可能产生线性谐振或铁磁谐振传递过电压，危及低压电气设备的绝缘。

以变压器绕组之间的传递过电压为例。如图 10-10（a）所示，变压器绕组中性点不接地。当高压线路发生单相接地故障时，高压侧中性点电位为 U_0（单相接地时 U_0 为相电压）。U_0 通过绕组间杂散电容 C_{12} 和低压侧对地电容 $3C_0$ 传递到低压侧。当低压侧空载或轻载时，等效电路如图 10-10（b）所示，图中 L 为中性点接地的互感器每相励磁电感。

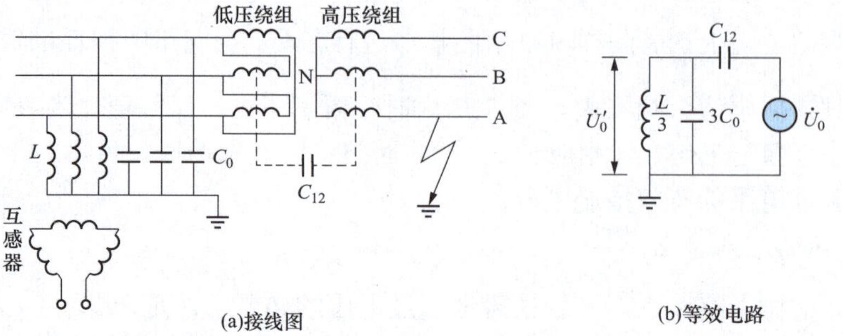

(a)接线图　　(b)等效电路

图 10-10　变压器绕组之间传递过电压产生原理

设传递至低压侧的电压为U_0'。由于$3C_0$可能较小，U_0'很大，互感器铁心迅速饱和，L减小。当$\dfrac{\omega L}{3}=\dfrac{1}{\omega(3C_0+C_{12})}$时，将发生串联谐振，并联支路转为感性，$U_0'$达到很高的数值，即出现传递回路谐振过电压。

防止传递过电压的措施有两类：

（1）避免出现中性点位移过电压。如尽量使断路器三相同期动作，避免线路断线及不对称接地等故障造成的过电压。

（2）避免形成不利的传递回路。如在低压侧无消弧线圈、对地电容很小时，可人为地在低压侧装设相对地的电容器以减小传递电压；在装设消弧线圈的系统中，适当增大低压侧消弧线圈的脱谐度，不使回路参数形成谐振等。

2. 断线引起的谐振过电压

电力系统中发生基波铁磁谐振另一类比较典型的情况是断线过电压。所谓断线过电压是泛指由于导线的故障断线、断路器的非全相动作或严重的不同期切合及熔断器的不同期熔断等造成系统非全相运行时所出现的铁磁谐振过电压。只要电源侧和负载侧中任一侧中性点不接地，在断线时都可能出现谐振过电压。

对于断线过电压，最常遇到的是三相对称电源供给不对称三相负载。现以中性点不接地系统线路末端接有空载（或轻载）变压器，变压器中性点不接地，其中的一相导线断线、靠变压器侧导线接地为例，分析过电压的产生过程。这是一种比较容易引起铁磁谐振的情况。

如图 10-11（a）所示，忽略电源内阻抗、线路电阻等，L_T为空载（或轻载）变压器的励磁电感，设每相导线对地电容为C_0，导线相间电容为C_{12}，l为线路长度，变压器接在线路末端。若在离电源xl（x=0～1）处A相导线断线，则断线处两侧A相导线的对地等效电容分别为$C_0'=xC_0$和$C_0''=(1-x)C_0$。A相电源侧导线的相间电容为$C_{12}'=xC_{12}$，负载（变压器）侧导线的相间电容为$C_{12}''=(1-x)C_{12}$。

可以得到如图 10-11（b）所示从a点看进去的戴维南等效单相电路。由B、C两相电路完全对称，得到回路等效电动势为$1.5\dot{E}_A$，为不计C_0、C_0''断开（图中d点处断开）时a点对地电压。图中各电容、电抗支路为将电源短接后的阻抗支路（C_{12}被短接）。与电源（$1.5\dot{E}_A$）并联的电容$2C_{12}'$不参与谐振，C_0''被接地点短接，一并略去。可以进一步将该电路简化为一串联等效电路，如图 10-11（c）所示，图中电源$\dot{E}$为a、b两端点间开路时的电压，等效电容C为

$$C=C_0'+2C_0+2C_{12}'' \tag{10-13}$$

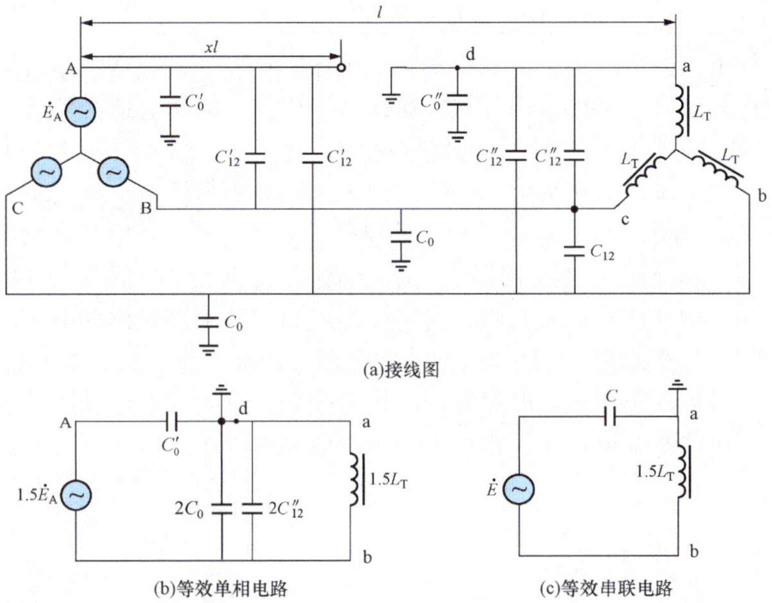

图 10-11　中性点不接地系统一相断线接地的接线

一般$C_0>2C_{12}$，因此当断线故障发生在负载侧（$x=l$）时，等效电容的数值较大，电容 C 最大达 $C_{max}=3C_0$。由式（10-12）可知，不发生由于断线引起铁磁谐振过电压的条件为

$$1.5\omega L_{T0}\leqslant\frac{1}{3\omega C_0}$$

即

$$C_0\leqslant\frac{1}{4.5\omega^2L_{T0}}=\frac{1}{4.5\omega X_m}\tag{10-14}$$

$$X_m=\omega L_{T0}$$

式中：X_m 为变压器不饱和时的励磁阻抗，Ω。

【例 10-2】某 10kV 中性点不接地系统，线路末端接有空载变压器，其容量为 100kVA，空载电流为 3.5%，单位长度线路对地电容为 0.005μF/km。试计算断线时不发生基波铁磁谐振的线路长度。

解　变压器的励磁电抗为

$$X_m=\frac{U_N^2}{I_0S_N}=\frac{(10\times10^3)^2}{3.5\%\times100\times10^3}=2.8\times10^4\ (\Omega)$$

设线路长度为 l，则 $C_0=C_0'l=0.005l$（μF），则不发生基波铁磁谐振的线路长度为

$$l\leqslant\frac{1}{4.5X_m\omega_0C_0'}=\frac{1}{4.5\times2.8\times10^4\times314\times0.005\times10^{-6}}=5\ (\text{km})$$

可见，发生断线故障时，基波铁磁谐振在实际的电力系统中是完全可能发生的。

为防止断线过电压，除了加强线路巡视、避免发生断线外，其他措施还包括：保证断路器的三相同期动作、不采用熔断器设备等避免非全相运行，以及不将空载变压器长期接在线路上等，避免出现铁磁谐振的产生条件。

3. 电磁式电压互感器饱和引起的谐振过电压

在中性点不接地系统中，为了监测三相对地电压，在发电机或变电站母线上常接有 YN 接线的电磁式电压互感器，其绕组中性点直接接地。因此，网络对地参数除了电力设备和导线的对地电容 C_0 外，还有电压互感器的励磁电感 L_1、L_2、L_3，如图 10-12（a）所示。在正常运行时，电压互感器的励磁电抗很大，网络对地阻抗仍呈电容性，三相基本平衡，电力系统中性点 N 的位移电压很小。当系统中出现某些操作（如电压互感器突然合闸，线路瞬间单相接地等）时，在某一相或两相绕组中出现巨大的涌流，使电压互感器各相电感出现不同程度的饱和，互感器的一相或两相电压升高，就可能出现较高的中性点位移电压，可能激发谐振过电压。统计表明，电磁式电压互感器引起的铁磁谐振过电压是中性点不接地系统中最常见、造成事故最多的一种内部过电压，严重地影响供电安全。电磁式电压互感器铁心饱和引起的中性点位移电压，可能是工频电压，也可能是分频或高频电压，以下以工频位移电压为例进行讨论。

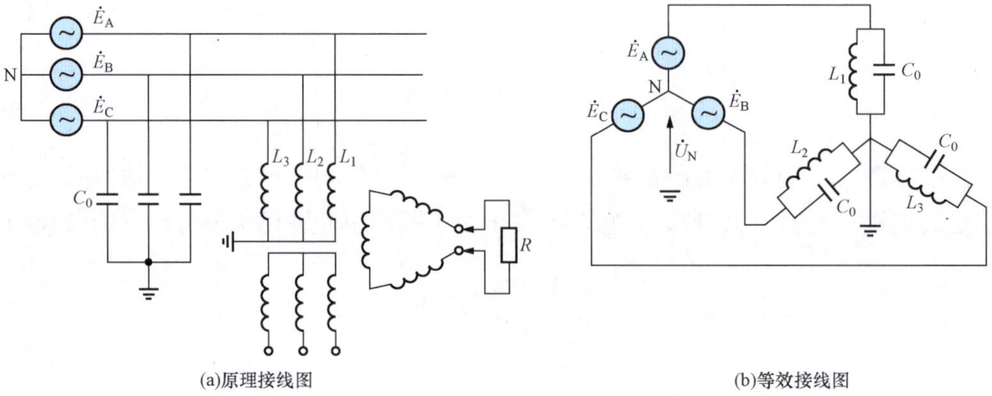

图 10-12　带有 YN 接线电压互感器的三相回路

对如图 10-12（b）所示的等效电路，由基尔霍夫电流定律可以得到其中性点位移电压为

$$\dot{U}_N = -\frac{\dot{E}_A Y_1 + \dot{E}_B Y_2 + \dot{E}_C Y_3}{Y_1 + Y_2 + Y_3} \tag{10-15}$$

式中：Y_1、Y_2、Y_3分别为 A、B、C 三相回路的对地导纳，S。

在正常运行时，$Y_1 = Y_2 = Y_3$，所以 U_N 很小，一般不大于 0.15 E_A，各相对地导纳呈电容性。发生扰动的结果是电压互感器上某些相的对地电压升高。当发生扰动，其中一相或两相电压互感器发生饱和时，图 10-12（b）中 1 路或 2 路 L、C 并联支路呈现感性，其余 2 路或 1 路的并联支路仍为电容性。当参数配合不当时，可能使 $Y_1 + Y_2 + Y_3 = 0$，则发生谐振，使中性点位移电压急剧上升。图 10-13 所示为中性点位移后的三相电压相量图。中性点位移电压为 U_N，B、C 两相电压 U_B、U_C 升高，A 相电压 U_A 下降。这种结果与系统出现单相接地（如 A 相接地）的情况是相似的，但实际上并不存在单相接地，所以此时出现的这种现象称为虚幻接地现象。显然，中性点位移电压越高，出现的相对地的过电压也越高。

我国长期以来的试验研究和实测结果表明，由电磁式电压互感器饱和引起的基波和高次谐波谐振过电压标幺值很少超过 3。因此除非存在弱绝缘设备，一般是不危险的，但其经常引起电压互感器喷油冒烟、高压熔断器熔断等异常现象以及引起接地指示的误动作（虚幻接地），影响计量及保护设备的正确动作。从危害性而言，分频谐振的过电压最大。由于受电压互感器铁心严重饱和的限制，分频谐振过电压标幺值一般不超过 2，但励磁电流急剧增加，引起高压熔断器的频繁熔断甚至造成电压互感器的烧毁。

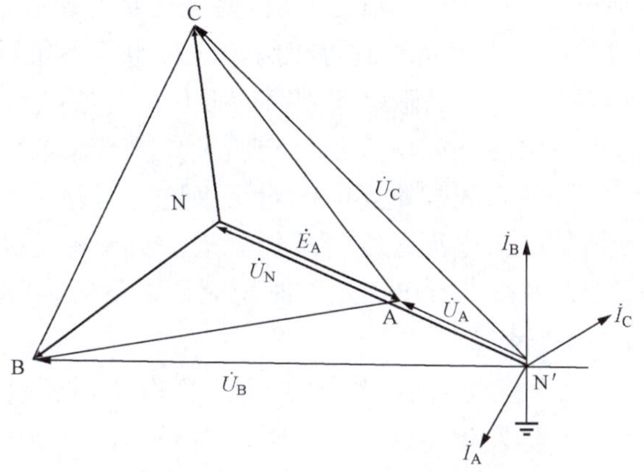

图 10-13　中性点位移后的三相电压相量图

为了限制和消除这种铁磁谐振过电压，可以采取以下措施：

（1）选用励磁特性较好的电磁式电压互感器，或改用电容式电压互感器。

（2）在零序回路中短时加装阻尼电阻，如图 10-12 中的 R。电压互感器的开口三角绕组为零序电压绕组，在此绕组的两端接上电阻 R（$R \leqslant 0.4X_T$，其中 X_T 为电压互感器在额定线电压作用下换算到低压侧绕组的单相绕组励磁电抗），可以消除各次谐波的谐振现象。在正常运行时，因为没有零序电压，R 不会消耗能量。对于 35kV 及以下的中性点不接地系统，阻值不能过小，一般为几欧姆至几十欧姆。因为通常允许系统内带单相接地故障运行 2h，长时间接入较小的电阻，可能会使电压互感器过热而烧毁，所以最好采用非线性电阻。

（3）在母线上加装对地电容，使 $\dfrac{X_{C0}}{X_T} \leqslant 0.01$，则不会出现谐振。

（4）采取临时倒闸措施，如投入消弧线圈，或将变压器中性点临时接地，以及投入事先规定的某些线路或设备等。

因谐振现象产生的暂时过电压可以达到极高值，我国标准规定需要采取措施加以预防或限制。因此，在绝缘配合中不考虑谐振过电压，通常不应把谐振过电压作为选择避雷器额定电压或绝缘设计的基础。

10.3　间歇性电弧接地过电压

单相接地是电力系统中的主要故障形式，约占总数的 60%以上。在中性点不接地的电力系统中，单相接地并不改变电源变压器三相绕组电压的对称性，且流过故障点的电容性电流不大，不影响对用户的供电，故允许带故障运行一段时间（一般不大于 2h），以便运行人员查明故障、进行处理，具有较高的供电可靠性。当然，单相接地运行会使健全相电压升高，但对 66kV 及以下的电力系统而言，高压输电线路和变电站中的绝缘费用在投资中只占很小比例，绝缘裕度较大，因此我国 66kV 及以下的电力系统多采用中性点不接地的运行方式。

中性点不接地系统发生单相接地时，绝大多数是以电弧形式接地的，流过接地点的是电容性电流。如电力系统容量不大，则入地电流很小，由于电动力和热空气的作用，电弧被拉长，可自行熄灭。随着电力系统规模的扩大，电容性电流有所增大。对于 10kV 电力系统，若架空线路总长不超过 1000km，则可以计算得到其接地电流将不超过 30A；若 35kV 架空线路的总长不超过 100km，则其接地电流将不超过 10A。这种电弧不足以稳定燃烧，而是形成时断时续的间歇性电弧，这将导致系统电感电容回路的振荡，造成电弧接地过电压。

受产生间歇性电弧的具体情况（如电弧部位介质、外界气象条件等）的影响，实际的过电压发展过程极其复杂。电弧的熄灭与重燃时间对最大过电压起决定作用。电弧的熄灭有可能在两种情况下发生：一种是工频电流过零时电弧熄灭，另一种是高频振荡电流过零时电弧熄灭。空气中的开放性电弧大多在工频电流过零时熄灭，以下的分析就基于这个假设。

10.3.1 过电压产生的物理过程

为使分析不过于复杂，忽略导线间电容的影响，且设各相导线的对地电容相等，即设 $C_A = C_B = C_C = C_0$。设 A 相对地发生电弧接地，以 F 处表示故障点燃弧间隙，得到等效电路如图 10-14（a）所示，$\dot{E}_A$、$\dot{E}_B$、$\dot{E}_C$ 为三相电源电动势，其瞬时值分别为 e_A、e_B、e_C，幅值均为 E_m，u_A、u_B、u_C 为三相线路瞬时对地电压。当 A 相发生接地故障时，中性点电位由零升至相电压，即 $\dot{U}_N = -\dot{E}_A$，B、C 相对地电压 $\dot{U}_B$、$\dot{U}_C$ 分别升至线电压 $\dot{U}_{BA}$、$\dot{U}_{CA}$。设在 t_1 瞬间 A 相电压达最大值时接地产生电弧，这是过电压最严重的情况。电弧产生前瞬间（以 t_1^- 表示），线路上的电压分别为 $u_A(t_1^-) = E_m$，$u_B(t_1^-) = -0.5E_m$，$u_C(t_1^-) = -0.5E_m$。

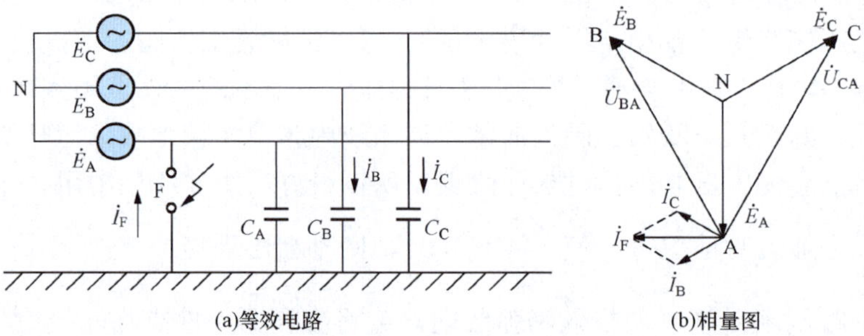

图 10-14 中性点绝缘系统的单相接地

故障点产生电弧的瞬间以 t_1^+ 表示，此时 A 相电容 C_A 上的电荷经电弧泄放入地，其电压突降为零，即 $u_A(t_1^+) = 0$。中性点电位变为 $-\dot{E}_A$，健全相 B、C 电压升到线电压，对地电压由初始的−0.5 E_m 在短时间内变为新的稳态电压瞬时值 $-1.5E_m$。这个过渡过程是一个高频振荡过程，其振荡频率取决于回路的电感和导线对地电容。根据电路理论，在振荡过程中过电压的最大值接近（$2u_\infty - u_{0+}$）（u_∞和 u_{0+}分别为稳态电压和起始电压），即在振荡过渡过程中，B、C 两相线上出现的过电压峰值为

$$U_{Bm} \approx U_{Cm} \approx 2\times(-1.5E_m) - (-0.5E_m) = -2.5E_m$$

过渡过程结束后，u_B、u_C 分别按 u_{BA}、u_{CA} 变化，波形如图 10-15 所示。

根据工频熄弧理论，电弧电流将持续半个工频周期，待工频电流过零时才熄灭。由于电弧电流的工频分量 $\dot{I}_F$ 与电源电动势 $\dot{E}_A$ 相差 90°［见图 10-14（b）］，在 t_2 时刻电弧电流过零时，

$e_A(t_2^-) = -E_m$， $e_B(t_2^-) = 0.5E_m$， $e_C(t_2^-) = 0.5E_m$。

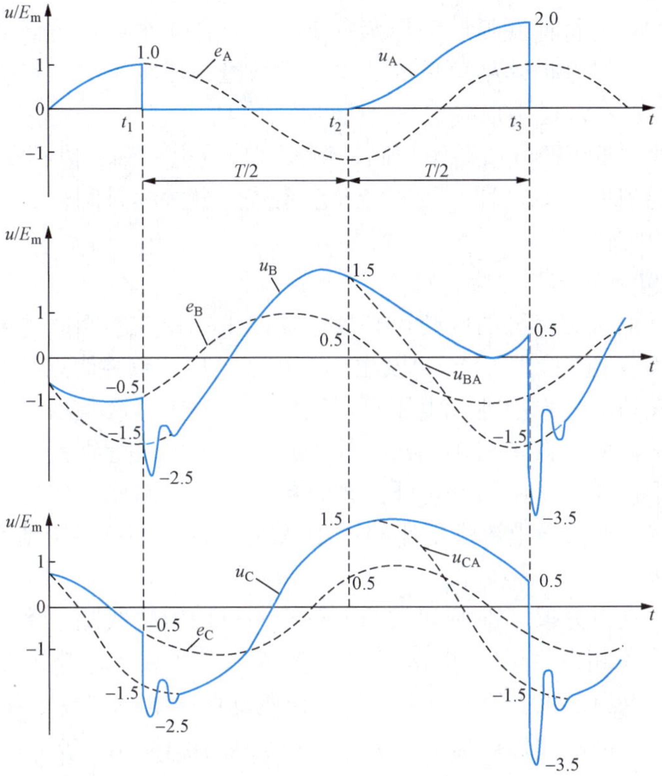

图 10-15　工频熄弧时弧光接地过电压的波形

在熄弧瞬间 $t = t_2$ 时， $u_A(t_2^-) = 0$， $u_B(t_2^-) = 1.5E_m$， $u_C(t_2^-) = 1.5E_m$。熄弧后，B、C 相上储有电荷 $q = 2C_0 \times 1.5E_m$，这些电荷无处泄漏，于是在三相导线对地电容间平均分配，其结果是三相导线对地有一个偏移电压 $\dfrac{q}{3C_0} = E_m$。这样，在接地电弧第一次熄灭后，作用在三相导线对地电容上的电压为三相电源电动势与此偏移电压的叠加，即在熄弧后瞬间，$u_A(t_2^+) = -E_m + E_m = 0$， $u_B(t_2^+) = u_C(t_2^+) = 0.5E_m + E_m = 1.5E_m$。熄弧瞬间前后的电压值相同，因此熄弧后不会引起过渡过程。

设又经过半个周期，在 $t=t_3$ 时刻，u_A 达到 $2E_m$ 时，电弧重燃。产生电弧前瞬间 B、C 相的对地电压均为 $0.5E_m$，燃弧后瞬间变为对 A 相的线电压 $-1.5E_m$，因此振荡过程中的过电压峰值均为 $-3.5E_m$。

根据与以上相同的分析，以后每隔半个工频周期的熄弧与再隔半个周期的重燃，过渡过程与上面 t_2、t_3 时完全相同，过电压峰值也相同。从以上分析可以看出，中性点不接地系统发生间歇性电弧接地时，健全相上的最大过电压为 $3.5E_m$，而故障相上的最大过电压为 $2.0E_m$。

10.3.2　影响过电压的因素

影响间歇性电弧接地过电压的主要因素有以下几个：

（1）电弧熄灭与重燃时的相位。电弧的燃烧与熄灭有很大的随机性，直接影响过电压的发展过程和大小，前述分析为最严重的情况。

（2）系统的相关参数。考虑线间电容时比不考虑线间电容时在同样的情况下过电压要小，原因在于线间电容的存在将使发弧后的振荡发生之前存在一个电荷重新分配的过程，使健全相电压起始值增大，更接近振荡结束后的稳态值，故过电压将下降。在振荡过程中，由于线路电阻和电弧损耗的存在，过电压峰值也会降低。

综上所述，这种过电压的峰值并不太高，绝大部分过电压标幺值不高于 3.1，一般电气设备和线路的绝缘应能耐受。但这种过电压遍及全系统，且持续时间较长，对于绝缘较弱的设备，如直配电机等威胁较大。

10.3.3 消弧线圈的作用

为了消除这种过电压对绝缘的威胁，必须消除产生不稳定的间歇性电弧的可能性。若中性点直接接地（或经小阻抗接地），一旦发生单相接地，接地点将流过很大的短路电流，断路器将跳闸，从而彻底消除电弧接地过电压。但这样将导致操作次数增多，检修维护量增大，又影响供电的连续性，所以在单相接地故障较为频繁的低电压等级系统中仍采用中性点不接地方式。在中性点不接地系统中限制电弧接地过电压的有效措施是中性点经消弧线圈接地。我国标准推荐对单相接地故障电容性电流超过 10A 的中性点不直接接地系统，采用中性点经消弧线圈接地方式。

消弧线圈是一个具有分段（即带间隙的）铁心的可调电感线圈，不易饱和，接在中性点与地之间。同样假设 A 相发生电弧接地，如图 10-16（a）所示。忽略回路的损耗，当 A 相线路接地后，流过接地点的电流 $\dot{I}$ 除了原先的健全相通过对地电容 C_B、C_C 的电容性电流 $\dot{I}_{C0}$ 外，还包括流经消弧线圈 L 的电感性电流 $\dot{I}_L$，相量分析如图 10-16（b）所示。由于 $\dot{I}_{C0}$ 与 $\dot{I}_L$ 相位相反，所以适当选择消弧线圈的电感值 L，即选取合适的 $\dot{I}_L$，可使接地点中流过的电流 $\dot{I}_F = \dot{I}_L + \dot{I}_C$ 的数值足够小，使接地电弧很快熄灭。此外，消弧线圈的存在降低了弧隙的恢复电压上升速度，从而使电弧不易重燃，限制了间歇性电弧接地过电压。下面对此进行分析。

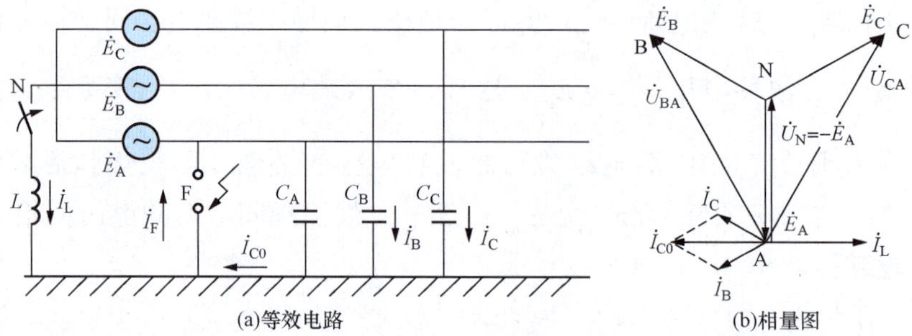

(a)等效电路 (b)相量图

图 10-16 中性点经消弧线圈接地后的单相接地

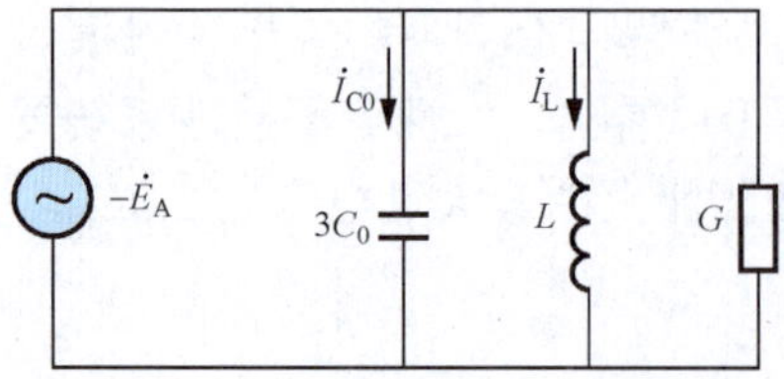

图 10-17 求解短路电流的等效电路

当 A 相线路接地后，可以看成是两个系统的叠加：一是原来正常的三相系统，二是将原三相电源短路而在故障点与大地之间加一个单相电动势 $-\dot{E}_A$。为计算故障点电流 $\dot{I}_F$，只要计算后一种情况下流过电源 $-\dot{E}_A$ 的电流即可。求解故障点电流的等效电路如图 10-17 所示，图中 G 为考虑消弧线圈以及导线对地泄漏和电晕等损耗后的等效电导。

接地故障点流过的电容性电流为

$$\dot{I}_{C0} = -j3\omega C_0 \dot{E}_A$$

流过消弧线圈的电感性电流与电容性电流相位相反，为

$$\dot{I}_L = -\frac{\dot{E}_A}{j\omega L}$$

因此流过故障点的电流为

$$I_F = \left|\dot{I}_L + \dot{I}_{C0}\right| = \left|I_L - I_{C0}\right| \tag{10-16}$$

电感性电流补偿电容性电流的百分数称为消弧线圈的补偿度（或调谐度）k，即

$$k = \frac{I_L}{I_{C0}} = \frac{\left(1/\sqrt{3LC_0}\right)^2}{\omega^2} = \frac{\omega_0^2}{\omega^2} \tag{10-17}$$

$$\omega_0 = \frac{1}{\sqrt{3LC_0}}$$

式中：ω_0 为电路的自振角频率，rad/s。

工程中还可以用脱谐度 v 表示，即

$$v = 1 - k = 1 - \frac{\omega_0^2}{\omega^2} \tag{10-18}$$

根据补偿度（或脱谐度）的不同，消弧线圈具有三种不同的工作状态。

（1）欠补偿，即 $I_L < I_{C0}$。消弧线圈的电感性电流不足以完全补偿电容性电流，故障点流过的电流（残流）为电容性电流。此时，$k<1$，$v>0$。

（2）全补偿，即 $I_L = I_{C0}$。消弧线圈的电感性电流等于电容性电流，残流为非常小的电阻性泄漏电流。此时，$k=1$，$v=0$。

（3）过补偿，即 $I_L > I_{C0}$。消弧线圈的电感性电流大于电容性电流，残流为感性电流。此时，$k>1$，$v<0$。

忽略回路中的损耗，在全补偿$\left(\text{即} L = \dfrac{1}{\omega^2 \times 3C_0}\right)$时，电路处于并联谐振状态，故障电流最小。从消弧线圈的应用目的出发，采用全补偿无疑是最佳方案。但在实际电力系统中，这种情况可能导致中性点产生很高的位移电压，分析如下。

对图 10-16（a）所示电路，利用节点电压分析法对中性点 N 列出方程

$$Y_1(\dot{E}_A + \dot{U}_N) + Y_2(\dot{E}_B + \dot{U}_N) + Y_3(\dot{E}_C + \dot{U}_N) + Y_L\dot{U}_N = 0 \tag{10-19}$$

若不考虑损耗，则式（10-19）中 $Y_1 = j\omega C_A$，$Y_2 = j\omega C_B$，$Y_3 = j\omega C_C$，$Y_L = \dfrac{1}{j\omega L}$。代入式（10-19）得

$$\dot{U}_N = \frac{-j\omega(C_A\dot{E}_A + C_B\dot{E}_B + C_C\dot{E}_C)}{j\omega(C_A + C_B + C_C) - j\dfrac{1}{\omega L}} = \frac{-j\omega(C_A\dot{E}_A + C_B\dot{E}_B + C_C\dot{E}_C)}{j3\omega C_0 - j\dfrac{1}{\omega L}} \tag{10-20}$$

通常系统三相电源是对称的，即 $\dot{E}_A + \dot{E}_B + \dot{E}_C = 0$，但各相对地电容，由于导线对地面的不对称布置，一般并不相等，即 $C_A \neq C_B \neq C_C$。这样，式（10-20）中分子将不为零。当 L 选

取全补偿方式时，式中分母将为零，于是中性点电位 $\dot{U}_N$ 将显著上升，具体数值将由电力系统中的损耗决定。因此，在实际电力系统中并不采用全补偿方式。

通常消弧线圈采用脱谐度不大于 10%的过补偿运行方式。采用过补偿运行方式的原因是，首先，采用过补偿，在电力系统发展过程中可以逐渐发展为欠补偿运行，不至于像欠补偿那样因为电力系统的发展而导致脱谐度过大，失去消弧作用。其次，若采用欠补偿，在运行中部分线路可能退出运行，可能形成全补偿，产生较高的中性点电压偏移，有可能引起零序网络中产生严重的铁磁谐振过电压。我国标准规定，在正常运行情况下，中性点的长时间电压位移不应超过系统标称相电压的 15%。

中性点经消弧线圈接地在大多数情况下能够迅速地消除单相的瞬间接地电弧而不破坏电力系统的正常运行，接地电弧一般不重燃，从而可把单相电弧接地过电压标幺值限制在不超过 2.5 的范围内。在很多单相瞬间接地故障的情况下（如多雷地区、大风地区等），采用消弧线圈可以看作是提高供电可靠性的有力措施。但是，消弧线圈的阻抗较大，既不能释放线路上的残余电荷，也不能降低过电压的稳态分量，因而对其他形式的操作过电压不起作用。并且，在高压电力系统中，由于有功泄漏电流分量较大，消弧线圈对故障点电容性电流的补偿作用也被削弱了，如使用不当还会导致谐振。上述因素限制了消弧线圈在较高电压等级的电力系统中使用。

消弧线圈运行的关键是调谐值的整定。自动跟踪补偿装置是一种实时调谐补偿装置，与人工调谐消弧线圈相比，在调谐速率和调谐精度方面具有显著的优越性，能及时限制电力系统的电弧接地过电压和谐振过电压，有利于电力系统的安全运行。

10.4 切除空载线路过电压

切除空载线路是电力系统中常见的操作之一。在切除空载线路时，断路器切断的是较小的电容性电流，大部分只有十几安培到百安培，远比短路电流小。但是在开关分闸初期，由于恢复电压较高，容易引起断路器触头间电弧的重燃。电弧重燃将引起电路内的电磁振荡，产生过电压。切除空载线路过电压不但峰值高，而且线路侧过电压持续时间长达 0.5～1 个工频周期。在实际电力系统中，常可遇到切除空载线路时引起避雷器爆炸、断路器损坏、套管或线路绝缘闪络等情况。在 20 世纪 80 年代以前，由于 110～220kV 系统中断路器（如老式的油断路器）的重燃问题没有很好解决，切除空载线路过电压曾是确定 220kV 及以下电力系统操作冲击绝缘水平的主要依据。

10.4.1 过电压产生的物理过程

如图 10-18 所示，用 T 型等效电路表示空载线路。图中，L_1 为线路电感，C_1 为线路对地电容，L_S 为电源系统的等效电感（包括发电机、变压器的漏感），$e(t)$为电源电动势，C_S 为电源侧对地电容（变压器、母线等对地电容），u_{AB} 为断路器触头之间的电压。

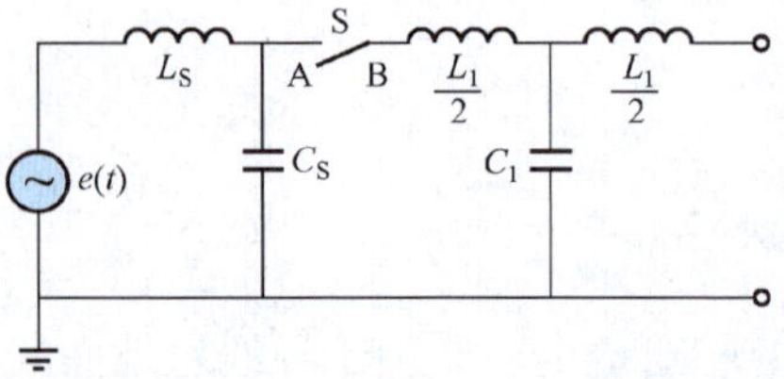

图 10-18 切除空载线路时的等效电路

设电源电动势为 $e(t)=E_m\cos\omega t$，空载时电路中流过电容性电流，电流 $i(t)$超前 $e(t)$90°。忽略线路的容升效应，在断路器触头分断之前线路电压 $u(t)$（即电容 C_1 上的电压）就等于电源电动势。

在开断过程中，由于电弧的重燃和熄灭都具有很强的随机性，从偏严格的角度出发，在分析时以可能导致最大过电压的前提来决定电弧的熄灭和重燃时刻。当断路器动作以后，触头开始分离；设当 t=t_1 时，工频电流过零，电弧熄灭，此时线路上的电压为 u_B=$-E_m$，如图 10-19 所示。不考虑线路的泄漏，当断路器分断后，电容 C_1 上的电压将保持 $-E_m$ 不变；但电源侧触头（A 点）上的电压仍按电源电动势变化（图 10-19 中虚线所示），于是断路器触头上的恢复电压为 $u_{AB}=e(t)-(-E_m)=E_m(1+\cos\omega t)$（图 10-19 中阴影部分）。

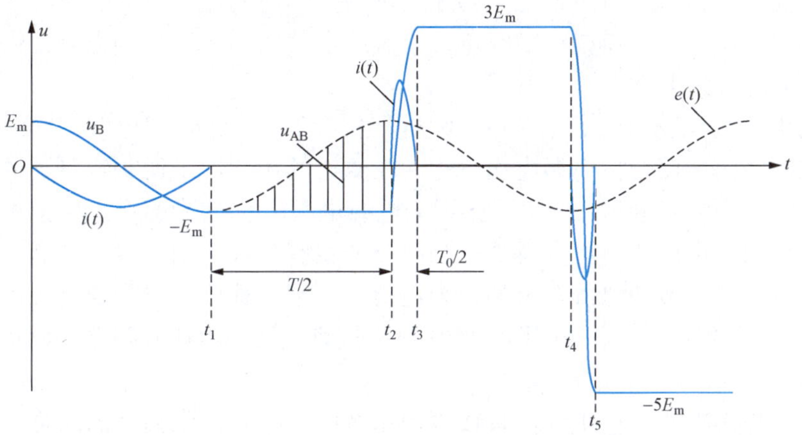

图 10-19　切除空载线路过电压的发展过程

t_1—第一次断弧；t_2—第一次重燃；t_3—第二次断弧；t_4—第二次重燃；t_5—第三次断弧

如果断路器触头间介质强度恢复很快，则电弧从此熄灭，线路被断开，分闸过程结束，不会产生过电压；否则，在 t_1～t_2 的时间间隔内可能发生重燃。

设触头间电弧重燃发生在恢复电压 u_{AB} 为最大的时刻 t_2，此时 $u_{AB}=2E_m$。电弧的重燃首先使 C_1 与 C_S 并联起来，两电容上的电荷重新分配，然后电容 C（$C=C_S+C_1$）上的电压过渡为电源电压 E_m。过渡过程是一个暂态的振荡过程，因回路电感、电容参数的不同，频率可达几百至几千赫兹。

电荷重新分配后电容上的电压为振荡电压的起始值，可以计算为

$$U_{C0}=\frac{-E_mC_1+E_mC_S}{C_1+C_S} \tag{10-21}$$

从式（10-21）可以看出，电源侧电容的存在使电压的起始值有所降低，从而更接近稳态值 E_m，这就减小了振荡产生的过电压。但在一般情况下，$C_S \ll C_1$，因此在分析时忽略 C_S 的作用，仍设起始电压为 $-E_m$。可以认为在高频振荡暂态过程中，电源电动势保持 E_m 不变，C_1 上的电压 $u(t)$会趋于稳态瞬时值电源电动势 E_m。高频振荡时 $u(t)$的最大值接近 $E_m+[E_m-(-E_m)]=3E_m$。

由图 10-19 可知，t_3 时刻振荡电压到达最大值 $3E_m$，线路电容性电流 $i(t)$刚好过零点。从开关试验波形看，绝大多数是在高频电流第一次（很少有在第二次的情况）过零值瞬间熄弧，因此高频电流一般只持续半个周期。电弧熄灭后，线路电容电压保持在 $3E_m$。

此后，触头之间的距离越来越大，但恢复电压越来越高。到 t_4 时刻，恢复电压 u_{AB} 可达 $4E_m$，如在此时再次发生重燃，则 C_1 上的电压将由 $3E_m$ 振荡变为 $-E_m$，振荡时的最大值为 $-E_m+$

$[-E_m-(3E_m)]=-5E_m$。假如继续每半个工频周期后就重燃，则线路上的过电压将按$3E_m$、$-5E_m$、$7E_m$、…的规律变化，越来越高，直到触头间隙已有足够的绝缘强度，电弧不再重燃为止。

10.4.2　影响过电压的因素

上述分析都是按最严重的条件考虑的，实际上过电压大小受多种因素影响。影响过电压大小的主要因素归纳如下：

（1）电弧发生与熄灭的随机性。过电压的大小主要取决于电弧重燃时刻及熄弧时刻。若重燃不在触头间电压为最大值时发生，则振荡峰值和相应的过电压会随之降低；同样，若熄弧发生在高频电流第二次过零或更后时刻，则线路上残留电压下降，也会使恢复电压及再次重燃引起的过电压大为下降。

（2）母线出线数。当母线上有多路出线时，相当于加大了母线电容。切除其中的一条线路时，未切除的线路电压仍按电源电压变化。在重燃的瞬间，未切除线路上的电荷将迅速与被切除线路上的残余电荷中和，使之更接近于电源电压，因而降低了过电压。

（3）线路负载及电磁式电压互感器。当线路末端有负载（如空载变压器）或线路侧装有电磁式电压互感器时，被切除线路上的残余电荷经由它们释放，将降低重燃后的过电压。我国 220kV 线路的试验表明，如果被切除的线路上接有电磁式电压互感器，则可使最高过电压降低 30%左右。

（4）中性点接地方式。在中性点直接接地系统中，各相自成独立的回路，相间电容影响不大，切除空载线路过电压的产生过程可以如上所述按单相分析。但在中性点非有效接地系统中，三相断路器分闸的不同期会形成瞬间的不对称电路，使中性点电位发生偏移，相间电容也将产生作用，使整个分闸过程变得更为复杂，在不利的条件下，过电压明显增大，一般比中性点直接接地时的过电压高 20%左右。

10.4.3　限制过电压的措施

为降低切除空载线路过电压，可以从提高断路器灭弧能力和降低触头间恢复电压等方面入手。

（1）采用不重燃的断路器。这种办法通过改善断路器的结构、提高触头间介质的恢复强度和灭弧能力，减少或避免电弧重燃。已经广泛采用的 SF_6 断路器、带压油式灭弧装置的少油断路器都大大改善了灭弧性能，在切除空载线路时，基本上不发生重燃，所以过电压也较低。我国标准规定，在高压电力系统中宜采用不重燃的断路器。

（2）采用带并联电阻的断路器。这种断路器有两个触头，其中主触头 S1 并联一个电阻 R，S2 是辅助触头，如图 10-20 所示。分闸时断路器的动作分两步进行。先断开 S1，线路仍通过 R 与电源相连，线路上的残余电荷可通过 R 向电源释放，使主触头承受的恢复电压下降。再经过 1.5～2 个工频周期后，S2 断开，因 R 消耗了部分能量，线路残余电压较低，故 S2 两端的恢复电压不高。由于恢复电压较低，上述过程中一般不会发生重燃；即使发生重燃，因 R 串在回路中起了阻尼作用，因此过电压也显著降低。

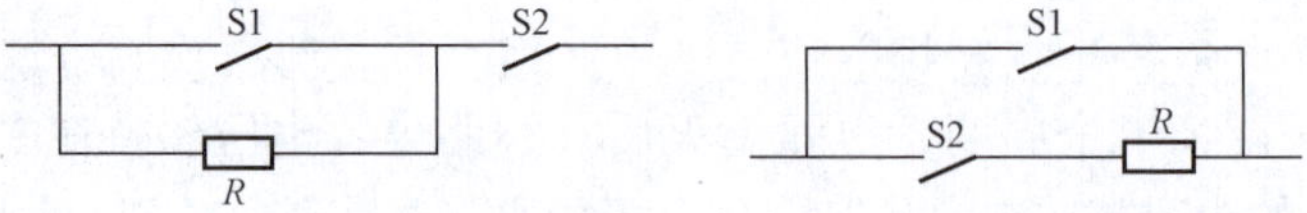

图 10-20　断路器并联电阻的接法

实测结果表明，在110～220kV系统中，由于采用不重燃的断路器，这种过电压标幺值不超过2.8，已低于线路绝缘水平，所以不再采取断路器加并联电阻的方式。在超、特高压电网中，断路器都带有并联电阻，基本上消除了电弧的重燃，切除空载线路过电压已得到限制。在330kV系统中测到的最大过电压标幺值只有1.19。

（3）装设避雷器。也可通过在线路首、末端安装金属氧化物避雷器限制这种过电压。

10.5 空载线路合闸过电压

在电力系统中，空载线路的合闸也是常见的一种操作，通常分为正常（计划性）合闸和自动重合闸两种情况。由于初始条件的差别，重合闸过电压是合闸过电压中较为严重的情况。与许多别的操作过电压相比，合闸过电压的倍数其实并不算大，但在现代的超高压和特高压输电系统中，由于采取了种种措施将其他峰值更高的操作过电压一一加以抑制或降低，而对这种过电压却很难找到限制保护措施，因而它在超高压系统的绝缘配合中上升为主要矛盾，成为选择超高压系统绝缘水平的决定性因素。

10.5.1 过电压产生的物理过程

1. 正常合闸过电压

由于正常运行的需要而进行的合闸操作称为正常合闸，如线路检修后投入运行、对输电线路按调度计划合闸送电。合闸前，线路不存在接地故障，为零初始状态。假设三相线路完全对称，且三相断路器同时合闸，则可按单相电路进行分析。不计线路损耗，等效电路如图10-21所示，图中L为考虑电源和线路的系统等效电感，C_1为线路对地电容，$e(t)$为电源电动势。

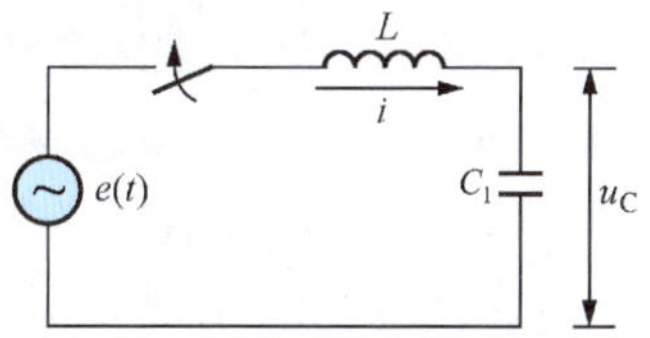

图10-21 空载线路合闸的等效电路

在合闸瞬间，电源电压通过L对C_1充电，回路中将发生高频振荡。可以认为在极短的时间内电源电压$e(t)$为恒定值，具体数值与合闸时电源的相角有关。最严重的情况是在电源电压$e(t)$为幅值E_m时合闸，此时可以看作是LC回路合闸于直流电源E_m。由回路方程得到电容电压为

$$u_C = E_m(1-\cos\omega_0 t) \tag{10-22}$$

式中，$\omega_0 = 1/\sqrt{LC_1}$。

所以，u_C的最大值为$u_{Cmax}=2E_m$，如图10-22所示。

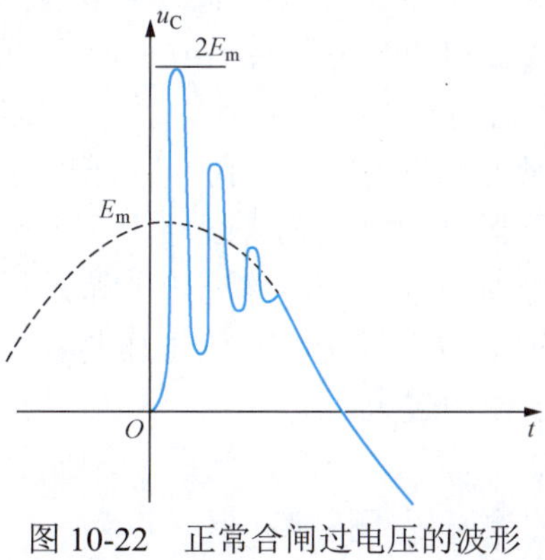

图10-22 正常合闸过电压的波形

考虑到回路中存在损耗，实际过电压的最大值低于 $2E_m$。另外考虑到输电线路的容升效应使交流电压升高，我国实测到的过电压标幺值的最大值为1.9～1.96。

2. 自动重合闸过电压

自动重合闸是输电线路发生故障跳闸后，由自动装置控制而进行的合闸操作，这是中性点直接接地系统中经常发生的一种操作。如图10-23所示，当C相接地时，设开关S2先跳闸，然后开关S1跳闸。在开关S2跳闸以后，流经开关S1中健全相的电流是线路的电容性电流，与电压相位相差90°。当S1跳闸后，健全相A、B相触头在电流过零时电弧熄灭，此时两相线路上的残余电压达到电源电压幅值，设为 E_m。由于泄漏电阻的影响，残余电压会随时间逐渐下降。

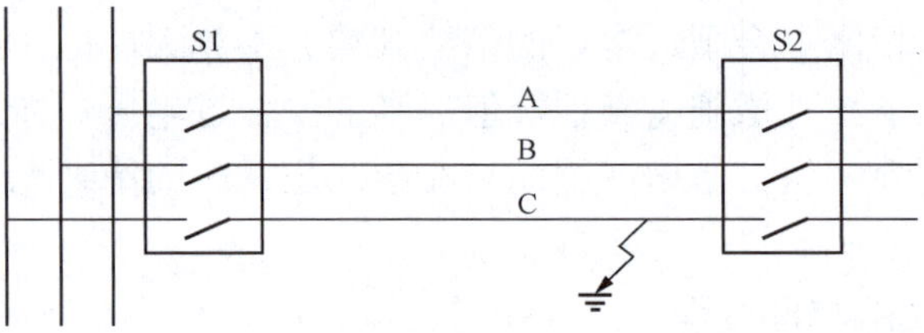

图10-23 自动重合闸示意图

在约0.5s后开关S1自动重合闸，线路上的电压要从残余电压过渡到电源电压。最严重的情况是电源电压与线路残余电压反极性，并且当健全相中有一相的电源电压达幅值（$-E_m$）时合闸。过渡过程是高频振荡过程。不计残余电压的衰减，则可以得到线路上过电压的峰值为 $-2E_m-E_m=-3E_m$。

若采用单相重合闸，只切除故障相，则因线路上不存在残余电荷，重合闸时就不会出现高峰值的过电压。

10.5.2 影响过电压的因素

（1）合闸相位。如果合闸不是在电源电动势接近幅值时发生，则合闸过电压较低。统计表明，对触头快速运动的空气断路器与 SF_6 断路器，很少出现预击穿现象，合闸相位的统计分布较均匀。

（2）线路损耗。实际线路上的能量损耗主要来源于线路及电源的电阻，以及当过电压超过导线的电晕起始电压后导线上出现的电晕损耗。线路损耗能减弱振荡，从而降低过电压。

（3）线路残余电压与极性。残余电压的大小取决于故障引起分闸后健全相上残余电荷的泄漏速度。在重合闸之前，导线上的残余电荷会泄放一部分，一般会在0.3～0.5s内使残余电压下降10%～30%，因而有助于降低重合闸过电压的峰值。在线路侧装有电磁式电压互感器时，通过互感器的直流电阻也可以泄放线路的残余电荷，降低重合闸过电压。

（4）母线上出线数。当断路器合闸时，输电线路上可能有其他出线。合闸时发生了两个过程，首先发生其他出线上的电荷对被合闸线路充电的快过程，然后再出现电源经由电感向所有线路充电的慢过程。快过程使被合闸线的起始电压与稳态电压的差值减小，降低了过电压。母线上其他出线越长，降压作用越大。

10.5.3 限制过电压的措施

限制空载线路合闸过电压主要有以下措施：

（1）采用带并联电阻的断路器。如图 10-20 所示，带并联电阻的断路器合闸时，首先将辅助触头 S2 接通，电阻 R 对回路中的振荡过程起阻尼作用，使过渡过程中的过电压降低。然后将主触头 S1 闭合，将合闸电阻 R 短接，完成合闸操作。由于前一阶段回路振荡受到 R 阻尼而被削弱，电阻 R 两端的电压较低，因此主触头两端的电位差也较小，主触头闭合后的过电压也就较低。

（2）单相自动重合闸或同步合闸。在超高压系统中多采用在故障相分闸、故障相自动重合闸的方法，由于故障相基本没有残余电荷，因此会使单相重合闸过电压接近正常合闸过电压。也可以采用同步合闸措施，选择电位同极性时合闸，降低合闸过电压。这种同步断路器已经有所应用。

（3）安装避雷器。安装在线路首端和末端（线路断路器的线路侧）的金属氧化物避雷器，均能对这种过电压进行限制，将过电压标幺值限制在 1.8 以下。

我国标准规定，对 330kV、500kV 和 750kV 系统，采取一些措施后，空载线路合闸过电压标幺值分别不宜大于 2.2、2.0 和 1.8。

10.6 切除空载变压器过电压

在电力系统中常有开断电感性负载的操作，如切除空载变压器、电抗器、电动机、消弧线圈等，在切除过程中有可能在被切除的电气设备和开关中出现过电压。

10.6.1 过电压产生的物理过程

图 10-24 所示为切除空载变压器的原理电路，图中 L_T 为空载变压器的励磁电感，C_T 为变压器的等效对地电容，S 为断路器，$e(t)$为电源电动势。

由于 $X_{CT} >> X_{LT}$，因此空载变压器被切除前，流过 C_T 的电流远小于流过 L_T 的电流。流过断路器 S 的电流可以看成是电感性的励磁电流 i，通常为变压器额定电流的 0.5%～4%甚至更小，有效值约为几安培至几十安培。通常在切断 100A 以上的较大的交流电流时，断路器触头间的电弧在工频电流自然过零时熄弧。但在切除空载变压器时，由于励磁电流很小，而断路器的去游离作用又很强，故当电流不为零时，就会发生强制熄弧的截流现象，如图 10-25 所示在电流为 I_0 时强制熄弧。由于这种截流现象，将导致截断前励磁电感 L_T 中的磁场能量全部转变为截断后 C_T 中的电场能量，从而产生切除空载变压器过电压。

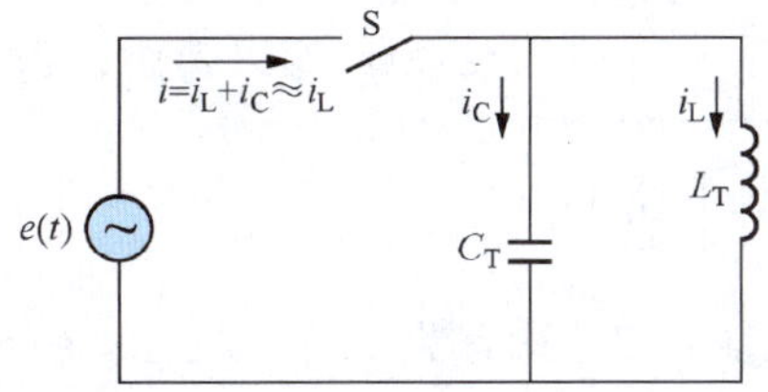

图 10-24 切除空载变压器的原理电路

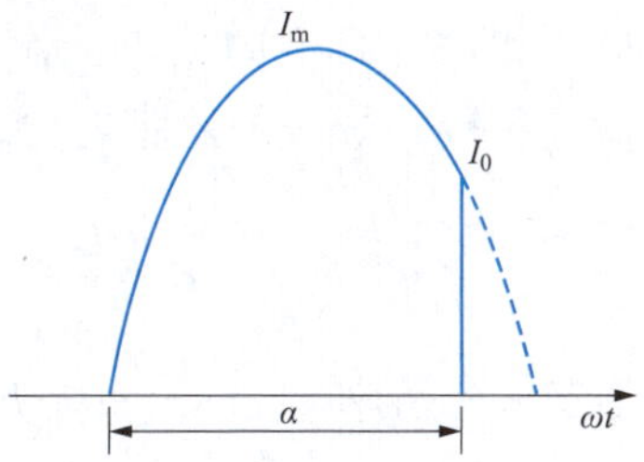

图 10-25 截流现象

设当空载电流 $i = I_0$ 时发生截断（即电流由 I_0 突然至零），$I_0 = I_m \sin\alpha$（α为截流时的相角），此时电源电压为 U_0，$U_0 = E_m \sin(\alpha + 90°) = E_m \cos\alpha$。在截流前的瞬间，回路中储存的总能量为

$$\frac{1}{2}L_{\mathrm{T}}I_0^2+\frac{1}{2}C_{\mathrm{T}}U_0^2=\frac{1}{2}L_{\mathrm{T}}I_{\mathrm{m}}^2\sin^2\alpha+\frac{1}{2}C_{\mathrm{T}}E_{\mathrm{m}}^2\cos^2\alpha$$

截流后，这些能量在 $L_{\mathrm{T}}-C_{\mathrm{T}}$ 回路中振荡，由于 C_{T} 值一般很小，所以在全部储能都转化为电场能的瞬间，在电容上将产生很高的过电压，如图 10-26 所示。设过电压的最大值为 U_{Cm}，则

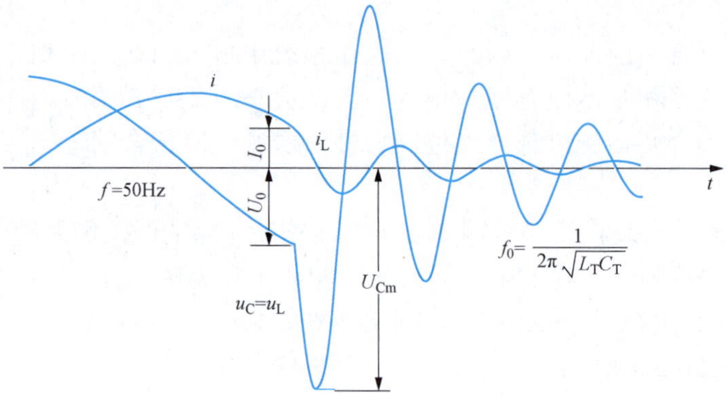

图 10-26　截流前后变压器上的电压和电流波形

$$\frac{1}{2}C_{\mathrm{T}}U_{\mathrm{Cm}}^2=\frac{1}{2}C_{\mathrm{T}}U_0^2+\frac{1}{2}L_{\mathrm{T}}I_0^2$$

得

$$U_{\mathrm{Cm}}=\sqrt{U_0^2+\frac{L_{\mathrm{T}}}{C_{\mathrm{T}}}I_0^2}=\sqrt{E_{\mathrm{m}}^2\cos^2\alpha+\frac{L_{\mathrm{T}}}{C_{\mathrm{T}}}I_{\mathrm{m}}^2\sin^2\alpha} \tag{10-23}$$

将 $I_{\mathrm{m}}=\dfrac{E_{\mathrm{m}}}{2\pi fL_{\mathrm{T}}}$，$f_0=\dfrac{1}{2\pi\sqrt{L_{\mathrm{T}}C_{\mathrm{T}}}}$（自振频率）代入式（10-23），得

$$U_{\mathrm{Cm}}=E_{\mathrm{m}}\sqrt{\cos^2\alpha+\left(\frac{f_0}{f}\right)^2\sin^2\alpha} \tag{10-24}$$

过电压倍数为

$$K=\frac{U_{\mathrm{Cm}}}{E_{\mathrm{m}}}=\sqrt{\cos^2\alpha+\left(\frac{f_0}{f}\right)^2\sin^2\alpha} \tag{10-25}$$

在有铁心电感元件的回路中，在磁能转化为电能的高频振荡过程中必然有损耗，如铁心的磁滞、涡流损耗，导线的铜损耗等，为此可以通过引入一转化系数 η_{m} 加以考虑，得

$$K=\frac{U_{\mathrm{Cm}}}{E_{\mathrm{m}}}=\sqrt{\cos^2\alpha+\eta_{\mathrm{m}}\left(\frac{f_0}{f}\right)^2\sin^2\alpha} \tag{10-26}$$

转化系数 η_{m} 一般小于 0.5。自振频率 f_0 与变压器的参数和结构有关，通常为工频 f（=50Hz）的 10 倍以上，但具有大电感和电容量的超高压变压器则只有工频的几倍。

当空载变压器励磁电流在幅值处被截断，即 $\alpha=90°$ 时，过电压数值达到可能的最大值，此时

$$K=\sqrt{\eta_{\mathrm{m}}}\frac{f_0}{f} \tag{10-27}$$

【例 10-3】 一台 550kV、500MVA 变压器，其铁心材料为冷轧硅钢片，空载电流为 0.5%，绕组对地电容 $C_T = 5000\text{pF}$，$\eta_m = 0.45$。求切除空载变压器过电压最大值。

解 变压器的额定电流为

$$I_N = \frac{S_N}{\sqrt{3}U_N} = \frac{500\times10^6}{\sqrt{3}\times550\times10^3} = 525\text{（A）}$$

变压器的空载电流为

$$I_0 = I_N \times 0.5\% = 525\times0.5\% = 2.625\text{（A）}$$

$$L_T = \frac{U_N/\sqrt{3}}{\omega I_0} = \frac{550\times10^3/\sqrt{3}}{314\times2.625} = 385\text{（H）}$$

$$f_0 = \frac{1}{2\pi\sqrt{L_T C_T}} = \frac{1}{2\pi\sqrt{385\times5000\times10^{-12}}} = 114.7\ (\text{Hz})$$

由式（10-27），得最大过电压倍数为

$$K = \sqrt{0.45}\times\frac{114.7}{50} = 1.54$$

10.6.2 影响过电压的因素

（1）断路器灭弧性能。由式（10-23）可以看出，切除空载变压器过电压的大小近似与截流值 I_0 成正比。截流值与断路器灭弧性能有关，每种类型的断路器每次开断时的截流值有很大的分散性，但其最大值有一定的限度，且基本上比较稳定。切断小电流电弧时，性能差的断路器（尤其是多油断路器）由于截流能力不强，故切除空载变压器过电压也较低；而介质为 SF_6、真空、压缩空气等切除小电流性能好的断路器，其过电压较高。使用相同的断路器，当变压器引线电容较大时（如空载变压器带有一段电缆式架空线），过电压也较小。

（2）变压器特性。变压器空载励磁电流或电感的大小对过电压有一定影响。空载励磁电流的大小与变压器容量有关，也与变压器铁心所用的导磁材料有关。近年来，随着优质铁磁材料的广泛应用，变压器的励磁电流减小很多；此外，变压器绕组改用纠结式绕法以及增加静电屏蔽等措施使对地电容有所增大，也使过电压有所降低。

我国对切除 110～220kV 热轧硅钢片空载变压器的实测数据表明，在中性点直接接地的电力系统中这种过电压标幺值一般不超过 3，在 66kV 及以下的中性点不接地电力系统中过电压标幺值一般不超过 4。当开断具有冷轧硅钢片的变压器时，过电压标幺值一般不超过 2.0，可不采取保护措施。

10.6.3 限制过电压的措施

虽然切除空载变压器的过电压峰值较高，但这种过电压持续时间短、能量小，采用避雷器可进行有效的限制。用来限制切除空载变压器过电压的避雷器应装在断路器的变压器侧，否则在切除空载变压器时将使变压器失去避雷器的保护。另外，这组避雷器在非雷雨季节也不能退出运行。

当空载变压器从一侧被切除引起过电压时，其他绕组将通过电磁耦合按变比关系产生同样倍数的过电压。因此，原则上讲，只要绕组连接方式相同，避雷器安装在任何一侧均可起到同样的保护效果。考虑到一般变压器高压绕组的绝缘裕度比中压和低压绕组低，以及限制大气过电压和其他类型操作过电压的需要，高压侧总是装有避雷器的。

习 题

1．为什么在超高压电力系统中很重视工频电压升高？引起工频电压升高的主要原因有哪些？

2．试解释空载线路的容升效应。线路首端有串联电感和末端有并联电感对线路容升效应有什么影响？

3．限制电力系统工频电压升高的主要措施有哪些?

4．铁磁谐振过电压是怎么产生的？与线性谐振相比有什么不同的特点？

5．试分析电磁式电压互感器引起基波铁磁谐振过电压的原因及抑制措施。

6．试述电弧接地过电压的产生原因。

7．试述切、合空载长线时产生过电压的物理机制及抑制措施。

8．试分析用断路器切除空载长线和空载变压器两种情况时，触头间电弧重燃对过电压大小的影响。

9．断路器的并联电阻对抑制操作过电压有什么作用？对阻值有什么要求？

10．试分析切除变压器时变压器的负载大小对过电压的影响。

11 电力系统绝缘配合

11.1 概　　述

电力系统运行的可靠性主要由停电次数和停电时间来衡量。运行经验表明，电气设备的绝缘击穿是造成停电的主要原因之一。因此，电力系统运行的可靠性，在很大程度上取决于设备的绝缘水平和工作状况。电力系统中的绝缘包括发电厂、变电站和线路等发输变电系统中电气设备的绝缘。为了提高系统运行的可靠性，兼顾经济性，合理地确定设备绝缘水平具有重要的意义。

11.1.1 绝缘配合的基本概念

所谓绝缘配合，就是在技术上综合考虑电气设备在系统中可能承受到的各种作用电压（工作电压和过电压）、保护装置的特性和设备绝缘耐受能力三者之间的互相配合关系，在经济上综合考虑设备的造价、维护费用和绝缘故障引起的事故损失，合理地确定设备的绝缘水平，从而使电气设备绝缘故障率或停电事故率降低到在经济上和运行上可以接受的水平，达到安全运行和经济上总体效益最高的目的。

绝缘配合的内容包括确定各种电气设备的绝缘水平，确定保护装置的配置方案。电力系统中存在很多绝缘配合方面的问题，如电气设备内、外绝缘之间的绝缘配合，不同设备间的绝缘配合，保护装置与被保护设备之间的绝缘配合，保护装置之间的配合，同杆架设的多回线路之间的绝缘配合等。

随着电力系统电压等级的提高，输变电设备的绝缘部分设计和制造的难度显著增加，占总设备投资的比重也越来越大，因此，正确解决电力系统的绝缘配合问题显得越来越重要。

11.1.2 绝缘配合的发展过程

从电力系统绝缘配合的发展历程看，大体上经历了三个阶段。

（1）多级配合。在 1940 年以前，避雷器的保护性能及电气特性较差，不能把它的特性作为绝缘配合的基础，因此采用多级配合的方法。

多级配合的原则是：价格越昂贵、修复越困难、损坏后果越严重的绝缘结构，其绝缘水平应选得越高。根据这一原则，变电站的绝缘水平应高于线路，设备的内绝缘水平应高于外绝缘水平，保护间隙和避雷器的动作电压应低于外绝缘水平。

多级配合存在的主要问题是：由于冲击闪络和击穿电压的分散性，为了使上一级伏秒特性的下限高于下一级伏秒特性的上限，相邻两级的 50%伏秒特性之间应保持 15%～20%的距离裕度；因此，采用多级配合的方法将会使设备的内绝缘水平提得很高，造成很大的困难，现已不再采用。

（2）惯用法，又称确定性法。随着采用非线性电阻片的避雷器保护特性和质量稳定性的不断改善，从 20 世纪 40 年代后期开始，越来越多的国家开始采用两级配合的方法，即各种绝缘都接受避雷器的保护，仅仅与避雷器进行绝缘配合，而不再在各种绝缘之间寻求配合。这种方法将避雷器的保护特性作为绝缘配合的基础，绝缘的水平高于避雷器的保护水平。从这一基本原则出发，经过不断修正与完善，终于发展成为至今仍在广泛使用的绝缘配合惯用法。

（3）统计法。随着电力系统电压等级的提高，设备制造成本因绝缘水平的提高而急剧增大，因而降低绝缘水平的经济效益也越来越显著。

按照惯用法，绝缘强度应高于可能出现的过电压，且需留有一定的裕度，以保证不发生绝缘故障，这种做法的技术经济性较差。统计法是 20 世纪 60 年代开始出现的，其基本原则是：首先规定某一可以接受的绝缘故障率，容许冒一定的风险（即一定量的闪络、击穿概率），这样就可以有效地减小绝缘裕度，获得优化的经济指标。

我国电力系统绝缘配合采用惯用法和统计法。本章以交流电力系统绝缘配合为例进行介绍。

11.2 采用惯用法的绝缘配合程序

惯用法是一种两级配合的方法，以避雷器的保护水平为基础确定被保护的各种设备绝缘的耐受电压。除了在 330kV 及以上超高压线路绝缘（均为自恢复绝缘）的设计中采用统计法以外，在其他情况下主要采用惯用法。惯用法的原则是在惯用过电压（即设备安装点的预期最大过电压）与耐受电压之间，按设备制造和电力系统的运行经验选取适宜的配合系数。

绝缘配合程序包括选取设备的最高电压以及与之相应的、表征设备绝缘特性的一组耐受电压。根据 GB/T 311.1—2012，绝缘配合的程序如下：

（1）代表性电压和过电压的确定。通过系统分析，确定运行电压和过电压的峰值、波形和持续时间。

（2）配合耐受电压的确定。配合耐受电压具有相应类型的代表性过电压的波形，其值为代表性过电压乘以配合因数，配合因数的数值取决于代表性过电压的准确性和经验等。

（3）要求耐受电压的确定。考虑设备生产过程中的分散性、运行中的老化等因素，把配合耐受电压乘以安全因数换算到适当的标准试验条件。对于外绝缘，还需考虑安装处的海拔修正因数。

（4）额定或标准绝缘水平的选择。选取足以证明绝缘满足全部要求耐受电压最经济的一组额定耐受电压值，目前已经实现标准化，所选取的工频、冲击标准电压构成标准绝缘水平。

11.2.1 代表性电压和过电压

1. 持续运行电压

电力系统的持续运行电压是系统正常运行条件下的电压，与系统的中性点接地方式有关。中性点接地方式分为有效接地（包括直接接地和经小阻抗接地）和非有效接地（包括对地绝缘、经消弧线圈和经一定阻抗接地）两种。

在中性点非有效接地系统中，由于单相接地故障时不必立即跳闸，可以带故障运行一段时间（一般不大于 2h），此时健全相上的工作电压升高到线电压 U_n。考虑调压的需要，实际运行电压比 U_n 高 10%～15%，因此其最大长期工作电压为（1.1～1.15）U_n。如我国标准规定标称电压为 35kV 系统设备最高电压（有效值），即持续电压下的配合耐受电压，为 40.5kV。

在中性点有效接地系统中，最大长期工作电压为相电压。考虑调压需要，实际运行的最大长期工作电压为 $\left(\frac{1.05\sim1.15}{\sqrt{3}}\right)U_n$。如 220kV 系统设备最高工频电压线电压（有效值）为

252kV，对应的相对地电压为 145.5kV。本节以一安装于海拔为 1000m 高度的 220kV 系统绝缘配合为例进行介绍。

2. 暂时过电压

如第 10 章所述，暂时过电压主要包括容升效应、接地故障、甩负荷等引起的短时间工频电压升高，持续时间大于 0.1s。暂时过电压的升高对选择过电压保护装置的参数有重要影响，需要优化系统参数、选取相应的限制措施，如 10.1 所述。就绝缘配合的目的而言，代表性暂时过电压的波形可视为标准的短时（1min）工频电压。如 220kV 系统的代表性暂时过电压标幺值的最大值为 1.3，即 $252\times1.3/\sqrt{3}=189$（kV）。

就使用目的而言，避雷器并不能限制暂时过电压。考虑避雷器的能量吸收能力，除非避雷器能承受其热效应，通常根据系统中预期暂时过电压的包络线选择避雷器的额定电压。对于一个 220kV 系统，一种典型避雷器的额定电压值为 200kV（有效值）。避雷器的持续运行电压一般为额定电压的 75%～85%，如这种额定电压为 200kV 的避雷器的持续运行电压为 156kV。从上述数据可以看出，避雷器无论是在系统长期持续电压作用下，还是在暂时过电压作用下，其运行都是安全的，热效应可以忽略。因此，以避雷器保护水平为基础的惯用法实际用于瞬态过电压作用下的绝缘配合。

3. 瞬态过电压

操作过电压和雷电过电压分别是缓波前过电压和快波前过电压。对于受避雷器保护的设备，代表性过电压等于避雷器的操作冲击保护水平 U_{ps} 和雷电冲击保护水平 U_{pl}。如额定电压为 200kV 的避雷器的操作冲击保护水平为 442kV。雷电过电压峰值较高，流过避雷器的电流大，残压也高，同种避雷器的雷电冲击保护水平（10kA 时残压）为 520kV。对于未受避雷器保护的输电线路，可以假设预期代表性雷电过电压的峰值等于线路的负极性 50%雷电冲击放电电压。

11.2.2 配合耐受电压

配合耐受电压，是指绝缘在运行条件下受到代表性过电压作用时，能满足性能指标的最低耐受电压。绝缘的配合耐受电压具有相应类型的代表性过电压波形，其值由代表性过电压乘以配合因数求得。配合因数的数值取决于估计代表性过电压的准确性和经验，或者试验数据。对雷电过电压而言，在雷电冲击残压的基础上，需要综合考虑电气距离、线路档距、线路雷电性能等因素，相关规程给出了计算公式。在本 220kV 系统例子中，配合耐受电压（相对地）的选择为：

（1）暂时过电压，为 $189\times1.0=189$（kV）；

（2）操作过电压，为 $442\times1.095=484$（kV）；

（3）雷电过电压，以避雷器 520kV 残压为基础，综合考虑计算得到内绝缘为 681kV，外绝缘为 789kV。

11.2.3 要求耐受电压

确定绝缘的要求耐受电压时，需要将配合耐受电压换算到适当的标准试验条件。要求耐受电压的值等于配合耐受电压乘以安全因数和海拔修正因数。对于所有类型的过电压，我国标准推荐的安全因数为：外绝缘 1.05，内绝缘 1.15。海拔修正因数仅适用于外绝缘，我国标准给出不同电压类型的修正因数。在本例中，如系统位于海拔 1000m 的位置，得到相对地绝缘的要求耐受电压的值为：

（1）暂时过电压：外绝缘为 189×1.05×1.063=211（kV）；内绝缘为 189×1.15=217（kV）；

（2）操作过电压：外绝缘为 484×1.05×1.12=569（kV）；内绝缘为 484×1.15=508（kV）；

（3）雷电过电压：外绝缘为 789×1.05×1.13=936（kV）；内绝缘为 681×1.15=783（kV）。

上述计算式中，外绝缘耐受电压中第三项系数为根据 GB/T 311.1—2012 得到的海拔修正因数。

图 11-1 所示为根据上例得到的被保护高压设备与避雷器之间的绝缘配合，以最高运行电压的幅值（$145.5\times\sqrt{2}$=206 kV）为基准。图中，三条曲线中的下包络线就是设备承受的电压。

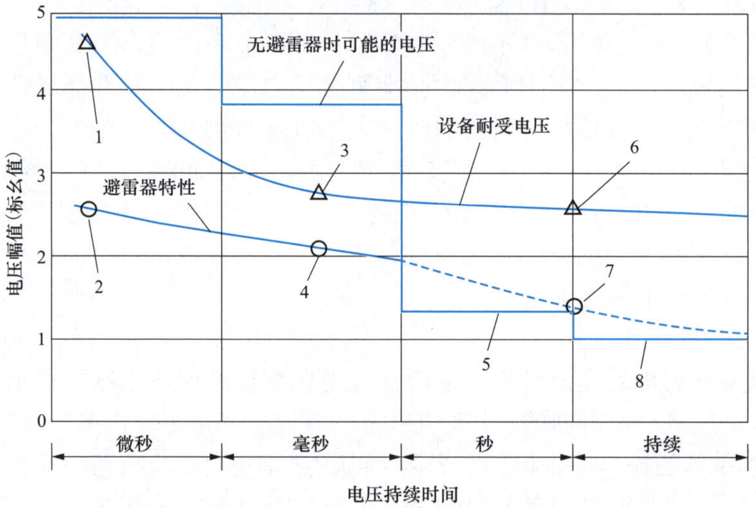

图 11-1 算例中避雷器特性与被保护设备耐压水平之间的关系

1—雷电冲击耐受电压；2—雷电冲击残压；3—操作冲击耐受电压；4—操作冲击残压；5—暂时过电压；6—短时工频耐受电压；7—额定电压；8—持续运行电压

11.2.4 电气设备绝缘水平的选择

所谓某一电压等级电气设备的绝缘水平，就是指该设备可以承受（不发生闪络、击穿或其他损坏）的试验电压标准。这些试验电压标准在各国的标准中都有明确的规定。考虑电气设备在运行时要承受运行电压、雷电过电压及内部过电压的作用，在试验标准中分别规定了各种电气设备绝缘的工频试验电压、雷电冲击试验电压及操作冲击试验电压。考虑在运行电压和工频过电压作用下绝缘的老化和外绝缘的污秽性能，对某些设备还规定了长时间工频试验电压。

根据长期的运行经验和试验数据，对上述三种类型的电压不一定要逐个进行试验，可以按一定组合进行。对于 220kV 及以下电压等级的设备，操作冲击耐受电压通常用短时（1min）工频耐受电压或标准雷电冲击试验电压来代替。如上例中，操作冲击耐受电压可以用有效值为 380kV 的短时工频耐受电压等效。也有一种做法是将雷电冲击过电压与操作冲击过电压分别等效成工频耐受电压，取其大者进行试验。工频耐受电压试验实际上代表了绝缘对内、外过电压的总体耐受水平。为了达到这个目的，短时工频耐受电压试验所采用的试验电压值往往比额定的工频电压高出数倍。一般除了型式试验要进行冲击耐受电压试验外，只要绝缘能通过工频耐受电压试验就认为在运行中遇到内、外过电压都能保证安全。

需要指出的是，对超高压电气设备而言，用短时工频耐受电压代替操作过电压对绝缘可能要求过高，且二者等价性不能确切肯定。为了更加可靠和直观，对超高压以上等级设备应进行雷电及操作冲击耐受电压试验，以检验设备在两种过电压作用下的绝缘性能。

为了加强标准化以及充分利用按标准设计的系统的运行经验，已经建立标准额定耐受电压与设备最高运行电压的标准化对应关系，如上例中选取的变电站内所有设备绝缘水平为395kV 的短时工频和 950kV 的雷电冲击耐受电压。各个电压等级系统标准绝缘水平见附录 B。

11.3 绝缘配合的统计法

11.3.1 统计法

在惯用法中，以发生概率很小的绝缘击穿的电气强度下限与过电压的上限作配合，对绝缘的要求偏严。并且由于绝缘放电电压的分散性，用这种方法确定绝缘裕度常常有较大的裕度，同时根据经验选定的安全裕度（配合系数）具有一定的随意性，因此这样的做法不但不经济，而且发生危险的概率也不能预知。随着超高压和特高压输电技术的发展，降低绝缘水平的经济效益越来越显著。以综合经济指标来衡量，容许有一定的绝缘故障风险率较为合理。由于上述原因，从 20 世纪 60 年代起，国际上开始探索新的绝缘配合思路，并逐渐形成“统计法”。IEC 于 20 世纪 70 年代初期对此做出正式推荐，越来越多的国家将这种方法用于超高压及以上电压等级自恢复绝缘的设计中。

绝缘配合的统计法根据过电压峰值和绝缘的耐压强度都是随机变量的实际情况，在已知过电压峰值及绝缘闪络电压的统计特性后，计算求出绝缘闪络的概率和线路的跳闸率，在技术经济比较的基础上，确定绝缘水平。这种方法不仅能定量地给出设计的安全裕度，并能按照设备费、每年的运行费以及每年的事故损失费的总和为最小的原则，确定系统的最佳绝缘设计方案。目前研究得较多的是以过电压峰值的概率分布为基础的统计法。

采用统计法作为绝缘配合的前提是充分掌握作为随机变量的各种过电压和各种绝缘电气强度的统计特性（概率密度、分布函数等）。

设已知过电压的概率密度为 $f(U)$，绝缘放电的概率函数为 $P(U)$，如图 11-2 所示，则绝缘故障风险率为

$$R = \int_0^{\infty} P(U) \times f(U) \mathrm{d}U \tag{11-1}$$

即图 11-2 中阴影部分的总面积。

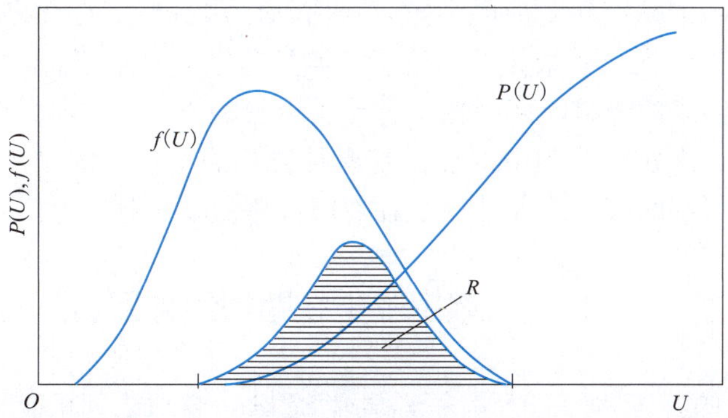

图 11-2 绝缘故障风险率的估算

如果提高绝缘的电气强度，则图 11-2 中的 $P(U)$ 曲线向右移动，阴影部分的面积缩小，绝缘故障风险率降低，但设备投资将加大。因此用统计法可以按需要对敏感性因素进行调整，进行一系列试验设计与故障风险率的估算，根据技术经济比较在绝缘成本和故障风险率之间进行协调，在满足预定的绝缘故障风险率的前提下，选择合理的绝缘水平。这时的绝缘裕度不是任意选择的，而是与绝缘发生故障的一定概率相对应。

采用统计法时，首先需要根据技术经济性分析及运行经验确定可接受的故障风险率。例如，可接受的故障风险率可以从已有系统中的故障统计和已经将统计数据考虑在内的设计工程中得到。

不难看出，在实际工程中采用统计法进行绝缘配合，是相当繁杂的。由于用统计法计算时需要知道过电压和绝缘损坏的概率，随机因素多，对统计规律的认识有待于资料累积和完善，因此试验工作量很大。如对非自恢复绝缘进行绝缘放电概率的测定，则代价太高，所以仍采用惯用法。只有当降低绝缘水平具有显著的经济效益时，特别是当操作过电压成为控制因素时，统计法才特别有价值。因此，统计法主要用于 330kV 及以上系统中自恢复绝缘的配合，主要是输变电设备的外绝缘。但各种统计数据（包括气象条件等因素的影响）的概率分布有时并未已知，对此，可以在工程实际中采用简化统计法。

11.3.2 简化统计法

在简化统计法中，对过电压和绝缘耐受电压的统计规律做了某些通常是允许的假设，即假定它们都服从正态分布，而且已知它们的标准偏差。根据这个假设，它们的概率分布曲线 $f(U)$ 和 $P(U)$ 就可以用与某一参考概率相对应的点来表示，分别称为统计过电压和统计耐受电压。IEC 推荐闪络概率为 10%，即耐受概率为 90%的电压为绝缘的统计耐受电压 U_{W}；推荐采用过电压出现的累积概率为 2%的过电压值为统计过电压 U_{S}，它们的比值称为统计安全系数 γ，即

$$\gamma = \frac{U_{\mathrm{W}}}{U_{\mathrm{S}}} \tag{11-2}$$

γ 越大，表示发生故障的概率越小。在过电压保持不变的情况下，如果提高绝缘水平，则其绝缘统计耐受电压和统计安全系数均相应增大、绝缘故障风险率减小。

从上述分析可以看出，简化统计法中统计安全系数 γ 的表达，与惯用法中最低绝缘强度和最高过电压之间的配合十分相似。可以认为，简化统计法实质上是利用有关参数的概率统计特性，但沿用惯用法计算程序的一种混合型绝缘配合方法。绝缘裕度不是选定的某个固定因数，而是与绝缘故障的概率相对应的。把这种方法应用到概率特性已知的自恢复绝缘上，就能计算出在不同的统计安全系数 γ 下的绝缘故障风险率，这对于评估系统运行可靠性是重要的。而惯用法要求绝缘故障风险率很低，甚至可以忽略不计，这与统计法是不同的。

需要说明的是，在实际应用中，往往是两种方法的综合，例如在惯用法中采用的某些因数可能是从统计中得到的，在统计法中往往忽略某些统计变量。

11.4 架空输电线路的绝缘配合

架空输电线路的绝缘水平，一般不需要考虑与变电站之间的绝缘配合，即不以避雷器

的保护水平为基础，通常以保证线路一定的耐雷水平为前提。架空输电线路发生的绝缘事故主要包括绝缘子串的沿面放电、导线对杆塔放电、导线与导线之间的放电等，因此架空输电线路的绝缘配合包括绝缘子串片数的确定及线路绝缘的空气间隙确定。本节以交流架空输电线路为例介绍线路的绝缘配合。

11.4.1 绝缘子片数的选择

对绝缘子串的要求是，在工作电压下不发生污闪，在操作冲击过电压作用时不发生湿闪，具有一定的雷电冲击耐受强度，保证达到设定的线路耐雷水平。

根据我国的运行经验，工作电压一般是确定绝缘子片数的决定条件。通常按工作电压所要求的泄漏距离（几何爬电距离）确定每个线路绝缘子串的绝缘子片数（根据机械负载先选定绝缘子的类型），再按内、外过电压的要求进行验算调整。

1. 按工作电压要求

运行经验表明，线路绝缘子的闪络率与该线路绝缘子的爬电比距密切相关。爬电比距定义为绝缘子的爬电距离除以该绝缘子串上的最高运行电压的有效值。在 GB/T 26218.2—2010 中，对很轻～很重现场污秽度下的绝缘子分别给出了 20～60mm/kV 的参考统一爬电比距。

绝缘子片数的选择可以按照爬电比距法进行。绝缘子所需片数 n_1 为

$$n_1 \geqslant \frac{\lambda U_{ph}}{K_e L_0} \tag{11-3}$$

式中：λ 为爬电比距，mm/kV；U_{ph} 为绝缘子上承受的最高电压有效值，kV；L_0 为每片绝缘子的几何爬电距离，mm； K_e 为绝缘子爬电距离的有效系数，主要由各种绝缘子爬电距离在试验和运行中提高污闪电压的有效性来确定，并以 XP-70 和 XP-160 型绝缘子作为基础，其 K_e 取为 1。

式（11-3）中已计及可能存在的零值绝缘子（已丧失绝缘性能的绝缘子，一般为 1～3 片），式（11-3）中所得 n_1 即为实际应取的数值。

【例 11-1】处于轻污秽区的 110kV 电力系统采用 XP-70 型悬式绝缘子(其爬电距离 L_0=295mm)，试按工作电压的要求计算线路应有的片数 n_1。

解 查阅标准，取参考统一爬电比距为 27.8mm/kV，由式（11-3）可得

$$n_1 \geqslant \frac{27.8\times110\times1.15/\sqrt{3}}{1\times295} = 6.88$$

所以应取 7 片绝缘子。

根据该方法可以得到各级电压线路的绝缘子片数 n_1，如表 11-1 第三行所示。

2. 按操作过电压要求

架空输电线路的绝缘子串应能承受操作过电压和雷电过电压。其中，操作过电压的耐受性能作为绝缘子片数选择的依据之一，而雷电过电压则作为复核参考。

考虑大气状态、极性效应等因素的影响，为保证绝缘子串的安全，应使线路绝缘子串的正极性操作冲击湿闪电压高于可能出现的操作冲击电压，并留有 10%的安全裕度，即

$$U_{sh} = 1.1K_0U_{phm} \tag{11-4}$$

式中：K_0 为操作过电压倍数；U_{phm} 为系统最高运行相电压的幅值，kV。

在没有完整的操作冲击作用湿闪电压数据的情况下，可以近似地用绝缘子串的工频湿闪电压来代替。例如，对于常用的XP-70型（或X-4.5型）悬式绝缘子而言，n片该型绝缘子的工频湿闪电压峰值U_m可按此经验公式计算

$$U_m = 60n + 14 \ (\text{kV}) \tag{11-5}$$

根据上述方法可以得到的各级电压线路的绝缘子片数n，加上零值绝缘子片数，即为按操作过电压得到的绝缘子串的片数n_2，如表11-1第四行所示。

表11-1　　部分电压等级线路悬垂串要求的最少绝缘子片数

线路额定电压（kV）	35	110	220	500
中性点接地方式	非有效接地	有效接地		
按工作电压要求的n_1值	2	7	13	28
按操作过电压要求的n_2值	3	7	12	19
实际采用值	3	7	13	28

注　1．表中数值适用于海拔1000m及以下的轻污秽区。
2．绝缘子型号为XP-70型（或X-4.5型），500kV绝缘子也折算为该型号。

按上述方法所得的n_1和n_2中较大的值，即为实际采用的绝缘子片数。表11-1所示为部分电压等级线路选取的绝缘子片数。对该值还需用雷电过电压进行复核，计算线路耐雷水平是否符合要求。一般情况下，按统一爬电比距及操作过电压的要求选定的绝缘子片数都能满足耐雷水平的要求。在特殊高杆塔或高海拔地区，按耐雷水平复核得到的绝缘子片数可能会多于上述值，对绝缘子片数的选择起决定作用。

对于耐张塔或变电站内的绝缘子串，串数不多，但重要性较高，一般应增加绝缘子片数。

11.4.2　空气间距的选择

架空输电线路的绝缘水平不仅取决于绝缘子的片数，同时也取决于线路上各种空气间隙的极间距离，而且后者对线路建设费用的影响远大于前者。

架空输电线路上的空气间隙包括导线对大地、导线对导线、导线对避雷线、导线对杆塔和横担的空气间隙。其中，导线对杆塔和横担，即塔头上的空气间隙，是确定线路的绝缘水平时主要考虑的问题。

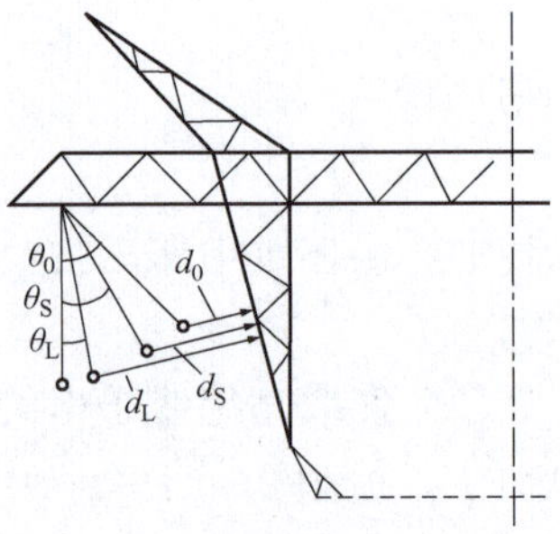

图11-3　绝缘子串风偏角及其对杆塔的距离

为了使绝缘子串和空气间隙的绝缘能力都能得到充分的发挥，应使气隙的击穿电压与绝缘子串的闪络电压大致相等。

在具体实施时，需要考虑导线受风力作用而使绝缘子串倾斜摇摆的不利因素。导线处最大风速可由所在地区最大风速（在一般地区为25～35m/s）折算得到。就空气间隙上可能出现的电压峰值来看，雷电过电压最高，操作过电压次之，工作电压最低，但电压的作用时间相反。因此三种电压情况下计算用风偏角随电压持续时间的增长而增大，如图11-3所示。由于工作电压长期作用在导线上，故应按线路最大设计风速计算其风偏角θ_0；操作过电压持续时间较短，可按最大设计风速的50%考虑风偏角θ_S；雷

电过电压持续时间最短，我国根据气候条件将计算风速分为 10m/s 和 15m/s 两挡，风偏角θ_L为最小。

根据我国标准，塔头上空气间隙的确定过程如下：

（1）按工作电压要求。应保证风偏后的空气间隙 d_0，在运行电压下不发生击穿，即其工频 50%放电电压为

$$U_{50(0)} \geqslant K_1 U_{phm} \tag{11-6}$$

式中：U_{phm} 为系统最高工作相电压的幅值；K_1 为空气间隙工频电压统计配合系数，我国标准取 K_1=1.13。

（2）按操作过电压要求。应保证风偏后的间隙 d_S，在操作过电压下不发生击穿。间隙的正极性操作冲击 50%放电电压为

$$U_{50(S)} \geqslant K_2 U_S \tag{11-7}$$

式中：U_S 为计算用相对地统计操作过电压；K_2 为空气间隙操作过电压统计配合系数，如对于单回线路，取 K_2=1.1。

（3）按雷电过电压要求。风偏后间隙 d_L 的冲击强度应略低于绝缘子串的冲击放电强度，目的是降低绝缘子串的沿面闪络概率，减小绝缘子受损的可能性。如对于 500kV 及以下线路，取间隙的正极性雷电冲击 50%放电电压等于非污秽区绝缘子串相应电压的 85%。

根据上述放电电压要求，可以通过查找放电试验曲线确定所需空气间隙距离。按上述方法确定净间距 d 后，即可求得绝缘子串在垂直位置时对杆塔的水平距离，即

$$\begin{cases} L_0 \approx d_0 + l\sin\theta_0 \\ L_S \approx d_S + l\sin\theta_S \\ L_L \approx d_L + l\sin\theta_L \end{cases} \tag{11-8}$$

式中：l 为绝缘子串长度。

按式（11-8）求得的三个距杆塔的距离中的最大值即为最终选定的空气间隙距离。一般情况下，对于 220kV 及以下电压等级的架空输电线路，对空气间隙的确定起决定作用的是雷电过电压。电压等级越高，操作过电压越占主导，在 330kV 及以上系统中，空气间隙距离主要取决于操作过电压。

表 11-2 列出了我国规定的考虑风偏后，海拔 1000m 及以下部分电压等级线路所需的净间距值。另外，对于高海拔地区，应进行修正；对于发电厂、变电站，在计算 d 值时也应留有一定的裕度。

表 11-2　海拔 1000m 及以下部分电压等级线路所需的净间距值　　单位：cm

额定电压（kV）	35	110	220	500	1000
L_0	10	25	55	120	270
L_S	25	70	145	250	600
L_L	45	100	190	330	670

注　500kV 和 1000kV 数据对应海拔 500m 以下；1000kV 塔为同塔双回结构。

习　题

1．试述电力系统绝缘配合的原则。

2．变压器的绝缘水平与对应线路的绝缘水平有什么区别？

3．试分析绝缘配合的惯用法和统计法的异同点。

12　高电压技术在不同领域中的应用

除了在电力系统中用于长距离大容量输电外，由于与高电压和大电流技术密切相关的带电粒子束、静电、放电等离子体技术在工业、民用和国防领域已有广泛的应用，高电压技术具有巨大的应用前景。其中，带电粒子束技术和电力系统中的高电压技术一样，要求绝缘在高电压作用下不发生击穿，静电和放电等离子体技术则利用了绝缘击穿后的性质。本章对高电压技术的部分应用进行简单的介绍。

12.1　带电粒子束的产生及其作用

高能带电粒子束由加速器产生，被广泛应用于工业、医疗、国防和科学研究中。

12.1.1　加速器

加速器是用人工方法产生快速带电粒子束的装置，它利用强电场在真空中将带电粒子（如电子、质子、α粒子和其他重离子等）加速到具有很高的能量。加速电场和粒子轨道的形态是反映加速原理、决定加速器结构的关键因素，据此可以将加速器分为直流高压型、电磁感应型、直线共振型和回旋共振型四种类型的加速器，分别适用于不同的能量范围。

图 12-1 所示为直线共振型加速器原理图，在轴线上排列了一系列的金属圆管（称为漂移管，内部无电场），通过调整交变电场的频率使粒子在任意两个漂移管之间时正好获得加速，采用多段接力加速的方式将带电粒子加速到很高能量，避免了采用单段加速时极高电压需要克服的绝缘损坏问题。

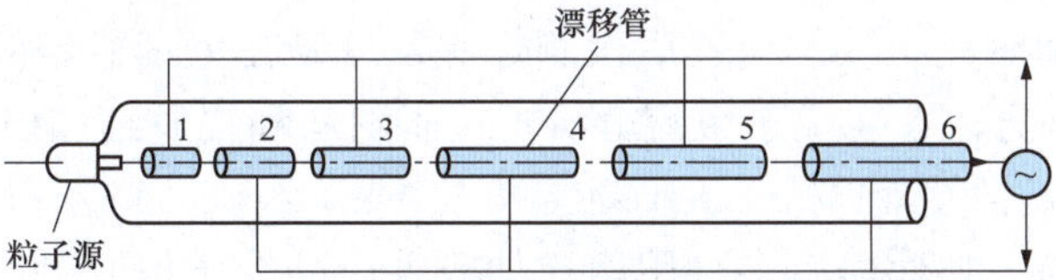

图 12-1　直线共振型加速器原理图

回旋加速器的原理如图 12-2 所示。它的主要结构是磁极间的真空室内有两个隔开放置的半圆形的金属扁盒（D 形盒），在 D 形盒上施加交变电压，其间隙处产生交变电场，带电粒子在两电极的间隙间被加速。带电粒子在电极内部不加速，仅受磁场力的作用，在垂直磁场平面内做圆周运动。经过多次加速后，粒子沿螺旋形轨道从 D 形盒边缘引出。回旋加速器利用对带电粒子的多次加速获得高能量，能量最高可达几十兆电子伏特（MeV）。

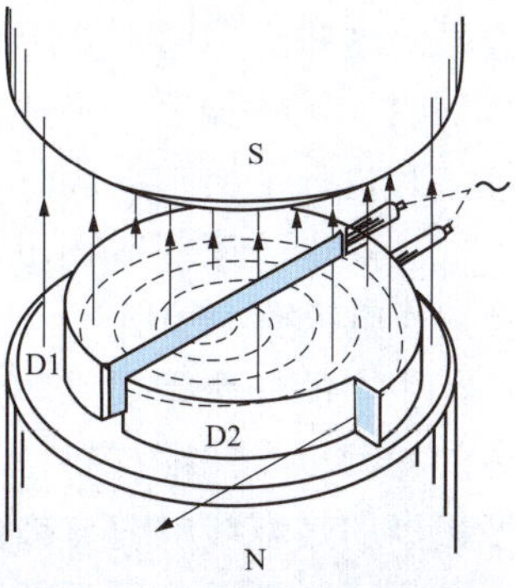

图 12-2　回旋加速器原理图

为了高效加速，在任何一个加速管区段都是高真空的。为保证高压系统的可靠运行，需要处理好内部真空和介质表面的绝缘问题。加速器外部的绝缘由可以采用 SF_6、液体电介质等高电气强度电介质构成。

12.1.2 加速器的应用

1. 在医学上的应用

加速器问世不久即应用到医学等领域。加速器在医学上的用途包括诊断和治疗两个方面。

（1）诊断应用。放射性同位素广泛应用于医学诊断，一般由回旋加速器或直线加速器生产。加速器生产的缺中子同位素纯度和放射性比度都较高，且具有比较合理的半衰期，比较适合医用。给人体应用一定量的放射性同位素或含有放射性同位素的物质后，通过检测射线就可以了解放射性同位素在人体内的强度、分布和代谢途径，这种方法通常称为放射性同位素示踪法，主要用于诊断和研究物质代谢和药物的体内过程等。

正电子发射断层扫描（PET）是另一项医学技术，它利用发射正电子的短寿命核素标记的药物，从组织和器官的生化和生理断层测定中获得诊断信息。

世界上每年有数千万病人的诊断采用放射性物质。

（2）辐射治疗。加速器产生的电子、X 射线、质子、中子等粒子和射线，具有很强的电离作用，可以极大程度地破坏肿瘤细胞，这是当前治疗癌症的主要手段之一。治疗肿瘤可以采用不同种类的粒子束或射线，根据电离作用在人体内部的深度分布，它们各有不同的特性和适用范围。

2. 在科学研究中的应用

早期的加速器是为核物理研究而研制的。加速器在研究原子核和基本粒子方面，发挥了巨大的作用。如人们已经用加速器合成了绝大部分超铀元素和上千种人工放射性核素，并系统深入地研究了原子核的性质、内部结构以及原子核之间的相互作用过程，使原子核物理学迅速发展起来。

通过加速器加速的高能量带电粒子经过某个原子时，能与原子中的电子相互作用，改变其运行轨道和连接方式，导致一些化合物分解并与其他元素结合而形成新的聚合物，进而可以了解物质的基本性质。粒子加速器为物质特性研究提供了一种珍贵的手段。其主要用途有：①同步辐射研究，如用于研究蛋白质的功能、材料应力分析等；②产生正电子源用于进行原子物理和凝聚态物理研究；③加速器质谱测定法，这是在大量稳定同位素中直接探测衡量长寿命放射性同位素的方法；④离子束流分析，用于材料和物质结构研究。

3. 在工业领域的应用

在制造业中，粒子加速器有多种用途，如改善产品的质量或对产品进行精加工；改变材料的组成；微细元件生产和改性；用于取得产生过程的信息和观察用的电子显微镜等。工业方面的这些应用通常要用到低能的强流加速器。

（1）辐射加工。工业辐射的用途有：破坏生物分子，使它变得无用或杀死其有机组织；打破有机分子结构，从而可能改变它的功能；对聚合物进行交联，从而使之强化。

高能电子束照射物质，产生激励与电离，可发生化学反应，这一现象的利用称为电子束辐射（电子射线辐射）。如通过加速器产生的电子束对高分子材料照射，电子和 X 射线辐照是化工生产的一个重要手段，广泛应用于聚合物的交联改性，涂层的固化，橡胶的硫化，聚乙烯的发泡以及热缩材料、木材—塑料复合材料的制备等加工过程。迄今电子束辐射产业化程度最高的是电线电缆与热缩套管的辐射交联。

将辐射技术应用于药品、手术器械和食品的消毒、灭菌、保鲜，可以杀灭寄生虫、延长保质期、提高卫生水平。加速器产生的射线可以用来改变植物、微生物和动物的遗传特性，提高产量。

高能电子束还可用于材料焊接，其基本原理是电子在加速器内加速形成能量密度极高的电子束，用此电子束去轰击工件，巨大的动能转化为热能，使焊接处工件熔化，形成熔池，从而实现对工件的焊接。采用电子束焊接，可以实现金属板间、铜与不锈钢等不同材料间的高精度焊接，广泛用于汽车、飞机及电子设备等制造领域。

（2）离子注入。离子注入是将其他元素注入固体材料内部的手段之一，可高速、高精度地将一定的元素注入指定部分，如用加速器将所需的离子注入硅基片进行掺杂，是半导体器件和大规模集成电路生产所普遍使用的关键工艺。注入机运行电压从几百千伏到几兆伏不等。

除了半导体器件外，通过离子注入可以控制和改变材料表层组分和结构，提高抗氧化和耐磨等性能。使用加速器将金属或陶瓷等机械零件的表面薄层活化，再根据零件磨损后出现的放射性，可以测量其磨损情况，是检验各种耐磨措施（如用离子注入提高硬度）的有效措施。

（3）无损检验。使用电子加速器产生的 X 射线、中子等都可用来检验材料的缺陷，特别是 X 射线，常用来检查大型锻铸件、大电机轴、高压容器、火箭的固体燃料等工件中的缺陷，可以探测到大型工件中的微小裂缝。利用加速器产生的 X 射线进行扫描成像，能够对汽车和集装箱进行快速、实时的透视检查。

12.2 静电应用

利用异号电荷之间相互吸引的原理，可以得到很多产品。静电适用于分析很小很轻，特别是相对于体积而言表面积很大的物体（例如纸、纤维等）在库仑力和重力的差的作用下的运动。

12.2.1 静电发生器

利用机械方式将电荷输送到高压电极是获得直流高压的方法之一，最具有代表性的是范德格拉夫（Van de Graaff）静电发生器，如图 12-3 所示。针尖 A 发生电晕放电，使旋转绝缘带电，所带电荷被送到集电极内的刮点针排 C，由刮点针排将电荷送到 P 点。假定针尖 A 向 B 点附近的绝缘带喷射的电荷密度为σ，而 B、C 点附近绝缘带单位面积的对地电容分别为 C_1、C_2，B、C 点电位为 U_1、U_2，则 $U_1=\sigma/C_1$，$U_2=\sigma/C_2$。如果 P 点电位比绝缘带上部电位 U_2 低，则 C 点发生电晕放电，绝缘带上的电荷向 P 点移动。调整间隙 C、D，使得皮带轮 H 的电位高于 P 点电位，调节间隙 E，使绝缘带的下行方向带上与集电极相反电荷，可以增加 P 点电位的上升速度。电荷密度越高，电场强度越高，会出现电晕放电，导致电荷泄漏。

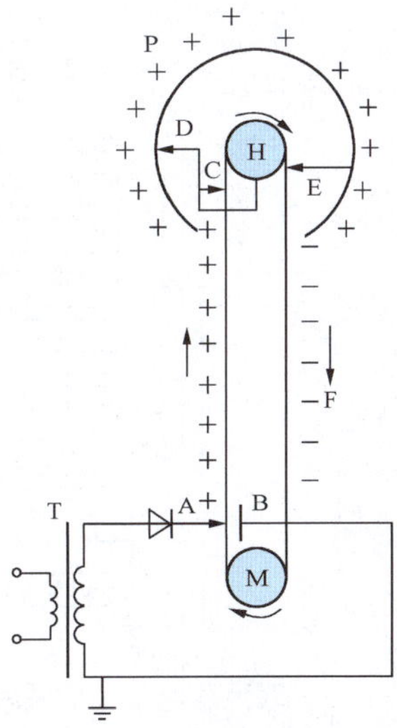

图 12-3　范德格拉夫静电发生器

提高气体的绝缘强度，可以提高绝缘带运送电荷的密度。因此，常将这个装置密封到金属容器中，充入几个大气压的空气或绝缘强度高的电负性气体，可获得几兆伏、几毫安等级的直流高电压。

12.2.2 静电的吸附和分离作用

1. 静电摄影

静电摄影是采用静电方法记录图像，有多种方法，图 12-4 所示为其中的一种。

如图 12-4（a）所示，首先将蒸镀有硒膜的金属板置于暗室，利用电晕放电使其带上正电荷。然后使其曝光，光照射到的部分硒膜会失去正电荷，如图 12-4（b）所示。在硒膜上撒上带负电的着色剂（着色粒子），硒膜上残余有正电荷的部分会附着着色剂，如图 12-4（c）所示。将带正电荷的纸贴在该面，在复制到着色剂的图案后进行加热，即可使着色剂定影，如图 12-4（d）所示。静电摄影也称为电子摄影，被广泛用于复印机中。

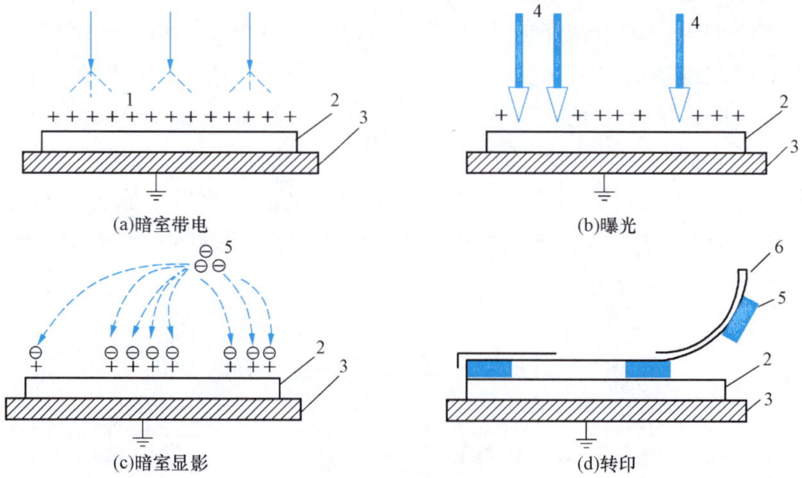

图 12-4 静电摄影的原理

1—电晕；2—硒膜；3—金属极板；4—光；5—着色粒子；6—纸

2. 静电分离和除尘

利用带电特性的不同分离物质的方法称为静电分离。茶的叶和茎的分离、矿石分离以及食物中的异物去除都是利用这个原理。最新的应用是活体操作、利用静电连接细胞和细胞融合等。

静电除尘器是一种高效的除尘设备，其原理是利用高压电使电极产生电晕放电，放出自由电子和离子，使尘粒带电，而带电颗粒受到电场力的作用向集尘极运动并被收集，实现气固分离。静电除尘器具有很多优点，例如除尘效率高、阻力低、耗能少；能够高效收集大流量气体和高温或腐蚀性气体中的粉尘；自动化程度高及维护方便等。因此它被广泛应用于电站锅炉、冶炼、水泥等工业除尘领域。现在，随着静电除尘器的不断改进，其应用领域也在不断拓展。图 12-5 所示为双区静电除尘器原理示意图。

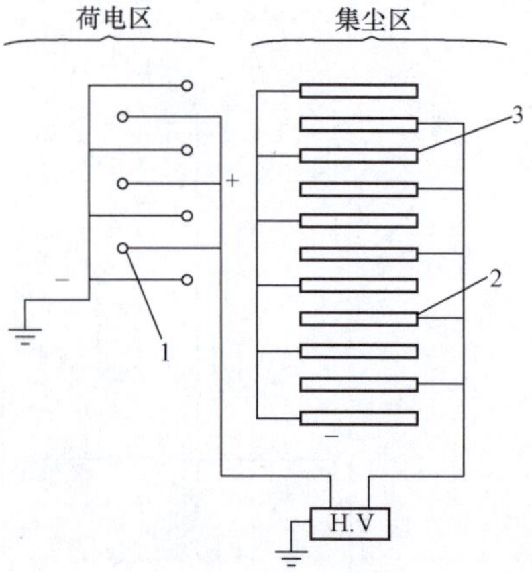

图 12-5 双区静电除尘器原理示意图

1—电晕线；2—高压板；3—集尘极

12.2.3 静电的生物效应

静电生物效应主要通过电晕使空气电离及产生臭氧，对生物的生长产生作用，也称空气离子生物学效应。静电通过对细胞的作用影响生物的增长。

（1）促进植物生长。在适量静电场的作用下，由于静电场对生物体的作用，一部分电场能量转化为种子的生物质能，促进 ATP 分子的迅速增加，加快了萌发过程，促进了种子活力的提高。

（2）高压灭菌和保鲜。实验发现，在剂量值为 900kV/m 的静电环境下，部分精子因受过强的刺激而损伤或死亡，对需要被杀灭的生物来说，若使其处于过剂量的静电环境中，它们必将因受过强的刺激而损伤或死亡。因此，在适宜的外部电场激励下，有可能通过降低氧化磷的酸化水平来延缓细胞的新陈代谢，静电果蔬储藏保鲜技术就是利用了这一机理。

12.3 放电等离子体的应用

产生等离子体的方法有很多种，如气体绝缘击穿形成辉光放电或电弧放电可产生等离子体，利用大功率激光照射固体表面时也可产生等离子体。利用脉冲功率技术（如电容器缓慢充电后对小阻抗的快速放电产生大电流），可产生高密度等离子体。

由于等离子体中不断发生激励、游离和去游离，存在大量的离子、电子和活性粒子，而且富含紫外线，因此，与通常气体完全不同，等离子体具有各种各样的物理和化学性质。放电等离子体的应用已涉及工业生产的各个部门，以下介绍一些应用的例子。

12.3.1 等离子体显示器

等离子体显示器（PDP）是继 CRT（阴极射线管）、LCD（液晶显示器）后的新一代显示器，其特点是厚度极薄、分辨率佳、占用空间极小。

等离子显示器是一种利用气体放电的显示装置，屏幕采用等离子管作为发光元件，大量的等离子管排列在一起构成屏幕，每个等离子对应的每个小室内都充有氖、氙混合气体。在等离子管电极间加上高压后，封在两层玻璃之间的等离子管小室中的气体会产生紫外光，激励平板显示屏上的红、绿、蓝三基色荧光粉发出可见光。每个等离子管作为一个像素，控制这些像素的明暗和颜色变化组合使之产生各种灰度和色彩的图像，与显像管发光很相似。其工作机理类似普通荧光灯，彩色图像由各个独立的荧光粉像素发光综合而成，因此图像鲜艳、明亮、干净而清晰。

依据电流工作方式的不同，等离子体显示器可以分为直流型（DC）和交流型（AC）两种，目前研究的多以交流型为主，并可依照电极的安排区分为两电极对向放电（column discharge）和三电极表面放电（surface discharge）两种结构。国际上最新彩色等离子体显示板的结构是三电极表面放电。三电极表面放电式 AC—PDP，因维持放电电极制作在同一块玻璃基板上，又称单基板 AC—PDP。图 12-6 为这种器件的典型结构示意图。前基板用透明导电层制作一组平行并由 X 和 Y 组成一对的显示电极，为降低透明电极的电阻，在其上再制作一层金属电极（如 Cr—Cu—Cr），又称汇流电极，电极上覆盖透明介质层和 MgO 层。后基板上先制作一组平行的选址电极，其上覆盖一层白色介质层，作反射之用。在白色介质层上再制作一组与选址电极相平行的条状障壁，其高度约为 100μm、宽度约为 50μm。条状障壁既作两基板之间的隔子，又作防止光串和电串之用。之后在障壁的两边和白色介质层上分别依次覆盖红、绿、蓝三基色荧光粉。两基板以两组电极正交相对而置，四周用低熔点玻璃封接，排气后充入氦气（He）和氙气（Xe）等混合气体即成显示器件。

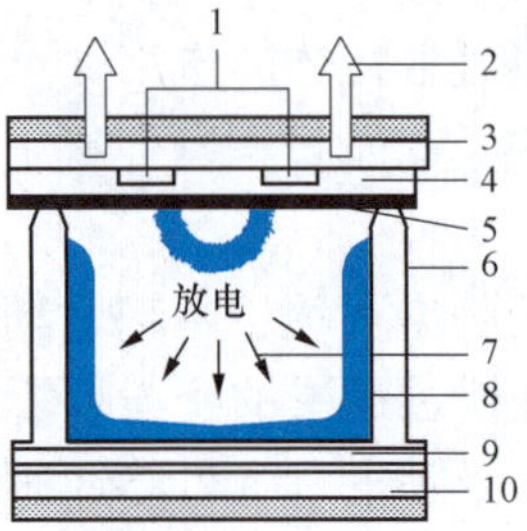

图 12-6 AC-PDP 电极典型结构示意图

1—透明电极；2—可见光；3—前基板；4—绝缘层；5—MgO 层；6—区分板；7—紫外线；8—荧光体；9—选址电极；10—后基板

选址电极与显示电极的每一对X和Y电极相正交即为一个放电－显示单元，每三个连续排列的红、绿、蓝三色显示单元组成一个彩色显示像素。显示单元的维持放电是在其对应且为同一前板上X和Y显示电极间进行的，故称表面放电式，后基板的选址电极仅作显示单元的选址之用。

12.3.2 体外冲击波碎石

体外冲击波碎石术是高压强脉冲放电技术在医疗领域中的一项成功应用。它的基本原理是利用在水中发生高压强脉冲放电时形成"液电效应"而产生冲击波，以及冲击波可以被聚焦这一物理现象和特性。当冲击波从人体外部传入人体内部并在人体内部的结石处聚焦时，处于冲击波焦点范围内的结石在聚焦后的强烈冲击波反复冲击下逐渐碎裂。破碎后的结石粉末和小颗粒随尿液自行排出体外，从而使结石患者的结石症得到治愈，并免受传统的外科手术之苦。

体外冲击波碎石术所采用的冲击波可由多种方法产生。其中，应用得最多的是液中放电式冲击波发生器和电磁式冲击波发生器，两者都是利用高压强电脉冲放电技术产生冲击波。为了避免压力冲击波传播到人体时，在人体的表面产生反射并对人体表面有过强的压力，一般均将人体浸于水中，因为压力冲击波在水中的传播与在人体中的传播近似。

图 12-7 所示为液中放电式冲击波发生器的放电回路和聚焦原理。当电容器上的电压达到所需的数值后，高压放电间隙被触发放电，电容器中所储存的电能便立即通过高压开关向水中放电电极释放，在水中形成液电效应，从而在半椭球形反射体的第一焦点 F1 处产生强烈的冲击波。研究表明，冲击波在低能量水平下能线性地遵循声学定律。因此，在 F1 处产生的冲击波在以球面波向四周传播时，遇到用金属制成的半椭球形反射体的光滑表面就会发生反射，反射时冲击波的能量损失很小。反射后的冲击波继续在水中以直线形式传播，并在半椭球形反射体的第二焦点 F2 处聚焦，形成一个压力峰值高达几十兆帕的压力区。从理论上讲，如果在 F1 处产生的是一个理想的冲击波点源，则在 F2 处应当形成一个高压力的聚焦点；然而，由于机械加工精度、放电位置不稳定性，电极烧蚀导致电极间隙变化等问题，在 F2 处只能形成一个直径为 10～20mm 的聚焦区。

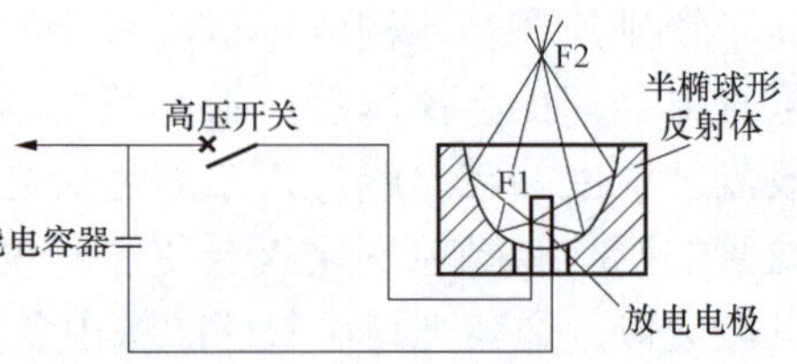

图 12-7 液中放电式冲击波的放电回路和聚焦原理示意图

当冲击波在水中传播的过程中遇到声阻抗比水的声阻抗高得多的结石时，冲击波由水进入结石并由结石进入水中，在两者的介质交界面上会产生冲击波的反射和折射。图 12-8 所示为冲击波由水进入结石和由结石进入水时发生反射和折射并形成压力波和张力波的示意图。

图 12-8　冲击波碎石原理示意图

当冲击波由水进入结石时，在水与结石的交界面上发生反射和折射，形成反射波和结石内部的压力波即折射波［如图 12-8（b）所示］。若压力波的压强大于结石的抗压强度时，引起 B 区结石的破碎。当冲击波穿透结石再次进入水中时，冲击波在结石与水的界面上又一次发生反射和折射，从而引起张力波［如图 12-8（c）所示］。当张力超过结石的抗张强度时，就引起 A 区结石的破碎。在此过程中，C 区的结石未受到冲击波的影响，但在 A、B 两区的结石粉碎之后，在后续的冲击波多次反复冲击下，C 区就会逐渐缩小，即不断出现新的 A 区和 B 区，直到结石完全粉碎。

试验表明，只要冲击波的波形能够满足一定的要求，大部分结石都会在冲击波的多次反复冲击下破碎成结石粉末或细小的碎粒。

在焦点 F2 处，压力冲击波所产生的压力大小是一个重要的参数。影响压力大小的因素很多，主要是放电间隙长度、放电电压和电流波形等。

12.3.3　臭氧发生器

臭氧是自然界中氧化性仅次于氟，又不会污染环境的物质，因为这个特性它被广泛用于污水净化、食品杀菌、水果保鲜等。如图 12-9 所示，在臭氧发生的过程中，两金属电极之间单方或双方设计成电介质，前提是里面的气体不发生弧光放电。通入空气作为原料气体，空气发生电晕放电。臭氧产生的原理是突变电场（工频、高频或脉冲电场）作用下气体分子中原有少量载流子（电子与离子）从外电场获得能量，使其加速运动与气体分子碰撞、电离，氧分子分解成氧原子并在极短时间内（约 10ns 以下）重新结合成臭氧。如果要产生高浓度的臭氧，就必须以氧气作为原料气体。一般的臭氧发生器中放电间隙是 1mm，如果间隙小于 0.5mm，就可以得到高浓度的臭氧。要得到高浓度的臭氧还必须使气体保持低温，使电子保持高温。据研究，电介质的厚度增加 1mm，臭氧产量将减少一半左右。放电间隙越小，产生放电的电压越小，耗电量越小，相对臭氧产量越高。

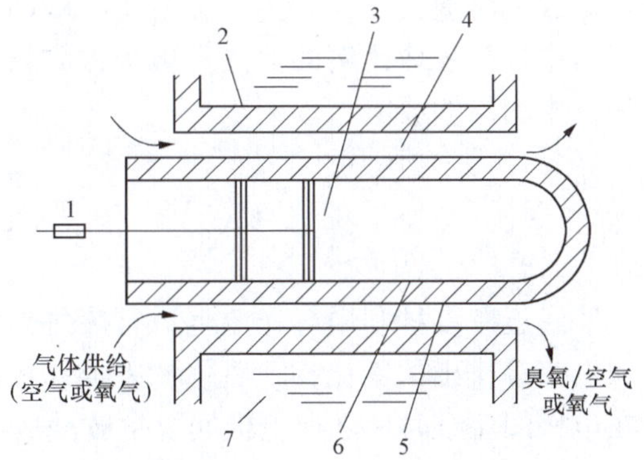

图 12-9　臭氧发生器剖面示意图

1—熔丝；2—金属筒；3—高压电极；4—放电间隙；5—绝缘物；6—金属覆盖层；7—冷却水

电极类型、电源频率、空气干燥程度、冷却温度等对臭氧的产生效率有很大的影响。

12.3.4　激光器

激光器是在光和放电产生的物质的两端放置透明和半透明的镜子，并将光导出的装置。激光波长一定、相位相同、光密度很高，因而有多种用途。工业上有用 YAG（用于产生激光束的氧化铝合成晶石）激光和二氧化碳激光的加工机，医疗上治疗眼睛用 YAG 激光，质子分离用铜蒸气激光和二氧化碳激光，激光的应用数不胜数。和高电压技术有关的激光，主要限定于对气体激光进行说明。为了有效地激起气体激光，使用了各种各样的电源，例如直流电源、脉冲电源。

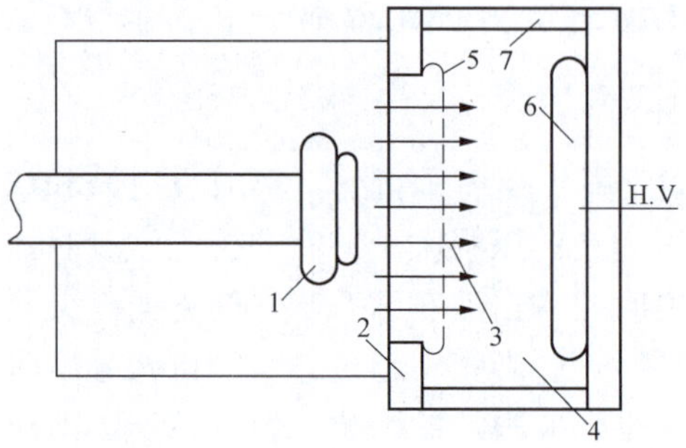

图 12-10 电子束泵浦激光器示意图

1—二极管阴极；2—二极管阳极（金箔）；3—电子束；4—激光腔；5—加速阴极；6—加速阳极；7—反射镜

高电压技术在激光器中的应用，主要是用于气体放电准分子激光器的泵浦。对准分子激光器的放电过程的研究表明，为了获得高的能量转换效率，激光器就要在很高的电场强度下运行，然而在很高的电场强度下，激光器的放电可能不稳定。为了提高激光器放电的稳定性，需要采用电子束来泵浦。电子束由高电压脉冲发生器产生。如图 12-10 所示，电压脉冲加到二极管的阴极 1 上，引起阴极发射电子，电子束进入激光器的激光腔 4，在阳极 6 和阴极 5 之间的电场作用下加速。在激光器中，放电是由于电子束电离辐射所致的。电子与分子相碰撞，二次电子迅速产生，它使气体粒子激发到上激光能级，这就是泵浦过程。若没有电子束的电离辐射，激光腔中的放电将自行熄灭。由于电子束的作用使激光腔中放电的电离速率大于去游离速率，所以能保证放电的稳定性，电子密度和电场强度均可控制在最佳状态。激光器的放电能量随脉冲电压的增大而增大。

除了用电子束泵浦外，激光器也可以用脉冲电压放电直接泵浦。

放电用的气体有 CO_2、铜蒸气、XeCl、KrF、He、Ne 等。最重要的是电极构造，输出功率与电极面积成比例的前提是电极大到只发生辉光放电。电极间的电场尽可能地均匀，在空间发生均匀的放电。

12.4 高电压技术的其他应用

最近有多种利用辉光放电进行废气处理的措施。对发电设备、垃圾处理场、半导体工厂和汽车等排出的氮化物、硫化物之类和挥发性的有机物，可以用等离子体放电来处理。废气在电极间流过时使之在电极间发生脉冲放电，经过氧化过程后 NO_x 和 SO_x 减少。

作为光触媒的 TiO_2 的三大用途是除臭、防污、抗菌。涂在窗户和篱笆上后，不仅分解周围的 NO_x，还能去污，效果显著。用高压放电照射光触媒，废气流过时能分解。如果光触媒发生辉光放电，那么气体流过时放电效果、臭氧效果和光效果叠加起来效果倍增，这些期待着今后的研究。

大电流技术也有很多用途。用高压电容器对小阻抗放电，可以产生脉冲大电流。在水中发生大电流脉冲放电，产生的冲击压力可用来加工金属板。其原理和火药爆炸成形相同，但电气放电易操作且无危险性。此外，可以伴随大电流产生的巨大的电动力，进行物体（外壳为导体）的电磁发射。电磁发射可能成为炮弹和火箭发射的新方法，这些方面的研究正在进行中。

附录 A　外绝缘破坏性放电电压的大气校正因数❶

标准参考大气条件为：

（1）温度：t_0=20℃；

（2）压力：P_0=101.3kPa；

（3）绝对湿度：h_0=11g/m^3。

一、大气校正因数

外绝缘破坏性放电电压与试验时的大气条件有关。通常，给定空气放电路径的破坏性放电电压随着空气密度或湿度的增加而升高；但当相对湿度大于 80%时，破坏性放电会变得不规则（特别是当破坏性放电发生在绝缘表面时）。

利用校正因数可将测得的闪络电压值换算到标准参考大气条件下的电压值，反之，也可将标准参考大气条件下规定的试验电压值换算到试验条件下的电压值。

破坏性放电电压值正比于大气校正因数 K_t。K_t 是空气密度校正因数 k_1 和湿度校正因数 k_2 的乘积，即

$$K_t = k_1 k_2$$

实际加于试品外绝缘的电压值 U 由规定的标准参考大气条件下的试验电压 U_0 乘以 K_t 求得，即

$$U = U_0 K_t$$

（一）空气密度校正因数 k_1

空气密度校正因数 k_1 取决于相对空气密度δ，其表达式为

$$k_1 = \delta^m$$

指数 m 见（三）。

当温度为 t（以℃表示）和大气压力为 p（以 kPa 表示）时，相对空气密度是

$$\delta = \frac{p}{p_0} \cdot \frac{273 + t_0}{273 + t}$$

（二）湿度校正因数 k_2

湿度校正因数可表示为

$$k_2 = k^w$$

指数 w 见（三）。k 取决于试验电压类型，并为绝对湿度 h 与相对空气密度δ的比率 h/δ 的函数，如附图 A-1 所示。

对于最高运行电压低于 72.5kV（有效值）或间隙距离小于 0.5m 的设备，目前不进行湿度校正。

（三）指数 m 和 w

校正因数依赖于预放电形式，由此引入 g

$$g = \frac{U_{50}}{500 l \delta k}$$

---

❶ 摘自 GB/T 16927.1—2011《高电压试验技术　第 1 部分：一般定义及试验要求》。

式中：U_{50} 是指实际大气条件时的 50%破坏性放电电压值（测量或估算），kV；l 为试品最短放电路径，m；相对空气密度δ 和参数 k 均为实际值。在耐受电压试验时 U_{50} 可以假定为 1.1 倍试验电压值。

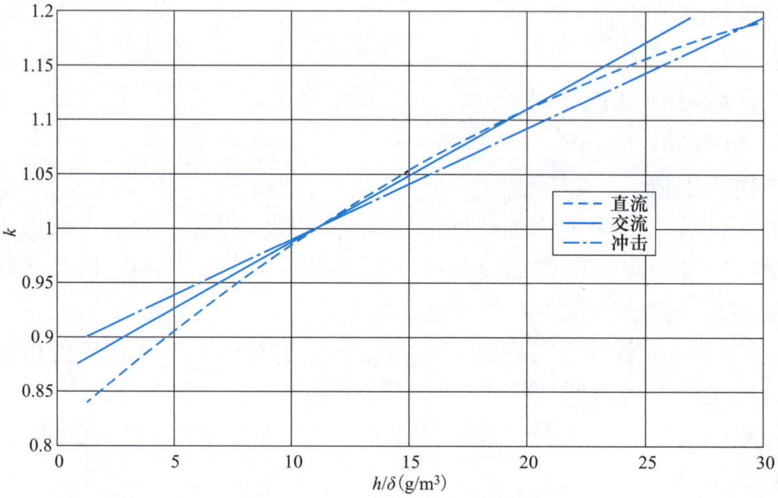

附图 A-1　k 与 h/δ的关系曲线

指数 m 和 w 可由附表 A-1 得到。

附表 A-1　　空气密度校正指数 m 和湿度校正指数 w 与参数 g 的关系

g	m	w
<0.2	0	0
0.2~1.0	$g(g-0.2)/0.8$	$g(g-0.2)/0.8$
1.0~1.2	1.0	1.0
1.2~2.0	1.0	$(2.2-g)(2-g)/0.8$
>2.0	1.0	0

二、湿度测量

湿度最好用扩展不确定度不大于 1g/m³ 的仪表直接测量绝对湿度，也可以通过测量相对湿度和环境温度确定绝对湿度，即

$$h=\frac{6.11\times R\times e^{\frac{17.6t}{243+t}}}{0.4615\times(273+t)} \qquad \text{（附 A-1）}$$

式中：h 是绝对湿度，g/m³；R 为相对湿度，用百分数表示；t 是环境温度，℃。

这种测量也可以使用通风式精密干湿球温度计，绝对湿度是干、湿两个温度计读数的函数，可由附图 A-2 查出，同时也可确定相对湿度。

非标准大气压条件时需将湿度图读数与修正值Δh 相加以得到实际湿度值。Δh 为

$$\Delta h=\frac{1.445\times\Delta t\times\Delta p}{273+t} \qquad \text{（附 A-2）}$$

式中：t 为空气干球温度，℃；Δt 为干、湿球温度之差；Δp 为标准大气压与实际大气压之差，kPa；Δh 为绝对湿度的修正值，g/m^3。

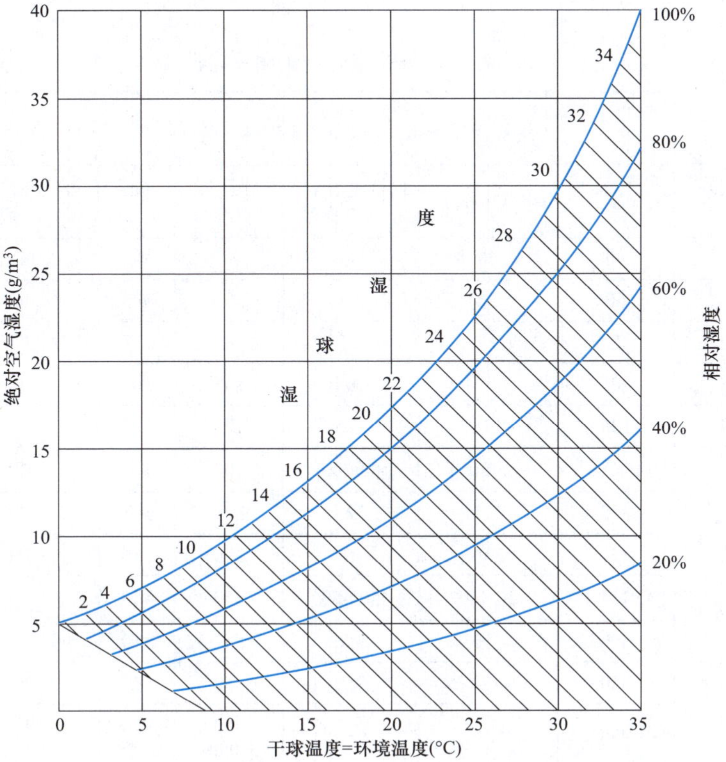

附图 A-2　标准大气压下空气湿度与干、湿球温度计读数的关系

附录B 国家标准规定的有关设备耐压参数❶

附表 B-1 各类设备的雷电冲击耐受电压 单位：kV

系统标称电压（有效值）	设备最高电压（有效值）	额定雷电冲击（内、外绝缘）耐受电压（峰值）						截断雷电冲击耐受电压（峰值）
		变压器	并联电抗器	耦合电容器、电压互感器	高压电力电缆②	高压电器	母线支柱绝缘子、穿墙套管	变压器类设备的内绝缘
3	3.6	40	40	40		40	40	45
6	7.2	60	60	60		60	60	65
10	12	75	75	75		75	75	85
15	18	105	105	105	105	105	105	115
20	24	125	125	125	125	125	125	140
35	40.5	185/200①	185/200①	185/200①	200	185	185	220
66	72.5	325	325	325	325	325	325	360
		350	350	350	350	350	350	385
110	126	450/480①	450/480①	450/480①	450	450	450	530
		550	550	550	550	550		
220	252	850	850	850	850	850	935	950
		950	950	950	950 1050	950 1050	950 1050	1050
330	363	1050				1050	1050	1175
		1175	1175	1175	1175 1300	1175	1175	1300
500	550	1425			1425	1425	1425	1550
		1550	1550	1550	1550	1550	1550	1675
			1675	1675	1675	1675	1675	—
750	800	1950	1950	1950	1950	1950	1950	2145
			2100	2100	2100	2100	2100	2310
1000	1100	2250	2250	2250	2250	2250	2250	2400
			2400	2400	2400	2400	2700	2560

① 斜线下的数值仅用于该类设备的内绝缘。

② 对高压电力电缆耐受电压是指在热状态下的耐受电压值。

附表 B-2 各类设备的短时（1min）工频耐受电压（有效值） 单位：kV

系统标称电压（有效值）	设备最高电压（有效值）	内、外绝缘（湿试/干试）				母线支柱绝缘子	
		变压器①	并联电抗器①	耦合电容器、高压电器、电压互感器和穿墙套管②	高压电力电缆②	湿试	干试
3	3.6	18	18	18/25		18	25

❶ 摘自 GB 311.1—2012《绝缘配合 第 1 部分：定义、原则和规则》。

续表

系统标称电压（有效值）	设备最高电压（有效值）	内、外绝缘（湿试/干试）				母线支柱绝缘子	
		变压器①	并联电抗器①	耦合电容器、高压电器、电压互感器和穿墙套管②	高压电力电缆②	湿试	干试
6	7.2	25	25	23/30		23	32
10	12	30/35	30/35	30/42		30	42
15	18	40/45	40/45	40/55	40/45	40	57
20	24	50/55	50/55	50/65	50/55	50	68
35	40.5	80/85	80/85	80/95	80/85	80	100
66	72.5	140 160	140 160	140 160	140 160	140 160	165 185
110	126	185/200	185/200	185/200	185/200	185	265
220	252	360	360	360	360	360	450
		395	395	395	395	395	495
					460		
330	363	460	460	460	460		
		510	510	510	510 570	570	
500	550	630	630	630	630		
		680	680	680	680	680	
				740	740		
750	800	900	900	900	900	900	
				960	960		
1000	1100	1100	1100	1100	1100	1100	

注 表中给出的 330～1000kV 设备的短时工频耐受电压仅供参考；对于特高压变压器，工频耐受电压时间为 5 min。

① 该栏斜线下的数据为该类设备的内绝缘和外绝缘干状态的耐受电压；斜线上的数据为外绝缘湿耐受电压。

② 该栏斜线下的数据为该类设备的外绝缘干耐受电压。

附表 B-3　　330～1000kV 输变电设备的操作冲击耐受电压　　单位：kV

系统标称电压（有效值）	设备最高电压（有效值）	额定操作冲击耐受电压（峰值）		
		相对地	相间	相间与相对地之比
330	363	850	1300	1.50
		950	1425	1.50
500	550	1050	1675	1.60
		1175	1800	1.50
		1300①	1950	1.50
750	800	1425		
		1550		
1000	1100	1800		

① 表示变压器之外的设备。

参 考 文 献

[1] 严璋，朱德恒. 高电压绝缘技术. 3 版. 北京：中国电力出版社，2015.

[2] 华中工学院，上海交通大学. 高电压试验技术. 北京：水利电力出版社，1983.

[3] 陈昌渔，王昌长，高胜友. 高电压试验技术. 4 版. 北京：清华大学出版社，2017.

[4] 解广润. 电力系统过电压. 2 版. 北京：中国电力出版社，2018.

[5] 沈其工，方瑜，周泽存，等. 高电压技术. 4 版. 北京：中国电力出版社，2012.

[6] 格雷格 C 斯通，伊恩·卡伯特，爱德华 A 博尔特，等. 旋转电机的绝缘——设计、评估、老化、试验、修理（原书第 2 版）. 北京：机械工业出版社，2016.

[7] HEINHOLD L，STUBBE R. 电力电缆及电线. 北京：中国电力出版社，2001.

[8] 梁曦东，陈昌渔，曾嵘. 高电压工程. 2 版. 北京：清华大学出版社，2015.

[9] 邱昌容，曹晓珑. 电气绝缘测试技术. 3 版. 北京：机械工业出版社，2013.

[10] 小崎正光. 高电压与绝缘技术. 李福寿，金之俭，译. 北京：科学出版社，2001.

[11] 中野义映. 高电压技术. 张乔根，译. 北京：科学出版社，2004.

[12] 黎斌. SF_6 高压电器设计. 5 版. 北京：机械工业出版社，2019.

[13] 曾正中. 实用脉冲功率技术引论. 西安：陕西科学技术出版社，2003.

[14] 熊泰昌. 电力避雷器. 北京：中国水利水电出版社，2013.

[15] 全国高电压试验技术和绝缘配合标准化技术委员会. 高电压试验技术：第 1 部分　一般定义及试验要求：GB/T 16927.1—2011. 北京：中国标准出版社，2012.

[16] 全国高电压试验技术和绝缘配合标准化技术委员会. 高电压试验技术：第 2 部分　测量系统：GB/T 16927.2—2013. 北京：中国标准出版社，2013.

[17] 全国高电压试验技术和绝缘配合标准化技术委员会. 高电压和大电流试验技术：第 4 部分　试验电流和测量系统的定义和要求：GB/T 16927.4—2014. 北京：中国标准出版社，2014.

[18] 全国高电压试验技术和绝缘配合标准化技术委员会. 绝缘配合：第 1 部分　定义、原则和规则：GB/T 311.1—2012. 北京：中国标准出版社，2013.

[19] 全国高电压试验技术和绝缘配合标准化技术委员会. 绝缘配合：第 2 部分　使用导则：GB/T 311.2—2013. 北京：中国标准出版社，2013.

[20] 全国高压试验技术和绝缘配合标委会高压试验分委会. 高电压测量标准空气间隙：GB/T 311. 6—2005. 北京：中国标准出版社，2005.

[21] 电力工业部绝缘配合标准化技术委员会. 交流电气装置的过电压保护和绝缘配合：DL/T 620—1997. 北京：中国电力出版社，1997.

[22] 中国电力企业联合会. 交流电气装置的过电压保护和绝缘配合设计规范：GB/T 50064—2014. 北京：中国计划出版社，2014.

[23] 中国机械工业联合会. 建筑物防雷设计规范：GB 50057—2010. 中国计划出版社，2011.

[24] 电力行业过电压与绝缘配合标准化技术委员会. 交流电力系统金属氧化物避雷器使用导则：DL/T 804—2014. 北京：中国电力出版社，2015.

[25] 全国电气化学标准化技术委员会. 运行中变压器油质量：GB/T 7595—2017. 北京：中国标准出版社，

2017.
[26] 全国电气绝缘材料与绝缘系统评定标准化技术委员会. 电气绝缘　耐热性和表示方法：GB/T 11021—2014. 北京：中国标准出版社，2014.
[27] 全国绝缘子标准化委员会. 污秽条件下使用的高压绝缘子的选择和尺寸确定：第 2 部分　交流系统用瓷和玻璃绝缘子：GB/T 26218.2—2010. 北京：中国标准出版社，2011.
[28] 中国石油化工集团公司. 绝缘油　击穿电压测定法：GB/T 507—2002. 北京：中国标准出版社，2003.
[29] 全国架空线路标准化技术委员会线路运行分技术委员会. 架空输电线路外绝缘配置技术导则：DL/T 1122—2009. 北京：中国标准出版社，2009.
[30] 全国电力设备状态维修与在线监测标准化技术委员会. 电力设备预防性试验规程：DL/T 596—2021. 北京：中国电力出版社，2021.
[31] 中国电力企业联合会. 交流电气装置的接地设计规范：GB/T 50065—2011. 北京：中国计划出版社，2012.
[32] 电力行业电力变压器标准化技术委员会. 变压器油中溶解气体分析和判断导则：DL/T 722—2014：北京：中国电力出版社，2015.
[33] HINRICHSEN V. Metal-oxide surge arresters in high-voltage power systems. 3rd ed. Siemens AG，2012.
[34] KHALIFA M. High-voltage engineering: theory and practice. New York and Basel: Marcel Dekker, Inc.，1990.
[35] NAIDU M S，KAMARAJU V. High voltage engineering. 2nd ed. New York: McGraw- Hill，1995.
[36] DENNO K. High voltage engineering in power systems. Boca Raton: CRC Press Inc.，1992.
[37] KÜCHLER A. High voltage engineering: fundamentals – technology – applications. Schweinfurt Germany: Springer Vieweg GmbH，2018.
[38] KIND D，FESER K. High-voltage test techniques. Woburn: Butterworth-Heinemann，2001.
[39] ARORA R，MOSCH W. High voltage and electrical insulation engineering. Hoboken: John Wiley & Sons，Inc.，2011.
[40] 关志成，刘瑛岩，周远翔，等. 绝缘子及输变电设备外绝缘. 北京：清华大学出版社，2006.
[41] 张嘉祥. 变压器线圈波过程. 北京：水利电力出版社，1982.
[42] 米夏兹 г A. 真空放电物理和高功率脉冲技术. 李国政，译. 北京：国防工业出版社，2007.
[43] 楼祺洪，徐捷，傅淑芬，等. 脉冲放电气体激光器. 北京：科学出版社，1993.
[44] 李正瀛. 脉冲功率技术. 北京：水利电力出版社，1992.
[45] 秦曾衍，左公宁，王永荣，等. 高压强脉冲放电及其应用. 北京：北京工业大学出版社，2000.
[46] 余存仪. 高电压技术的应用. 北京：水利电力出版社，1994.
[47] 谢家麟. 加速器与科技创新. 北京：清华大学出版社，2000.
[48] 葛璜. 电子束、离子束、光子束纳米微细加工技术的进展. 仪器仪表学报，1996，17（1）：70-73.
[49] 景德礼，方胜，李里特. 高压静电场在食品保鲜中的应用研究. 食品与机械，1998（6）：32-33.
[50] 王显龙，何立波，贾明生，等. 静电除尘器的新应用及其发展方向. 工业安全与环保，2003，29（11）：3-6.
[51] 梁运章. 静电生物效应及其应用. 物理，1995，24（1）：39-42.